전기 | 철도
기사·산업기사

1

▶ 무료동영상 제공

전기자기

HANSOL ACADEMY
ELECTRICITY

한권으로 완벽하게 끝내는
한솔아카데미 전기시리즈❶

건축전기설비기술사 **김 대 호** 저

ELECTRICITY

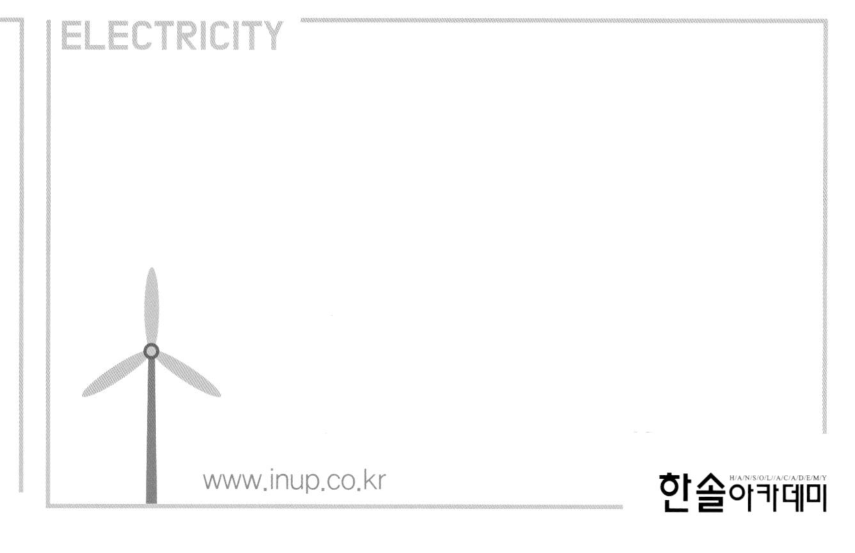

김대호의 전기기사 산업기사 문답카페
https://cafe.naver.com/qnacafe

www.inup.co.kr

한솔아카데미

한솔아카데미가 답이다

전기(산업)기사 필기 인터넷 강의 "전과목 0원"

학습관련 문의사항, 성심성의껏 답변드리겠습니다.

http://cafe.naver.com/qnacafe

도서 질의응답

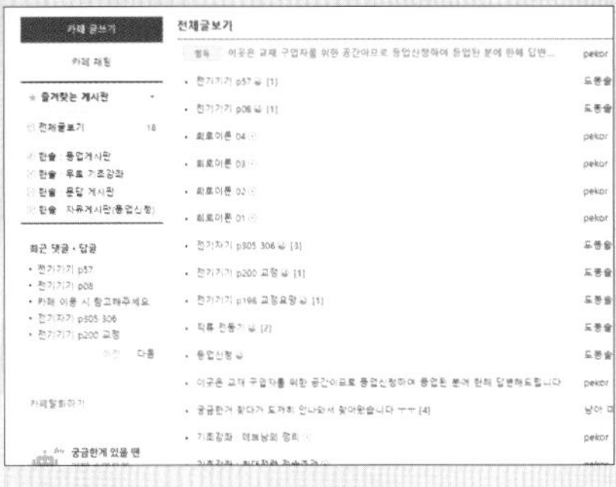

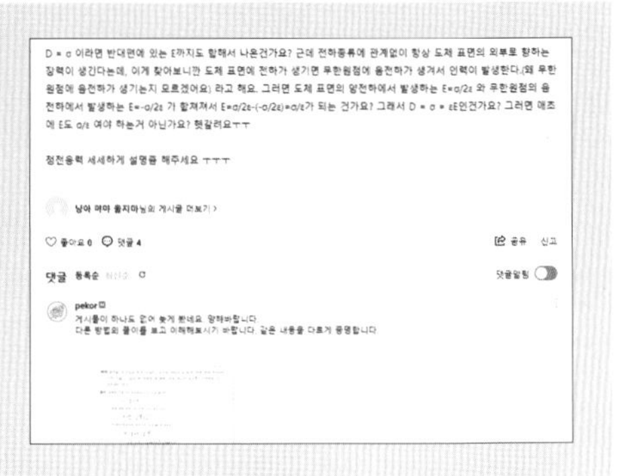

전기기사·전기산업기사 필기 교수진 및 강의시간

구 분	과 목	담당강사	강의시간	동영상	교 재
필 기	전기자기학	김병석	약 31시간		
	전력공학	강동구	약 28시간		
	전기기기	강동구	약 34시간		
	회로이론	김병석	약 27시간		
	제어공학	송형무	약 12시간		
	전기설비기술기준	송형무	약 12시간		

전기(산업)기사 필기
무료동영상 수강방법

01
회원가입

카페 가입하기 _ 전기기사 · 전기산업기사 학습지원 센터에 가입합니다.

http://cafe.naver.com/qnacafe

전기기사 · 전기산업기사 필기
교재 인증하고 무료 동영상강의 듣자

02
도서촬영

도서 촬영하여 인증하기

전기기사 시리즈 필기 교재 표지와 카페 닉네임, ID를 적은 종이를 함께 인증!

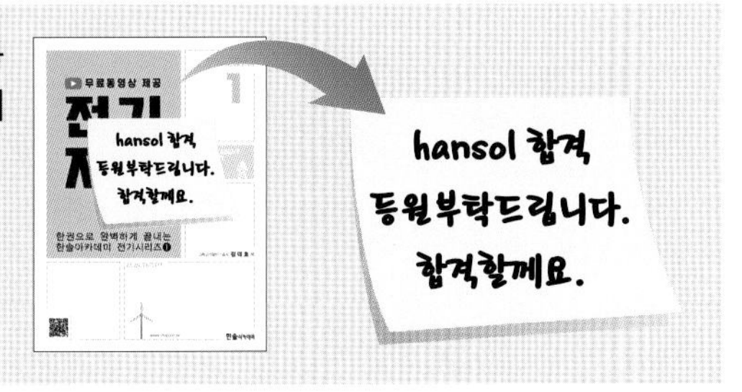

03
도서인증

카페에 도서인증 업로드하기 _ 등업게시판에 촬영한 교재 이미지를 올립니다.

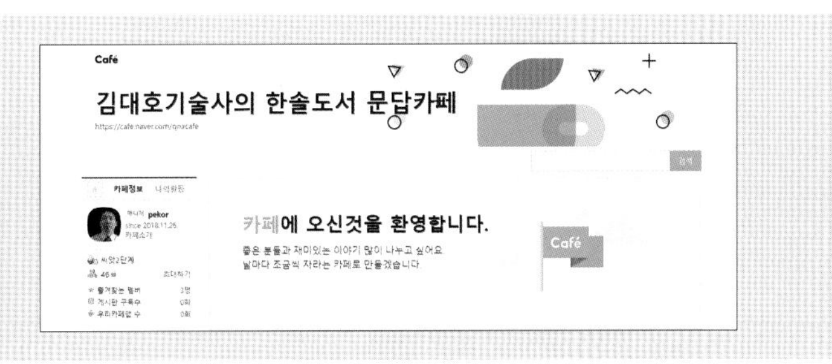

04
동영상

무료동영상 시청하기

No	구분	강의내용	시간	진도	학습하기
1장 Vector의 해석					
1	이론	스칼라와 벡터~벡터의 종류	30분 2초	0%	수업듣기
2	이론	벡터 가감법~벡터의 내적과 외적①	30분 40초	0%	수업듣기
3	이론	벡터의 내적과 외적②	28분 55초	0%	수업듣기
4	이론	벡터의 미분	41분 59초	0%	수업듣기
2장 정전계					
1	이론	정전기와 전하~쿨롱의 법칙	47분 26초	0%	수업듣기

Elctricity

꿈·은·이·루·어·진·다

2023

전기자기

한솔아카데미
www.inup.co.kr

머리말 PREFACE

첫째, 새로운 가치의 창조

많은 사람들은 꿈을 꾸고 그 꿈을 위해 노력합니다. 꿈을 이루기 위해서는 여러 가지 노력을 합니다. 결국 꿈의 목적은 경제적으로 윤택한 삶을 살기 위한 것이 됩니다. 그것을 위해 주식, 재테크, 펀드, 복권 등 여러 가지 가치창조를 위한 노력을 합니다. 이와 같은 노력의 성공 확률은 극히 낮습니다.

현실적으로 자신의 가치를 높일 수 있는 가장 확률이 높은 방법은 자격증입니다. 특히 전기분야의 자격증은 여러분을 기술자로서 새로운 가치를 부여하게 될 것입니다. 전기는 국가산업 전반에 걸쳐 없어서는 안 되는 중요한 분야입니다.

전기기사, 전기공사기사, 전기산업기사, 전기공사산업기사 자격증을 취득한다는 것은 여러분을 한 단계 업그레이드 하는 새로운 가치를 창조하는 행위입니다. 더불어 전기분야 기술사를 취득할 경우 여러분은 전문직으로서 최고의 기술자가 될 수 있습니다.

스스로의 가치(Value)를 만들어가는 것은 작은 실천부터 시작됩니다. 지금 준비하는 자격증이 바로 여러분의 Name Value를 만들어가는 과정이며 결과입니다.

둘째, 인생의 패러다임

고등학교, 대학교 등을 통해 여러분은 많은 학습을 하였습니다. 그리고 새로운 학습에 도전하고 있습니다. 현대 사회는 학습하지 않으면 도태되는 평생교육의 사회입니다. 새로운 지식과 급변하는 지식에 맞춰 평생학습을 해야 합니다. 이것은 평생 직업을 갖질 수 있는 기회가 됩니다.

노력한 만큼 그 결실은 큽니다. 링컨은 자기가 노력한 만큼 행복해진다고 했습니다. 저자는 여러분에게 권합니다. 꿈과 목표를 설정하세요.

“꿈꾸는 자만이 꿈을 이룰 수 있습니다. 꿈이 없으면 절대 꿈을 이룰 수 없습니다.”

셋째, 학습을 위한 조언

이번에 발행하게 된 전기기사, 산업기사 필기 자격증의 기본서로서 필기시험에 필요한 핵심 요약과 과년도 상세해설을 제공합니다.

각 단원의 내용을 이해하고 문제를 풀어갈 경우 고득점은 물론 실기시험에서도 적용할 수 있는 지식을 쌓을 수 있습니다.

여러분은 합격을 위해 매일 매일 실천하는 학습을 하시길 권합니다. 일주일에 주말을 통해 학습하는 것보다 매일 학습하는 것이 효과가 좋고 합격률이 높다는 것을 저자는 수많은 교육과 사례를 통해 알고 있습니다. 따라서 독자 여러분에게 매일 일정한 시간을 정하고 학습하는 것을 권합니다.

시간이 부족하다는 것은 핑계입니다. 하루 8시간 잠을 잔다면, 평생의 1/3을 잠을 잔다는 것입니다. 잠자는 시간 1시간만 줄여보세요. 여러분은 충분히 공부할 수 있는 시간이 있습니다. 텔레비전 보는 시간 1시간만 줄여보세요. 여러분은 공부할 시간이 더 많아집니다. 시간은 여러분이 만들 수 있습니다. 여러분 마음먹기에 따라 충분한 시간이 생깁니다. 노력하고 실천하는 독자여러분이 되시길 바랍니다.

끝으로 이 도서를 작성하는데 있어 수많은 국내외 전문서적 및 전문기술회지 등을 참고하고 인용하면서 일일이 그 내용을 밝히지 못하였으나, 이 자리를 빌어 이들 저자 각위에게 깊은 감사를 드립니다.

전기분야 자격증을 준비하는 모든 분들에게 합격의 영광이 있기를 기원합니다.

이 도서를 출간하는데 있어 먼저는 하나님께 영광을 돌리며, 수고하여 주신 도서출판 한솔아카데미 임직원 여러분께 심심한 사의를 표합니다.

저자 씀

시험안내 및 출제기준

❶ 수험원서접수

- 접수기간 내 인터넷을 통한 원서접수(www.q-net.or.kr) 원서접수 기간 이전에 미리 회원가입 후 사진 등록 필수
- 원서접수시간은 원서접수 첫날 09:00부터 마지막 날 18:00까지

❷ 기사 시험과목

구 분	전기기사	전기공사기사	전기 철도 기사
필 기	1. 전기자기학 2. 전력공학 3. 전기기기 4. 회로이론 및 제어공학 5. 전기설비기술기준 (한국전기설비규정[KEC])	1. 전기응용 및 공사재료 2. 전력공학 3. 전기기기 4. 회로이론 및 제어공학 5. 전기설비기술기준 (한국전기설비규정[KEC])	1. 전기자기학 2. 전기철도공학 3. 전력공학 4. 전기철도구조물공학
실 기	전기설비설계 및 관리	전기설비견적 및 관리	전기철도 실무

❸ 기사 응시자격

- 산업기사 + 1년 이상 경력자
- 기능사 + 3년 이상 경력자
- 타분야 기사자격 취득자
- 4년제 관련학과 대학 졸업 및 졸업예정자
- 전문대학 졸업 + 2년 이상 경력자
- 교육훈련기관(기사 수준) 이수자 또는 이수예정자
- 교육훈련기관(산업기사 수준) 이수자 또는 이수예정자 + 2년 이상 경력자
- 동일 직무분야 4년 이상 실무경력자

❹ 산업기사 시험과목

구 분	전기산업기사	전기공사산업기사
필 기	1. 전기자기학　2. 전력공학 3. 전기기기　4. 회로이론 5. 전기설비기술기준(한국전기설비규정[KEC])	1. 전기응용　2. 전력공학 3. 전기기기　4. 회로이론 5. 전기설비기술기준(한국전기설비규정[KEC])
실 기	전기설비설계 및 관리	전기설비 견적 및 시공

❺ 산업기사 응시자격

- 기능사 + 1년 이상 경력자
- 타분야 산업기사 자격취득자
- 전문대 관련학과 졸업 또는 졸업예정자
- 동일 직무분야 2년 이상 실무경력자
- 교육훈련기간(산업기사 수준) 이수자 또는 이수예정자

❻ 전기자기학 출제기준(2021.1.1~2023.12.31)

주요항목	세 부 항 목
1. 진공중의 정전계	1. 정전기 및 전자유도 2. 전계 3. 전기력선 4. 전하 5. 전위 6. 가우스의 정리 7. 전기쌍극자
2. 진공중의 도체계	1. 도체계의 전하 및 전위분포 2. 전위계수, 용량계수 및 유도계수 3. 도체계의 정전에너지 4. 정전용량 5. 도체간에 작용하는 정전력 6. 정전차폐
3. 유전체	1. 분극도와 전계 2. 전속밀도 3. 유전체 내의 전계 4. 경계조건 5. 정전용량 6. 전계의 에너지 7. 유전체 사이의 힘 8. 유전체의 특수현상
4. 전계의 특수해법 및 전류	1. 전기영상법 2. 정전계의 2차원 문제 3. 전류에 관련된 제현상 4. 저항률 및 도전율
5. 자계	1. 자석 및 자기유도 2. 자계 및 자위 3. 자기쌍극자 4. 자계와 전류 사이의 힘 5. 분포전류에 의한 자계
6. 자성체와 자기회로	1. 자화의 세기 2. 자속밀도 및 자속 3. 투자율과 자화율 4. 경계면의 조건 5. 감자력과 자기차폐 6. 자계의 에너지 7. 강자성체의 자화 8. 자기회로 9. 영구자석
7. 전자유도 및 인덕턴스	1. 전자유도 현상 2. 자기 및 상호유도작용 3. 자계에너지와 전자유도 4. 도체의 운동에 의한 기전력 5. 전류에 작용하는 힘 6. 전자유도에 의한 전계 7. 도체 내의 전류 분포 8. 전류에 의한 자계에너지 9. 인덕턴스
8. 전자계	1. 변위전류 2. 맥스웰의 방정식 3. 전자파 및 평면파 4. 경계조건 5. 전자계에서의 전압 6. 전자와 하전입자의 운동 7. 방전현상

학습전략 학습방법 및 시험유의사항

❶ 전기자기학 학습방법

전기자기학은 기본적인 이론을 중심으로 시험에 출제되는 과목이므로 지나치게 복잡한 수식전개의 문제보다는 기본개념과 기본적인 이론에 충실하게 공부하는 것이 유리하다.
전계와 자계는 동일한 개념으로 접근되므로 전계에 대한 내용을 충실히 공부하고 대응하는 자계의 이론을 적용하는 것이 쉽다.
자기학에서는 정전용량과 인덕턴스는 기본적인 개념이 되며, 가장 기본적인 법칙인 암페어의 주회 적분법칙, 가우스 법칙 등 기본법칙은 반드시 이해하고 공부하는 것이 바람직하다.
난이도가 높은 문제보다는 기본적인이고 기초적인 공부를 정확하게 하는 것이 좋다.

❷ 전기자기학 학습전략

수 년 동안 기출문제를 분석해보면 이 과목은 공식으로 출제되는 문제의 % 비율이 50% 이상이다. 그리고 말로 서술된 문제의 유형 20%, 계산 문제 유형 30% 정도의 비율로 출제된다. 따라서 우선적으로 공식으로 출제된 문제들을 공략한 후 말로 서술된 문제를 마스터 한다. 공식은 오랜 동안의 시간이 지나도 변함이 없기 때문에 문제가 변형될 확률이 가장 낮다. 접계와 자계의 유사성으로 공식을 정리하는 것을 추천한다. 다음은 말로 서술된 문제를 공략하는데 이 경우는 공식에 대한 내용을 말로 풀어서 주로 출제되기 때문에 공식을 접목시켜 학습하는 것이 중요하다. 마지막으로 계산문제는 쉬운 문제 중심으로 학습하면서 점차 범위를 넓혀나가는 방법으로 시간을 활용하는 것이 바람직하다.

❸ 전기자기학 출제분석

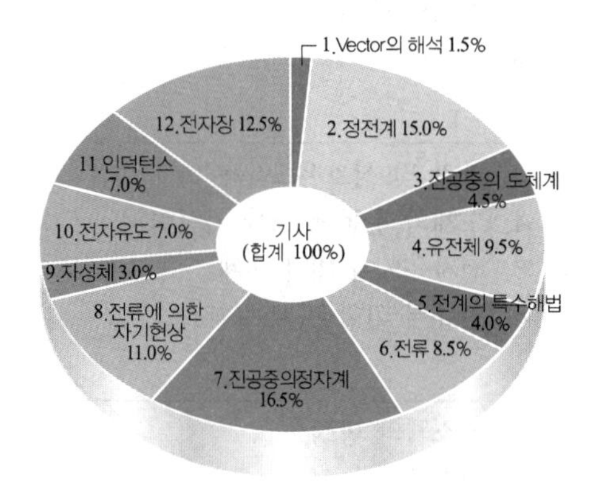

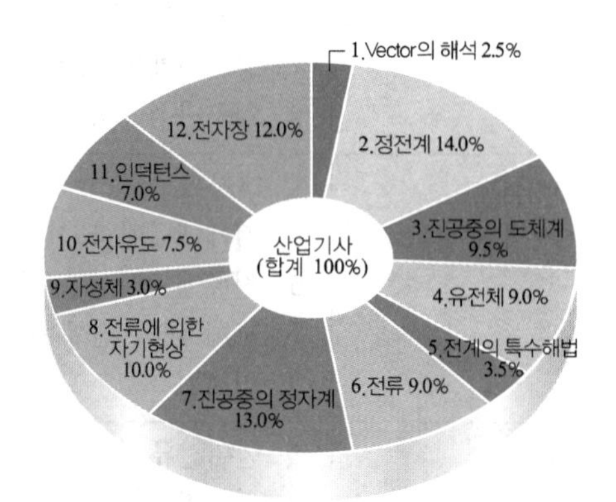

❹ 전기(산업)기사 필기 합격률

연도	기사 필기 합격률			산업기사 필기 합격률		
	응시	합격	합격률(%)	응시	합격	합격률(%)
2021	60,499	13,412	22.2%	37,892	7,011	18.5%
2020	56,376	15,970	28.3%	34,534	8,706	25.2%
2019	49,815	14,512	29.1%	37,091	6,629	17.9%
2018	44,920	12,329	27.4%	30,920	6,583	21.3%
2017	43,104	10,831	25.1%	29,428	5,779	19.6%
2016	38,632	9,085	23.5%	27,724	5,790	20.9%

❺ 필기시험 응시자 유의사항

① 수험자는 필기시험 시 (1)수험표 (2)신분증 (3)검정색 사인펜 (4)계산기 등을 지참하여 지정된 시험실에 입실 완료해야 합니다.

② 필기시험 합격자는 당해 필기시험 합격자 발표일로부터 2년간 필기시험을 면제받게 되며, 실기시험 응시자는 당해 실기시험의 발표 전까지는 동일종목의 실기시험에 중복하여 응시할 수 없습니다.

③ 기사 필기시험 전 종목은 답안카드 작성시 수정테이프(수험자 개별지참)를 사용할 수 있으나(수정액 및 스티커 사용 불가) 불완전한 수정처리로 인해 발생하는 불이익은 수험자에게 있습니다. (인적사항 마킹란을 제외한 답안만 수정가능)

※ 시험기간 중, 통신기기 및 전자기기를 소지할 수 없으며 부정행위 방지를 위해 금속탐지기를 사용하여 검색할 수 있음

④ 기사/산업기사/서비스분야(일부 제외) 시험은 응시자격이 미달되거나 정해진 기간까지 서류를 제출하지 않을 경우 필기시험 합격예정이 무효되오니 합격예정자께서는 반드시 기한 내에 서류를 공단 지사로 제출하시기 바랍니다.

■ 허용군 공학용계산기 사용을 원칙으로 하나, 허용군 외 공학용계산기를 사용하고자 하는 경우 수험자가 계산기 매뉴얼 등을 확인하여 직접 초기화(리셋) 및 감독위원 확인 후 사용가능

▶ 직접 초기화가 불가능한 계산기는 사용 불가 [2020.7.1부터 허용군 외 공학용계산기 사용불가 예정]

제조사	허용기종군
카시오(CASIO)	FX-901~999, FX-501~599, FX-301~399, FX-80~120
샤프(SHARP)	EL-501~599, EL-5100, EL-5230, EL-5250, EL-5500
유니원(UNIONE)	UC-400M, UC-600E, UC-800X
캐논(CANON)	F-715SG, F-788SG, F-792SGA
모닝글로리 (MORNING GLORY)	ECS-101

※ 위의 세부변경 사항에 대하여는 반드시 큐넷(Q-net) 홈페이지 공지사항 참조

이론정리로 시작하여 예제문제로 이해!!

이론정리 예제문제

- 학습길잡이 역할
- 각 장마다 이론정리와 예제문제를 연계하여 단원별 이론을 쉽게 이해할 수 있도록 하여 각 장마다 이론정리를 마스터 하도록 하였다.

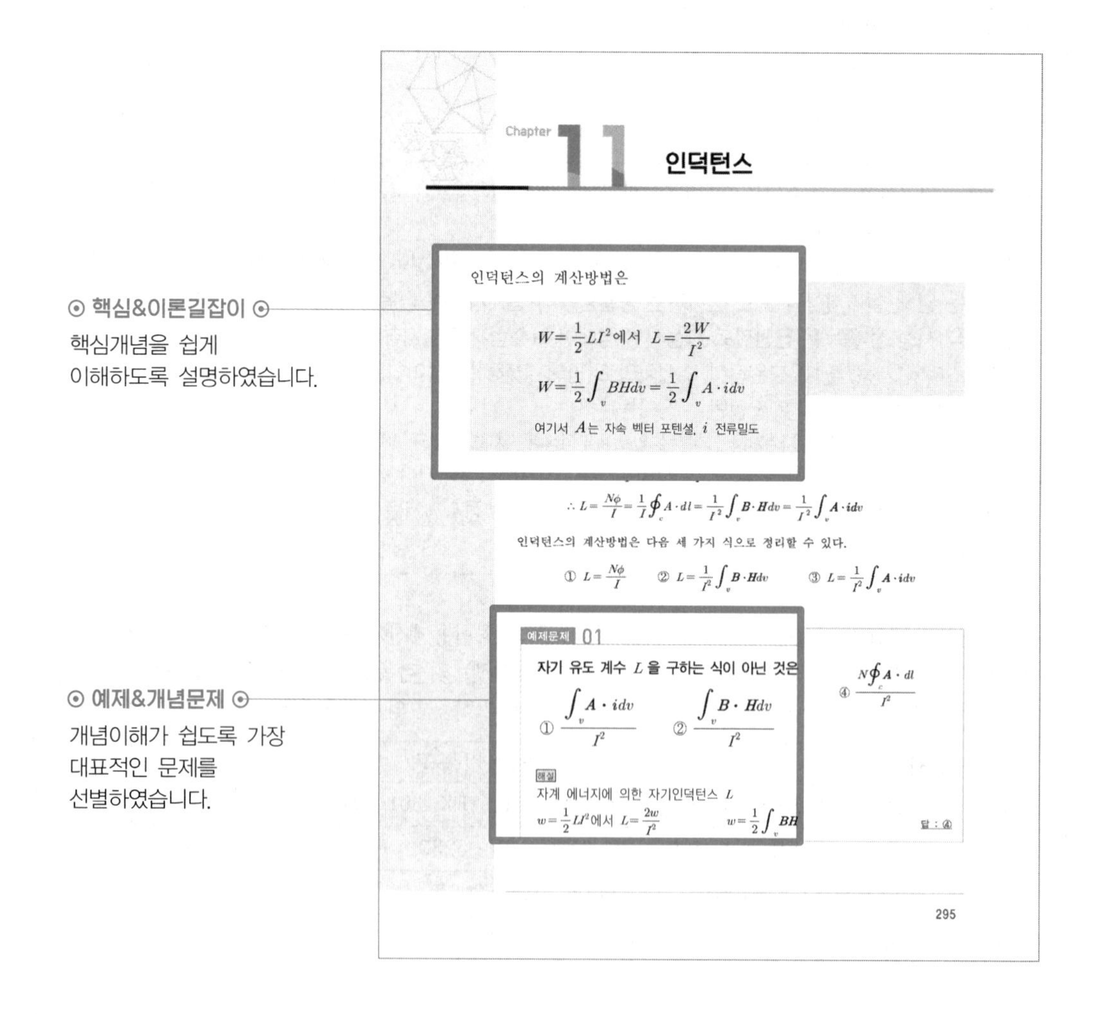

기본 문제풀이부터 고난도 심화문제까지!!

핵심 과년도구성

- 반복적인 학습문제
- 각 장마다 핵심과년도를 집중적이고 반복적으로 문제풀이를 학습하여 출제경향을 한 눈에 알 수 있게 하였다.

심화학습 문제구성

- 고난도 문제풀이
- 심화학습문제를 엄선하여 정답 및 풀이에서 고난도 문제를 해결하는 노하우를 확인할 수 있게 하였다.

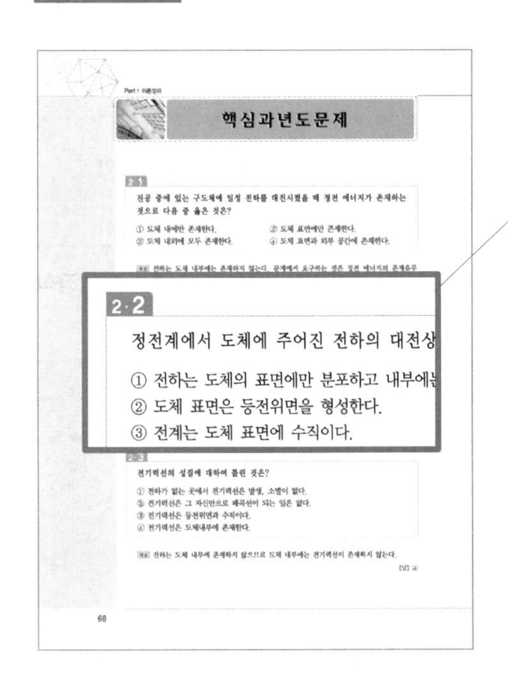

⊙ 반복적인 학습문제 ⊙

집중적이고 반복적인 문제풀이로 출제경향을 파악하도록 하였습니다.

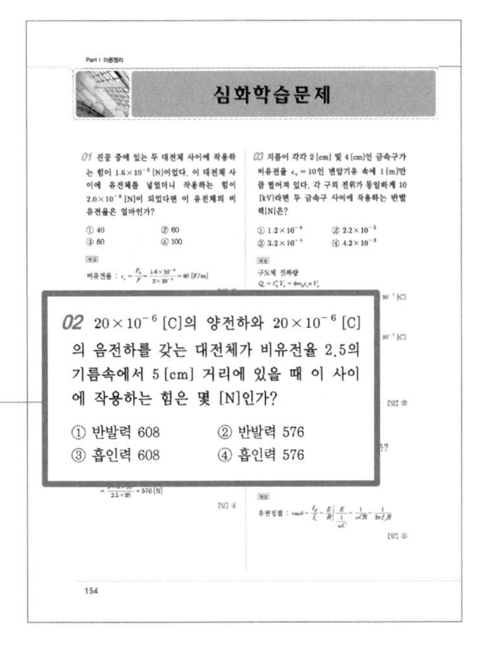

⊙ 고난도 심화문제 ⊙

문제 해결능력을 강화할 수 있도록 고난도 문제를 구성하였습니다.

목차 CONTENTS

PART 01 이론정리

CHAPTER 01 | Vector의 해석 3

1. 스칼라와 벡터 ······ 3
2. 벡터의 종류 ······ 4
3. 벡터 가감법 ······ 8
4. 벡터의 내적과 외적 ······ 9
5. 벡터의 미분 ······ 12
심화학습문제 ······ 17

CHAPTER 02 | 정전계 19

1. 정전기와 전하 ······ 19
2. 쿨롱의 법칙 ······ 21
3. 전계와 전기력선 ······ 23
4. 전위와 전위차 ······ 29
5. 가우스법칙 ······ 38
6. 도체의 성질과 전하분포 ······ 41
7. 전하분포에 따른 전계의 세기 및 전위 ······ 42
8. 발산(divergence)정리 ······ 59
9. 포아송의 방정식과 라플라스 방정식 60
10. 전기쌍극자 ······ 62
핵심과년도문제 ······ 66
심화학습문제 ······ 75

CHAPTER 03 | 진공중의 도체계 91

1. 도체계 ······ 91
2. 정전용량(electrostatic capacity)의 계산 ······ 97
3. 콘덴서의 합성 ······ 107
4. 정전에너지 및 정전에너지밀도 ······ 108
핵심과년도문제 ······ 111
심화학습문제 ······ 116

CHAPTER 04 | 유전체 125

1. 유전체 ······ 125
2. 분극 ······ 127
3. 유전체중의 전속밀도 ······ 132
4. 패러데이관 ······ 133
5. 유전체의 경계조건 ······ 135
6. 복합유전체의 정전용량 ······ 140
7. 유전체에 작용하는 힘 ······ 143

핵심과년도문제 ······ 147

심화학습문제 ······ 154

CHAPTER 05 | 전계의 특수해법(전기영상법) 165

1. 평면도체와 점 전하 ······ 165
2. 접지 도체구와 점전하 ······ 168

핵심과년도문제 ······ 171

심화학습문제 ······ 173

CHAPTER 06 | 전 류 175

1. 전류의 정의 ······ 175
2. 전류밀도 ······ 175
3. 옴의 법칙 ······ 177
4. 전력과 주울열 ······ 180
5. 저항과 정전용량 ······ 183
6. 열전현상 ······ 186

핵심과년도문제 ······ 188

심화학습문제 ······ 192

CHAPTER 07 | 진공중의 정자계 197

1. 정자계와 자하 ······ 197
2. 쿨롱의 법칙 ······ 197
3. 자계와 자기력선 ······ 199
4. 자위와 자위차 ······ 203
5. 자기 쌍극자 ······ 204
6. 자기 2중층(판자석) ······ 205
7. 자기 모먼트와 회전력 ······ 207

핵심과년도문제 ······ 210

심화학습문제 ······ 212

목차 CONTENTS

CHAPTER 08 | 전류에 의한 자기현상 215

1. 전류의 자기작용 ······ 215
2. 전류에 의한 자계의 세기 ······ 217
3. Stokes의 정리 ······ 227
4. 암페어의 주회적분 법칙의 미분형 228
5. 자계내의 전류에 작용하는 힘 ······ 229
핵심과년도문제 ······ 235
심화학습문제 ······ 241

CHAPTER 09 | 자성체 247

1. 자화 ······ 247
2. 자성체의 경계조건 ······ 257
3. 자계에너지 ······ 258
4. 자기회로 ······ 261
핵심과년도문제 ······ 266
심화학습문제 ······ 271

CHAPTER 10 | 전자유도 279

1. 전자유도법칙 ······ 279
2. 전자유도법칙의 미분형 ······ 281
3. 운동기전력 ······ 282
4. 표피효과 ······ 283
핵심과년도문제 ······ 285
심화학습문제 ······ 289

CHAPTER 11 | 인덕턴스 295

1. 인덕턴스의 계산 ······ 296
2. 유도결합회로 ······ 303
핵심과년도문제 ······ 308
심화학습문제 ······ 313

CHAPTER 12 | 전자장

319

1. 변위전류(displacement current) ······ 319
2. 맥스웰의 전계와 자계에 대한 방정식 ······ 322
3. 전자계의 파동방정식 ······ 326
4. 정자계 에너지와 포인팅 벡터 ······ 332

핵심과년도문제 ······ 336

심화학습문제 ······ 341

Electricity

꿈·은·이·루·어·진·다

이론정리

chapter 01 Vector의 해석
chapter 02 정전계
chapter 03 진공중의 도체계
chapter 04 유전체
chapter 05 전계의 특수해법(전기영상법)
chapter 06 전 류
chapter 07 진공중의 정자계
chapter 08 전류에 의한 자기현상
chapter 09 자성체
chapter 10 전자유도
chapter 11 인덕턴스
chapter 12 전자장

Chapter 1 Vector의 해석

1. 스칼라와 벡터

물리량을 표현하는 일반적인 방법은 2가지로 스칼라량 적인 방법과 벡터량 적인 방법이 있다.

스칼라(scalar)량은 크기만을 가지는 물리량으로 일, 일률, 에너지, 온도, 속력, 길이, 넓이, 부피, 질량, 밀도, 전위, 압력, 전위, 자위, 등이 이것에 해당한다.

벡터(vector)량은 크기와 방향을 가진 물리량으로 힘, 무게, 변위, 속도, 가속도, 운동량, 충격량, 전기장, 전계, 자계, 토크(회전력) 등을 나타내는 량이다.

스칼라량의 표기는 A, a, $\overline{A}$, $\overline{a}$ 등으로 표현하며, 벡터의 경우는 $\boldsymbol{A}$, $\boldsymbol{a}$, $\overrightarrow{A}$, $\vec{a}$, $\dot{A}$ 등으로 표기한다. 벡터량의 경우 자기학에서는 일반적으로 볼드체인 $\boldsymbol{A}$를 사용한다.

1.1 벡터의 표기

$\boldsymbol{A} = \dot{A} = A\boldsymbol{a}_o$ = 크기×단위벡터(방향)

여기서 $\boldsymbol{a}_0$는 단위벡터(unit vector)를 말하며, 크기가 1이면서 방향성분을 나타내는 벡터를 말한다. 다음은 단위벡터의 사용례를 나타낸 것이다.

(1) 전계의 세기

$$\boldsymbol{E} = \frac{Q}{4\pi\epsilon_o r^2}\boldsymbol{r}_o = 9\times 10^9 \times \frac{Q}{r^2}\boldsymbol{r}_o [\mathrm{V/m}]$$

(2) 자계의 세기

$$\boldsymbol{H} = \frac{m}{4\pi\mu_o r^2}\boldsymbol{r}_o = 6.33\times 10^4 \times \frac{m}{r^2}\boldsymbol{r}_o [\mathrm{AT/m}]$$

1.2 벡터의 크기와 방향 1)

벡터의 크기와 방향을 표현할 경우는 그림 1과 같다.

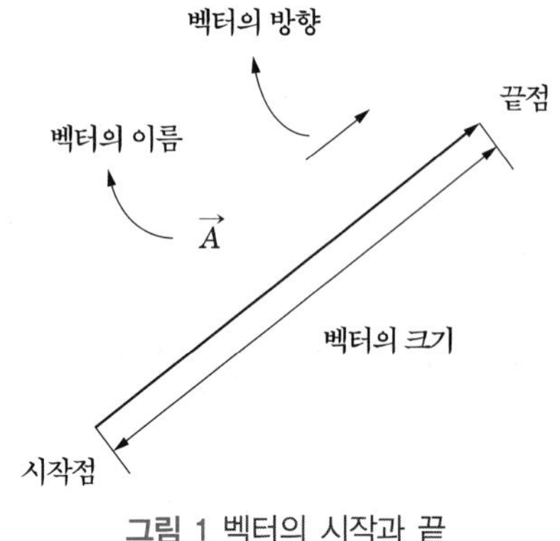

그림 1 벡터의 시작과 끝

2. 벡터의 종류

2.1 기본벡터

기본적인 벡터를 표시하는 방법은 직교좌표계, 직각좌표계, 원동좌표계, 구좌표계 등이 있다.

(1) 직각좌표(공간좌표)

임의의 한 점의 위치를 공간에 표시하려면 3차원의 직각 좌표계에서 $\boldsymbol{A}$를 나타낼 수 있다. x와 y축의 직교좌표계를 해석한 다음 z축의 생각하면 간단히 표현할 수 있다.

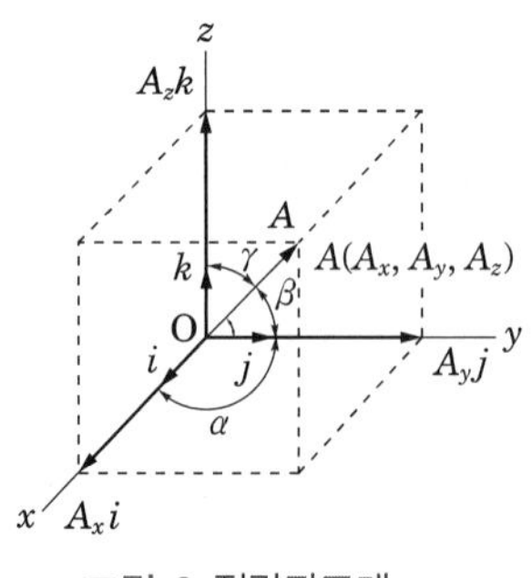

i : x축 방향 표시 벡터
j : y축 방향 표시 벡터
k : z축 방향 표시 벡터

그림 2 직각좌표계

1) 시점 0을 좌표상의 원점으로 취하는 벡터를 위치벡터라 하고 원점으로 취하지 않는 벡터를 변위벡터라 한다.

임의의 벡터 $\boldsymbol{A}$의 좌표 $(x,\ y,\ z)$이 $(A_x, A_y,\ A_z)$인 좌표를 지난다면 $\boldsymbol{A}= A_x\boldsymbol{i}+ A_y\boldsymbol{j}+ A_z\boldsymbol{k}$로 표현할 수 있다.

그림 2에서 위치벡터 $\boldsymbol{A}$는

$$\boldsymbol{A}= A_x\boldsymbol{i}+ A_y\boldsymbol{j}+ A_z\boldsymbol{k}$$

벡터의 크기는

$$\boldsymbol{A} =|A|= \sqrt{{A_x}^2 + {A_y}^2 + {A_z}^2}$$

단위벡터는

$$\boldsymbol{a}_0 = \frac{\boldsymbol{A}}{A}= \frac{A_x}{A}\boldsymbol{i}+ \frac{A_y}{A}\boldsymbol{j}+ \frac{A_z}{A}\boldsymbol{k}$$

각 방향과의 여현함수(cos)는

α : $\boldsymbol{A}$와 x 축이 이루는 각
β : $\boldsymbol{A}$와 y 축이 이루는 각
γ : $\boldsymbol{A}$와 z 축이 이루는 각

이라 하면

$$\cos\alpha = \frac{A_x}{A}= l$$

$$\cos\beta = \frac{A_y}{A}= m$$

$$\cos\gamma = \frac{A_z}{A}= n$$

$\boldsymbol{A}= A_x\boldsymbol{i}+ A_y\boldsymbol{j}+ A_z\boldsymbol{k}$ 이므로 $\boldsymbol{a}_0 = \frac{\boldsymbol{A}}{A}= \frac{A_x}{A}\boldsymbol{i}+ \frac{A_y}{A}\boldsymbol{j}+ \frac{A_z}{A}\boldsymbol{k}$

$$\begin{aligned}\boldsymbol{a}_0 &= \cos\alpha\boldsymbol{i}+ \cos\beta\boldsymbol{j}+ \cos\gamma\boldsymbol{k}\\ &= l\boldsymbol{i}+ m\boldsymbol{j}+ n\boldsymbol{k}\end{aligned}$$

가 된다.

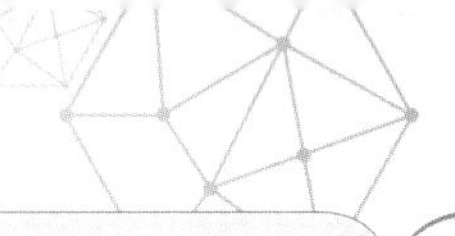

(2) 원통좌표계

3차원 공간의 점 p는 $(r,\ \phi,\ z)$로 표시된다.
r은 원점 o에서 p의 xy평면으로의 p'까지의 거리를 나타낸다. 다시 말하면, r은 z축에서 p까지의 거리를 나타낸다.
ϕ는 양의 x축 방향에서 반시계 방향으로 측정한 op의 각에 해당한다.
z는 z축과 같다.

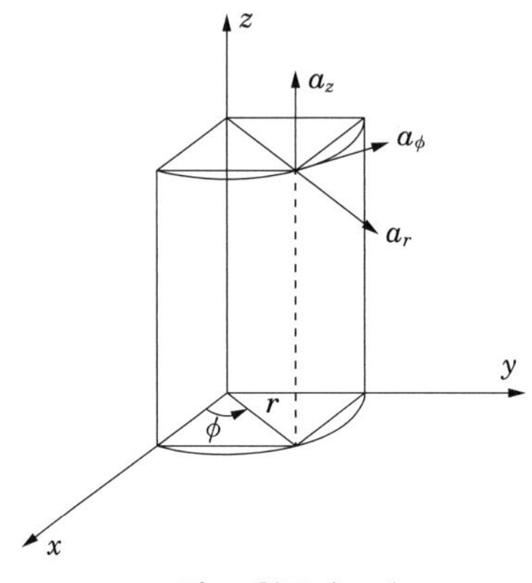

그림 3 원통좌표계

좌표점 : $p(r,\ \phi,\ z)$
기본 Vector : $\boldsymbol{a_r}$, $\boldsymbol{a_\phi}$, $\boldsymbol{a_z}$
벡터 $\boldsymbol{A} = A_r\boldsymbol{a_r} + A_\phi\boldsymbol{a_\phi} + A_z\boldsymbol{a_z}$

(3) 구좌표계

좌표 $P(r,\ \theta,\ \phi)$는 다음과 같이 정의된다.
r은 원점으로부터 P점까지의 거리를 말한다.
θ는 z축 양의 방향에서 원점과 P가 이루는 직선까지의 각을 말한다.
ϕ는 x축 양의 방향에서 원점과 P가 이루는 직선을 xy평면에 투영시킨 지선의 각을 말한다.

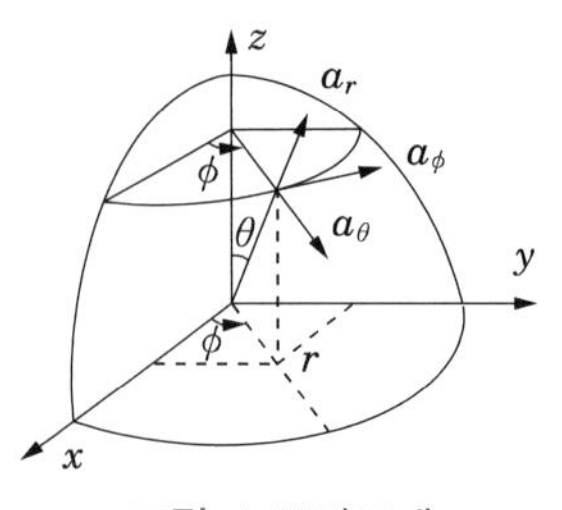

그림 4 구좌표계

좌표점 : $P(r,\ \theta,\ \phi)$

기본 Vector : $\boldsymbol{a}_r$, $\boldsymbol{a}_\theta$, $\boldsymbol{a}_\phi$

벡터 $\boldsymbol{A} = A_r\boldsymbol{a}_r + A_\theta\boldsymbol{a}_\theta + A_\phi\boldsymbol{a}_\phi$

2.2 단위벡터(Unit Vector)

크기가 1이면서 방향만을 갖는 벡터를 말하며 $\boldsymbol{i}$, $\boldsymbol{j}$, $\boldsymbol{k}$를 포함한다. 임의의 벡터 $\boldsymbol{A} = A_x\boldsymbol{i} + A_y\boldsymbol{j} + A_z\boldsymbol{k}$라 하면 이 벡터의 크기는

$$A = \sqrt{A_x^2 + A_y^2 + A_z^2}$$

이므로 단위벡터는 크기 A의 $\boldsymbol{a}_0$방향성분이라 하면

$$\boldsymbol{A} = A\boldsymbol{a}_0$$

$$\boldsymbol{a}_0 = \frac{\boldsymbol{A}}{A} = \frac{A_x\boldsymbol{i} + A_y\boldsymbol{j} + A_z\boldsymbol{k}}{\sqrt{A_x{}^2 + A_y{}^2 + A_z{}^2}} = \frac{A_x}{A}\boldsymbol{i} + \frac{A_y}{A}\boldsymbol{j} + \frac{A_z}{A}\boldsymbol{k}$$
$$= a_x\boldsymbol{i} + a_y\boldsymbol{j} + a_z\boldsymbol{k}$$

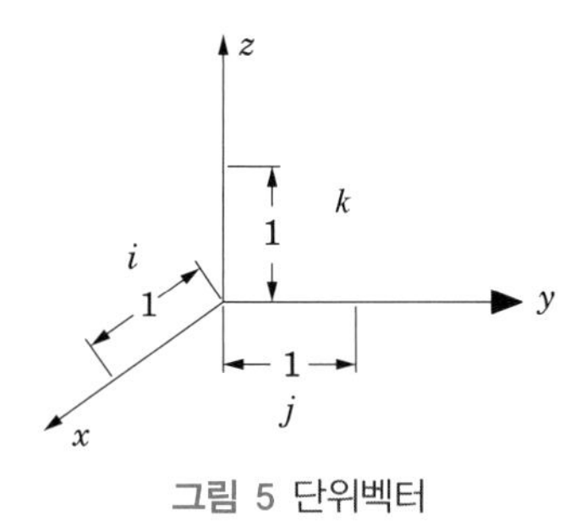

그림 5 단위벡터

2.3 법선벡터

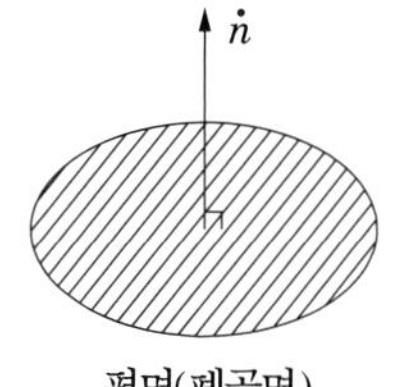

그림 6 법선벡터

크기가 1이면서 폐곡면에 대해 수직인 벡터를 말한다. 즉 두 벡터를 회전시켰을 때 발생하는 또 다른 벡터의 진행 방향이 폐곡면에 수직으로 발생하므로 이 때 표기하는 벡터이다.

$$\dot{n} = \boldsymbol{n}$$

3. 벡터 가감법

두 벡터의 합은 "$\boldsymbol{A}+\boldsymbol{B}$"와 같이 표시하며, 아래의 그림 7의 왼쪽 그림과 같이 두 벡터의 시작점을 일치시키고 두 벡터를 이웃하는 두 변으로 하는 평행사변형을 얻은 후 두 벡터의 공통 시작점을 시작점으로 하고, 시작점에서 마주보는 꼭짓점을 끝점해서 얻어지는 새로운 벡터를 두 벡터의 합이라 한다.

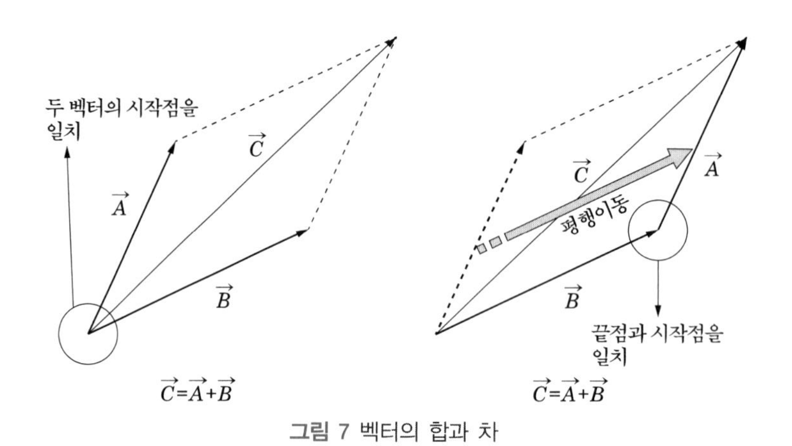

그림 7 벡터의 합과 차

두 벡터의 뺄셈은 "$\boldsymbol{A}+\boldsymbol{B}$"와 같이 표시한다. 즉 아래 그림 8과 같이 뺄셈의 기호 상에서 뒤에 있는 벡터에 "−"을 곱한 후 두 벡터를 더한 것을 의미한다.

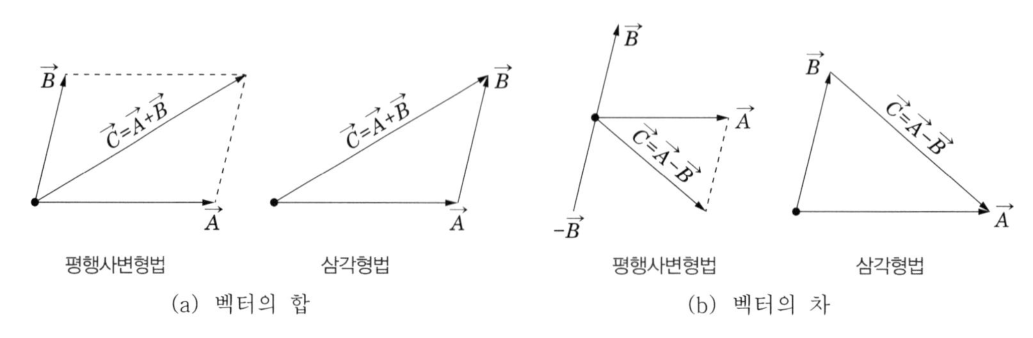

그림 8 벡터의 합과 차

벡터의 합과 차는 그림 8과 같이 평행사변형법 또는 삼각형법으로 구한 것과 같다.

직각좌표의 경우 다음 두 벡터가 있을 때 합과 차는 다음과 같다.

$$\boldsymbol{A} = A_x\boldsymbol{i} + A_y\boldsymbol{j} + A_z\boldsymbol{k}$$
$$\boldsymbol{B} = B_x\boldsymbol{i} + B_y\boldsymbol{j} + B_z\boldsymbol{k}$$

일 때 $\boldsymbol{A} \pm \boldsymbol{B}$는 다음과 같다.

$$\boldsymbol{A} \pm \boldsymbol{B} = (A_x \pm B_x)\boldsymbol{i} + (A_y \pm B_y)\boldsymbol{j} + (A_z \pm B_z)\boldsymbol{k}$$

예제문제 01

어떤 물체에 $\boldsymbol{F_1} = -3i + 4j - 5\boldsymbol{k}$와 $\boldsymbol{F_2} = 6i + 3j - 2\boldsymbol{k}$의 힘이 작용하고 있다. 이 물체에 $\boldsymbol{F_3}$을 가하였을 때 세 힘이 평형이 되기 위한 $\boldsymbol{F_3}$은?

① $\boldsymbol{F_3} = -3i - 7j + 7\boldsymbol{k}$
② $\boldsymbol{F_3} = 3i + 7j - 7\boldsymbol{k}$
③ $\boldsymbol{F_3} = 3i - j - 7\boldsymbol{k}$
④ $\boldsymbol{F_3} = 3i - j + 3\boldsymbol{k}$

해설
세 힘이 평형이 된다는 것은 $\boldsymbol{F_1} + \boldsymbol{F_2} + \boldsymbol{F_3} = 0$ 됨을 의미한다.
$\therefore \boldsymbol{F_3} = -(\boldsymbol{F_1} + \boldsymbol{F_2}) = -\{(-3i + 4j - 5k) + (6i + 3j - 2k)\} = -(3i + 7j - 7k) = -3i - 7j + 7k$

답 : ①

4. 벡터의 내적과 외적

4.1 내적(inner product) (스칼라적)

내적은 연산한 결과가 스칼라량이 된다.

$$\boldsymbol{A} \cdot \boldsymbol{B} = AB\cos\theta \text{ (교환법칙 성립)}$$

위 식은 그림 9에서 보는 것과 같이 B에 $A\cos\theta$의 값을 곱한 것을 의미한다.

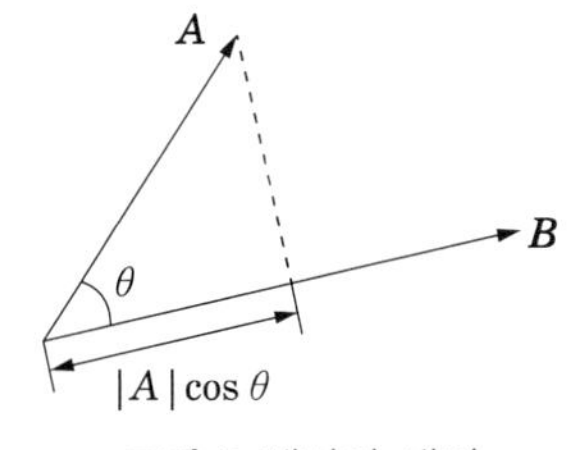

그림 9 벡터의 내적

일반적으로 A 도트 B라고 읽으며 이것은 방향이 다른 두 벡터의 곱셈을 할 때 두 벡터의 방향을 일치시킨 후 그 크기만을 곱하는 것을 의미한다.

기본 Vector의 내적은 다음과 같다.
같은 성분끼리 내적을 하면 1이다.

$\boldsymbol{i} \cdot \boldsymbol{i} = |i||i|\cos 0° = 1$ 이므로
$\boldsymbol{i} \cdot \boldsymbol{i} = \boldsymbol{j} \cdot \boldsymbol{j} = \boldsymbol{k} \cdot \boldsymbol{k} = 1$이다.

수직 성분끼리 내적을 하면 0이다.

$\boldsymbol{i} \cdot \boldsymbol{j} = |i||j|\cos 90° = 0$이므로
$\boldsymbol{i} \cdot \boldsymbol{j} = \boldsymbol{j} \cdot \boldsymbol{k} = \boldsymbol{k} \cdot \boldsymbol{i} = 0$

예를 들면

$$\boldsymbol{A} \cdot \boldsymbol{B} = (A_x\boldsymbol{i} + A_y\boldsymbol{j} + A_z\boldsymbol{k}) \cdot (B_x\boldsymbol{i} + B_y\boldsymbol{j} + B_z\boldsymbol{k}) = A_xB_x + A_yB_y + A_zB_z$$

와 같이 계산된다. 즉 결과가 스칼라값을 가지게 된다.

예제문제 02

$\boldsymbol{A} = -i7 - j$, $\boldsymbol{B} = -i3 - j4$ 의 두 벡터가 이루는 각은 몇 도인가?

① 30 ② 45 ③ 60 ④ 90

해설
벡터의 내적 : $\boldsymbol{A} \cdot \boldsymbol{B} = AB\cos\theta$

$$\therefore \cos\theta = \frac{\boldsymbol{A} \cdot \boldsymbol{B}}{|A||B|} = \frac{A_xB_x + A_yB_y}{\sqrt{A^2}\sqrt{B^2}}$$

$$= \frac{(-7)\times(-3) + (-1)\times(-4)}{\sqrt{(-7)^2 + (-1)^2}\sqrt{(-3)^2 + (-4)^2}} = \frac{21+4}{\sqrt{50}\times 5} = \frac{25}{25\sqrt{2}} = \frac{1}{\sqrt{2}}$$

$$\therefore \theta = \cos^{-1}\frac{1}{\sqrt{2}} = 45°$$

답 : ②

4.2 외적(cross product, outer product) (벡터적)

외적은 연산한 결과가 벡터량이 된다.

$$\boldsymbol{A} \times \boldsymbol{B} = \boldsymbol{n}|\boldsymbol{A} \times \boldsymbol{B}| = \boldsymbol{n}\, AB\sin\theta$$ [2)]

2) 법선벡터 $\boldsymbol{n}$은 벡터 $\boldsymbol{A}$에서 벡터 $\boldsymbol{B}$로 회전(오른나사의 회전방향)시켰을 때 발생하는 회전 벡터의 진행방향 (오른나사의 진행방향)의 단위 Vector 라 한다. 즉, $|\boldsymbol{A} \times \boldsymbol{B}|$의 법선 단위 Vector를 말한다. 일반적으로

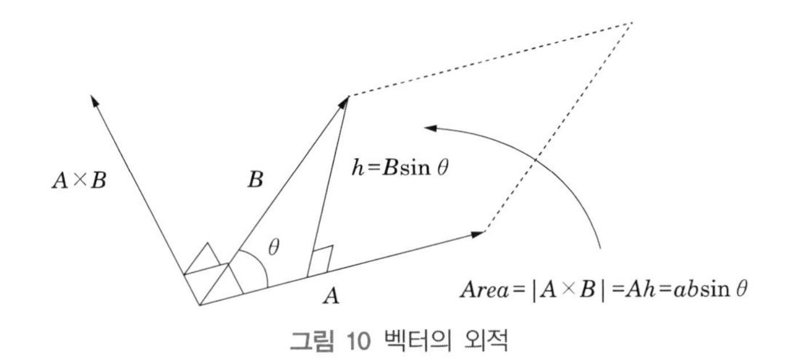

그림 10 벡터의 외적

$\boldsymbol{A}\times\boldsymbol{B}$ 라고 하며 이 계산의 의미는 방향이 서로 다른 두 벡터의 곱셈을 할 때 두 벡터의 방향을 수직으로 한 후 그 면적을 크기로 하고 그 면에 수직인 벡터를 곱하여 계산한다. 방향은 오른나사의 방향과 같다.
기본 Vector의 내적은 다음과 같다.
같은 성분끼리 외적을 하면 0 된다.

$$\boldsymbol{i}\times\boldsymbol{i}=\boldsymbol{j}\times\boldsymbol{j}=\boldsymbol{k}\times\boldsymbol{k}=0$$

수직 성분끼리 외적을 하면 이들 벡터의 또 다른 수직 벡터가 된다.

회전 : 오른 나사 방향	회전 : 오른 나사 반대 방향(−)
ⓐ $\boldsymbol{i}\times\boldsymbol{j}=\boldsymbol{k}$	ⓐ $\boldsymbol{j}\times\boldsymbol{i}=-\boldsymbol{k}$
ⓑ $\boldsymbol{j}\times\boldsymbol{k}=\boldsymbol{i}$	ⓑ $\boldsymbol{k}\times\boldsymbol{j}=-\boldsymbol{i}$
ⓒ $\boldsymbol{k}\times\boldsymbol{i}=\boldsymbol{j}$	ⓒ $\boldsymbol{i}\times\boldsymbol{k}=-\boldsymbol{j}$

예제문제 03

세 단위 벡터간의 벡터 곱(vector product)과 관계없는 것은?

① $i\times j=-j\times i=k$
② $k\times i=-i\times k=j$
③ $i\times i=j\times j=k\times k=0$
④ $i\times j=0$

해설

$i\times j=-j\times i=k,\ j\times k=-k\times j=i$

$k\times i=-i\times k=j,\ i\times i=j\times j=k\times k=(1\times 1\sin 0)=0$

답 : ④

예제문제 04

$\boldsymbol{A}=10\hat{x}-10\hat{y}+5\hat{z}$, $\boldsymbol{B}=4\hat{x}-2\hat{y}+5\hat{z}$ 는 어떤 평행 사변형의 두 변을 표시하는 벡터이다. 이 평행 사변형의 면적의 크기는? 단, $\hat{x}$: x 축 방향의 기본 벡터, $\hat{y}$: y 축 방향의 기본 벡터, $\hat{z}$: z 축 방향의 기본 벡터이며 좌표는 직각 좌표이다.

① $5\sqrt{3}$　② $7\sqrt{19}$　③ $10\sqrt{29}$　④ $14\sqrt{7}$

해설

외적의 크기 : $|\boldsymbol{A}\times\boldsymbol{B}|$ 두 벡터의 외적의 크기가 두 벡터가 이루는 평행 사변형의 면적

$$\therefore \boldsymbol{A}\times\boldsymbol{B}=\begin{vmatrix} i & j & k \\ 10 & -10 & 5 \\ 4 & -2 & 5 \end{vmatrix}=-40\boldsymbol{i}-30\boldsymbol{j}+20\boldsymbol{k}$$

$$\therefore |\boldsymbol{A}\times\boldsymbol{B}|=\sqrt{(-40)^2+(-30)^2+20^2}=\sqrt{2900}=10\sqrt{29}$$

답 : ③

5. 벡터의 미분

경도(gradient), 발산(divergence), 회전(rotation), 프와송의 방정식, 라플라스 방정식 등을 연산하기 위해서는 벡터의 미분 연산자를 이용하여 해석한다.

함수를 미분할 때는 $\frac{d}{dx}$, $\frac{d}{dt}$, $\frac{d}{dy}$ 로 표기하며, 백터를 미분할 때는 $\frac{\partial}{\partial x}$, $\frac{\partial}{\partial y}$, $\frac{\partial}{\partial z}$ 로 표기한다.

여기서, $\frac{\partial}{\partial x}$: x에 대해서만 미분, 나머지는 상수 취급

$\frac{\partial}{\partial y}$: y에 대해서만 미분, 나머지는 상수 취급

$\frac{\partial}{\partial z}$: z에 대해서만 미분, 나머지는 상수 취급

5.1 벡터의 미분연산자(▽)

나블라(nabla) 또는 델(del), 헤밀튼 연산자

각 성분을 편미분하여 방향 성분 벡터를 곱한 것을 말한다.

$$\nabla=\left(\frac{\partial}{\partial x}\boldsymbol{i}+\frac{\partial}{\partial y}\boldsymbol{j}+\frac{\partial}{\partial z}\boldsymbol{k}\right)$$

5.2 기울기 벡터(gradient)

기울기는 구배, 경도(gradient)와 같은 의미이며, 임의의 스칼라 함수에 ▽를 취하면 그 함수의 기울기 벡터가 된다. 스칼라 함수 전위 V의 기울기 벡터는 다음과 같다.

$$\text{grad}\, V = \nabla \cdot V$$

$$\nabla \cdot V = \left(\frac{\partial}{\partial x}i + \frac{\partial}{\partial y}j + \frac{\partial}{\partial z}\boldsymbol{k}\right)V = \frac{\partial V}{\partial x}i + \frac{\partial V}{\partial y}j + \frac{\partial V}{\partial z}\boldsymbol{k}$$

V (스칼라 함수)는 스칼라량이지만 기울기(경도)의 결과인 grad$V$는 벡터량이 된다.

5.3 발산(Divergence)

벡터 미적분학에서 발산(發散, Divergence)은 벡터장이 정의된 공간의 한 점에서의 장이 퍼져 나오는지, 아니면 모여서 없어지는지의 정도를 측정하는 연산자를 말한다.

$$\text{div}\ \boldsymbol{E} = \nabla \cdot \boldsymbol{E}$$

$$\nabla \cdot \boldsymbol{E} = \left(\frac{\partial}{\partial x}i + \frac{\partial}{\partial y}j + \frac{\partial}{\partial z}\boldsymbol{k}\right) \cdot (E_x i + E_y j + E_z \boldsymbol{k})$$

$$= \frac{\partial E_x}{\partial x} + \frac{\partial E_y}{\partial y} + \frac{\partial E_z}{\partial z}$$

벡터 $\boldsymbol{E}$방향으로 그려진 단위체적에서 발산(divergence)하는 선속수의 물리적 의미를 가지므로 $\boldsymbol{E}$(벡터 함수)는 벡터량이지만 발산의 결과인 div $\boldsymbol{E}$는 스칼라량이 된다.

예제문제 05

위치 함수로 주어지는 벡터량이 $E_{(xyz)} = iEx + jEy + kEz$ 나블라(▽)와의 내적 $\nabla \cdot E$ 와 같은 의미를 갖는 것은?

① $\frac{\partial Ex}{\partial x} + \frac{\partial Ey}{\partial y} + \frac{\partial Ez}{\partial z}$

② $\int \frac{\partial}{\partial x} + \int \frac{\partial Ey}{\partial y} + k\frac{\partial Ez}{\partial z}$

③ $\int \frac{\partial Ex}{\partial x} + \int \frac{\partial Ey}{\partial y} + k\frac{\partial Ez}{\partial z}$

④ $\frac{\partial E}{\partial x} + \frac{\partial E}{\partial y} + \frac{\partial E}{\partial z}$

해설

벡터의 기울기 : $\nabla \cdot E = \left(i\frac{\partial}{\partial x} + j\frac{\partial}{\partial y} + k\frac{\partial}{\partial z}\right) \cdot (iEx + jEy + kEz) = \frac{\partial Ex}{\partial x} + \frac{\partial Ey}{\partial y} + \frac{\partial Ez}{\partial z}$

답 : ①

5.4 회전(rotation)

벡터 $\boldsymbol{A}$ 가 회전하면 이 벡터의 크기는 임의의 선적분 경로내 면적이며 진행방향은 오른 나사의 진행방향이다.

$$\nabla \times \boldsymbol{A} = \mathrm{rot}\boldsymbol{A} = \mathrm{curl}\boldsymbol{A}$$

로 표기한다.

$$\mathrm{rot}\boldsymbol{H} = \mathrm{curl}\boldsymbol{H} = \nabla \times \boldsymbol{H}$$

$$\begin{aligned}\nabla \times \boldsymbol{H} &= \left(\frac{\partial}{\partial x}\boldsymbol{i} + \frac{\partial}{\partial y}\boldsymbol{j} + \frac{\partial}{\partial z}\boldsymbol{k}\right) \times (H_x\boldsymbol{i} + H_y\boldsymbol{j} + H_z\boldsymbol{k}) \\ &= \left(\frac{\partial H_z}{\partial y} - \frac{\partial H_y}{\partial z}\right)\boldsymbol{i} + \left(\frac{\partial H_x}{\partial z} - \frac{\partial H_z}{\partial x}\right)\boldsymbol{j} + \left(\frac{\partial H_y}{\partial x} - \frac{\partial H_x}{\partial y}\right)\boldsymbol{k} \\ &= \begin{vmatrix} \boldsymbol{i} & \boldsymbol{j} & \boldsymbol{k} \\ \frac{\partial}{\partial x} & \frac{\partial}{\partial y} & \frac{\partial}{\partial z} \\ H_x & H_y & H_z \end{vmatrix}\end{aligned}$$

이것은 H 방향의 자기력선이 전류 주위를 회전(rotation)하고 있는 것을 의미하며, 전의 결과인

$$\nabla \times \boldsymbol{H} = \mathrm{rot}\boldsymbol{H} = \mathrm{curl}\boldsymbol{H}$$

도 벡터량이 된다.

5.5 라플라시안(Laplacian)

2중 미분연산 $\nabla \cdot \nabla$를 라플라시안이라 한다. $\nabla \cdot \nabla$는 div grad를 의미한다.

$$\nabla \cdot \nabla = \nabla^2 = \frac{\partial^2}{\partial x^2} + \frac{\partial^2}{\partial y^2} + \frac{\partial^2}{\partial z^2} = \mathrm{div\ grad}$$

$$\begin{aligned}\nabla \cdot \nabla V &= \left(\frac{\partial}{\partial x}\boldsymbol{i} + \frac{\partial}{\partial y}\boldsymbol{j} + \frac{\partial}{\partial z}\boldsymbol{k}\right) \cdot \left(\frac{\partial}{\partial x}\boldsymbol{i} + \frac{\partial}{\partial y}\boldsymbol{j} + \frac{\partial}{\partial z}\boldsymbol{k}\right) V \\ &= \frac{\partial^2 V}{\partial x^2} + \frac{\partial^2 V}{\partial y^2} + \frac{\partial^2 V}{\partial z^2} = \nabla^2 V\end{aligned}$$

5.6 Stokes의 정리

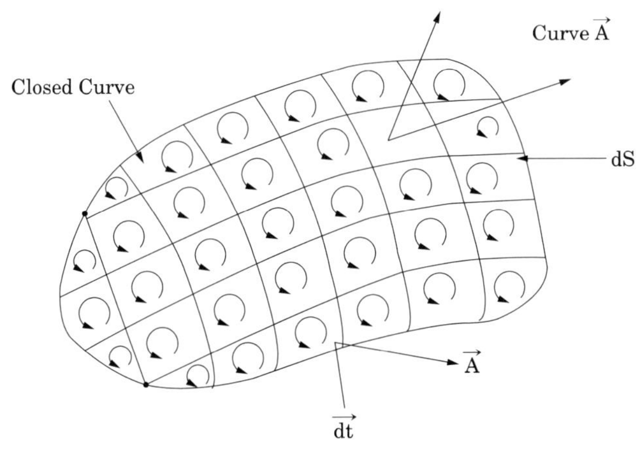

그림 11 스토크스 정리

임의의 벡터 $\boldsymbol{A}$에 대해 미소 면적으로 나눈 경우 미소 면적의 회전의 값은

$$\int_s (\nabla \times \boldsymbol{A}) \cdot dS$$

이며, 각 면적의 경계면에서 서로 상쇄되고 결국 전체를 회전하면서 선적분한 값과 같게 된다.

$$\int_s (\text{rot}\mathbf{A}) \cdot dS = \oint_c \boldsymbol{A} \cdot dl$$

이것을 Stokes의 정리라 한다. 스토크스정리는 선적분을 면적적분으로 변환한다. (rot)[3)]

예제문제 06

스토크스(Stokes) 정리를 표시하는 식은?

① $\int_s \boldsymbol{A} \cdot d\boldsymbol{S} = \int_v \text{div}\boldsymbol{A} \cdot d\boldsymbol{V}$

② $\int_c \boldsymbol{A} \cdot dl = \int_v \text{div}\boldsymbol{A}\, d\boldsymbol{V}$

③ $\int_c \boldsymbol{A} \cdot dl = \int_s (\text{rot}\boldsymbol{A})_n\, d\boldsymbol{S}$

④ $\int_s \boldsymbol{A} \cdot d\boldsymbol{S} = \int_s \text{rot}\boldsymbol{A} \cdot \boldsymbol{n} dS$

해설

Stokes의 정리 : 선적분과 면적 적분의 변환 관계식으로 "어떤 벡터의 폐곡선에 따른 선적분은 그 벡터의 회전을 폐곡선이 만드는 면적에 대하여 면적 적분한 것과 같다."로 표현된다.

$\oint_c \boldsymbol{E} \cdot dl = \int_s \text{rot}\boldsymbol{E} \cdot \boldsymbol{n} dS$ 이다.

답 : ③

3) 면적적분을 체적적분으로 변환하는 것을 발산정리라 한다(div).

5.7 Gauss의 발산 정리

임의의 폐곡면에서 발산하는 전기력선의 총수는 이 폐곡면의 미소 체적에서 발산하는 전기력선의 총수를 합한 것과 같다.

$$\int_s E \cdot ds = \int_{vol} \nabla \cdot E dv = \frac{1}{\epsilon_o} \int \rho_v dv$$

예제문제 07

$\int_s \boldsymbol{E} \cdot d\boldsymbol{S} = \int_v \nabla \cdot \boldsymbol{E}\, dV$은 다음 중 어느 것에 해당되는가?

① 발산의 정리
② 가우스의 정리
③ 스토크스의 정리
④ 암페어의 법칙

해설
가우스의 발산 정리 : 면적 적분과 체적 적분과의 변환 관계식

답 : ①

심화학습문제

01 $\boldsymbol{A}=\boldsymbol{i}-\boldsymbol{j}+3\boldsymbol{k}$, $\boldsymbol{B}=\boldsymbol{i}+a\boldsymbol{k}$ 일 때 벡터 $\boldsymbol{A}$가 수직이 되기 위한 a의 값은? 단, $\boldsymbol{i}$, $\boldsymbol{j}$, $\boldsymbol{k}$는 x, y, z 방향의 기본 벡터이다.

① −2 ② $-\frac{1}{3}$
③ 0 ④ $\frac{1}{2}$

해설

$\boldsymbol{A}\perp\boldsymbol{B}$가 되기 위한 조건 : $\boldsymbol{A}\cdot\boldsymbol{B}=0$

$\therefore\ \boldsymbol{A}\cdot\boldsymbol{B}=1\times1+(-1)\times0+3\times a=0$

$\therefore\ 1+3a=0$ 에서 $a=-\frac{1}{3}$

【답】 ②

02 $f=xyz$, $\boldsymbol{A}=x\boldsymbol{i}+y\boldsymbol{j}+z\boldsymbol{k}$일 때 점 (1, 1, 1)에서의 $\mathrm{div}(f\boldsymbol{A})$는?

① 3 ② 4
③ 5 ④ 6

해설

$$\mathrm{div}(f\boldsymbol{A})=\nabla\cdot(f\boldsymbol{A})=\nabla\cdot(fA_x\boldsymbol{i}+fA_y\boldsymbol{j}+fA_z\boldsymbol{k})$$
$$=\boldsymbol{A}\,\mathrm{grad}f+f\mathrm{div}\boldsymbol{A}\ \text{(벡터방정식)}$$

$$\therefore\ \boldsymbol{A}\cdot\mathrm{grad}f=(x\boldsymbol{i}+y\boldsymbol{j}+z\boldsymbol{k})\cdot\left\{\boldsymbol{i}\frac{\partial(xyz)}{\partial x}+\boldsymbol{j}\frac{\partial(xyz)}{\partial y}+\boldsymbol{k}\frac{\partial(xyz)}{\partial z}\right\}$$
$$=xyz+xyz+xyz=3xyz$$

$$[\boldsymbol{A}\cdot\mathrm{grad}f]_{x=1,\ y=1,\ z=1}=3$$

$$\therefore\ f\mathrm{div}\boldsymbol{A}=xyz\nabla\cdot\boldsymbol{A}$$
$$=xyz\left(\boldsymbol{i}\frac{\partial}{\partial x}+\boldsymbol{j}\frac{\partial}{\partial y}+\boldsymbol{k}\frac{\partial}{\partial z}\right)\cdot(x\boldsymbol{i}+y\boldsymbol{j}+z\boldsymbol{k})$$
$$=xyz\left(\frac{\partial x}{\partial x}+\frac{\partial y}{\partial y}+\frac{\partial z}{\partial z}\right)=3xyz$$

$$[f\mathrm{div}\boldsymbol{A}]_{x=1,\ y=1,\ z=1}=3$$

$$\therefore\ [\mathrm{div}(f\boldsymbol{A})]_{x=1,\ y=1,\ z=1}=3+3=6$$

【답】 ④

03 모든 장소에서 $\nabla\cdot\overrightarrow{D}=0$, $\nabla\times\frac{\overrightarrow{D}}{\epsilon}=0$와 같은 관계가 성립하면 $\overrightarrow{D}$는 어떤 성질을 가져야 하는가?

① x의 함수 ② y의 함수
③ z의 함수 ④ 상수

해설

$\nabla\cdot\overrightarrow{D}=\frac{\partial D_x}{\partial x}+\frac{\partial D_y}{\partial y}+\frac{\partial D_z}{\partial z}=0$ 이 항상 성립조건

D_x, D_y, D_z 은 각각 x, y, z 함수가 아니어야 한다.

$$\nabla\times\frac{\overrightarrow{D}}{\epsilon}=\frac{1}{\epsilon}\nabla\times D$$
$$=\frac{1}{\epsilon}\left[\left(\frac{\partial D_z}{\partial y}-\frac{\partial D_y}{\partial z}\right)i+\left(\frac{\partial D_x}{\partial z}-\frac{\partial D_z}{\partial x}\right)j+\left(\frac{\partial D_y}{\partial x}-\frac{\partial D_x}{\partial y}\right)k\right]=0$$

의 성립조건 : 각항이 모두 0이 되어야 한다.

$\therefore$ D_x, D_y, D_z는 각각 yz, zx, xy의 함수가 아닐 것

$\therefore$ $\overrightarrow{D}$는 x, y, z함수가 아니므로 상수이어야 한다.

【답】 ④

04 $f=x^2+y^2+z^2$일 때 $\nabla\times\nabla f$ 의 값을 구하면?

① 0 ② 1
③ 2 ④ 0.1

해설

$$\nabla\times\nabla f=\mathrm{rot}(\mathrm{grad}f)=\begin{vmatrix} \boldsymbol{i} & \boldsymbol{j} & \boldsymbol{k} \\ \frac{\partial}{\partial x} & \frac{\partial}{\partial y} & \frac{\partial}{\partial z} \\ \frac{\partial f}{\partial x} & \frac{\partial f}{\partial y} & \frac{\partial f}{\partial z} \end{vmatrix}=\begin{vmatrix} i & j & k \\ \frac{\partial}{\partial x} & \frac{\partial}{\partial y} & \frac{\partial}{\partial z} \\ 2x & 2y & 2z \end{vmatrix}=0$$

【답】 ①

05 다음 중 Stokes 정리를 표시하는 일반식은 어느 것인가?

① $\oint_c \boldsymbol{E} \cdot dl = \int_s \text{rot}\boldsymbol{E} \cdot \boldsymbol{n} dS$

② $\oint_c \boldsymbol{E} \cdot dl = \int_v \text{div}\boldsymbol{E} \cdot \boldsymbol{n} dV$

③ $\oint_v \text{rot}\boldsymbol{E} \cdot \boldsymbol{n} dV = \oint_s \text{div}\boldsymbol{E} \cdot d\boldsymbol{S}$

④ $\oint_s \boldsymbol{E} \cdot d\boldsymbol{S} = \oint_v \text{div}\boldsymbol{E} \cdot dV$

해설

Stokes의 정리 : 선적분과 면적 적분의 변환 관계식으로 "어떤 벡터의 폐곡선에 따른 선적분은 그 벡터의 회전을 폐곡선이 만드는 면적에 대하여 면적 적분한 것과 같다."로 표현된다.

$\oint_c \boldsymbol{E} \cdot dl = \int_s \text{rot}\boldsymbol{E} \cdot \boldsymbol{n} dS$ 이다.

【답】 ①

06 $\nabla^2\left(\frac{1}{r}\right)$의 값은 얼마인가?

단, $r = \sqrt{x^2 + y^2 + z^2}$ 이다.

① 0 ② 1

③ −1 ④ 3

해설

$$\nabla^2\left(\frac{1}{r}\right) = \frac{\partial^2\left(\frac{1}{r}\right)}{\partial x^2} + \frac{\partial^2\left(\frac{1}{r}\right)}{\partial y^2} + \frac{\partial^2\left(\frac{1}{r}\right)}{\partial z^2}$$

$$\frac{\partial^2\left(\frac{1}{r}\right)}{\partial x^2} = -(x^2+y^2+z^2)^{-\frac{3}{2}} + 3x^2(x^2+y^2+z^2)^{-\frac{5}{2}}$$

$$\frac{\partial^2\left(\frac{1}{r}\right)}{\partial y^2} = -(x^2+y^2+z^2)^{-\frac{3}{2}} + 3y^2(x^2+y^2+z^2)^{-\frac{5}{2}}$$

$$\frac{\partial^2\left(\frac{1}{r}\right)}{\partial z^2} = -(x^2+y^2+z^2)^{-\frac{3}{2}} + 3z^2(x^2+y^2+z^2)^{-\frac{5}{2}}$$

$$\therefore \nabla^2\left(\frac{1}{r}\right) = -3(x^2+y^2+z^2)^{-\frac{3}{2}} + 3(x^2+y^2+z^2)^{-\frac{3}{2}} = 0$$

【답】 ①

07 전계 $\boldsymbol{E} = \boldsymbol{i}3x^2 + \boldsymbol{j}2xy^2 + \boldsymbol{k}x^2yz$의 div$\boldsymbol{E}$는 얼마인가?

① $-\boldsymbol{i}6x + \boldsymbol{j}xy + \boldsymbol{k}x^2y$

② $\boldsymbol{i}6x + \boldsymbol{j}6xy + \boldsymbol{k}x^2y$

③ $-(6x + 6xy + x^2y)$

④ $6x + 4xy + x^2y$

해설

$$\text{div}\boldsymbol{E} = \nabla \cdot \boldsymbol{E} = \left(\boldsymbol{i}\frac{\partial}{\partial x} + \boldsymbol{j}\frac{\partial}{\partial y} + \boldsymbol{k}\frac{\partial}{\partial z}\right) \cdot (\boldsymbol{i}E_x + \boldsymbol{j}E_y + \boldsymbol{k}E_z)$$

$$= \frac{\partial E_x}{\partial x} + \frac{\partial E_y}{\partial y} + \frac{\partial E_z}{\partial z}$$

$$= \frac{\partial}{\partial x}(3x^2) + \frac{\partial}{\partial y}(2xy^2) + \frac{\partial}{\partial z}(x^2yz)$$

$$= 6x + 4xy + x^2y$$

【답】 ④

Chapter 2 정전계

1. 정전기와 전하

1.1 전하

두 종류의 물체를 마찰하면 전기가 발생하며, 이것으로 인하여 물체를 끌어당기는 성질이 생긴다. 이러한 현상을 마찰전기(triboelectricity)라 한다. 또 전기적 성질을 띠는 현상을 대전(electrification)이라고 한다. 마찰전기는 대전(electrification)현상이 생기며, 두 종류의 물질은 전기적인 성질을 띠게 되는데, 이 원인은 전하(electric charge)의 이동에 의해 생긴다. 전하의 이동은 전자의 이동(자유전자, free electron)[4]에 기인하게 되며, 전자 1개의 질량은 9.10955×10^{-31}[kg]정도이며, 반지름은 3.8×10^{-15}[m]이다. 또, 전자가 가지고 있는 전기적인 양(Q[C] : 전기량 또는 전하량)은

$$e = -1.602 \times 10^{-19}[\mathrm{C}]$$

의 음전기를 가지고 있다. 전하의 단위는 MKS 단위계의 쿨롬(coulomb) [C]를 쓴다.

$$\text{원자}\begin{cases} \text{원자핵}\begin{cases} \text{양성자}\begin{cases} \text{전하} : +1.602 \times 10^{-19}[\mathrm{C}] \\ \text{질량} : \ 1.673 \times 10^{-27}[\mathrm{kg}] \end{cases} \\ \\ \text{중성자} \end{cases} \\ \text{전자}\begin{cases} \text{전하} : -1.602 \times 10^{-19}[\mathrm{C}] \\ \text{질량} : \ 9.107 \times 10^{-31}[\mathrm{kg}] \end{cases} \end{cases}$$

모든 물질은 분자로 구성되며, 분자는 원자의 집합으로 구성되어 있다. 원자는 양전하를 갖는 원자핵(양자와 중성자)과 그 주위 궤도를 운동하고 있는 몇 개의 전자로 구성된다. 원자핵과 전자는 서로 인력이 작용하고 있고, 전자는 원자핵에 구속되어 있으며, 물질에 따라 구속력의 차이가 존재한다. 양자 1개의 질량은 중성자의 질량과 동일하며 1.67261×10^{27}[kg]이며 전자에 비해 약 1,840배 정도 무겁다. 전기량은 전자와 절대값은 같으나 양의 전기를 띠고 있는 것이 다르다.

4) 두 물체를 마찰하면 마찰로 인한 열에너지로 인하여 전자가 최외각 궤도로 옮겨져(이것을 천이라고 한다.) 원자핵과의 결합력이 약해지므로 이탈할 수가 있는데 이러한 전자를 자유전자(free electron)라고 한다.

예제문제 01

2개의 물체를 마찰하면 마찰 전기가 발생한다. 이는 마찰에 의한 열에 의하여 표면에 가까운 무엇이 이동하기 때문인가?

① 전하　　② 양자
③ 구속 전자　　④ 자유 전자

해설
마찰전기는 대전(electrification)현상이 생기며 두 종류의 물질은 전기적인 성질을 띠게 되는데 이 원인은 전하(electric charge)의 이동에 의해 생긴다. 전하의 이동은 전자의 이동(자유전자, free electron)에 기인한다.

답 : ④

1.2 도체와 부도체

물체에 전하를 주었을 때 전하의 이동을 허용하지 않는 물질을 부도체(non-conductor)라 한다. 전하의 이동을 자유롭게 허용하는 물질을 도체(conductor)라 하며, 금속류 등은 도체이고, 공기 및 자기재 등은 부도체의 대표적인 예이다.
부도체는 절연을 목적으로 사용할 경우 절연체(insulator)라고 하며, 도체와 부도체의 중간의 성질을 갖는 물질을 반도체(semiconductor)라 한다.

(1) 도체(conductor)

자유 전자가 많아 전하가 잘 이동하는 물질(금속, 탄소, 전해질 용액, 지구 등)

(2) 부도체(절연체, 유전체, insulator)

자유전자가 거의 없어 전기가 잘 통하지 않는 물질(고무, 유리, 플라스틱, 유황, 에보나이트, 공기 등)

(3) 반도체(semiconductor)

도체와 부도체의 중간 정도의 성질을 가진 물질(실리콘(Si), 게르마늄(Ge) 등)

1.3 정전유도(electrostatic induction, 靜電誘導)

중성 상태인 도체 가까이 대전된 도체를 놓으면 이 도체로 인하여 중성 상태의 도체가 대전된 도체의 전하량만큼 동량이면서 부호가 반대인 도체와 가까운 쪽에 몰리며 반대쪽에는 동량이면서 같은 극성의 전하가 몰리는 현상을 정전 유도 현상이라고 한다.

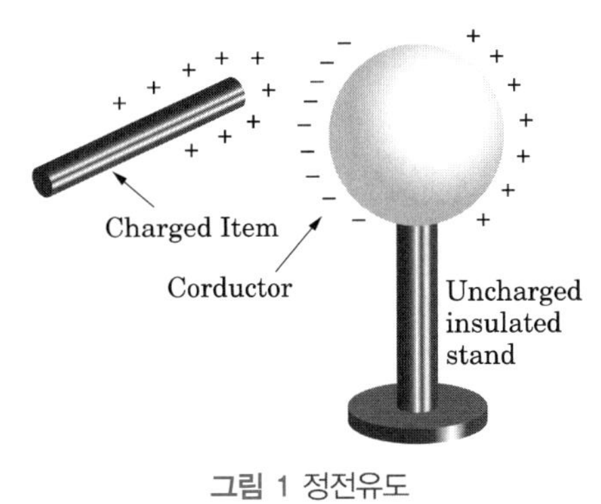

그림 1 정전유도

2. 쿨롱의 법칙

1785년 프랑스인 쿨롱(Coulomb)에 의해 두 대전체 사이에 작용하는 힘의 크기를 구하는 실험을 통해 뉴튼(Newton's laws)의 만유인력[5)]의 법칙으로부터 쿨롱의 법칙(Coulomb's law)을 정립했다.

그림 2 쿨롱의 법칙

두 점전하 사이에 작용하는 힘은 두 전하의 곱에 비례하고, 두 전하의 거리의 제곱에 반비례한다. 또 동종의 전하 사이에는 반발력, 이종의 전하 사이에는 흡인력이 작용하며, 힘의 방향은 두 점전하를 연결하는 직선 방향으로 작용한다.

5) 뉴턴은 태양과 행성 사이에서 작용하는 인력이 두 천체의 질량과 거리에 의해 결정되므로 어떤 특정한 천체에 국한되는 것이 아니라 질량이 있는 모든 물체 사이에 작용한다고 생각했다.

$$F = G\frac{m_1 m_2}{r^2}$$

위 식은 뉴턴의 만유인력의 법칙을 표현하고 있는 수식이다. 비례상수 G를 만유인력상수(常數)또는 중력상수라고 하며, 그 값은 $G = 6.67259 \times 10^{-11}\,\mathrm{N \cdot m^2 \cdot kg^{-2}}$으로, 1797년 영국의 물리학자인 H.캐번디시가 비틀림저울을 사용해서 최초로 측정하였다.

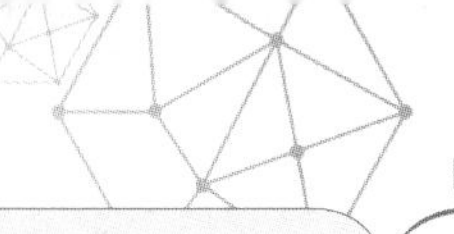

$$F = k\frac{Q_1 Q_2}{r^2}$$

여기서, k : 전하 주위의 매질과 단위의 표시법에 의해 결정되는 비례상수

$$k = 1/4\pi\epsilon_0$$

여기서, ϵ_0 : 진공의 유전율(dielectric constant)

$$F = \frac{1}{4\pi\epsilon_0}\frac{Q_1 Q_2}{r^2}\ [\mathrm{N}]$$

$$\epsilon_0 = \frac{10^7}{4\pi {C_0}^2} = \frac{1}{4\pi}\frac{1}{9\times 10^9} = 8.85\times 10^{-12}\ [\mathrm{F/m}]$$ [6)]

여기서, C_0 : 진공 중의 빛의 속도($\fallingdotseq 3\times 10^8$) [m/s]

쿨롱의 법칙에 의한 힘 F는 벡터량이므로 다음과 같이 표시할 수 있다.

$$\boldsymbol{F} = F\boldsymbol{r}_0 = \frac{1}{4\pi\epsilon_0}\frac{Q_1 Q_2}{r^2}\boldsymbol{r}_0\ [\mathrm{N}] = \frac{1}{4\pi\epsilon_0}\frac{\mathrm{Q_1 Q_2}}{\mathrm{r}^2}\mathbf{r}\ [\mathrm{N}]$$

여기서, $\boldsymbol{r}_0$는 변위벡터 $\boldsymbol{r}$방향의 단위벡터이다.

예제문제 02

쿨롱의 법칙을 이용한 것이 아닌 것은?

① 정전 고압 전압계 ② 고압 집진기

③ 콘덴서 스피커 ④ 콘덴서 마이크로폰

해설

콘덴서 마이크로폰 : 음파에 의한 정전 용량의 변화를 전압의 변화로 변환하는 것으로 쿨롱의 법칙을 이용한 것이 아니다.

답 : ④

6) 빛의 속도 $C_o = \frac{1}{\sqrt{\epsilon_o \mu_o}} = 3\times 10^3\,[\mathrm{m/s}]$에서 ϵ_o를 구한다.

예제문제 03

MKS 합리화 단위계에서 진공의 유전율의 값은?

① $\frac{1}{9\times10^9}$ [F/m]　② 1 [F/m]　③ $\frac{1}{4\pi\times9\times10^9}$ [F/m]　④ 9×10^9 [F/m]

해설

$\epsilon_0 = \frac{10^7}{4\pi C_0^2} = \frac{1}{4\pi}\frac{1}{9\times10^9} = 8.85\times10^{-12}$ [F/m]

답 : ③

예제문제 04

진공 중에서 같은 전기량 +1 [C]의 대전체 두 개가 약 몇 [m] 떨어져 있을 때 각 대전체에 작용하는 척력이 1 [N]인가?

① 9.5×10^4　② 3×10^3　③ 1　④ 3×10^4

해설

쿨롱의 법칙 : $F = 9\times10^9\times\frac{Q_1Q_2}{r^2}$ [N] 에서 $r^2 = \frac{9\times10^9\times Q^2}{F} = \frac{9\times10^9\times1^2}{1}$ [m]

$\therefore r = 9.5\times10^4$ [m]

답 : ①

예제문제 05

두 개의 같은 점전하가 진공 중에서 1 [m] 떨어져 있을 때 작용하는 힘이 9×10^9 [N]이면 이 점전하의 전기량[C]은?

① 1　② 3×10^4　③ 9×10^{-3}　④ 9×10^9

해설

쿨롱의 법칙 : $F = 9\times10^9\frac{Q_1Q_2}{r^2}$ [N]에서 $9\times10^9 = 9\times10^9\frac{Q^2}{1^2}$ [N]

$\therefore Q = 1$ [C]

답 : ①

3. 전계와 전기력선

3.1 정전계

한 개의 대전체가 있을 때 그 주위에 다른 대전체를 가까이 가져가면 대전체 사이에는 쿨롱의 법칙에 따른 전기력이 작용하게 되는데, 이와 같이 전기적인 힘(전기력)이 미치는 공간을 전계(또는 전장, electric field)라고 한다. 정전계(electrostatic field)는 전하가 정지하고 있다고 가정한 상태에서 해석한 것으로 이 때 전하가 정지하고 있으면 전계에너지가 최소이므로 가장 안정적인 상태가 된다.(Thomson 정리)

예제문제 06

정전계란?

① 전계 에너지가 최소로 되는 전하 분포의 전계이다.
② 전계 에너지가 최대로 되는 전하 분포의 전계이다.
③ 전계 에너지가 항상 0인 전기장을 말한다.
④ 전계 에너지가 항상 ∞인 전기장을 말한다.

해설
정전계(electrostatic field)는 전하가 정지하고 있다고 가정한 상태에서 해석한 것으로 이 때 전하가 정지하고 있으면 전계에너지가 최소이므로 가장 안정적인 상태이다.(Thomson 정리)

답 : ①

3.2 전기력선(electric field lines)

전기력선은 전계 내에서 단위전하 +1 [C]이 아무 저항없이 전기력에 따라 이동할 때 그려지는 가상의 선을 말하며 이 선을 이용하면 쉽게 전계를 해석할 수 있다. 전기력선은 다음과 같은 성질이 있다.

① 전기력선의 방향은 전계의 방향과 일치한다.
② 전기력선 밀도는 전계의 세기와 같다.
③ 단위전하(1 [C])에서는 $\dfrac{1}{\epsilon_0} = 36\pi\times 10^9$개의 전기력선이 발생하며, Q [C]의 전하에서 $N=\dfrac{Q}{\epsilon_0}$개의 전기력선이 발생한다.
④ 전기력선은 정전하(+ 전하)에서 출발하여 부전하(−전하)에서 멈추거나 무한원까지 퍼진다.
⑤ 전하가 없는 곳에서는 전기력선의 발생과 소멸이 없고 연속적이다.
⑥ 전기력선은 전위가 높은 곳에서 낮은 곳으로 향한다.($E= -\mathrm{grad}V$)
⑦ 전기력선은 자신만으로 폐곡선이 되는 일은 없다.($\nabla \cdot E= 0$)
⑧ 2개의 전기력선은 서로 교차하지 않는다.
⑨ 전기력선은 등전위면과 직교한다.
⑩ 도체 내부에서 전기력선은 없다. 즉 전기력선은 도체를 통과하지 못한다.
⑪ 전기력선은 도체 표면에서 수직으로 출입한다.
⑫ 전기력선은 무한원점에서 끝나거나, 무한원점에서 오는 것이 있다.
⑬ 무한원점에 있는 전하까지 합하면 전하의 총량은 0이다.

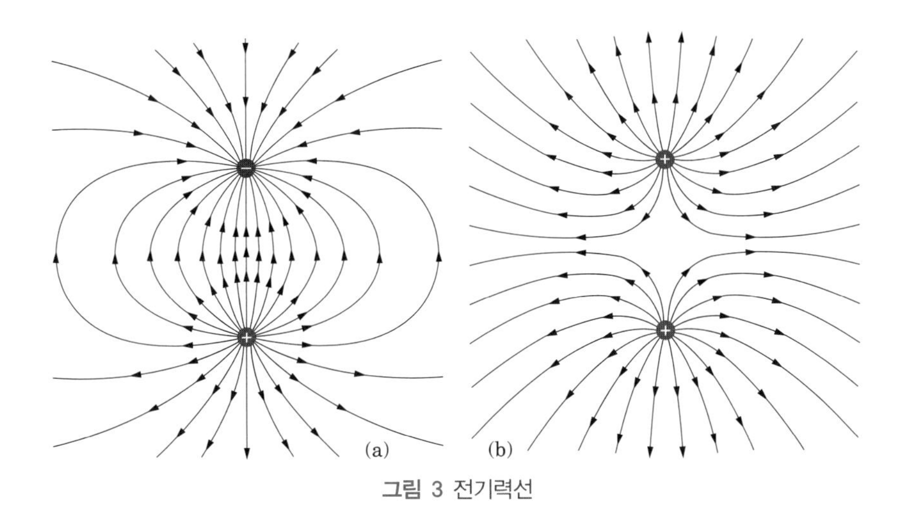

그림 3 전기력선

예제문제 07

전기력선의 기본 성질에 관한 설명으로 옳지 않은 것은?

① 전기력선의 방향은 그 점의 전계의 방향과 일치한다.
② 전기력선은 전위가 높은 점에서 낮은 점으로 향한다.
③ 전기력선은 그 자신만으로 폐곡선이 된다.
④ 전계가 0이 아닌 곳에서 전기력선은 도체 표면에 수직으로 만난다.

해설

전기력선의 성질

① 전기력선의 방향은 전계의 방향과 일치한다.
② 전기력선 밀도는 전계의 세기와 같다.
③ 단위전하(1 [C])에서는 $\frac{1}{\epsilon_0}=36\pi\times10^9$개의 전기력선이 발생하며, Q [C]의 전하에서 $N=\frac{Q}{\epsilon_0}$개의 전기력선이 발생한다.
④ 전기력선은 정전하(+ 전하)에서 출발하여 부전하(-전하)에서 멈추거나 무한원까지 퍼진다.
⑤ 전하가 없는 곳에서는 전기력선의 발생과 소멸이 없고 연속적이다.
⑥ 전기력선은 전위가 높은 곳에서 낮은 곳으로 향한다.($E=-\mathrm{grad}V$)
⑦ 전기력선은 자신만으로 폐곡선이 되는 일은 없다.($\nabla\cdot E=0$)
⑧ 2개의 전기력선은 서로 교차하지 않는다.
⑨ 전기력선은 등전위면과 직교한다.
⑩ 도체 내부에서 전기력선은 없다. 즉 전기력선은 도체를 통과하지 못한다.
⑪ 전기력선은 도체 표면에서 수직으로 출입한다.
⑫ 전기력선은 무한원점에서 끝나거나, 무한원점에서 오는 것이 있다.
⑬ 무한원점에 있는 전하까지 합하면 전하의 총량은 0이다.

답 : ③

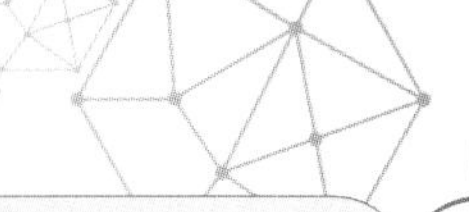

예제문제 08

전기력선의 설명 중 틀리게 설명한 것은?

① 전기력선의 방향은 그 점의 전계의 방향과 일치하고 밀도는 그 점에서의 전계의 세기와 같다.
② 전기력선은 부전하에서 시작하여 정전하에서 그친다.
③ 단위 전하에는 $1/\epsilon_0$개의 전기력선이 출입한다.
④ 전기력선은 전위가 높은 점에서 낮은 점으로 향한다.

해설
전기력선은 정전하(+ 전하)에서 출발하여 부전하(−전하)에서 멈추거나 무한원까지 퍼진다.

답 : ②

3.3 전계의 세기

(1) 전계의 세기의 정의

균일한 전계 내의 임의의 한점에서 전계의 세기 E는 면적 S에 수직인 그 점을 통과하는 단위면적당의 전기력선 수로 정의한다. 이것은 전기력선의 밀도와 같으며 전계의 세기 E와 전기력선 수 N은 다음과 같이 정의할 수 있다.

$$E[\mathrm{V/m}] = \frac{N}{S}[\mathrm{lines/m^2}]$$

전계의 세기가 E인 점에서 그 전계에 수직인 면적을 관통하는 전기력선의 총수 N을 구하면 다음과 같다.

$$N = ES[\mathrm{lines}]$$

(2) 점전하의 전계의 세기

전계의 세기는 전계 내의 임의의 한 점에 단위전하 $+1[\mathrm{C}]$을 놓았을 때, 이에 작용하는 힘으로 정의한다. 이것은 전계 내의 한 점에 그 점의 전계를 변화시키지 않는 미량의 점전하 $\Delta Q[\mathrm{C}]$을 놓았을 경우 전하에 작용하는 힘을 $\Delta F[\mathrm{N}]$이라 하면, 그 점에서의 전계의 세기 E는 다음 식과 같이 표현할 수 있다. 방향은 단위 점전하가 받는 힘의 방향이 되며, 이것은 벡터량이 된다.

$$\boldsymbol{E} = \lim_{\Delta Q \to 0} \frac{\Delta \boldsymbol{F}}{\Delta Q}\ [\mathrm{N/C}]$$

$$\boldsymbol{F} = Q\boldsymbol{E}\ [\mathrm{N}]$$

$$\boldsymbol{E} = \frac{\boldsymbol{F}}{Q} \ [\text{V/m}]$$

$$\boldsymbol{E} = \frac{1}{4\pi\epsilon_0}\frac{Q \times 1}{r^2} = \frac{1}{4\pi\epsilon_0}\frac{Q}{r^2} \ [\text{V/m}]$$

여기서, E : 전계의 세기 [V/m], Q : 전하량 [C]
r : 양 전하간의 거리 [m], ϵ_0 : 진공중의 유전율

예제문제 09

전계 중에 단위 점전하를 놓았을 때 그것에 작용하는 힘을 그 점에 있어서의 무엇이라 하는가?

① 전계의 세기 ② 전위 ③ 전위차 ④ 변화 전류

해설
- 전계의 세기 : 전계중에 단위 전하를 놓았을 때 작용하는 힘을 말한다.
- 전위 : 단위 전하가 갖는 전기적 위치 에너지를 말한다.
- 전위차 : 두 점의 전위차를 말한다.
- 변위 전류 : 전속 밀도의 시간적 변화에 따른 전류로 유전체에서 흐르는 전류를 말한다.

답 : ①

예제문제 10

전계의 단위가 아닌 것은?

① [N/C] ② [V/m] ③ $\left[\text{C/J} \cdot \dfrac{1}{\text{m}}\right]$ ④ [A·Ω/m]

해설
전계의 세기 : $E = \dfrac{F}{Q}[\text{N/C}]$

$\therefore \left[\dfrac{\text{N}}{\text{C}}\right] = \left[\dfrac{\text{N} \cdot \text{m}}{\text{C} \cdot \text{m}}\right] = \left[\dfrac{\text{J}}{\text{C}} \cdot \text{m}\right] = \left[\dfrac{\text{V}}{\text{m}}\right] = \left[\text{A} \cdot \dfrac{\Omega}{\text{m}}\right]$

∴ 전계의 세기의 단위는 [V/m]를 사용한다.

답 : ③

예제문제 11

전계 E [V/m]내의 한점에 Q [C]의 점전하를 놓을 때 이 전하에 작용하는 힘은 몇 [N]인가?

① $\dfrac{E}{Q}$ ② $\dfrac{Q}{4\pi\epsilon_0 E}$ ③ QE ④ QE^2

해설
쿨롱의 법칙과 전계의 세기의 관계 : $F = \dfrac{Q_1 Q_2}{4\pi\epsilon_0 r^2} = \dfrac{Q_1}{4\pi\epsilon_0 r^2} \cdot Q_2 = EQ_2$

∴ 전계의 세기=단위전하가 전장내에서 받는 힘의 크기[N/C]를 말한다.

답 : ③

예제문제 12

진공 중에서 원점의 점전하 0.3 [μC]에 의한 점 (1, -2, 2) [m]의 x성분 전계는 몇 [V/m]인가?

① 300　② −200　③ 200　④ 100

해설

$r = a_x - 2a_y + 2a_z$,　$r = \sqrt{1^2 + (-2)^2 + 2^2} = 3$

∴ 단위벡터 : $r_0 = \frac{1}{3}(a_x - 2a_y + 2a_z)$

전계의 세기 : $E = 9 \times 10^9 \frac{Q}{r^2} r_0 = 9 \times 10^9 \times \frac{0.3 \times 10^{-6}}{3^2} \times \left(\frac{a_x - 2a_y + 2a_z}{3} \right) = 100a_x - 200a_y + 200a_z$

∴ $E_x = 100$ [V/m]

답 : ④

예제문제 13

원점에 -1 [μC]의 점전하가 있을 때 점 P(2, -2, 4) [m]인 전계 세기 방향의 단위 벡터[m]는?

① $0.41a_x - 0.41a_y + 0.82a_z$　② $-0.33a_x + 0.33a_y - 0.66a_z$

③ $-0.41a_x + 0.41a_y - 0.82a_z$　④ $0.33a_x - 0.33a_y + 0.66a_z$

해설

그림에서 -1 [μC]이 존재하는 점과 점 P간의 거리 : $\sqrt{2^2 + (-2)^2 + 4^2} = \sqrt{24}$

∴ 전계 세기의 크기 : $E = 9 \times 10^9 \times \frac{-1 \times 10^{-6}}{(\sqrt{24})^2} = -\frac{9}{24} \times 10^3$ [V/m]

∴ 전계 방향의 단위 벡터

$r_0 = \frac{-E}{E} = \frac{-r}{r} = \frac{(-2a_x + 2a_y - 4a_z)}{\sqrt{24}}$

$= -0.41a_x + 0.41a_y - 0.82a_z$

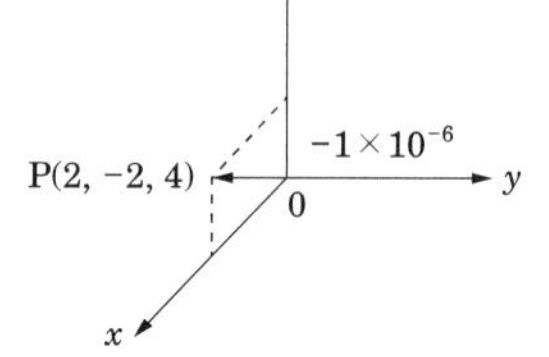

답 : ③

3.4 전속과 전속밀도

전하에서 전기력선이 나온다. 이 전기력선은 매질(ϵ_0)에 따라 변하는 선속이 된다. 전계를 해석하는데 는 매질에 따라 변하지 않는 선속을 적용하는 경우가 많으며, 이것을 전속(electric flux)라 한다. 전속 또한 전기력선과 같은 가상의 선이다.

전속은 매질에 관계없이 일정한 선속으로 Q[C]의 전하에서는 Q개의 전속이 나온다고 본다. 즉, 전하량과 같은 수만큼의 전속이 나오며 단위는 [C]이 된다.

$$\psi = Q \,[\text{C}]$$

전속밀도는 단위면적당 전속의 수를 말하며 다음과 같다.

$$D = \frac{\psi}{S} = \frac{Q}{S} [\text{C/m}^2]$$

진공 중에 점전하 Q[C]이 있고 거리 r[m] 떨어진 구면상에서의 전속밀도 D와 전계의 세기 E의 관계는 다음과 같다.

$$E=\frac{Q}{4\pi\epsilon_0 r^2}[\mathrm{V/m}],\ D=\frac{Q}{4\pi r^2}[\mathrm{C/m^2}]$$

두 식을 비교하면

$$D=\epsilon_0 E[\mathrm{C/m^2}] \text{ 또는 } E=\frac{D}{\epsilon_0}[\mathrm{V/m}]$$

가 된다. 전계와 전속밀도는 벡터량이므로 다음과 같이 표현한다.

$$\boldsymbol{D}=\epsilon_0 \boldsymbol{E}[\mathrm{C/m^2}] \text{ 또는 } \boldsymbol{E}=\frac{\boldsymbol{D}}{\epsilon_0}[\mathrm{V/m}]$$

4. 전위와 전위차

4.1 전위

단위정전하(+1[C])를 전계로부터 무한원점 떨어진 곳에서 전계안의 임의 한점까지 전계와 반대방향으로 이동시키는데 필요한 일의 양은 다음과 같다.

$$dW=-\boldsymbol{F}\cdot dl$$

점 a에서 각각 점 b까지 이동시킨 경우라 하면 $\boldsymbol{F}=m\boldsymbol{g}$ 이므로

$$W_{ad}=-\int_b^a \boldsymbol{F}\cdot dl=-m\int_b^a \boldsymbol{g}\cdot dl$$

가 된다.

$\boldsymbol{F}=m\boldsymbol{g}$는 $\boldsymbol{F}=Q\boldsymbol{E}$로 볼 수 있으므로

$$W_{ab}=-\int_b^a \boldsymbol{F}\cdot dl=-Q\int_b^a \boldsymbol{E}\cdot dl$$

가 된다. 무한원점으로부터 한 점 a까지 이동할 경우 Q가 갖는 전기적인 에너지는

$$W_A=-Q\int_\infty^a \boldsymbol{E}\cdot dl$$

가 된다. 여기서 (−)는 반대방향을 의미한다.
전위(potential)는 무한원점에서 전계 내 임의의 한 점 r까지 단위전하 +1 [C]을 이동시키는데 필요한 일로 정의하므로 한 개의 점전하가 갖는 전위는 다음과 같이 된다.

$$V = \frac{W}{Q}$$

$$\therefore V = -\int_{\infty}^{r} \boldsymbol{E} \cdot dr = -\int_{\infty}^{r} \frac{Q}{4\pi\epsilon_o r^2} dr = \int_{r}^{\infty} \frac{Q}{4\pi\epsilon_o r^2} dr$$

$$= \frac{Q}{4\pi\epsilon_o}\left[-r^{-1}\right]_r^{\infty} = \frac{Q}{4\pi\epsilon_o r} = 9 \times 10^9 \times \frac{Q}{r}[\mathrm{V}]$$

$$\therefore V = \frac{Q}{4\pi\epsilon_0 r} = 9 \times 10^9 \frac{Q}{r}[\mathrm{V}]$$

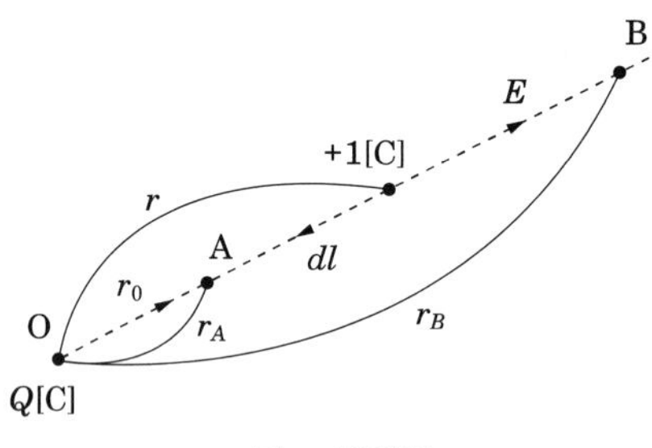

그림 4 전위차

만약 두개의 점전하가 갖는 전위를 구하는 경우는 각각의 전위를 구하여 차를 구하면 된다.

$$V_{AB} = V_A - V_B = -\frac{Q}{4\pi\epsilon_0}\int_{r_B}^{r_A} \frac{1}{r^2} dr$$

$$= -\frac{Q}{4\pi\epsilon_0}\left[-r^{-1}\right]_{r_B}^{r_A} = -\frac{Q}{4\pi\epsilon_0}\left(-\frac{1}{r_A} + \frac{1}{r_B}\right)$$

$$= \frac{Q}{4\pi\epsilon_0}\left(\frac{1}{r_A} - \frac{1}{r_B}\right)[\mathrm{V}]$$

이 경우 전위는 A점이 높고 B점이 낮다. 또 여러개의 점전하가 갖는 전위는 다음과 같이 나타낼 수 있다.

$$V = -\int_{\infty}^{P} \boldsymbol{E} \cdot dl = -\int_{\infty}^{P} (\boldsymbol{E}_1 + \boldsymbol{E}_2) \cdot dl$$

$$= -\int_{\infty}^{P} \boldsymbol{E}_1 \cdot dl - \int_{\infty}^{P} \boldsymbol{E}_2 \cdot dl = V_1 + V_2$$

따라서

$$V = \frac{1}{4\pi\epsilon_0}\left(\frac{Q_1}{r_1} + \frac{Q_2}{r_2} + \cdots + \frac{Q_n}{r_n}\right)$$

$$= \frac{1}{4\pi\epsilon_0}\sum_{i=1}^{n}\frac{Q_i}{r_i}$$

예제문제 14

어느 점전하에 의하여 생기는 전위를 처음 전위의 1/20이 되게 하려면 전하로부터의 거리를 몇 배로 하면 되는가?

① $1/\sqrt{2}$　　② 1/2　　③ $\sqrt{2}$　　④ 2

해설

전위 : $V = \dfrac{Q}{4\pi\epsilon_0 r}$ 에서 r에 반비례 한다.　$\therefore r = 2$배

답 : ④

4.2 보존장의 조건

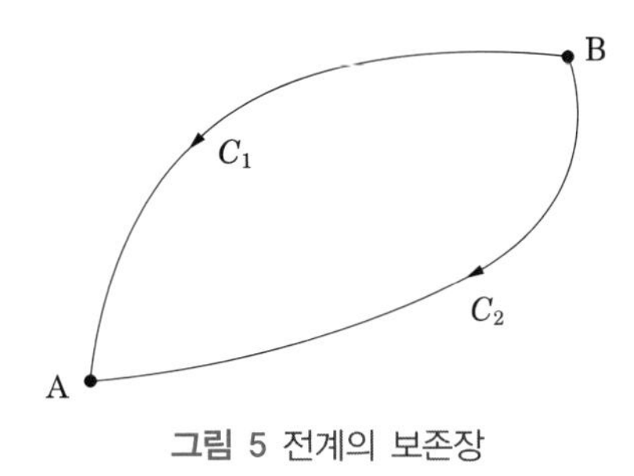

그림 5 전계의 보존장

그림 5에서 B를 시점으로 하고 A를 종점으로 하는 경우 BC_1A의 경로로 전하를 이동했을 경우 전위는

$$\int_{BC_1A} \boldsymbol{E} \cdot dl$$

또 BC_2A의 경로로 전하를 이동했을 경우 전위는

$$\int_{BC_2A} \boldsymbol{E} \cdot dl$$

가 된다. 전위 V_{AB}는 점 A(종점)와 점 B(시점)의 위치만으로 결정되므로 그 값은 경로에 관계없이 일정하게 된다.

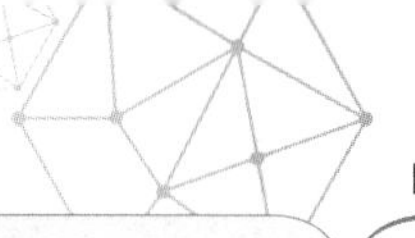

$$\int_{BC_1A} \boldsymbol{E} \cdot dl = \int_{BC_2A} \boldsymbol{E} \cdot dl$$

$$\int_{BC_1A} \boldsymbol{E} \cdot dl - \int_{BC_2A} \boldsymbol{E} \cdot dl = 0$$

$$\oint \boldsymbol{E} \cdot dl = 0 \ (\text{rot}\boldsymbol{E} = 0)$$

이것을 보존장의 조건이라 한다.

예제문제 15

시간적으로 변화하지 않는, 보존적(conservative)인 전하가 비회전성이라는 의미를 나타낸 식은?

① $\nabla E = 0$　　② $\nabla \cdot \boldsymbol{E} = 0$　　③ $\nabla \times \boldsymbol{E} = 0$　　④ $\nabla^2 E = 0$

해설

보존장의 조건 : $\oint_c \boldsymbol{E} \cdot dl = 0$　　$\text{rot}\boldsymbol{E} = \nabla \times \boldsymbol{E} = 0$

답 : ③

예제문제 16

전계 내에서 폐회로를 따라 전하를 일주시킬 때 하는 일은 몇 [J]인가?

① ∞　　② 0　　③ 부정　　④ 산출 불능

해설

보존장의 조건 : $\oint_c \boldsymbol{E} \cdot dl = 0$　　$\text{rot}\boldsymbol{E} = \nabla \times \boldsymbol{E} = 0$

답 : ②

4.3 전계와 전위의 관계

전위의 크기는 다음과 같이 나타낼 수 있다.

$$V = Er = El = Ed = Ea[\text{V}]$$

벡터로 표현하면

$$\nabla V = -\boldsymbol{E}$$

$$\nabla V = \frac{\partial V}{\partial r} = \frac{\partial}{\partial r} \frac{Q}{4\pi\epsilon_0 r} \boldsymbol{r}_o$$

$$= \frac{Q}{4\pi\epsilon_o} \frac{\partial}{\partial r} \frac{1}{r} \boldsymbol{r}_o = -\frac{Q}{4\pi\epsilon_o r^2} \boldsymbol{r}_o = -\boldsymbol{E}$$

여기서 (−)는 전계의 방향이 전위가 감소하는 방향인 것을 의미한다.

예제문제 17

진공 중에 놓인 1 [μC]의 점전하에서 3 [m] 되는 점의 전계[V/m]는?

① 10^{-3} ② 10^{-1} ③ 10^{2} ④ 10^{3}

해설

전계의 세기 : $E = \dfrac{Q}{4\pi\epsilon_0 r^2} = 9\times10^9 \times \dfrac{1\times10^{-6}}{3^2} = 10^3$ [V/m]

답 : ④

예제문제 18

반지름 10 [cm] 공기 중에 전압 10 [V]를 가했을 때 전위 경도는? 단, 전계는 평등 전계라고 한다.

① 1 [V/m] ② 10 [V/m] ③ 100 [V/m] ④ 1000 [V/m]

해설

전계의 세기 : $E = \dfrac{V}{r}$ [V/m]에서 $E = \dfrac{10}{10\times10^{-2}} = 100$ [V/m]

답 : ③

4.4 등전위면

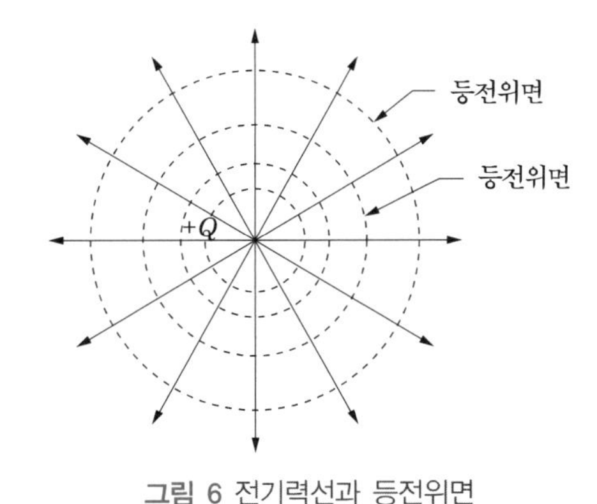

그림 6 전기력선과 등전위면

전계 중에서 전위가 같은 점끼리 이어서 만들어진 가상의 하나의 면을 등전위면이라 한다. 이러한 등전위면은 다음과 같은 성질이 있다.

① 등전위면은 폐곡면이며
② 전기력선은 등전위면과 항상 직교하고
③ 두 개의 서로 다른 등전위면은 서로 교차하지 않는다.

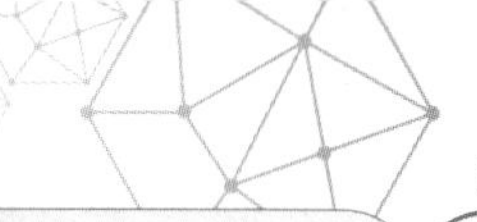

4.5 전위경도

전위경도(기울기)는 전위가 단위 길이당 변화하는 정도를 의미한다.

$$E = -\frac{dV}{dl} \text{ [V/m]}$$

직각좌표계에서 전위가 점 P에서 점 Q로 변화하는 경우 전계의 세기 $\boldsymbol{E}$의 x, y, z 방향의 성분을 E_x, E_y, E_z 라 가정하면

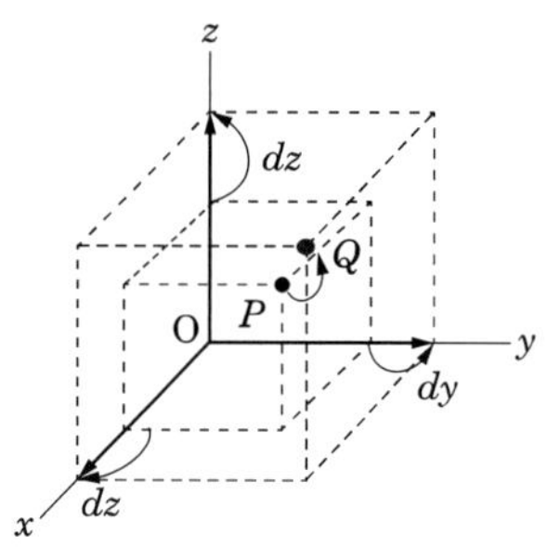

그림 7 전위의 변화

$$E_x = -\frac{\partial V}{\partial x}, \ E_y = -\frac{\partial V}{\partial y}, \ E_z = -\frac{\partial V}{\partial z}$$

가 된다. 전계의 세기는

$$\boldsymbol{E} = E_x\boldsymbol{i} + E_y\boldsymbol{j} + E_z\boldsymbol{k}$$

이며, 이 식으로부터

$$\begin{aligned}
\boldsymbol{E} &= E_x\boldsymbol{i} + E_y\boldsymbol{j} + E_z\boldsymbol{k} \\
&= -\left(\frac{\partial V}{\partial x}\boldsymbol{i} + \frac{\partial V}{\partial y}\boldsymbol{j} + \frac{\partial V}{\partial z}\boldsymbol{k}\right) \\
&= -\left(\frac{\partial}{\partial x}\boldsymbol{i} + \frac{\partial}{\partial y}\boldsymbol{j} + \frac{\partial}{\partial z}\boldsymbol{k}\right)V \\
&= -\nabla V \\
&= -\text{grad}\, V
\end{aligned}$$

가 된다. 따라서 전위경도는 전계의 세기와 크기는 같고 방향은 반대 방향이 된다.

$$\boldsymbol{E} = -\nabla V = -\text{grad}\, V$$

$$\nabla V = \text{grad}\, V$$

예제문제 19

전위 경도 V와 전계 E의 관계식은?

① $E = \text{grad}\, V$ ② $E = \text{div}\, V$

③ $E = -\text{grad}\, V$ ④ $E = -\text{div}\, V$

해설

전계의 세기 : $E = -\text{grad}\, V = -\triangle V$

답 : ③

예제문제 20

전계 E와 전위 V 사이의 관계 즉, $E = -\text{grad}\, V$에 관한 설명으로 잘못된 것은?

① 전계는 전위가 일정한 면에 수직이다.

② 전계의 방향은 전위가 감소하는 방향으로 향한다.

③ 전계의 전기력선은 연속적이다.

④ 전계의 전기력선은 폐곡면을 이루지 않는다.

해설

① grad V 의미 : 전위 V가 단위 길이당 최대로 변화하는 방향과 그 크기를 말한다. 단위길이당 전위의 최대 변화를 갖는 방향은 등전위면과 수직방향이다($\because E$ 와 등전위면은 직교한다.).

② $E = -\nabla V$: - 부호는 감소하는 방향을 의미한다.

③ 전계의 전기력선 : (+)전하에서 시작하여 (-)전하에서 끝나므로 전하가 존재할 때에는 비연속적이다.

④ 양변에 curl을 취하면 curl $E = -\text{curl grad}\, V = 0$: E라는 벡터는 비회전성 즉 폐곡선을 이루지 않는다(curl grad = 0, 모든 벡터장의 회전(컬)에 대해 취해지는 발산은 항상 0).

답 : ③

예제문제 21

$V(x, y, z) = 3x^2y - y^3z^2$ 에 대하여 grad V의 점 (1, -2, -1)에서의 값을 구하면?

① $12i + 9j + 16k$ ② $12i - 9j + 16k$

③ $-12i - 9j - 16k$ ④ $-12i + 9j - 16k$

해설

$$\text{grad}\, V = \left(\frac{\partial}{\partial x}i + \frac{\partial}{\partial y}j + \frac{\partial}{\partial z}k\right)V$$

$$= \left\{\frac{\partial}{\partial x}(3x^2y - y^3z^2)i + \frac{\partial}{\partial y}(3x^2y - y^3z^2)j + \frac{\partial}{\partial z}(3x^2y - y^3z^2)k\right\}$$

$$= \{6xyi + (3x^2 - 3y^2z^2)j - 2y^3zk\}$$

x =1, y =-2, z =-1 이므로 $\text{grad}\, V = -12i - 9j - 16k$

답 : ③

4.6 전기력선의 방정식

그림 7에서 점 P에서 점 Q로 전위가 변화하는 것을 생각하면 dx의 변화는 E_x의 변화의 비율과 같고, dy의 변화는 E_y의 변화의 비율과 같으며, dz의 변화는 E_z의 변화와 비율이 같다.

$$\boldsymbol{E} = E_x \boldsymbol{i} + E_y \boldsymbol{j} + E_z \boldsymbol{k}$$

$$dl = dx\, \boldsymbol{i} + dy\, \boldsymbol{j} + dz\, \boldsymbol{k}$$

전기력선의 기본성질에서 접선의 방향은 그 점의 전계의 방향이 되며, 그 점에서의 전기력선 밀도는 전계의 세기가 됨을 이용하여 구한다. 즉, $\boldsymbol{E} /\!/ dl$이므로 두 벡터의 벡터적

$$\boldsymbol{E} \times dl = 0$$

에서

$$\boldsymbol{A} \times \boldsymbol{B} = [\boldsymbol{AB}] = \begin{vmatrix} \boldsymbol{i} & \boldsymbol{j} & \boldsymbol{k} \\ E_x & E_y & E_z \\ d_x & d_y & d_z \end{vmatrix} = 0$$

$$(E_y d_z - E_z d_y)\boldsymbol{i} + (E_z d_x - E_x d_z)\boldsymbol{j} + (E_x d_y - E_y d_x)\boldsymbol{k} = 0$$

이 되며, 따라서

$$E_y dz - E_z dy = 0, \quad E_z dx - E_x dz = 0, \quad E_x dy - E_y dx = 0$$

이 된다. 즉 전기력선 방정식은 다음과 같다.

$$\frac{dx}{E_x} = \frac{dy}{E_y} = \frac{dz}{E_z}$$

예제문제 22

도체 표면에서 전계 $\boldsymbol{E} = E_x \boldsymbol{a_x} + E_y \boldsymbol{a_y} + E_z \boldsymbol{a_z}$ [V/m]이고 도체면과 법선 방향인 미소길이 $d\boldsymbol{L} = dx\boldsymbol{a_x} + dy\boldsymbol{a_y} + dz\boldsymbol{a_z}$ [m]일 때 다음 중 성립되는 식은?

① $E_x dx = E_y dy$　　② $E_y dz = E_z dy$

③ $E_x dy = -E_y dz$　　④ $E_y dy = E_z dz$

해설

전기력선 방정식 : $\frac{dx}{E_x} = \frac{dy}{E_y} = \frac{dz}{E_z}$

답 : ②

예제문제 23

전계의 세기가 $E = Ex\,i + Ey\,j$인 경우 x, y 평면 내의 전력선을 표시하는 미분 방정식은?

① $\dfrac{dy}{dx} = \dfrac{Ex}{Ey}$　　② $\dfrac{dy}{dx} = \dfrac{Ey}{Ex}$

③ $Ex\,dx + Ey\,dy = 0$　　④ $Ex\,dy + Ey\,dx = 0$

해설

전기력선 방정식 : $\dfrac{dx}{Ex} = \dfrac{dy}{Ey} = \dfrac{dz}{Ez}$에서 $\dfrac{dx}{Ex} = \dfrac{dy}{Ey}$이므로 $dx\,Ey = dy\,Ex$가 된다.

답 : ②

예제문제 24

$V = x^2 + y^2$ [V]인 전위 분포를 가진 전계의 전기력선 방정식은 어느 것인가?

① $xy = A$　　② $\dfrac{1}{x} + \dfrac{1}{y} = A$　　③ $y = Ax^2$　　④ $y = Ax$

해설

전계의 세기 : $\boldsymbol{E} = -\text{grad}\,V = -\left(\boldsymbol{i}\dfrac{\partial}{\partial x} + \boldsymbol{j}\dfrac{\partial}{\partial y} + \boldsymbol{k}\dfrac{\partial}{\partial z}\right)(x^2 + y^2) = -\boldsymbol{i}2x - \boldsymbol{j}2y = -2(\boldsymbol{i}x + \boldsymbol{j}y) = \boldsymbol{i}E_x + \boldsymbol{j}E_y$

전기력선의 방정식 : $\dfrac{dx}{E_x} = \dfrac{dy}{E_y}$, $\dfrac{dx}{-2x} = \dfrac{dy}{-2y}$

$\therefore \dfrac{dx}{x} = \dfrac{dy}{y}$를 양변 적분하면 $\ln x + \ln k_1 = \ln y + \ln k_2$에서 $k_1 x = k_2 y$

$\therefore y = \dfrac{k_1}{k_2}x = Ax$

답 : ④

예제문제 25

$\boldsymbol{E} = \dfrac{3x}{x^2 + y^2}\boldsymbol{i} + \dfrac{3y}{x^2 + y^2}\boldsymbol{j}$ [V/m]일 때 점 (4, 3, 0)을 지나는 전기력선의 방정식은?

① $xy = \dfrac{4}{3}$　　② $xy = \dfrac{3}{4}$　　③ $x = \dfrac{4}{3}y$　　④ $x = \dfrac{3}{4}y$

해설

전기력선 방정식 : $\dfrac{dx}{E_x} = \dfrac{dy}{E_y}$에서 $\dfrac{dx}{3x/(x^2 + y^2)} = \dfrac{dy}{3y/(x^2 + y^2)}$

$\therefore \dfrac{dx}{x} = \dfrac{dy}{y}$ 양변을 적분하면 $\ln x + \ln K_1 = \ln y + \ln K_2$

$\therefore K_1 x = K_2 y$ 에서 $4K_1 = 3K_2$ 이므로 $\dfrac{K_2}{K_1} = \dfrac{4}{3}$

$\therefore x = \dfrac{K_2}{K_1}y = \dfrac{4}{3}y$

답 : ③

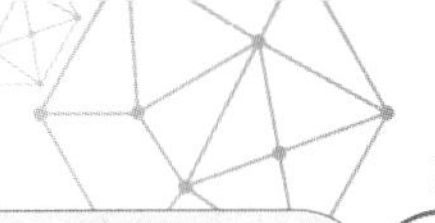

예제문제 26

$E = i\left(\dfrac{x}{x^2+x^2}\right) + j\left(\dfrac{y}{x^2+x^2}\right)$인 전계의 전기력선의 방정식을 옳게 나타낸 것은? 단, c는 상수이다.

① $y = c\ln x$ ② $y = \dfrac{c}{x}$ ③ $y = cx$ ④ $y = cx^2$

해설

전기력선 방정식 : $\dfrac{dx}{E_x} = \dfrac{dy}{E_y}$ 에서 $\dfrac{dx}{x/(x^2+y^2)} = \dfrac{dy}{y/(x^2+y^2)}$

$\therefore \dfrac{dx}{x} = \dfrac{dy}{y}$ 양변을 적분하면 $\ln x + \ln k_1 = \ln y + \ln k_2$ 에서 $k_1 x = k_2 y$

$\therefore y = \dfrac{k_1}{k_2} x = cx$

답 : ③

5. 가우스법칙

5.1 가우스법칙

전하가 임의의 분포(즉, 선, 면, 체적 분포)를 하고 있을 때, 폐곡면 내의 전 전하에 대해 폐곡면을 통과하는 전기력선의 수 또는 전속과의 관계를 표현한 식을 가우스 법칙(정리)이라 한다.

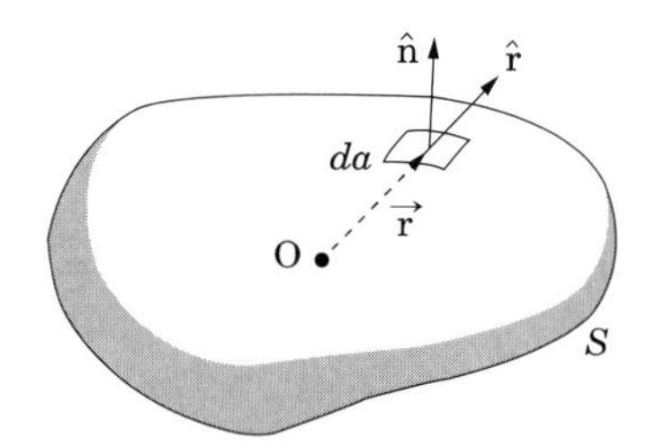

그림 8 가우스법칙의 임의의 폐곡면

진공 중에 다수의 점전하 Q[C]이 임의의 폐곡면으로 둘러싸여 있는 경우 미소면적 da에 통과하는 전속 $d\Psi$는

$$d\Psi = \boldsymbol{D} \cdot da$$

가 된다. 여기서 폐곡면(가우스 표면, gaussian surface)[7]을 통과하는 모든 전속의 수는 모든 미소면적을 합한 것과 같으므로 면적에 대한 회전적분을 하여 통과한 전속을 구한다.

7) 폐곡면을 가우스 표면(gaussian surface)이라 한다.

$$\Psi = \oint_S d\Psi = \oint_S \boldsymbol{D} \cdot d\boldsymbol{S}$$

전속의 수는 전하의 량과 같으므로

$$\oint_S \boldsymbol{D} \cdot d\boldsymbol{S} = Q$$

가 되며, 이식을 가우스법칙이라 한다. 또 전속밀도와 전계의 관계에서

$$\boldsymbol{D} = \epsilon_0 \boldsymbol{E}$$

$$\oint_S \boldsymbol{E} \cdot d\boldsymbol{S} = \frac{Q}{\epsilon_0}$$

가 된다. 이식의 이미는 Q[C]의 전하로부터 나오는 전기력선의 수는 전하량의 $1/\epsilon_0$배가 됨을 의미 한다. 정리하면 가우스법칙은 Q[C]의 전하로부터 Q개의 전속이, Q/ϵ_0개의 전기력선이 나온다는 것을 의미한다.

5.2 가우스법칙의 발산

체적전하밀도 ρ[C/m^3]의 전하를 포함한 미소체적 dv를 가진 미소 폐곡면 dS를 취하면, 이 폐곡면 내의 전하는 $\rho\, dv$[C] 이 된다. 가우스법칙을 세우면

$$\oint_{\Delta S} \boldsymbol{D} \cdot d\boldsymbol{S} = \rho\, dv$$

가 된다. 미소체적에 대한 극한값을 취하면

$$\lim_{dv \to 0} \frac{\oint_{dS} \boldsymbol{D} \cdot d\boldsymbol{S}}{dv} = \rho$$

가 된다. 여기서 좌항은 단위체적당 발산하는 전속의 수를 말하며, 단위체적당 전하밀도와 같다. 이것을 전속밀도의 발산(divergence)이라 한다.

$$\mathrm{div}\ \boldsymbol{D} = \nabla \cdot \boldsymbol{D} = \rho$$

$$\boldsymbol{D} = \epsilon_0 \boldsymbol{E}$$

$$\mathrm{div}\boldsymbol{E} = \nabla \cdot \boldsymbol{E} = \frac{\rho}{\epsilon_0}$$ (가우스법칙의 미분형)

여기서 전하가 존재하지 않을 경우를 생각하면 $\rho = 0$ 이므로

$$\mathrm{div}\boldsymbol{E} = \nabla \cdot \boldsymbol{E} = 0$$

이 된다. 이것의 의미는 전하가 존재하지 않는 경우는 전기력선의 소멸이나 발생이 없다는 것을 의미한다. 즉, 전기력선이 연속된다는 것을 의미한다.

예제문제 27

가우스(Gauss)의 정리를 이용하여 구하는 것은?

① 자계의 세기 ② 전하간의 힘 ③ 전계의 세기 ④ 전위

해설

가우스 법칙 : $\int_s E \cdot dS = \frac{Q}{\epsilon_0}$ $\therefore E = \frac{Q}{4\pi\epsilon_0 r^2}$ [V/m]

답 : ③

예제문제 28

진공 중에 놓인 Q [C]의 전하에서 발산되는 전기력선 수는?

① $\frac{Q}{\epsilon_0}$ ② $\frac{Q}{2\pi\epsilon_0}$ ③ $\frac{Q}{4\pi\epsilon_0}$ ④ 0

해설

가우스 법칙 : $\int_s E \cdot dS = \frac{Q}{\epsilon_0}$

답 : ①

예제문제 29

그림과 같이 도체구 내부 공동의 중심에 점전하 Q [C]이 있을 때 이 도체구의 외부로 발산되어 나오는 전기력선의 수는 몇 개인가? 단, 도체 내외의 공간은 진공이라 한다.

① 4π ② $\frac{Q}{\epsilon_0}$

③ Q ④ $\frac{Q}{\epsilon_0\epsilon_s}$

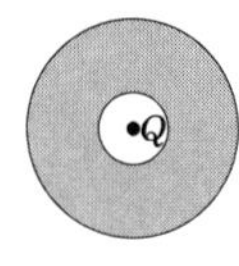

해설

가우스 정리 : $\int_s E \cdot dS = \frac{Q}{\epsilon} = \frac{Q}{\epsilon_0\epsilon_s}$

∴ 전기력선 수는 $\frac{Q}{\epsilon_0\epsilon_s}$개

∴ 도체내외의 공간이 진공중일 때는 전기력선 수 $= \frac{Q}{\epsilon_0}$개

답 : ②

6. 도체의 성질과 전하분포

도체가 대전된 경우 도체의 성질과 전하분포는 다음과 같다.

① 도체 표면과 내부의 전위는 동일하고(등전위), 표면은 등전위면이다.
② 도체의 전위는 등전위 이므로 전위경도(grad V)는 0 이다.
그러므로 $E = -\text{grad}\,V$ 관계에서 도체 내부의 전계의 세기는 0 이다.
③ 전하는 도체 내부에는 존재하지 않고, 도체 표면에만 분포한다.
④ 도체 면에서의 전계의 세기는 도체 표면에 항상 수직이다.
⑤ 도체 표면에서의 전하밀도는 곡률이 클수록 높다. 즉, 곡률반경이 작을수록 높다.(곡률 반경 $\propto \frac{1}{곡률}$)
⑥ 중공부에 전하를 두면 도체 내부표면에 동량 이부호, 도체 외부표면에 동량 동부호의 전하가 분포한다. 또 중공부에 전하가 없고 대전 도체라면, 전하는 도체 외부의 표면에만 분포한다.

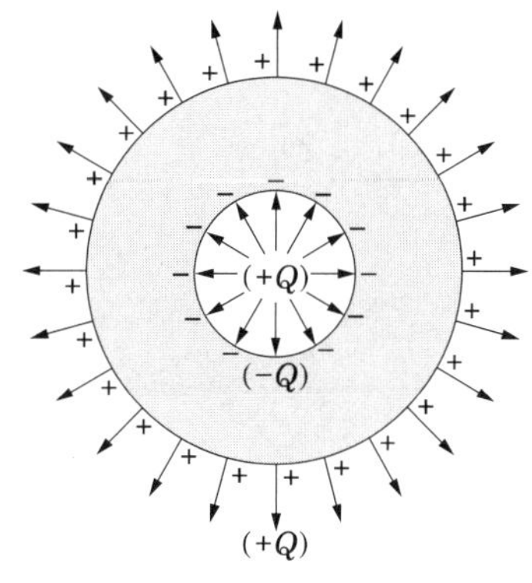

그림 9 전하분포

예제문제 30

대전도체의 내부 전위는?

① 항상 0이다. ② 표면 전위와 같다.
③ 대지전압과 전하의 곱으로 표시한다. ④ 공기의 유전율과 같다.

해설
도체의 전위는 등전위 이므로 전위경도(grad$V$)는 0 이다.
∴ $E = -\text{grad}\,V$ 관계에서 도체 내부의 전계의 세기는 0 이다.
∴ 도체 내부에는 전계가 없으므로 전위차가 발생하지 않아 도체 표면과 내부의 전위는 동일하고(등전위), 표면은 등전위면이다.

답 : ②

예제문제 31

그림과 같은 중공 도체 중심에 점전하가 있을 때 도체 내외의 전하 밀도를 나타내는 것은?

①
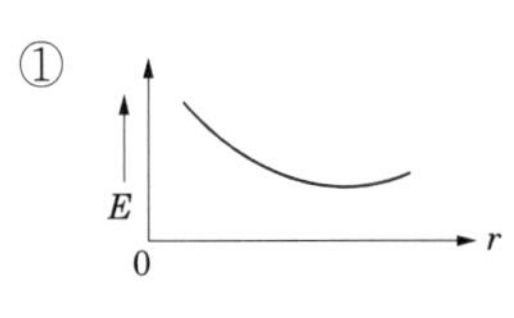

②
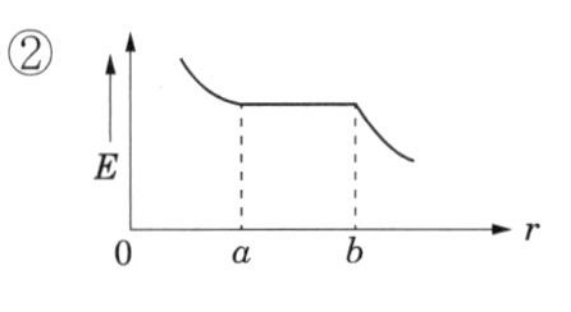

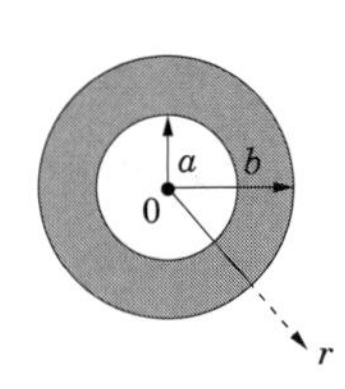

③ (E, 0, a, b, r)

④
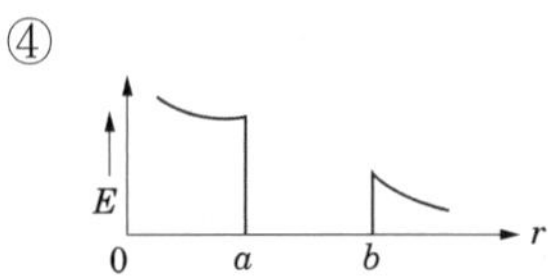

해설

정전 유도 현상에 의해 중심점의 ⊕ 점전하에 의해 중공도체 내면에는 ⊖전하가 유도되고 외면에는 ⊕전하가 유기된다.(중공도체는 전기적으로 중성이므로 도체 내의 총전하의 합은 0이어야 한다.)

답 : ③

예제문제 32

중공 도체의 중공부 내에 전하를 놓지 않으면 외부에서 준 전하는 외부 표면에만 분포한다. 도체 내의 전계[V/m]는 얼마인가?

① 0　　② $\dfrac{Q_1}{4\pi\epsilon_0 a}$

③ $\dfrac{Q_1}{4\pi\epsilon_0 b}$　　④ $\dfrac{Q_1}{\epsilon_0}$

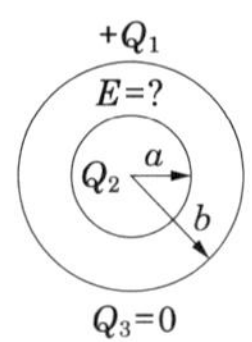

해설

도체 내부의 전계 : $E=0$

도체 외부의 전계 : $E=\dfrac{Q}{4\pi\epsilon_0 r^2}\ (r>b)$

도체 1의 전위 : $V_1=\dfrac{Q}{4\pi\epsilon_0 b}$

도체 2의 전위 : $V_2=\dfrac{Q}{4\pi\epsilon_0 b}$

답 : ①

7. 전하분포에 따른 전계의 세기 및 전위

7.1 구도체

반지름 a [m]인 구체 내에 전하량 Q[C]의 전하가 균일 분포하고 있을 경우

① 구체 외부$(r>a)$의 전계의 세기는 전체 전하가 중심에 집중된 점전하 Q와 마찬가지로 취급한다.

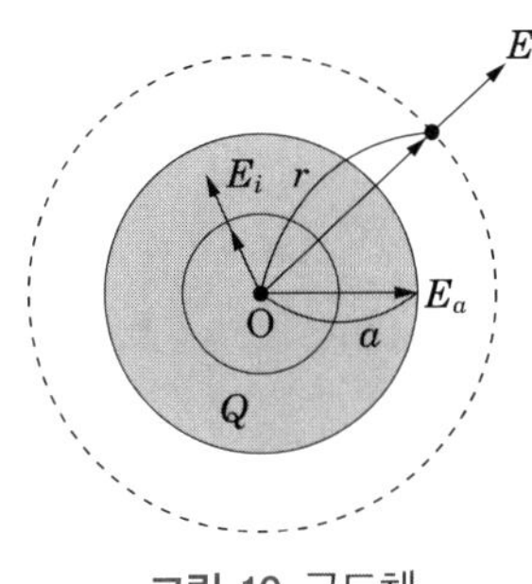

그림 10 구도체

점전하로부터 r[m] 떨어진 지점의 전속의 총수와 전기력선의 총수는 가우스법칙을 적용하면

$N = \oint_S \boldsymbol{D} \cdot d\boldsymbol{S} = Q$ 이며, $E = \dfrac{D}{\epsilon_0}$ 를 적용하면 $N = \oint_S E \cdot d\boldsymbol{S} = \dfrac{Q}{\epsilon_0}$

$\therefore\ E \cdot 4\pi r^2 = \dfrac{Q}{\epsilon_0}$ [8]

따라서 전계의 세기는 다음과 같다.

$$E = \frac{Q}{4\pi\epsilon_0 r^2}$$

$$\boldsymbol{E} = \frac{Q}{4\pi\epsilon_0 r^2}\boldsymbol{r}_0$$

여기서, $\boldsymbol{r}_0$는 방사방향의 단위벡터이다.

전위를 구하면

$$V = -\int_{\infty}^{r} \boldsymbol{E} \cdot dl = -\int_{\infty}^{r} \frac{Q}{4\pi\epsilon_0 r^2} dr$$

$$= -\frac{Q}{4\pi\epsilon_0}\int_{\infty}^{r} \frac{1}{r^2} dr = -\frac{Q}{4\pi\epsilon_0}\left[-\frac{1}{r}\right]_{\infty}^{r}$$

$$= \frac{Q}{4\pi\epsilon_0 r}[\mathrm{V}]$$

가 된다.

8) s는 구의 표면적을 말한다.

② 구체 표면($r=a$)의 경우 전계의 세기는 $r=a$ 이므로

$$E_a = \frac{Q}{4\pi\epsilon_0 a^2} [\mathrm{V/m}]$$

이며, 전위는

$$V_a = -\int_{\infty}^{a} \boldsymbol{E} \cdot dl = -\int_{\infty}^{a} \frac{Q}{4\pi\epsilon_0 a^2} dr$$

$$= \frac{Q}{4\pi\epsilon_0 a} [\mathrm{V}]$$

가 된다.

③ 구체 내부($r < a$)의 경우 전하는 체적에 비례하여 골고루 분포하고 있다고 가정하여 구한다.

$$Q : Q' = V : V'$$

$$Q' = \frac{V'}{V} Q = \frac{\frac{4}{3}\pi r^3}{\frac{4}{3}\pi a^3} Q = \frac{r^3}{a^3} Q[\mathrm{C}]$$

여기서, V : 구의 체적, V' : 가우스 면의 체적

따라서 가우스법칙을 적용하면 전속 총수와 전기력선 총수는 다음과 같다.

$N = \oint_S \boldsymbol{D} \cdot d\boldsymbol{S} = \frac{r^3}{a^3} Q$ 이며, $E = \frac{D}{\epsilon_0}$ 를 적용하면 $N = \oint_S E \cdot d\boldsymbol{S} = \frac{r^3}{a^3} \frac{Q}{\epsilon_0}$

$$\therefore E \cdot 4\pi r^2 = \frac{r^3}{a^3} \frac{Q}{\epsilon_0}$$

따라서 전계의 세기는 다음과 같다.

$$E = \frac{rQ}{4\pi\epsilon_0 a^3}$$

$$\boldsymbol{E} = \frac{rQ}{4\pi\epsilon_0 a^3} \boldsymbol{r}_0$$

여기서, $\boldsymbol{r}_0$는 방사방향의 단위벡터이다.

구 내부의 전위 V_i라 하면, 구면의 전위 V_a, r[m]인 내부의 한 점과 구면 사이의 전위차를 V_{ra} 라 하면 구 내부의 전위 V_i는 다음과 같다.($r < a$)

$$V_i = V_a + V_{ra}$$
$$= -\int_{\infty}^{a} \boldsymbol{E} \cdot dl - \int_{a}^{r} \boldsymbol{E}_i \cdot dl$$
$$= \frac{Q}{4\pi\epsilon_0 a} - \frac{Q}{4\pi\epsilon_0 a^3}\int_{a}^{r} r\,dr$$
$$= \frac{Q}{4\pi\epsilon_0 a}\left(\frac{3}{2} - \frac{r^2}{2a^2}\right)[\mathrm{V}]$$

위 식에 의한 구체의 내외부의 전계의 분포를 그리면 그림 11과 같다.

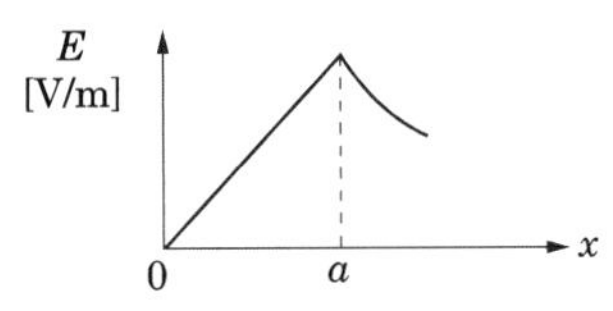

그림 11 구체 내외부의 전계분포

$$E = \frac{rQ}{4\pi\epsilon_0 a^3}$$: 내부의 경우는 r에 비례

$$E = \frac{Q}{4\pi\epsilon_0 r^2}$$: 외부의 경우는 r^2에 반비례

예제문제 33

구대칭 전하에 의한 계의 전계 E와 반경 r의 관계는?

① 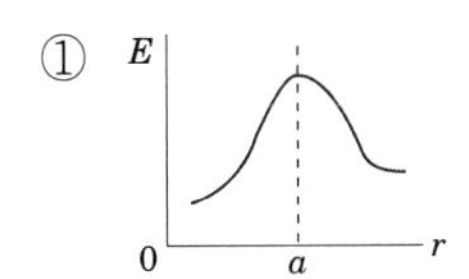
② 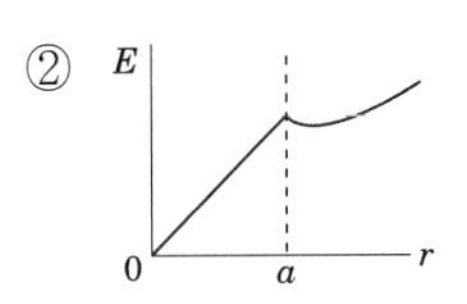
③ 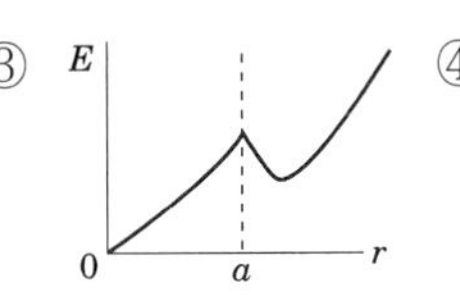
④ 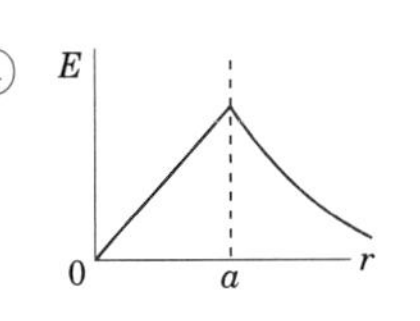

해설

내부의 전계 : $E = \frac{rQ}{4\pi\epsilon_0 a^3}$[V/m] → 거리에 비례

외부의 전계 : $E = \frac{Q}{4\pi\epsilon_0 r^2}$[V/m] → 거리의 제곱에 반비례

답 : ④

예제문제 34

절연내력 300 [kV/m]인 공기 중에 놓여진 직경 1 [m]의 구도체에 줄 수 있는 최대전하는 얼마인가?

① 6.75×10^{4} [C] ② 6.75×10^{16} [C] ③ 8.33×10^{-5} [C] ④ 8.33×10^{-6} [C]

해설

전계의 세기 : $E=\dfrac{Q}{4\pi\epsilon_0 r^2}=300\times10^3$

$\therefore\ Q=(4\pi\epsilon_0 r^2)\times(300\times10^3)$

$=\dfrac{1}{9\times10^9}\times0.5^2\times300\times10^3 \fallingdotseq 8.33\times10^{-6}$ [C] (직경이 1[m]이면 반경은 0.5[m])

답 : ④

7.2 무한장 직선도체, 무한장 원주형대전체

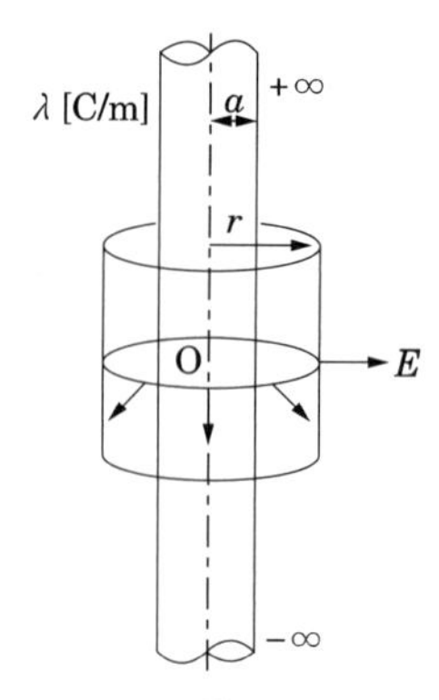

그림 12 무한장 직선도체

반지름이 a인 무한장 직선도체 선전하 밀도 λ[C/m] 분포되어 있는 경우 도체 표면으로부터 r[m]떨어진 지점의 전계의 세기는 가우스법칙에 의해 구한다.
전계는 직선도체(원통도체)로부터 방사하므로 원기둥을 통해 나오는 전기력선의 총수는

$$N=\oint_S E\cdot d\boldsymbol{S}=\frac{Q}{\epsilon_0}$$

$$\therefore\ E\cdot 2\pi r l=\frac{Q}{\epsilon_0}$$ 9)

따라서 전계의 세기는 다음과 같다.

$$E=\frac{Q}{2\pi\epsilon_0 r l}=\frac{\lambda l}{2\pi\epsilon_0 r l}=\frac{\lambda}{2\pi\epsilon_0 r}$$

9) s는 원기둥의 표면적

$$\boldsymbol{E} = \frac{\lambda}{2\pi\epsilon_0 r}\boldsymbol{r}_0$$

여기서, $\boldsymbol{r}_0$는 방사방향의 단위벡터이다.

이 식은 무한장 원주형대전체에서의 전계의 세기가 된다.

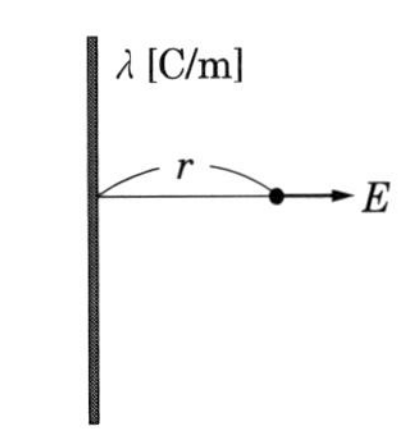

그림 13 무한직선도체에서의 전위

그림 13에서와 같이 직선도체에서 r만큼 떨어진 점에서의 전위는

$$V_{AB} = -\int_{\infty}^{r} \boldsymbol{E} \cdot d\boldsymbol{r} = -\int_{\infty}^{r} \frac{\lambda}{2\pi\epsilon_0 r} dr$$

$$= -\frac{\lambda}{2\pi\epsilon_0}\int_{\infty}^{r} \frac{1}{r} dr = -\frac{\lambda}{2\pi\epsilon_0}[\ln r]_{\infty}^{r}$$

$$V_{AB} = \frac{\lambda}{2\pi\epsilon_0} ln\frac{\infty}{r_1} = \infty$$

가 된다. 따라서, 무한직선도체에서는 두점간의 전위차를 구한다.

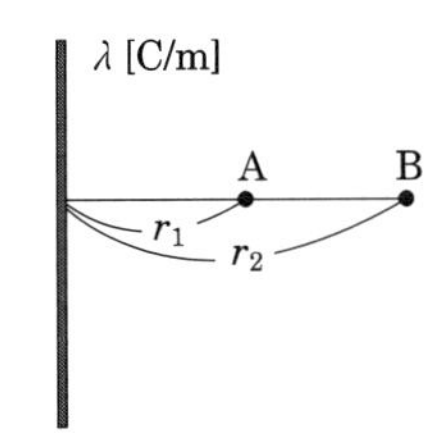

그림 14 무한직선도체에서의 전위차

그림 14에서와 같이 직선 도체에서 r_1만큼 떨어진 점 A와 r_2만큼 떨어진 점 B사이의 $(r_2 > r_1)$ 전위차를 구하면

$$V_{AB} = -\int_{r_2}^{r_1} \boldsymbol{E} \cdot d\boldsymbol{r} = -\int_{r_2}^{r_1} \frac{\lambda}{2\pi\epsilon_0 r} dr$$

$$= -\frac{\lambda}{2\pi\epsilon_0}\int_{r_2}^{r_1} \frac{1}{r} dr = -\frac{\lambda}{2\pi\epsilon_0}[\ln r]_{r_2}^{r^1}$$

$$V_{AB} = \frac{\lambda}{2\pi\epsilon_0} ln\frac{r_2}{r_1}$$

가 된다.

예제문제 35

무한장 선로에 균일하게 전하가 분포된 경우 선로로부터 r [m] 떨어진 점에서의 전계의 세기 E [V/m]는 얼마인가? 단, 선전하 밀도는 ρ_L [C/m]이다.

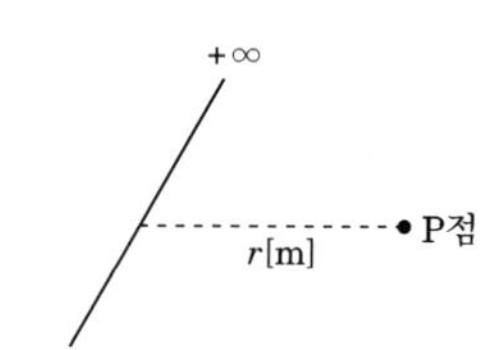

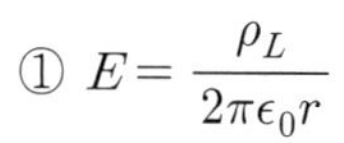

① $E = \frac{\rho_L}{2\pi\epsilon_0 r}$ ② $E = \frac{\rho_L}{4\pi\epsilon_0 r}$

③ $E = \frac{\rho_L}{2\pi\epsilon_0 r^2}$ ④ $E = \frac{\rho_L^2}{4\pi\epsilon_0 r}$

해설

가우스 정리 : $\int_s \boldsymbol{E} \cdot ndS = \frac{Q}{\epsilon_0}$

$\therefore\ E \times 2\pi r \times 1 = \frac{\rho_L \times 1}{\epsilon_0}$

$\therefore E = \frac{\rho_L}{2\pi\epsilon_0 r}$ [V/m]

답 : ①

예제문제 36

균일하게 대전되어 있는 무한길이 직선전하가 있다. 이 선의 축으로부터 r 만큼 떨어진 점의 전계의 세기는?

① r 에 비례한다. ② r 에 반비례한다.

③ r^2 에 반비례한다. ④ r^3 에 반비례한다.

해설

무한 직선전하에 의한 전계의 세기 : $E = \frac{\lambda}{2\pi\epsilon_0 r}$ → r에 반비례

답 : ②

예제문제 37

진공중에 놓여있는 무한직선전하(선전하밀도 : ρ_L[C/m])로부터 거리가 각각 r_1 [m], r_2 [m] 떨어진 두 점 사이의 전위차는 몇 [V]인가? 단, $r_2 > r_1$이다.

① $V_{12} = \frac{\rho_L}{2\pi\epsilon_0} ln \frac{r_2}{r_1}$

② $V_{12} = \frac{\rho_L}{2\pi} ln \frac{r_1}{r_2}$

③ $V_{12} = \frac{\rho_L}{2\epsilon_0} ln r_1 \cdot r_2$

④ $V_{12} = \frac{\rho_L}{4\pi\epsilon_0} ln \frac{r_1}{r_2}$

해설

무한직선전하에 의한 전계의 세기 : $E = \frac{\rho_L}{2\pi\epsilon_0 r}$ [V/m]

전위차 : $V = -\int_{r_2}^{r_1} \boldsymbol{E} \cdot dl = \frac{-\rho_L}{2\pi\epsilon_0}[\ln r]_{r_1}^{r_2} = \frac{\rho_L}{2\pi\epsilon_0} ln \frac{r_2}{r_1}$ [V]

답 : ①

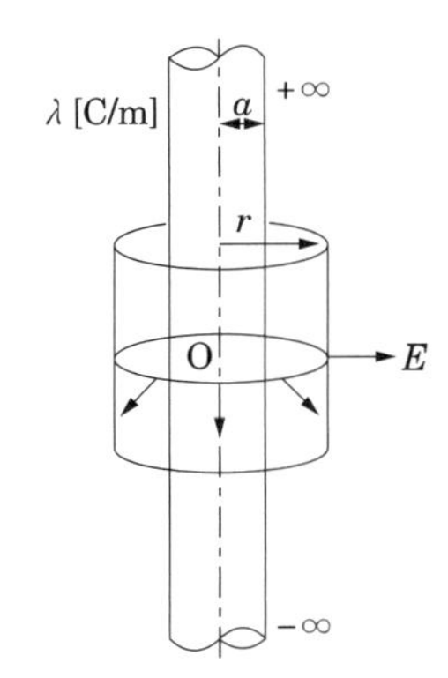

그림 15 무한장 원주형도체

무한장 원주형 도체의 내부의 경우 $(r < a)$ 전하는 도체에 골고루 분포한다는 가정하에 체적에 비례하므로

$$Q : Q' = V : V'$$

$$Q' = \frac{V'}{V} Q = \frac{\pi r^2 l}{\pi a^2 l} \lambda l = \frac{r^2}{a^2} \lambda l \text{[C]}$$

따라서 가우스법칙을 적용하면

$$N = \oint_S E \cdot d\boldsymbol{S} = \frac{r^2}{a^2} \frac{Q}{\epsilon_0}$$

$$\therefore E \cdot 2\pi r l = \frac{r^2}{a^2} \frac{Q}{\epsilon_0}$$

따라서 전계의 세기는 다음과 같다.

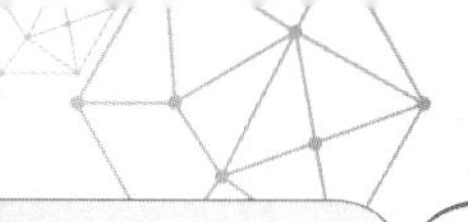

$$E = \frac{r^2}{a^2}\frac{Q}{2\pi\epsilon_0 r l} = \frac{r\lambda l}{2\pi\epsilon_0 a^2 l} = \frac{r\lambda}{2\pi\epsilon_0 a^2}$$

$$\boldsymbol{E} = \frac{r\lambda}{2\pi\epsilon_0 a^2}\boldsymbol{r}_0$$

여기서, $\boldsymbol{r}_0$는 방사방향의 단위벡터이다.

위 식에 의한 구체의 내외부의 전계의 분포를 그리면 그림 16과 같다.

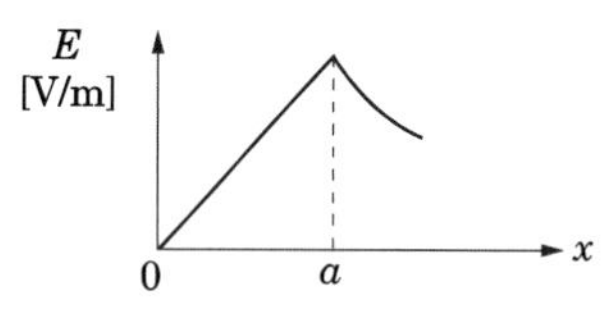

그림 16 구체 내외부의 전계분포

$$E = \frac{r\lambda}{2\pi\epsilon_0 a^2}$$: 내부의 경우는 r에 비례

$$E = \frac{\lambda}{2\pi\epsilon_0 r}$$: 외부의 경우는 r에 반비례

예제문제 38

진공 중에 선전하밀도(線電荷密度)가 ρ [C/m], 반경이 a [m]인 아주 긴 직선원통전하가 있다. 원통중심축으로부터 $a/2$ [m]인 거리에 있는 점의 전계의 세기는?

① $\frac{\rho}{4\pi\epsilon_0 a}$ [V/m]

② $\frac{\rho}{2\pi\epsilon_0 a}$ [V/m]

③ $\frac{\rho}{\pi\epsilon_0 a^2}$ [V/m]

④ $\frac{\rho}{8\pi\epsilon_0 a}$ [V/m]

해설

원주에 전하가 골고루 분포된 경우

원주 외부의 전계 : $E = \frac{\rho}{2\pi\epsilon_0 r} \rightarrow$ 거리 r 에 반비례

원주 내부의 전계 : $E_i = \frac{r\rho}{2\pi\epsilon_0 a^2} \rightarrow$ 거리 r 에 비례

$$\therefore E_i = \frac{r\rho}{2\pi\epsilon_0 a^2} = \frac{\frac{a}{2}\rho}{2\pi\epsilon_0 a^2} = \frac{\rho}{4\pi\epsilon_0 a} \text{ [V/m]}$$

답 : ①

예제문제 39

반지름 a 인 원주 대전체에 전하가 균등하게 분포되어 있을 때 원주 대전체의 내외 전계의 세기 및 축으로부터의 거리와 관계되는 그래프는?

①

②

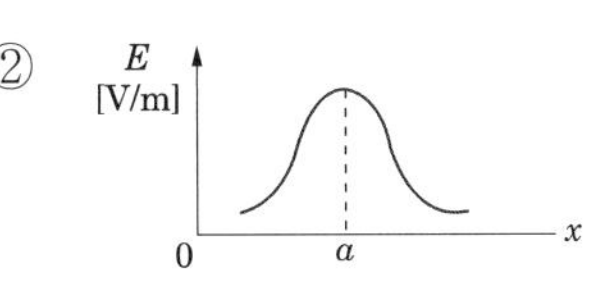

③

④

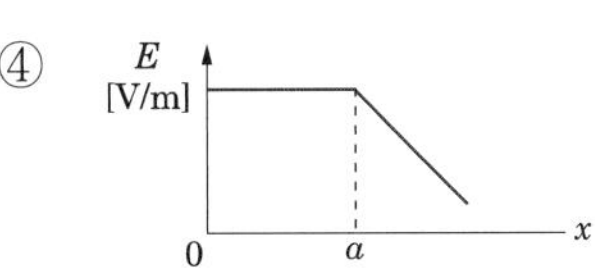

해설

원주에 전하가 골고루 분포된 경우

원주 내부의 전계 : $E_i = \dfrac{r\rho}{2\pi\epsilon_0 a^2} \rightarrow$ 거리 r 에 비례

원주 외부의 전계 : $E = \dfrac{\rho}{2\pi\epsilon_0 r} \rightarrow$ 거리 r 에 반비례

답 : ③

7.3 무한평면도체의 전계

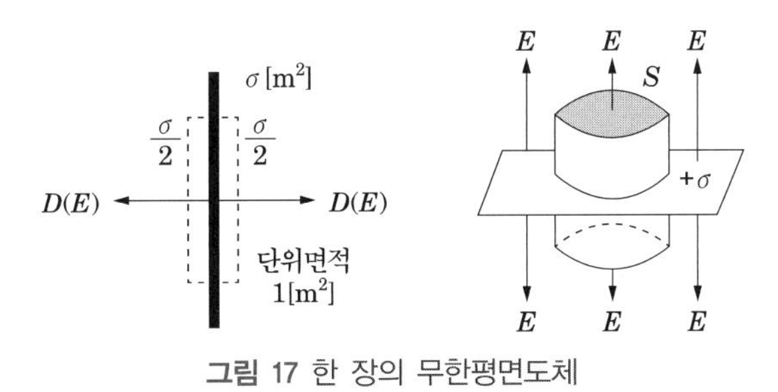

그림 17 한 장의 무한평면도체

한 장의 무한평면도체의 경우 전계의 세기는 면전하밀도 $\sigma[\text{C/m}^2]$가 균일하게 분포한 경우 가우스 법칙을 적용하여 구한다. 가우스면 내의 전하량은

$$Q = \sigma S[\text{C}]$$

전속밀도는

$$D = \frac{\sigma}{2}$$

이므로

$$N = \oint_S E \cdot d\boldsymbol{S} = \frac{\sigma S}{\epsilon_0}$$

$$\therefore E \cdot 2S = \frac{\sigma S}{\epsilon_0}$$ 10)

$$E = \frac{\sigma}{2\epsilon_0}\ [\mathrm{V/m}]$$

전하가 균일한 분포의 무한 평판에서의 전속 및 전기력선은 양면에 수직으로 평행하게 나간다. 이것은 거리에 무관한 일정한 전계의 크기를 가지므로 이것을 평등전계라 한다.

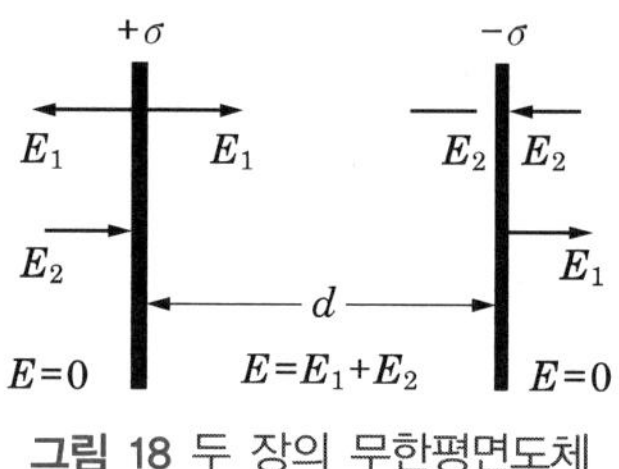

그림 18 두 장의 무한평면도체

그림 18과 같이 두장의 무한평면도체의 경우 면전하 밀도가 $\pm\sigma$ [C/m^2]인 경우에는 $+\sigma$, $-\sigma$의 두 평행 도체판을 각각 나누어 단독으로 존재하는 경우 평판에서의 전계 분포는 평판 외측에서 서로 반대 방향이므로 상쇄되어 0 이 되고, 평판 내측에서는 같은 방향이 된다. 따라서 평판외측의 경우

$$E = 0\ [\mathrm{V/m}]$$

평판 내측의 경우 동일한 전계의 세기가 더해지므로

$$E = \frac{\sigma}{\epsilon_0}\ [\mathrm{V/m}]$$

가 된다. 이것은 전계가 평면도체 내부에만 존재하는 것으로 볼 수 있다. 이 경우 전위차는 다음과 같다.

$$V = -\int_d^0 \frac{\sigma}{\epsilon_0} dl = \frac{\sigma}{\epsilon_0} d$$

$$V = Ed$$

$$E = \frac{V}{d}$$

10) s는 양쪽에 면적이 위치하므로 $2S$가 된다.

예제문제 40

무한 평면 전하에 의한 전계의 세기는?

① 거리에 관계없다. ② 거리에 비례한다.
③ 거리의 제곱에 비례한다. ④ 거리에 반비례한다.

해설

무한 평면의 전계의 세기 : $E=\dfrac{\sigma}{2\epsilon_0}$ [V/m]

∴ 거리에 관계가 없다.

답 : ①

예제문제 41

무한히 넓은 평면에 면밀도 δ [C/m^2]의 전하가 분포되어 있는 경우 전기력선은 면에 수직으로 나와 평행하게 발산한다. 이 평면의 전계의 세기[V/m]는?

① $\delta/2\epsilon_0$ ② δ/ϵ_0
③ $\delta/2\pi\epsilon_0$ ④ $\delta/4\pi\epsilon_0$

해설

무한 평면의 전계의 세기 : $E=\dfrac{\sigma}{2\epsilon_0}$ [V/m]

답 : ①

예제문제 42

진공 중에서 전하 밀도 $\pm\sigma$ [C/m^2]의 무한 평면이 간격 d [m]로 떨어져 있다. $+\sigma$의 평면으로부터 r [m] 떨어진 점 P의 전계의 세기[N/C]는?

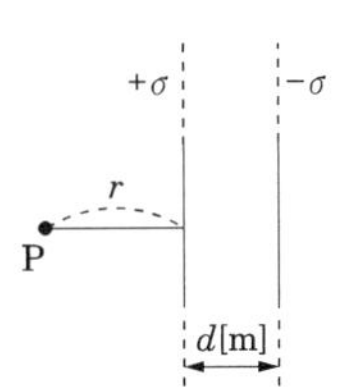

① 0 ② $\dfrac{\sigma}{\epsilon_0}$
③ $\dfrac{\sigma}{2\epsilon_0}$ ④ $\dfrac{\sigma}{2\epsilon_0}\left(\dfrac{1}{r}-\dfrac{1}{r+d}\right)$

해설

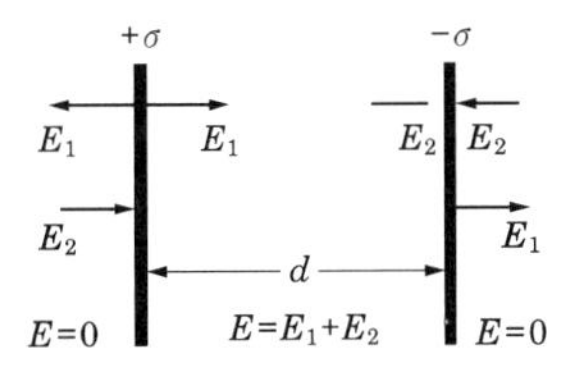

전기력선은 양 전하면 사이에서만 존재한다.

답 : ①

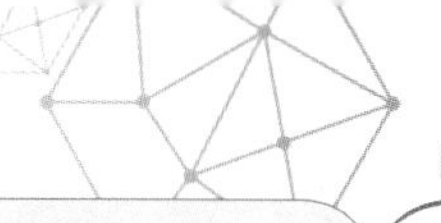

예제문제 43

무한 평행한 평판 전극 사이의 전위차 V [V]는? 단, 평행판 전하 밀도 σ [C/m²], 판간 거리 d [m]라 한다.

① $\dfrac{\sigma}{\epsilon_0}$ ② $\dfrac{\sigma}{\epsilon_0}d$ ③ σd ④ $\dfrac{\epsilon_0 \sigma}{d}$

해설

무한 평행한 평판 전극 사이의 전계의 세기 : $\dfrac{\sigma}{\epsilon_0}$ [V/m]

$\therefore V = Ed = \dfrac{\sigma}{\epsilon_0}d$ [V]

답 : ②

7.4 동심도체구

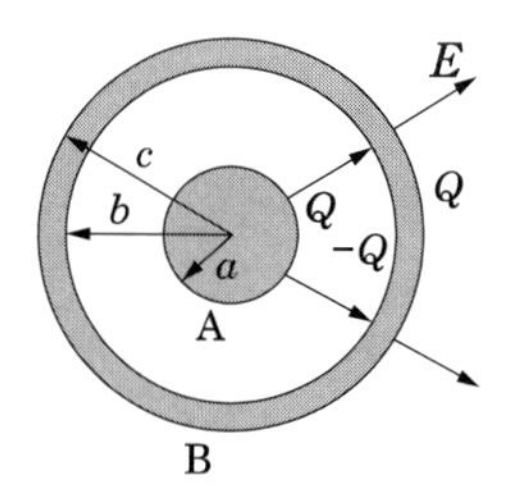

그림 19 동심도체구

그림 19와 같은 동심도체구에서는 전계의 세기를 구하는 경우 내외 도체구에 어떻게 전하가 존재하는가에 따라 다르게 된다.
먼저 도체 A에 전하 Q를 주고 도체 B에 전하를 주지 않은 경우 전계의 세기는 가우스 법칙에 의해 구하면 다음과 같다.

도체 B의 외측$(r \geq c)$

$$N = \oint_S \boldsymbol{E} \cdot d\boldsymbol{S} = E \cdot 4\pi r^2 = \frac{Q}{\epsilon 0} \text{(외부에서의 전하량}= Q - Q + Q = Q\text{)}$$

$$E = \frac{Q}{4\pi\epsilon_0 r^2}$$

도체 A와 B사이$(a \leq r \leq b)$

$$N = \oint_S \boldsymbol{E} \cdot d\boldsymbol{S} = E \cdot 4\pi r^2 = \frac{Q}{\epsilon_0} (A\text{와 } B\text{사이의 전하량} = Q)$$

$$E = \frac{Q}{4\pi\epsilon_0 r^2}$$

전위는 B도체 표면의 전위, A와 B사이의 전위, A도체의 전위로 나누어 구할 수 있다.

도체 B의 표면전위 $V_c\,(r=c)$

$$V_c = -\int_{\infty}^{c} E dr = \frac{Q}{4\pi\epsilon_0 c}$$

도체 A와 B 사이의 전위차 $V_{ab}\,(a \leqq r \leqq b)$

$$V_{ab} = -\int_{b}^{a} E dr = \frac{Q}{4\pi\epsilon_0}\left(\frac{1}{a} - \frac{1}{b}\right)$$

도체 A의 표면전위 $V_a\,(r=a)$

$$\begin{aligned} V_a &= V_{ab} + V_{bc} + V_c \\ &= \frac{Q}{4\pi\epsilon_0}\left(\frac{1}{a} - \frac{1}{b}\right) + 0 + \frac{Q}{4\pi\epsilon_0 c} \\ &= \frac{Q}{4\pi\epsilon_0}\left(\frac{1}{a} - \frac{1}{b} + \frac{1}{c}\right) \end{aligned}$$

예제문제 44

그림과 같이 동심구에서 도체 A에 Q[C]을 줄 때 도체 A의 전위[V]는? 단, 도체 B의 전하는 0이다.

B A c b a Q[C]

① $\frac{Q}{4\pi\epsilon_0 C}$

② $\frac{Q}{4\pi\epsilon_0}\left(\frac{1}{a} - \frac{1}{b}\right)$

③ $\frac{Q}{4\pi\epsilon_0}\left(\frac{1}{a} + \frac{1}{b}\right)$

④ $\frac{Q}{4\pi\epsilon_0}\left(\frac{1}{a} - \frac{1}{b} + \frac{1}{c}\right)$

해설
내부 도체에만 Q의 전하를 준 경우 전위

$V_A = -\int_{\infty}^{c} E dr - \int_{b}^{a} E dr = \frac{Q}{4\pi\epsilon_0}\left(\frac{1}{a} - \frac{1}{b} + \frac{1}{c}\right)$ [V]

답 : ④

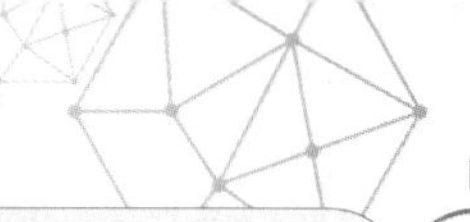

예제문제 45

진공 중에 반지름 $\frac{1}{50}$ [m]인 도체구 A에 내외 반지름이 $\frac{1}{25}$ [m] 및 $\frac{1}{20}$ [m]인 도체구 B를 동심으로 놓고, 도체구 A에 $Q_A = 2\times 10^{-10}$ [C]의 전하를 대전시키고 도체구 B의 전하를 0으로 했을 때의 도체구 A의 전위는 몇 [V]인가?

① 9 ② 45 ③ 81 ④ 171

해설

내부 도체에만 Q의 전하를 준 경우 전위

$$V = \frac{Q}{4\pi\epsilon_0}\left(\frac{1}{a} - \frac{1}{b} + \frac{1}{c}\right) = \frac{2\times 10^{-10}}{4\pi\epsilon_0}\left(\frac{1}{1/50} - \frac{1}{1/25} + \frac{1}{1/20}\right) = 81\ [V]$$

답 : ③

두 번째로 도체 A에 전하 전하를 주지 않고 도체 B에 전하 Q를 주는 경우 전계의 세기는 가우스 법칙에 의해 구하면 다음과 같다. 이 때 전하분포는 도체 B의 외측에만 존재하므로 그림 20과 같이 된다.

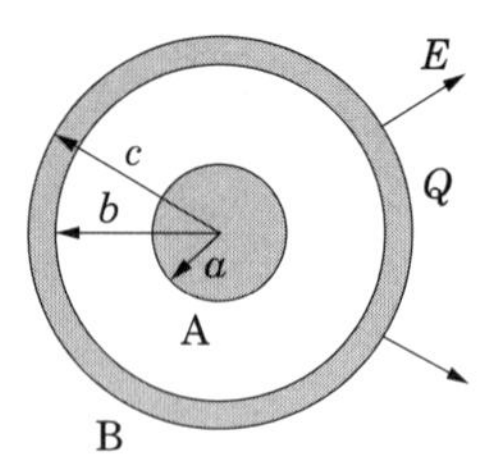

그림 20 동심도체구

도체 B의 외측($r \geq c$)

$$\oint_S \boldsymbol{E} \cdot d\boldsymbol{S} = E \cdot 4\pi r^2 = \frac{Q}{\epsilon_0}$$

$$E = \frac{Q}{4\pi\epsilon_0 r^2}$$

도체 A와 B 사이($a \leq r \leq b$)

$$\oint_S \boldsymbol{E} \cdot d\boldsymbol{S} = E \cdot 4\pi r^2 = 0$$

$$E = 0$$

전위는 다음과 같다.

도체 B의 표면전위 $V_c\,(r=c)$

$$V_c = -\int_{\infty}^{c} E dr = \frac{Q}{4\pi\epsilon_0 c}$$

도체 A와 B 사이의 전위차 $V_{ab}\,(a \leqq r \leqq b)$

$$V_{ab} = 0$$

도체 A의 표면전위 $V_a\,(r=a)$

$$V_a = V_{ab} + V_{bc} + V_c = V_c = \frac{Q}{4\pi\epsilon_0 c}$$

$V_{bc} = 0$ (∵ 도체 내부)

세 번째로 도체 A에 Q를 주고 도체 B에 전하 $-Q$를 주는 경우 전계의 세기는 가우스 법칙에 의해 구하면 다음과 같다. 이 때 정·부전하는 정전력에 의해 도체 A의 표면과 도체 B의 내측 표면에 존재한다.

도체 B의 외측$(r \geqq c)$

$$N = \oint_S \boldsymbol{E} \cdot d\boldsymbol{S} = E \cdot 4\pi r^2 = \frac{1}{\epsilon_0}(Q - Q) = 0$$

$$E = 0$$

도체 A와 B 사이$(a \leqq r \leqq b)$

$$\oint_S \boldsymbol{E} \cdot d\boldsymbol{S} = E \cdot 4\pi r^2 = \frac{Q}{\epsilon_0}$$

$$E = \frac{Q}{4\pi\epsilon_0 r^2}$$

전위를 구하면 다음과 같다.

도체 B의 표면전위 $V_c(r=c)$

$$V_c = 0$$

도체 A와 B 사이의 전위차 $V_{ab}(a \leqq r \leqq b)$

$$V_{ab} = -\int_{\infty}^{c} E dr = \frac{Q}{4\pi\epsilon_0}\left(\frac{1}{a} - \frac{1}{b}\right)$$

도체 A의 표면전위 $V_a(r=a)$

$$\begin{aligned} V_a &= V_{ab} + V_{bc} + V_c \\ &= V_{ab} = \frac{Q}{4\pi\epsilon_0}\left(\frac{1}{a} - \frac{1}{b}\right) \end{aligned}$$

내구에 Q, 외구에 $-Q$의 전하를 준 조건은 내구에 Q의 전하를 주고 외구를 접지한 경우와 동일한 전계 분포가 된다.

7.5 도체표면에 작용하는 힘(정전응력, electrostatic stress)

도체에 전하를 주면 전하는 도체 표면에만 분포한다. 이때 전계의 세기가 존재하며 이것으로 인해 도체표면에는 힘이 작용한다. 면전하밀도 $\sigma\,[\mathrm{C/m^2}]$인 도체 표면에서의 전계의 세기를 구한다.

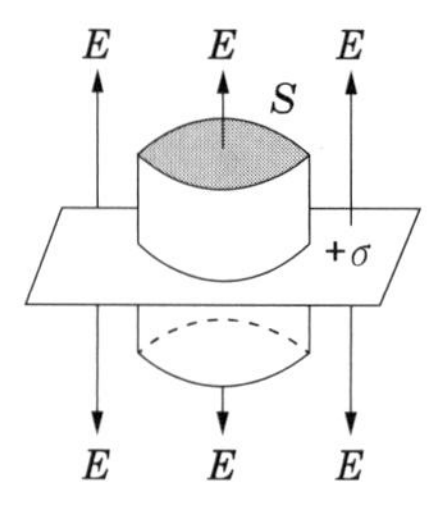

그림 21 도체표면의 정전응력

$$N = \oint_S E \cdot d\boldsymbol{S} = \frac{\sigma S}{\epsilon_0}$$

$$\therefore E \cdot 2S = \frac{\sigma S}{\epsilon_0}$$

$$E = \frac{\sigma}{2\epsilon_0}\ [\mathrm{V/m}]$$

이때 미소 면적 dS에서 전계의 세기에 의하여 힘은 다음과 같이 구할 수 있다.

$$dF = QE = (\sigma\, dS)\, E_2 = \frac{\sigma^2}{2\epsilon_0} dS$$

도체 표면에서의 단위 면적당 작용하는 힘 f 는

$$f = \frac{dF}{dS} = \frac{\sigma^2}{2\epsilon_0} [\mathrm{N/m^2}]$$

면전하밀도 $\sigma[\mathrm{C/m^2}]$인 도체 표면에서 $D = \sigma = \epsilon_0 E$ 이므로

$$f = \frac{1}{2}\frac{\sigma^2}{\epsilon_0} = \frac{1}{2}\frac{D^2}{\epsilon_0} = \frac{1}{2}\epsilon_0 E^2 = \frac{1}{2} DE\ [\mathrm{N/m^2}]$$

정전응력은 도체 표면 전하의 종류에 관계없이 항상 도체 표면의 외부로 향하는 방향으로 장력이 생긴다.

예제문제 46

매질이 공기인 경우에 방전이 10 [kV/mm]의 전계에서 발생한다고 할 때 도체 표면에 작용하는 힘은 몇 [N/m²]인가?

① 4.43×10^2 ② 5.5×10^{-3} ③ 4.83×10^{-3} ④ 7.5×10^3

해설

단위 면적당 작용하는 힘 : $f = \frac{1}{2}\epsilon_0 E^2 = \frac{1}{2} \times 8.854 \times 10^{-12} \times (10 \times 10^6)^2 = 4.427 \times 10^2\ [\mathrm{N/m^2}]$

답 : ①

8. 발산(divergence)정리

전하가 공간적으로 분포한다고 가정하고 임의의 체적에 대한 미소체적 dv를 가정하여 가우스법칙을 적용하면

$$\oint_S \boldsymbol{D} \cdot d\boldsymbol{S} = Q$$

가 된다. 여기서 전하량을 구하면(제적전하밀도가 존재하는 경우임)

$$Q = \int_v \rho\, dv$$

$$\mathrm{div}\boldsymbol{D} = \rho$$

따라서

$$\oint_S \boldsymbol{D} \cdot d\boldsymbol{S} = Q = \int_v \rho \, dv = \int_v \mathrm{div}\boldsymbol{D} \, dv$$

$$\oint_S \boldsymbol{D} \cdot d\boldsymbol{S} = \int_v \mathrm{div}\boldsymbol{D} \, dv$$

$$\oint_S \boldsymbol{E} \cdot d\boldsymbol{S} = \int_v \mathrm{div}\boldsymbol{E} \, dv$$

로 표현할 수 있다. 이것을 발산정리라 한다. 발산정리는 면적적분을 체적적분으로 변경하는 경우 적용한다.

9. 포아송의 방정식과 라플라스 방정식

9.1 포아송 방정식(Poisson's equation)

전하밀도와 전계의 세기와의 관계식은 다음과 같다.

$$\mathrm{div}\boldsymbol{E} = \nabla \cdot \boldsymbol{E} = \frac{\rho}{\epsilon_0}$$

전위와 전계의 세기는

$$\boldsymbol{E} = -\,\mathrm{grad}\, V = -\nabla V$$

의 관계가 있으므로

$$\mathrm{div}\ \mathrm{grad}\, V = -\frac{\rho}{\epsilon_0}$$

$$\nabla \cdot \nabla V = \nabla^2 V = -\frac{\rho}{\epsilon_0} \quad \left(\therefore \nabla^2 V = -\frac{\rho}{\epsilon_0} \right)$$

가 된다. 이것은 전하밀도가 공간적으로 분포하고 있을 때, 그 내부의 임의의 점에서 전위를 결정하는 식으로 포아송 방정식(Poisson's equation)이라 한다.

9.2 라플라스 방정식(Laplace's equation)

포아송의 방정식에서 전하분포 영역 이외의 한 점의 전위 V를 생각할 때는 그 점에 전하가 없다고 하면($\rho = 0$)

$$\nabla \cdot \nabla V = \nabla^2 V = 0 \quad (\therefore \nabla^2 V = 0)$$

가 된다. 이것을 라플라스 방정식(Laplace's equation)이라 한다.

예제문제 47

Poisson의 방정식은?

① $\text{div}\boldsymbol{E} = -\dfrac{\rho}{\epsilon_0}$ ② $\nabla^2 V = -\dfrac{\rho}{\epsilon_0}$ ③ $\boldsymbol{E} = -\text{grad}\,V$ ④ $\text{div}\boldsymbol{E} = \epsilon_0$

해설

포아송의 방정식 : $\nabla \cdot \nabla V = \nabla^2 V = -\dfrac{\rho}{\epsilon_0}$ $\left(\therefore \nabla^2 V = -\dfrac{\rho}{\epsilon_0}\right)$

답 : ②

예제문제 48

진공(유전율 ϵ_0)의 전하 분포 공간 내에서 전위가 $V = (x^2 + y^2)$ [V]로 표시될 때, 전하 밀도는 몇 [C/m^3]인가?

① $-4\epsilon_0$ ② $-\dfrac{4}{\epsilon_0}$ ③ $-2\epsilon_0$ ④ $-\dfrac{2}{\epsilon_0}$

해설

포아송의 방정식 : $\nabla^2 V = -\dfrac{\rho}{\epsilon_0}$

$$\nabla^2 V = \frac{\partial^2(x^2+y^2)}{\partial x^2} + \frac{\partial^2(x^2+y^2)}{\partial y^2} + \frac{\partial^2(x^2+y^2)}{\partial z^2} = 2+2+0 = -\frac{\rho}{\epsilon_0}$$

$\therefore \rho = -4\epsilon_0$ [C/m^3]

답 : ①

예제문제 49

공간적 전하분포를 갖는 유전체 중의 전계 E에 있어서, 전하밀도 ρ와 전하분포 중의 한 점에 대한 전위 V와의 관계 중 전위를 생각하는 고찰점에 ρ의 전하분포가 없다면 $\nabla^2 V = 0$이 된다는 것은?

① Laplace의 방정식 ② Poisson의 방정식
③ Stokes의 정리 ④ Thomson의 정리

해설

$\nabla^2 V = -\dfrac{\rho}{\epsilon_0}$: Poisson의 방정식

$\nabla^2 V = 0$: Laplace 방정식(고찰점에서 전하가 존재하지 않는 경우)

답 : ①

10. 전기쌍극자

10.1 쌍극자 모먼트

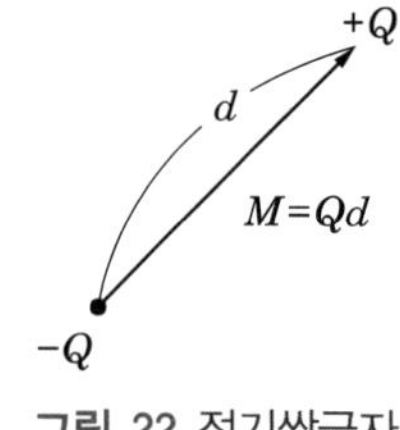

그림 22 전기쌍극자

양과 음의 점전하 $+Q$, $-Q$가 미소거리 d 만큼 떨어져 있을 때 이 한 쌍의 전하를 전기쌍극자(electric dipole)라 한다. 이 때 쌍극자 모먼트는 벡터량으로 다음과 같이 정의 된다.

$$M = Qd\,[\mathrm{C \cdot m}]$$

쌍극자 모먼트는 전하량과 양전하 사이의 거리의 곱으로 정의한다. 쌍극자의 방향은 $-Q$에서 $+Q$로 향한다.

10.2 쌍극자 전위와 전계의 세기

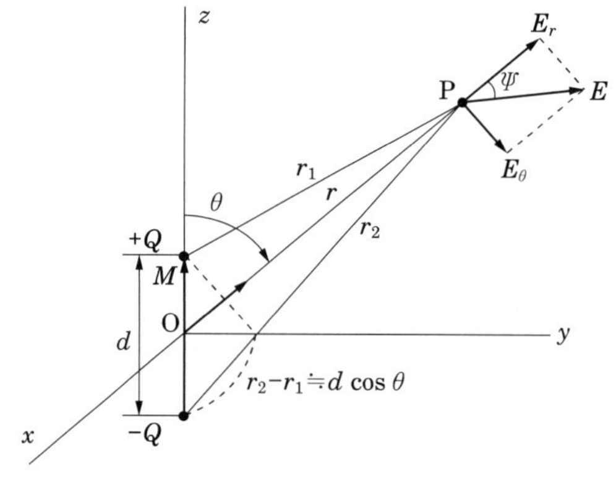

그림 23 전기쌍극자의 전위와 전계

쌍극자의 전위는 그림 23에서 $r_2 - r_1 \fallingdotseq d\cos\theta$로 보고 전기쌍극자 모멘트는 $M = Q \cdot d$를 적용하면

$$V=\frac{Q}{4\pi\epsilon_0}\left(\frac{1}{r_1}-\frac{1}{r_2}\right)=\frac{Q}{4\pi\epsilon_0}\cdot\frac{r_2-r_1}{r_1 r_2}$$

$$=\frac{Q}{4\pi\epsilon_0}\cdot\frac{d\cos\theta}{r^2}=\frac{M\cos\theta}{4\pi\epsilon_0 r^2}\ [\text{V}]$$

여기서, r : 전기쌍극자의 중심에서 임의의 점 P까지의 거리
$\boldsymbol{r}$: 거리벡터
M : 전기쌍극자 모멘트
θ : 거리벡터와 전기쌍극자 모멘트가 이루는 각

가 된다. 또 전계의 세기는 그림 23의 점 P에서의 전계 E는 r 방향의 성분 E_r과 r에 수직한 방향의 성분 E_θ로 분해하여 구한다.

$$\boldsymbol{E}=-\text{grad}\,V=-\left(\frac{\partial V}{\partial r}\boldsymbol{a}_r+\frac{\partial V}{r\,\partial\theta}\boldsymbol{a}_\theta\right)=E_r\boldsymbol{a}_r+E_\theta\boldsymbol{a}_\theta\,[\text{V/m}]$$

$$E_r=-\frac{\partial V}{\partial r}=-\frac{\partial}{\partial r}\frac{M\cos\theta}{4\pi\epsilon_0 r^2}=-(-2)\frac{M\cos\theta}{4\pi\epsilon_0 r^3}=\frac{2M\cos\theta}{4\pi\epsilon_0 r^3}\,[\text{V/m}]$$

$$E_\theta=-\frac{\partial V}{r\,\partial\theta}=\frac{M\sin\theta}{4\pi\epsilon_0 r^3}\,[\text{V/m}]$$

$$E=\sqrt{E_r^2+E_\theta^2}=\frac{M}{4\pi\epsilon_0 r^3}\sqrt{(2\cos\theta)^2+\sin^2\theta}$$

$$=\frac{M}{4\pi\epsilon_0 r^3}\sqrt{4\cos^2\theta+\sin^2\theta}$$

$$=\frac{M}{4\pi\epsilon_0 r^3}\sqrt{3\cos^2\theta+(\cos^2\theta+\sin^2\theta)}$$

$$\therefore E=\frac{M\sqrt{1+3\cos^2\theta}}{4\pi\epsilon_0 r^3}\ [\text{V/m}]$$

예제문제 50

쌍극자의 중심을 좌표 원점으로 하여 쌍극자 모멘트 방향을 x 축, 이의 직각 방향을 y 축으로 할 때 원점에서 같은 거리 r 만큼 떨어진 점의 y 방향의 전계의 세기가 가장 큰 점은 x 축과 몇 도의 각을 이루는가?

① 0˚ ② 30˚ ③ 45˚ ④ 60˚

해설

전기쌍극자의 전계 : $\boldsymbol{E}=\frac{M}{4\pi\epsilon_0 r^3}\sqrt{1+3\cos^2\theta}$ [V/m]

∴ 전계는 $\theta=0°$일 때 최대이고, $\theta=90°$일 때 최소가 된다.

답 : ①

예제문제 51

전기 쌍극자로부터 r 만큼 떨어진 점의 전위 크기 V 는 r 과 어떤 관계에 있는가?

①$V \propto r$　　②$V \propto \dfrac{1}{r^3}$

③$V \propto \dfrac{1}{r^2}$　　④$V \propto \dfrac{1}{r}$

해설

전기쌍극자 전위 : $V = \dfrac{M\cos\theta}{4\pi\epsilon_0 r^2}$[V] $\rightarrow$ $V \propto \dfrac{1}{r^2}$

전기쌍극자 전계 : $E = \dfrac{M\sqrt{1+3\cos^2\theta}}{4\pi\epsilon_0 r^3}$[V/m] $\rightarrow$ $E \propto \dfrac{1}{r^3}$

답 : ③

예제문제 52

전기 쌍극자에 의한 전계의 세기는 쌍극자로부터의 거리 r 에 대해서 어떠한가?

① r 에 반비례한다.　　② r^2 에 반비례한다.

③ r^3 에 반비례한다.　　④ r^4 에 반비례한다.

해설

전기쌍극자 전위 : $V = \dfrac{M\cos\theta}{4\pi\epsilon_0 r^2}$[V]

전기쌍극자 전계 : $E = \dfrac{M\sqrt{1+3\cos^2\theta}}{4\pi\epsilon_0 r^3}$[V/m] $\rightarrow$ $E \propto \dfrac{1}{r^3}$

답 : ③

10.3 전기이중층(electric double layer)

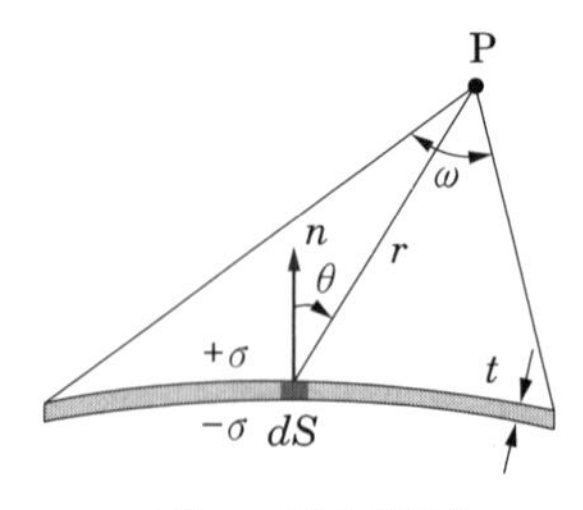

그림 24 전기이중층

극히 얇은 판의 양면에 정·부의 전하, 즉 전기쌍극자가 무수히 분포되어 있는 것을 전기 이중층(electric double layer)이라 한다. 전기이중층의 면전하밀도를 $\pm\sigma$[C/m^2], 판의 두께를 t[m], 미소면적을 dS[m^2]라 하면, 이 dS 부분의 미소전하 $\pm\sigma dS$[C]을 전기쌍극자로 볼 수 있다.

그림 24에서 P점의 전위는

$$dV = \frac{(\sigma dS)t}{4\pi\epsilon_0}\frac{\cos\theta}{r^2} = \frac{\sigma t}{4\pi\epsilon_0}\frac{dS\cos\theta}{r^2}$$

입체각 $d\omega$ 를 적용하면 다음과 같다.

$$dV = \frac{\sigma t}{4\pi\epsilon_0}d\omega$$

전기 이중층의 세기가 $M=\sigma t$ [C/m]이므로(σ : 면전하 밀도[C/m^2], t : 판의 두께 [m]) 다음과 같이 전위를 구할 수 있다.

$$V = \pm\frac{M}{4\pi\epsilon_0}\omega$$

여기서, ω : 입체각

$$\omega = 2\pi(1-\cos\theta) = 2\pi\left(1-\frac{x}{\sqrt{a^2+x^2}}\right)$$

$$V = \frac{M}{4\pi\epsilon_0}\times 2\pi(1-\cos\theta) = \frac{M}{4\pi\epsilon_0}\times 2\pi\left(1-\frac{x}{\sqrt{a^2+x^2}}\right)$$

$$= \frac{M}{2\epsilon_o}\times\left(1-\frac{x}{\sqrt{a^2+x^2}}\right)[\text{V}]$$

예제문제 53

반지름 a인 원판형 전기 2중층(세기 M)의 축상 x 되는 거리에 있는 점 P(정전하측)의 전위[V]는?

① $\frac{M}{2\epsilon_0}\left(1-\frac{a}{\sqrt{x^2+a^2}}\right)$ ② $\frac{M}{\epsilon_0}\left(1-\frac{a}{\sqrt{x^2+a^2}}\right)$

③ $\frac{M}{2\epsilon_0}\left(1-\frac{x}{\sqrt{x^2+a^2}}\right)$ ④ $\frac{M}{\epsilon_0}\left(1-\frac{x}{\sqrt{x^2+a^2}}\right)$

해설

점 P의 전위 : $V_P = \frac{M}{4\pi\epsilon_0}\omega$ [V]

점 P에서 원판 도체를 본 입체각

$\omega = 2\pi(1-\cos\theta) = 2\pi\left(1-\frac{x}{\sqrt{a^2+x^2}}\right)$가 되므로

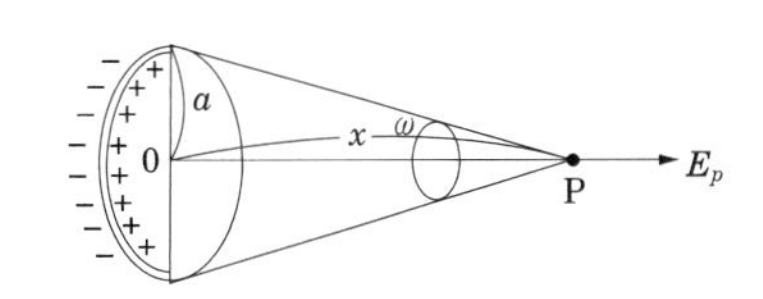

$\therefore V_P = \frac{M}{4\pi\epsilon_0}\cdot 2\pi\left(1-\frac{x}{\sqrt{a^2+x^2}}\right) = \frac{M}{2\epsilon_0}\left(1-\frac{x}{\sqrt{a^2+x^2}}\right)$ [V]

점 P의 축방향 전계 세기 : $E_P = -\frac{\partial V_P}{\partial x} = \frac{M}{2\epsilon_0}\cdot\frac{a^2}{(a^2+x^2)^{3/2}}$ [V/m]

답 : ③

핵심과년도문제

2·1

진공 중에 있는 구도체에 일정 전하를 대전시켰을 때 정전 에너지가 존재하는 것으로 다음 중 옳은 것은?

① 도체 내에만 존재한다. ② 도체 표면에만 존재한다.
③ 도체 내외에 모두 존재한다. ④ 도체 표면과 외부 공간에 존재한다.

해설 전하는 도체 내부에는 존재하지 않는다. 문제에서 요구하는 것은 정전 에너지의 존재유무를 질문하고 있다.

【답】 ④

2·2

정전계에서 도체에 주어진 전하의 대전상태에 관한 설명으로 옳지 않은 것은?

① 전하는 도체의 표면에만 분포하고 내부에는 존재하지 않는다.
② 도체 표면은 등전위면을 형성한다.
③ 전계는 도체 표면에 수직이다.
④ 표면 전하밀도는 곡률 반지름이 작으면 작다.

해설 전하는 곡률반경이 작은 부분(곡률이 큰 부분, 뾰족한 부분)에 모이게 된다. 전하가 모이게 되면 전하 밀도가 높이진다.

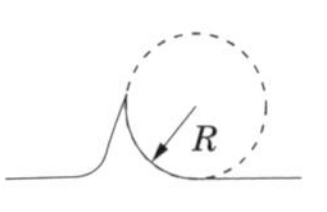

【답】 ④

2·3

전기력선의 성질에 대하여 틀린 것은?

① 전하가 없는 곳에서 전기력선은 발생, 소멸이 없다.
② 전기력선은 그 자신만으로 폐곡선이 되는 일은 없다.
③ 전기력선은 등전위면과 수직이다.
④ 전기력선은 도체내부에 존재한다.

해설 전하는 도체 내부에 존재하지 않으므로 도체 내부에는 전기력선이 존재하지 않는다.

【답】 ④

2·4

대전 도체 표면의 전하 밀도는 도체 표면의 모양에 따라 어떻게 되는가?

① 곡률이 크면 작아진다.
② 곡률이 크면 커진다.
③ 평면일 때 가장 크다.
④ 표면 모양에 무관하다.

해설 전하는 곡률반경이 작은 부분(곡률이 큰 부분, 뾰족한 부분)에 모이게 된다. 전하게 모이게 되면 전하 밀도가 높이진다. 【답】 ②

2·5

다음 정전계에 대한 설명 중 틀린 것은?

① 도체에 주어진 전하는 도체 표면에만 분포한다.
② 중공 도체(中空導體)에 준 전하는 외부 표면에만 분포하고 내면에는 존재하지 않는다.
③ 단위 전하에서 나오는 전기력선의 수는 $\dfrac{1}{\epsilon_0}$ 개이다.
④ 전기력선은 전하가 없는 곳에서 서로 교차한다.

해설 전기력선 상호간에는 반발력이 작용하며, 교차하지 않는다. 【답】 ④

2·6

크기가 같은 두 개의 점전하가 진공 중에서 1 [m] 떨어져 있다. 이 두 전하 사이에 작용하는 힘이 1 [kg]일 때의 전하는 몇 [C]인가?

① 3.3×10^{-5}
② 3.3×10^{-6}
③ 3.3×10^{-9}
④ 3.3×10^{9}

해설 1 [kg · 중] ≒ 9.8 [N]

쿨롱의 법칙 : $F = 9 \times 10^9 \dfrac{Q^2}{r^2}$ [N]에서 $Q = \sqrt{\dfrac{9.8 \times 1^2}{9 \times 10^9}} \fallingdotseq 3.3 \times 10^{-5}$ [C] 【답】 ①

2·7

그림과 같이 $Q_A = 4 \times 10^{-6}$ [C], $Q_B = 2 \times 10^{-6}$ [C], $Q_C = 5 \times 10^{-6}$ [C]의 전하를 가진 작은 도체구 A, B, C가 진공 중에서 일직선상에 놓여질 때 B구에 작용하는 힘[N]을 구하여라.

A B C
2[m] 3[m]

① 1.8×10^{-2}
② 1×10^{-2}
③ 0.8×10^{-2}
④ 2.8×10^{-2}

해설 B구에 작용하는 힘 : $F_B = F_{BA} - F_{BC}$

$$F_B = F_{BA} - F_{BC} = \frac{Q_B Q_A}{4\pi\epsilon_0 r_A^2} - \frac{Q_B Q_C}{4\pi\epsilon_0 r_B^2} = \frac{Q_B}{4\pi\epsilon_0}\left(\frac{Q_A}{r_A^2} - \frac{Q_C}{r_B^2}\right)$$

$$= 9\times10^9 \times 2\times10^{-6}\left(\frac{4\times10^{-6}}{2^2} - \frac{5\times10^{-6}}{3^2}\right) = 8\times10^{-3} = 0.8\times10^{-2}\ [\text{N}]$$

【답】 ③

2·8

진공 내의 점 (3, 0, 0) [m]에 4×10^{-9} [C]의 전하가 있다. 이때에 점 (6, 4, 0) [m]인 전계의 세기[V/m] 및 전계의 방향을 표시하는 단위 벡터는?

① $\frac{36}{25}$, $\frac{1}{5}(3\boldsymbol{i}+4\boldsymbol{j})$　　② $\frac{36}{125}$, $\frac{1}{5}(3\boldsymbol{i}+4\boldsymbol{j})$

③ $\frac{36}{25}$, $(\boldsymbol{i}+\boldsymbol{j})$　　④ $\frac{36}{125}$, $\frac{1}{5}(\boldsymbol{i}+\boldsymbol{j})$

해설 전하 4×10^{-9} [C]이 존재하는 점 A와 점 P 사이의 거리 : $\sqrt{3^2+4^2} = 5$ [m]

P점의 전계의 세기 : $E = 9\times10^9 \times \frac{4\times10^{-9}}{5^2} = \frac{36}{25}$ [V/m]

전계의 방향을 표시하는 단위 벡터 : $\frac{\boldsymbol{E}}{E} = \frac{\boldsymbol{r}}{r} = \frac{3i+4j}{5} = \frac{1}{5}(3i+4j)$

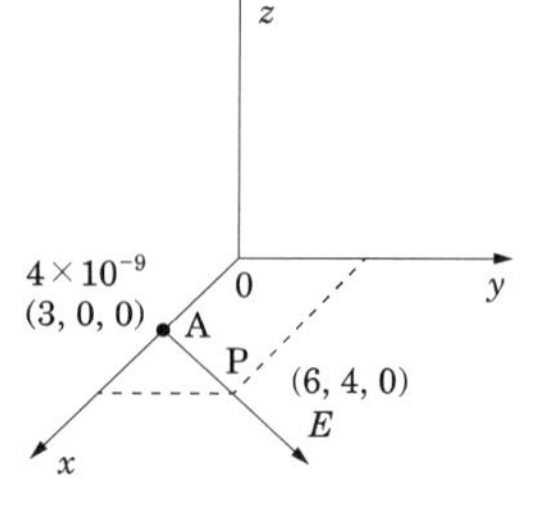

【답】 ①

2·9

거리 r에 반비례하는 전계의 세기를 주는 대전체는?

① 점전하　② 구전하　③ 전기 쌍극자　④ 선전하

해설 점전하에 의한 전계 : $E = \frac{Q}{4\pi\epsilon_0 r^2} \rightarrow \frac{1}{r^2}$

구전하에 의한 전계 : $E = \frac{Q}{4\pi\epsilon_0 r^2} \rightarrow \frac{1}{r^2}$

전기 쌍극자에 의한 전계 : $E = \frac{M\sqrt{1+3\cos^2\theta}}{4\pi\epsilon_0 r^3} \rightarrow \frac{1}{r^3}$

선전하에 의한 전계 : $E = \frac{Q}{2\pi\epsilon_0 r} \rightarrow \frac{1}{r}$

【답】 ④

2·10

정육각형의 꼭지점에 동량, 동질의 점전하 Q 가 각각 놓여 있을 때 정육각형 한 변의 길이가 a라 하면 정육각형 중심의 전계의 세기는? 단, 자유 공간이다.

① $\dfrac{Q}{4\pi\epsilon_0 a^2}$ ② $\dfrac{3Q}{2\pi\epsilon_0 a^2}$ ③ $6Q$ ④ 0

해설 그림과 같이 크기가 같고 방향이 정반대인 전계가 3개 존재하므로 서로 상쇄되어 합성 전계의 세기는 0이 된다.

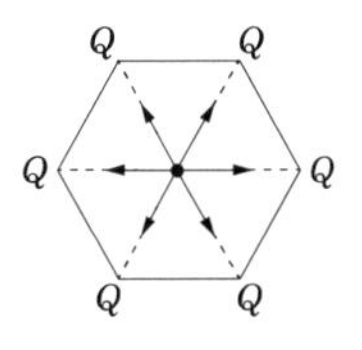

【답】 ④

2·11

z축상에 있는 무한히 긴 균일 선전하로부터 2 [m] 거리에 있는 점의 전계의 세기가 1.8×10^4 [V/m]일 때의 선전하밀도는 몇 [μC/m]인가?

① 2 ② 2×10^{-6} ③ 20 ④ 2×10^6

해설 선전하 밀도에 의한 전계의 세기 : $E=\dfrac{\lambda}{2\pi\epsilon_0 r}=18\times10^9\dfrac{\lambda}{r}$

$\therefore$ 선전하 밀도 $\lambda=\dfrac{rE}{18\times10^9}=\dfrac{2\times1.8\times10^4}{18\times10^9}=2\times10^{-6}$ [C/m]=2 [μC/m] 【답】 ①

2·12

진공 중에 선전하 밀도 $+\lambda$ [C/m]의 무한장 직선전하 A와 $-\lambda$ [C/m]의 무한장 직선전하 B가 d [m]의 거리에 평행으로 놓여 있을 때, A에서 거리 $\dfrac{d}{3}$[m]되는 점의 전계의 크기는 몇 [V/m]인가?

① $\dfrac{3\lambda}{4\pi\epsilon_0 d}$ ② $\dfrac{9\lambda}{4\pi\epsilon_0 d}$ ③ $\dfrac{3\lambda}{8\pi\epsilon_0 d}$ ④ $\dfrac{9\lambda}{8\pi\epsilon_0 d}$

해설 $+\lambda$와 $-\lambda$에 의한 무한 직선전하에 의한 전계계의 세기는 합이 되므로

$$E=\frac{\lambda_1}{2\pi\epsilon_0 r_1}+\frac{\lambda_2}{2\pi\epsilon_0 r_2}$$
$$=\frac{\lambda}{2\pi\epsilon_0}\left(\frac{1}{\frac{1}{3}d}+\frac{1}{\frac{2}{3}d}\right)$$
$$=\frac{9\lambda}{4\pi\epsilon_0 d}\text{[V/m]}$$

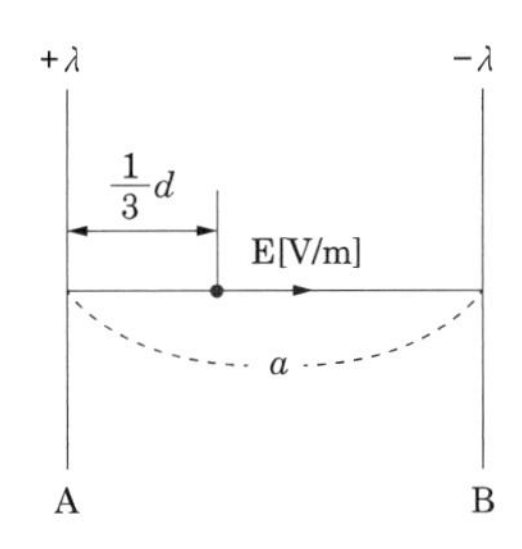

【답】 ②

2·13

무한장 직선도체에 선전하밀도 λ [C/m]의 전하가 분포되어 있는 경우 직선도체를 축으로 하는 반경 r 의 원통면상의 전계는 몇 [V/m]인가?

① $E=\frac{1}{4\pi\epsilon_0}\cdot\frac{\lambda}{r}$　② $E=\frac{1}{2\pi\epsilon_0}\cdot\frac{\lambda}{r^2}$

③ $E=\frac{1}{4\pi\epsilon_0}\cdot\frac{\lambda}{r^2}$　④ $E=\frac{1}{2\pi\epsilon_0}\cdot\frac{\lambda}{r}$

해설 무한 선전하에 의한 전계 : $E=\frac{\lambda}{2\pi\epsilon_0 r}$ [V/m]　【답】 ④

2·14

진공 중에 있는 임의의 구도체 표면 전하 밀도가 σ 일 때의 구도체 표면의 전계 세기[V/m]는?

① $\frac{\epsilon_0\sigma^2}{2}$　② $\frac{\sigma}{2\epsilon_0}$　③ $\frac{\sigma^2}{\epsilon_0}$　④ $\frac{\sigma}{\epsilon_0}$

해설 전하 밀도 σ [C/m²]에서 나오는 전기력선 밀도 : $\frac{\sigma}{\epsilon_0}$ [개/m²] $=\frac{\sigma}{\epsilon_0}$ [V/m]

반지름 a [m]인 도체구 표면 전계의 세기 : $\frac{\sigma}{\epsilon_0}$ [V/m]　【답】 ④

2·15

지구의 표면에 있어서 대지로 향하여 $E=300$ [V/m]의 전계가 있다고 가정하면 지표면의 전하 밀도는 몇 [C/m²]인가?

① 1.65×10^{-9}　② -1.65×10^{-9}　③ 2.65×10^{-9}　④ -2.65×10^{-9}

해설 전계의 방향이 지표면이고 지표면의 전하는 음(−)이므로

전계의 세기 : $E=-\frac{\sigma}{\epsilon_0}$

$\therefore \sigma=-\epsilon_0 E=-8.855\times10^{-12}\times300=-2.65\times10^{-9}$ [C/m²]　【답】 ④

2·16

전하밀도 σ [C/m²]의 아주 얇은 무한 평판 도체의 전계의 세기는 몇 [V/m]인가?

① $\frac{\sigma}{\epsilon_0}$　② $\frac{\sigma}{2\epsilon_0}$　③ $\frac{\sigma}{2\pi\epsilon_0}$　④ $\frac{\sigma}{4\pi\epsilon_0}$

해설 가우스 정리 : $\oint \boldsymbol{E} \cdot n dS = \dfrac{Q}{\epsilon_0} = \dfrac{\sigma S}{\epsilon_0}$

$\therefore\ E \cdot 2S = \dfrac{\sigma S}{\epsilon_0}$ 에서 $E = \dfrac{\sigma}{2\epsilon_0}$ [V/m]

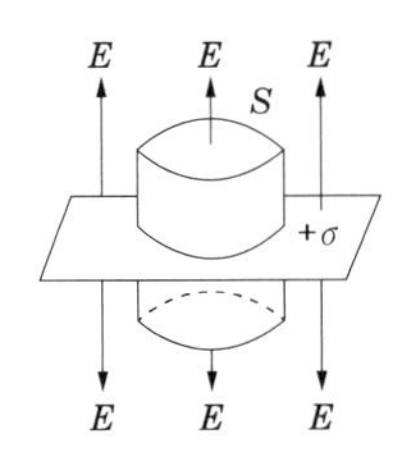

【답】 ②

2·17

자유 공간 중에서 점 P(5, −2, 4)가 도체면상에 있으며 이 점에서 전계 $\boldsymbol{E} = 6\boldsymbol{a}_x - 2\boldsymbol{a}_y + 3\boldsymbol{a}_z$ [V/m]이다. 점 P에서의 면전하 밀도 ρ_s [C/m^2]는?

① $-2\epsilon_0$ [C/m^2]　② $3\epsilon_0$ [C/m^2]　③ $6\epsilon_0$ [C/m^2]　④ $7\epsilon_0$ [C/m^2]

해설 면전하에 의한 전계의 세기 : $E = \dfrac{\rho}{\epsilon_0}$

$\therefore \rho = \epsilon_0 E = \epsilon_0 |6a_x - 2a_y + 3a_z| = \epsilon_0 (\sqrt{6^2 + (-2)^2 + 3^2}) = 7\epsilon_0$ [C/m^2]

【답】 ④

2·18

공기중에 놓인 도체구의 전위가 60 [kV]일 때, 도체 표면의 전계의 세기는 4 [kV/cm]였다. 도체구에 대전된 전하량은 몇 [μC]인가?

① 1　② 10^5　③ 10^{-4}　④ 10^{-6}

해설 전위 : $V = \dfrac{Q}{4\pi\epsilon_0 a}$

전계 : $E = \dfrac{Q}{4\pi\epsilon_0 a^2}$

$\therefore\ a = \dfrac{V}{E}$

$\therefore Q = 4\pi\epsilon_0 a V = 4\pi\epsilon_0 \dfrac{V^2}{E} = \dfrac{(60\times10^3)^2}{9\times10^9\times4\times10^5} = 10^{-6}$ [C]=1 [μC]

【답】 ①

2·19

그림과 같이 등전위면이 존재하는 경우 전계의 방향은?

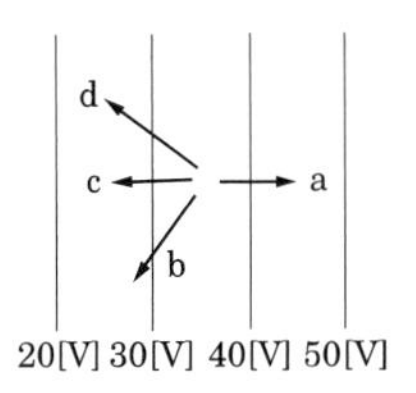

① a 의 방향
② b 의 방향
③ c 의 방향
④ d 의 방향

해설 전계의 방향은 전위가 높은 점에서 낮은 점으로 향한다.

【답】 ③

2·20

대전 도체 내부의 전위는?

① 0 전위이다. ② 표면전위와 같다.
③ 대지전위와 같다. ④ 무한대이다.

해설 대전 도체 내부는 전계는 존재하지 않는다. 따라서 전위차가 발생하지 않으며, 내부의 전위와 표면전위는 같게 되어 도체는 등전위가 된다. 【답】 ②

2·21

반지름 10 [cm]인 구의 표면 전계가 3 [kV/mm]라면 이 구의 전위는 몇 [kV]이겠는가?

① 100 ② 300 ③ 500 ④ 800

해설 전위 : $V = Er = 3 \times 10^3 \times 10^3$ [V/m] $\times 0.1$ [m] $= 3 \times 10^5$ [V] $= 300$ [kV] 【답】 ②

2·22

그림에서 0점의 전위를 라플라스의 근사법에 의하여 구하면?

① $V_1 + V_2 + V_3 + V_4$ ② $\frac{1}{2}(V_1 + V_2 + V_3 + V_4)$
③ $4(V_1 + V_2 + V_3 + V_4)$ ④ $\frac{1}{4}(V_1 + V_2 + V_3 + V_4)$

해설 라플라스 근사법 : $\frac{\partial^2 V}{\partial x^2} + \frac{\partial^2 V}{\partial y^2} \doteqdot \left[\frac{\partial^2 V}{\partial x^2}\right]_0 + \left[\frac{\partial^2 V}{\partial y^2}\right]_0 = \frac{V_1 + V_2 + V_3 + V_4 - 4V_0}{l^2} = 0$

$\therefore V_0 \doteqdot \frac{1}{4}(V_1 + V_2 + V_3 + V_4)$ 【답】 ④

2·23

P점에서 같은 거리에 있는 4개의 점의 전위를 측정하였더니 그림과 같이 나타났다고 하면 P점의 전위는 약 몇 [V] 정도 되는가?

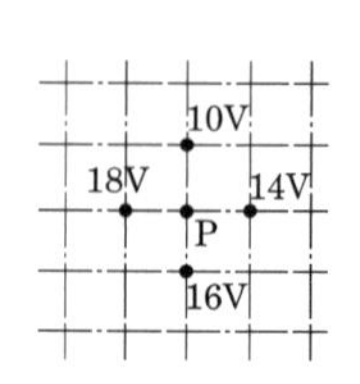

① 12.3 ② 14.5
③ 16.9 ④ 18.2

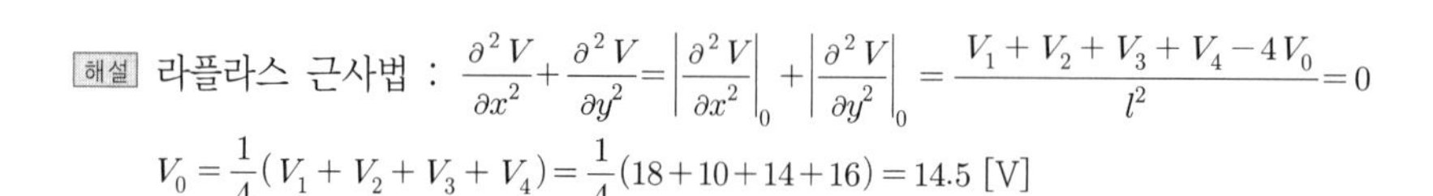

해설 라플라스 근사법 : $\frac{\partial^2 V}{\partial x^2} + \frac{\partial^2 V}{\partial y^2} = \left|\frac{\partial^2 V}{\partial x^2}\right|_0 + \left|\frac{\partial^2 V}{\partial y^2}\right|_0 = \frac{V_1 + V_2 + V_3 + V_4 - 4V_0}{l^2} = 0$

$V_0 = \frac{1}{4}(V_1 + V_2 + V_3 + V_4) = \frac{1}{4}(18 + 10 + 14 + 16) = 14.5$ [V] 【답】 ②

2·24

그림과 같은 등전위면에서 전계의 방향은?

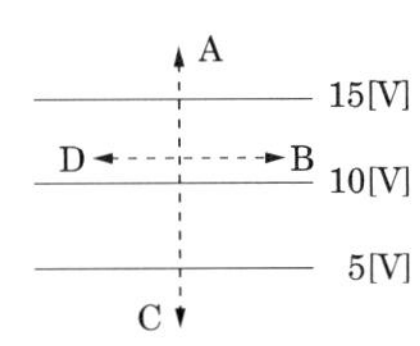

① A　　② B

③ C　　④ D

해설 전계의 방향은 등전위면과 수직이며, 전위가 높은 곳에서 낮은 곳으로 향한다. 【답】 ③

2·25

진공 내에서 전위 함수 $V = x^2 + y^2$와 같이 주어질 때 점 (2, 2, 0) [m]에서 체적 전하밀도 ρ [C/m^3]를 구하면?

① $-4\epsilon_0$　　② $-2\epsilon_0$　　③ $4\epsilon_0$　　④ $2\epsilon_0$

해설 포아송의 방정식 : $\nabla^2 V = -\frac{\rho}{\epsilon_0}$

$\therefore\ \rho = -\epsilon_0 (\nabla^2 V) = -\epsilon_0 \left(\frac{\partial^2 V}{\partial x^2} + \frac{\partial^2 V}{\partial y^2} + \frac{\partial^2 V}{\partial z^2} \right) = -4\epsilon_0$ [C/m^3] 【답】 ①

2·26

다음 식 중에서 틀린 것은?

① 가우스의 정리 : $\text{div}\boldsymbol{D} = \rho$

② 푸아송의 방정식 : $\nabla^2 V = \frac{\rho}{\epsilon}$

③ 라플라스의 방정식 : $\nabla^2 V = 0$

④ 발산정리 : $\oint_s \boldsymbol{A} \cdot d\boldsymbol{S} = \int_v \text{div}\,\boldsymbol{A}\,dv$

해설 포아송의 방정식 : $\text{div}\boldsymbol{E} = \text{div}(-\text{grad}\,V) = -\nabla^2 V = \frac{\rho}{\epsilon}$

$\therefore\ \nabla^2 V = -\frac{\rho}{\epsilon}$ 【답】 ②

2·27

유전율 $\epsilon_0 \epsilon_s$의 유전체 내에 있는 전하 Q에서 나오는 전기력선 수는?

① Q개　　② $\frac{Q}{\epsilon_0 \epsilon_s}$개　　③ $\frac{Q}{\epsilon_0}$개　　④ $\frac{Q}{\epsilon_s}$개

해설 전기력선 수와 전기력선 밀도는 매질과 전하에 모두 관계된다.

가우스 정리 : $\int_s \boldsymbol{E} \cdot d\boldsymbol{S} = \frac{Q}{\epsilon} = \frac{Q}{\epsilon_0 \epsilon_s}$ 【답】 ②

2·28

폐곡면을 통하는 전속과 폐곡면 내부의 전하와의 상관 관계를 나타내는 법칙은?

① 가우스 법칙　② 쿨롱 법칙
③ 푸아송 법칙　④ 라플라스 법칙

해설 가우스 법칙(적분형) : $Q=\oint_s D_s \cdot ds$

어느 폐곡면을 통과하는 전속은 그 면 내에 존재하는 전 전하량과 같다. 【답】 ①

2·29

폐곡면을 통하여 나가는 전기력선의 총수는 그 내부에 있는 점전하의 대수합의 몇 배와 같은가?

① $\dfrac{1}{4\pi\epsilon_0}$　② $\dfrac{1}{2\pi\epsilon_0}$　③ $\dfrac{1}{\pi\epsilon_0}$　④ $\dfrac{1}{\epsilon_0}$

해설 가우스의 정리 : $\int_s E \cdot dS = \dfrac{1}{\epsilon_0} \times \sum_{n=1}^{n} Q_i$ 【답】 ④

심화학습문제

01 정전계 내에 있는 도체 표면에서 전계의 방향은 어떻게 되는가?

① 임의 방향
② 표면과 접선 방향
③ 표면과 45° 방향
④ 표면과 수직 방향

해설

도체 표면은 등전위이며, 전기력선 방향(전계의 방향)은 도체 표면에서 수직 방향이 된다.

【답】 ④

02 도체에 정(+)의 전하를 주었을 때 다음 중 옳지 않은 것은?

① 도체 표면에서 수직으로 전기력선이 발산한다.
② 도체 내에 있는 공동면에도 전하가 분포한다.
③ 도체 외측 측면에만 전하가 분포한다.
④ 도체 표면의 곡률 반지름이 작은 곳에 전하가 많이 모인다.

해설

도체가 대전된 경우 도체의 성질과 전하분포
① 도체 표면과 내부의 전위는 동일하고(등전위), 표면은 등전위면이다.
② 도체의 전위는 등전위 이므로 전위경도(grad$V$)는 0이다. 그러므로 $E=-\text{grad}V$ 관계에서 도체 내부의 전계의 세기는 0이다.
③ 전하는 도체 내부에는 존재하지 않고, 도체 표면에만 분포한다.
④ 도체 면에서의 전계의 세기는 도체 표면에 항상 수직이다.
⑤ 도체 표면에서의 전하밀도는 곡률이 클수록 높다. 즉, 곡률반경이 작을수록 높다.
⑥ 중공부에 전하를 두면 도체 내부표면에 동량 이부호, 도체 외부표면에 동량 동부호의 전하가 분포한다. 중공부에 전하가 없고 대전 도체라면, 전하는 도체 외부의 표면에만 분포한다.

【답】 ②

03 $\sum_{i=1}^{n} Q_i \cos\theta_i = C$(일정)이란 전기력선 방정식이 성립할 수 있는 조건 중 틀린 것은?

① 점전하 Q_i가 일직선상에 있어야 한다.
② 점전하 Q_i가 시간적으로 불변이어야 한다.
③ 상수 C는 주위 매질에 관계없이 일정하다.
④ 점전하의 주위 공간은 유전율이 같아야 한다.

해설

균일한 공간의 정전계에서 점전하가 직선상으로 분포할 때의 전력선 방정식 : $\sum_{i=1}^{n} Q_i \cos\theta_i = C$
주위 매질에 따라 달라질 수 있으며, 주위 공간의 유전율이 다르면 굴절등이 나타난다.

【답】 ③

04 정전계에 관한 다음 식 중 표현이 잘못된 것은?

① $\oint_c \boldsymbol{E}\cdot dl = 0$ ② $\text{div}\boldsymbol{D} = \rho$
③ $\text{rot}\boldsymbol{E} = 0$ ④ $\boldsymbol{E} = 0$

해설

정전계에서 항상 $E=0$이 될 수 없다.

【답】 ④

05 대전도체의 성질 중 옳지 않은 것은?

① 도체 표면의 전하 밀도를 σ [c/m^2]이라 하면 표면상의 전계는 $E = \frac{\sigma}{\epsilon_0}$ [V/m]이다.
② 도체 표면상의 전계는 면에 대해서 수평이다.
③ 도체 내부의 전계는 0이다.
④ 도체는 등전위이고, 그의 표면은 등전위면이다.

해설

도체가 대전된 경우 도체의 성질과 전하분포
① 도체 표면과 내부의 전위는 동일하고(등전위), 표면은 등전위면이다.
② 도체의 전위는 등전위 이므로 전위경도(grad$V$)는 0 이다. 그러므로 $E = -\text{grad}V$ 관계에서 도체 내부의 전계의 세기는 0 이다.
③ 전하는 도체 내부에는 존재하지 않고, 도체 표면에만 분포한다.
④ 도체 면에서의 전계의 세기는 도체 표면에 항상 수직이다.
⑤ 도체 표면에서의 전하밀도는 곡률이 클수록 높다. 즉, 곡률반경이 작을수록 높다.
⑥ 중공부에 전하를 두면 도체 내부표면에 동량 이부호, 도체 외부표면에 동량 동부호의 전하가 분포한다. 중공부에 전하가 없고 대전 도체라면, 전하는 도체 외부의 표면에만 분포한다.

【답】 ②

06 정전계에 관한 설명으로서 틀린 것은?

① 정전계에서의 선적분은 적분경로에 따라 다르다.
② 정전계는 정전 에너지가 최소인 분포이다.
③ 도체 내에서의 전계의 세기는 0이다.
④ 전기력선과 등전위면은 서로 직교한다.

해설

정전계에서의 선적분은 적분경로에 관계없이 항상 0이다.

【답】 ①

07 도체의 성질을 설명한 것 중에서 틀린 것은?

① 도체의 표면 및 내부의 전위는 등전위이다.
② 도체 내부의 전계는 0이다.
③ 전하는 도체 표면에만 존재한다.
④ 도체 표면의 전하 밀도는 표면의 곡률이 큰 부분일수록 작다.

해설

전하는 곡률반경이 작은 부분(곡률이 큰 부분, 뾰족한 부분)에 모이게 된다. 전하가 모이게 되면 전하 밀도가 높아진다.

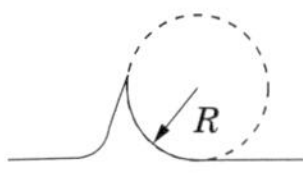

【답】 ④

08 진공 중의 정전계에서 도체의 성질에 대한 설명으로 옳지 않은 것은?

① 전하는 도체 표면에만 존재한다.
② 도체 표면의 전하 밀도는 표면의 곡률이 클수록 작다.
③ 도체 표면은 등전위이다.
④ 도체 내부의 전계의 세기는 0이다.

해설

전하는 곡률반경이 작은 부분(곡률이 큰 부분, 뾰족한 부분)에 모이게 된다. 전하가 모이게 되면 전하 밀도가 높아진다.

【답】 ②

09 전위 분포가 $V = 5 + 3z^2$ [V]로 주어졌을 때 점 (12, 0, a)에서의 전계의 크기는 몇 [V/m]이며 그 방향은 어떻게 되는가?

① 6a ② −6a
③ 3a ④ −3a

해설

전계의 세기

$$\boldsymbol{E} = -\text{grad } V = -\left(\frac{\partial}{\partial x}i + \frac{\partial}{\partial y}j + \frac{\partial}{\partial z}\boldsymbol{k}\right)V$$

$$= -\left(\frac{\partial}{\partial x}(5+3z^2)i + \frac{\partial}{\partial y}(5+3z^2)j + \frac{\partial}{\partial z}(5+3z^2)\boldsymbol{k}\right)$$

$$= -6z\boldsymbol{k} = -6a\boldsymbol{k}$$

【답】 ②

10 전위분포가 $V = 6x + 3$ [V]로 주어졌을 때 전계의 세기는 몇 [V/m]인가?

① $-6\boldsymbol{a}_x$ ② $-9\boldsymbol{a}_x$
③ $3\boldsymbol{a}_x$ ④ 0

해설

전계의 세기

$\boldsymbol{E} = -\text{grad}$

$$V = -\nabla V = -\left(\frac{\partial V}{\partial x}\boldsymbol{a}_x + \frac{\partial V}{\partial y}\boldsymbol{a}_y + \frac{\partial V}{\partial z}\boldsymbol{a}_z\right) = -6\boldsymbol{a}_x$$

【답】 ①

11 점전하에 의한 전위가 함수 $V = \dfrac{10}{x^2 + y^2}$ [V]로 주어졌을 때, 점 (2, 1) [m]의 전위 경도[V/m]는?
단, $\tan^{-1}0.5 = 26°$, $\tan^{-1}0.73 = 36°$

① $1.79\angle 206°$ ② $0.895\angle 206°$
③ $1.79\angle 26°$ ④ $0.895\angle 26°$

해설

전위경도 : $\text{grad}V = \boldsymbol{a}_x\dfrac{\partial V}{\partial x} + \boldsymbol{a}_y\dfrac{\partial V}{\partial y} + \boldsymbol{a}_z\dfrac{\partial V}{\partial z}$

$$\therefore \frac{\partial V}{\partial x} = \frac{\partial}{\partial x}\left(\frac{10}{x^2+y^2}\right) = \frac{-10 \cdot 2x}{(x^2+y^2)^2} = \frac{-20x}{(x^2+y^2)^2}$$

$$\therefore \frac{\partial V}{\partial y} = \frac{\partial}{\partial y}\left(\frac{10}{x^2+y^2}\right) = \frac{-20y}{(x^2+y^2)^2}$$

$$\therefore \frac{\partial V}{\partial z} = 0$$

그러므로 $\text{grad } V = -\dfrac{20}{(x^2+y^2)^2}(\boldsymbol{a}_x x + \boldsymbol{a}_y y)$에서

$x = 2,\ y = 1$인 경우

$$[\text{grad } V]_{y=1}^{x=2} = \frac{-20}{(2^2+1^2)^2}(\boldsymbol{a}_x 2 + \boldsymbol{a}_y)$$

$$= \frac{-20}{25}(\boldsymbol{a}_x 2 + \boldsymbol{a}_y) = \frac{-20}{25}\sqrt{2^2+1^2}\angle\tan^{-1}0.5$$

$$= \frac{20}{25}\sqrt{2^2+1^2}\angle\tan^{-1}0.5 + 180° = 1.79\angle 206°\ [\text{V/m}]$$

【답】 ①

12 점전하에 의한 전위가 함수 $V = \dfrac{10}{x^2 + y^2}$ 일 때 점 (2, 1)에서의 전위 경도는 몇 [V/m]인가? 단, V의 단위는 [V], $(x,\ y)$의 단위는 [m]이다.

① $-\dfrac{4}{5}(2i + j)$ ② $-\dfrac{5}{4}(2i + j)$
③ $\dfrac{4}{5}(2i - j)$ ④ $\dfrac{4}{5}(2i + j)$

해설

전위경도

$$\text{grad } V = \left(\frac{\partial}{\partial x}i + \frac{\partial}{\partial y}j + \frac{\partial}{\partial z}\boldsymbol{k}\right)V$$

$$= -\frac{20}{(2^2+1^2)^2}(2i + j) = -\frac{4}{5}(2i + j)$$

【답】 ①

13 전계 $\boldsymbol{E} = \dfrac{2}{x}\boldsymbol{a}_x + \dfrac{2}{y}\boldsymbol{a}_y$ [V/m]에서 점 (2, 4) [m]를 통과하는 전기력선의 방정식은?

① $x^2 + y^2 = 12$ ② $y^2 - x^2 = 12$
③ $x^2 + y^2 = 8$ ④ $y^2 - x^2 = 8$

해설

전기력선의 방정식

$\dfrac{dx}{E_x} = \dfrac{dy}{E_y}$에서 $\dfrac{dx}{\frac{2}{x}} = \dfrac{dy}{\frac{2}{y}}$ 이므로 $xdx = ydy$

양변을 적분하면 $\dfrac{1}{2}x^2 = \dfrac{1}{2}y^2 + k$ 이므로

$x = 2,\ y = 4 \quad \therefore k = -6$

$\therefore y^2 - x^2 = 12$

【답】 ②

14 점전하에 의한 전위함수가 $V=x^2+y^2$ [V]로 주어진 전계가 있을 때 이 전계의 전력선 방정식과 점 (2, 1) [m]에서의 전위경도로 옳은 것은? 단, A는 상수이다.

① $xy=A,\ \sqrt{5}\angle 26°$
② $y=Ax,\ 2\sqrt{5}\angle 26°$
③ $y=Ax^2,\ \sqrt{5}\angle 206°$
④ $\frac{1}{x}+\frac{1}{y}=A,\ 2\sqrt{5}\angle 206°$

해설

전계의 세기 : $\boldsymbol{E}=-\text{grad}\,V$

$\therefore\ E=-\left(\frac{\partial V}{\partial x}i+\frac{\partial V}{\partial y}j+\frac{\partial V}{\partial z}\boldsymbol{k}\right)=-2xi-2yj$ [V/m]

전기력선 방정식 : $\frac{dx}{2x}=\frac{dy}{2y}$ 에서 $y=Ax$

전위경도는 전계의 세기와 크기가 같고 방향만 반대이므로

$g=2xi+2yj\,|_{(2,1)}=4i+2j=2\sqrt{5}\angle 26°$

【답】 ②

15 자유 공간 중에서 z 축상에 $\rho_L=2\pi\epsilon_0$ [C/m]인 균일 선전하가 있을 때 전기력선의 방정식을 구하면? 단, c 는 상수이다.

① $y=cx$
② $y=cx^2$
③ $y^2=cx$
④ $y=cx^3$

해설

선전하에서 전계 세기

$E=\frac{\lambda}{2\pi\epsilon r}a_r=\frac{\lambda}{2\pi\epsilon r}\frac{r}{r}=\frac{\lambda(xi+yj)}{2\pi\epsilon r^2}$

전기력선 방정식 : $\frac{dx}{E_x}=\frac{dy}{E_y}$ 에서 $\frac{dx}{x}=\frac{dy}{y}$

양변을 적분하면 $\ln x+\ln c=\ln y$

$\therefore \ln cx=\ln y \qquad \therefore y=cx$

【답】 ①

16 전하량의 크기가 서로 같은 두 전하가 진공 중에서 서로 1 [m] 떨어져 있다. 이 사이에 작용하는 힘이 1 [dyne]일 때, 한 개의 전하 크기[C]는?

① 1.11×10^4
② 2.22×10^{-5}
③ 3.33×10^{-8}
④ 3.33×10^{-4}

해설

[N]과 [dyne]의 관계

1 [N]=1 [kg·m/s^2]

$=10^3\times10^2$ [g·cm/s^2]$=10^5$ [dyne]

$\therefore$ 1 [dyne]$=10^{-5}$ [N]

쿨롱의 법칙

$F=9\times10^9\times\frac{Q_1Q_2}{r^2}$ 에서 $10^{-5}=9\times10^9\times\frac{Q^2}{1^2}$

$\therefore\ Q^2=\frac{10^{-5}}{9\times10^9} \qquad \therefore\ Q=3.33\times10^{-8}$ [C]

【답】 ③

17 점전하 Q_1, Q_2 사이에 작용하는 쿨롱의 힘이 F일 때 이 부근에 점전하 Q_3를 놓을 경우 Q_1과 Q_2 사이의 쿨롱의 힘을 F'라고 하면?

① $F>F'$
② $F<F'$
③ $F=F'$
④ Q_3의 크기에 따라 다르다.

해설

Q_1과 Q_2 사이에 작용하는 쿨롱의 힘

$F=\frac{1}{4\pi\epsilon}\cdot\frac{Q_1\cdot Q_2}{r^2}$ [N]

∴ 두 전하 사이의 거리와 전하량 및 주위의 유전율에 관계되므로 Q_3의 영향은 받지 않는다.

【답】 ③

18 한 변의 길이가 2 [m] 되는 정 3각형의 3 정점 A, B, C에 10^{-4} [C]의 점전하가 있다. 점 B에 작용하는 힘은 몇 [N]인가?

① 29　② 39
③ 45　④ 49

해설

점 A에 있는 전하에 의한 작용력

$$F_1 = \frac{1}{4\pi\epsilon_0}\frac{Q_1Q_2}{r^2} = 9\times10^9\times\frac{10^{-8}}{2^2} = 22.5\ [\text{N}]$$

점 B에 있는 전하에 의한 작용력 : $F_2 = F_1$

정3각형의 꼭지점 이므로 각 F_1과 F_2의 각도는 60[°]이므로

$$\therefore F = \sqrt{F_1^2 + F_2^2 + 2F_1F_2\cos\theta}$$
$$= \sqrt{22.5^2 + 22.5^2 + 2\times22.5\times22.5\times\cos60°} \fallingdotseq 38.97$$

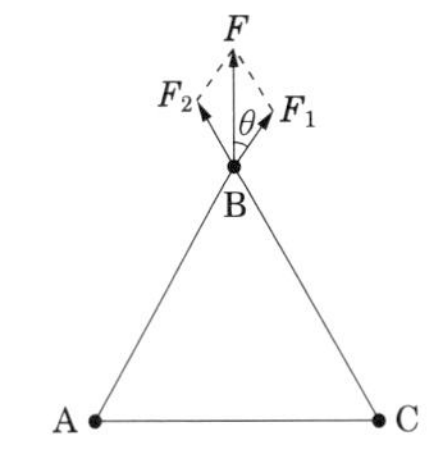

【답】 ②

19 +10 [nC]의 점전하로부터 100 [mm] 떨어진 거리에 +100 [pC]의 점전하가 놓인 경우 이 전하에 작용하는 힘의 크기는 몇 [nN]인가?

① 100　② 200
③ 300　④ 900

해설

쿨롱의 법칙

$$F = \frac{Q_1Q_2}{4\pi\epsilon_0 r^2} = 9\times10^9\times\frac{10\times10^{-9}\times100\times10^{-12}}{(100\times10^{-3})^2}$$
$$= 900\times10^{-9}\ [\text{N}] = 900\ [\text{nN}]$$

【답】 ④

20 평등 전계 E 속에 있는 정지된 전자 e 가 받는 힘은?

① 크기는 e^2E 이고 전계와 같은 방향
② 크기는 e^2E이고 전계와 반대 방향
③ 크기는 eE 이고 전계와 같은 방향
④ 크기는 eE 이고 전계와 반대 방향

해설

정전력

전계의 크기는 1 [C]이 받는 힘으로 eE[N] 전자는 음전하이므로 전계와 반대 방향으로 이동한다.

【답】 ④

21 전하 e [C], 질량 m [kg]인 전자가 전계 E [V/m]내에 놓여 있을 때 최초에 정지해 있었다고 한다면 t [s] 후에 전자는 어떠한 속도를 얻게 되는가?

① $v = meEt$　② $v = \dfrac{me}{E}t$
③ $v = \dfrac{mE}{e}t$　④ $v = \dfrac{Ee}{m}t$

해설

정전력 eE[N]에 의하여 x와 반대 방향으로 $m\dfrac{d^2x}{dt^2}$ [N]의 힘으로 운동한다.

이때의 운동 방정식

$m\dfrac{d^2x}{dt^2} = eE$ [N]에서 $\dfrac{d^2x}{dt^2} = \dfrac{eE}{m}$ [N]

양변을 적분하여 전자의 속도를 구하면

$$v = \frac{dx}{dt} = \frac{eE}{m}t + A$$

초기 조건은 $t = 0,\ v = \dfrac{dx}{dt} = 0$이므로 $A = 0$이 된다.

$$\therefore v = \frac{eE}{m}t\ [\text{m/s}]$$

【답】 ④

22 전하밀도 ρ_s [C/m^2]인 무한 판상 전하분포에 의한 임의 점의 전장에 대하여 틀린 것은?

① 전장은 판에 수직방향으로만 존재한다.
② 전장의 세기는 전하밀도 ρ_s 에 비례한다.
③ 전장의 세기는 거리 r 에 반비례한다.
④ 전장의 세기는 매질에 따라 변한다.

해설

무한 판상 전하분포에 의한 임의 점의 전계

$$E=\frac{\rho_s}{\epsilon}$$

전하밀도에 비례하고, 유전율(매질)에 반비례하며, 거리에 관계없는 평등자계이다.
전계의 방향은 판에 수직방향이다.

【답】③

23 한 변의 길이가 a [m]인 정육각형 ABCDEF의 각 정점에 각각 Q [C]의 전하를 놓을 때 정육각형의 중심 0에 있어서의 전계[V/m]는?

① 0　② $\frac{3Q}{2\pi\epsilon_0 a}$

③ $\frac{3Q}{2\pi\epsilon_0 a^2}$　④ $\frac{Q}{4\pi\epsilon_0 a^2}$

해설

그림과 같이 크기가 같고 방향이 정반대인 전계가 3개 존재하므로 서로 상쇄되어 합성 전계의 세기는 0이 된다.

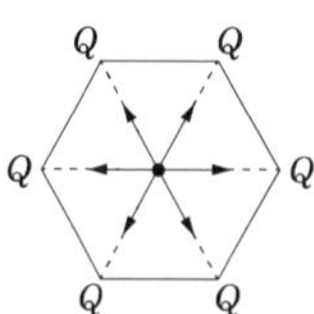

【답】①

24 공기중에 균일하게 대전된 반지름 a [m]인 선형원환이 있을 때 그의 중심으로부터 중심축상 x [m] 거리에 있는 점의 전계의 세기는 몇 [V/m]인가? 단, 원환의 전체전하는 Q [C]이라 한다.

① $\frac{Q\cdot x}{2\pi\epsilon_0(a^2+x^2)^{3/2}}$

② $\frac{Q\cdot x}{4\pi\epsilon_0(a^2+x^2)^{3/2}}$

③ $\frac{Q\cdot x}{2\pi\epsilon_0(a^2+x^2)}$

④ $\frac{Q\cdot x}{4\pi\epsilon_0(a^2+x^2)^{1/2}}$

해설

$$dE_x=dE\cos\theta=\frac{dQ}{4\pi\epsilon_0 r^2}\frac{x}{r}=\frac{xdQ}{4\pi\epsilon_0 r^3}$$

$r=\sqrt{a^2+x^2}$, $dQ=\frac{Q}{2\pi a}dl$ 을 대입하여 적분한다.

$$\therefore E=\int_0^{2\pi a}E_x=\frac{Q\cdot x}{8\pi^2 a\epsilon_0(a^2+x^2)^{\frac{3}{2}}}\int_0^{2\pi a}dl$$

$$=\frac{Q\cdot x}{4\pi\epsilon_0(a^2+x^2)^{\frac{3}{2}}}\text{[V/m]}$$

【답】②

25 자유 공간 내에 밀도가 10^{-9} [C/m]인 균일한 선전하가 $x=4$, $y=3$인 무한장 선상에 있을 때 점 (8, 6, −3)에서 전계 E [V/m]는?

① $2.88\boldsymbol{a}_x+2.16\boldsymbol{a}_y$ [V/m]
② $2.16\boldsymbol{a}_x+2.88\boldsymbol{a}_y$ [V/m]
③ $2.88\boldsymbol{a}_x-2.16\boldsymbol{a}_y$ [V/m]
④ $2.16\boldsymbol{a}_x-2.88\boldsymbol{a}_y$ [V/m]

해설

선전하의 전계

$$\boldsymbol{E}=\frac{\lambda}{2\pi\epsilon_0 r}\boldsymbol{a}_r=18\times10^9\times\frac{10^{-9}}{\sqrt{4^2+3^2}}\times\frac{4\boldsymbol{a}_x+3\boldsymbol{a}_y}{\sqrt{4^2+3^2}}$$

$$=0.72(4\boldsymbol{a}_x+3\boldsymbol{a}_y)=2.88\boldsymbol{a}_x+2.16\boldsymbol{a}_y$$

【답】①

26 그림과 같이 진공 중에 서로 평행인 무한 길이 두 직선 전하 A, B가 있다. A, B간의 거리는 d [m], A, B의 선전하 밀도를 각각 ρ_1 [C/m], ρ_2 [C/m]라고 할 때 A, B를 연결하는 직선상에서 A로부터 $d/3$ [m]인 점의 전계의 세기가 0이었다. 이때 점 B의 선전하 밀도 ρ_2와 점 A의 선전하 밀도 ρ_1과의 관계식으로서 옳은 것은?

① $\rho_2 = 4\rho_1$　　② $\rho_2 = 2\rho_1$
③ $\rho_2 = \rho_1/4$　　④ $\rho_2 = 9\rho_1$

해설

선전하의 전계이며, P점의 전계의 세기가 0 이므로 $\dfrac{\rho_1}{2\pi\epsilon_0\left(\frac{d}{3}\right)} = \dfrac{\rho_2}{2\pi\epsilon_0\left(\frac{2d}{3}\right)}$ 에서 $\rho_1 = \dfrac{\rho_2}{2}$

$\therefore \rho_2 = 2\rho_1$

【답】 ②

27 정전계 내의 도체 표면에서 전계 $\boldsymbol{E} = \dfrac{\boldsymbol{a}_x - 2\boldsymbol{a}_y + 2\boldsymbol{a}_z}{\epsilon_0}$ [V/m]일 때 도체 표면상의 전하밀도 ρ_s [C/m^2]를 구하면? 단, 자유 공간이다.

① 1　　② 2
③ 3　　④ −2

해설

전기력선 수 : $N = E \cdot A = \dfrac{Q}{\epsilon_0}$

$\therefore\ \epsilon_0 \cdot E = \dfrac{Q}{A}$

$\dfrac{Q}{A} = \rho_s = \epsilon_0 \times \left|\dfrac{a_x - 2a_y + 2a_z}{\epsilon_0}\right| = |a_x - 2a_y + 2a_z|$

$= \sqrt{1^2 + (-2)^2 + 2^2} = 3$ [C/m^2]

【답】 ③

28 자유 공간 중에 $y=-1$인 무한 평면상에 균일한 면전하 ρ_s [C/m^2]가, 그리고 $y=5$인 무한 평면상에 균일한 면전하 $-\rho_s$ [C/m^2]가 있을 때 점 (10, 2, −10)에서의 전계 $\boldsymbol{E}$는?

① $\boldsymbol{E} = \dfrac{\rho_s}{2\epsilon_0}\boldsymbol{a}_y$ [V/m]

② $\boldsymbol{E} = \dfrac{-\rho_s}{\epsilon_0}\boldsymbol{a}_y$ [V/m]

③ $\boldsymbol{E} = \dfrac{\rho_s}{\epsilon_0}\boldsymbol{a}_y$ [V/m]

④ $\boldsymbol{E} = 0$ [V/m]

해설

문제의 조건에 의하면 두 무한 평면에 $\pm\rho_s$ [C/m^2]의 전하 밀도가 서로 대치되어 있다.
$+\rho_s$인 판에서 나온 전기력선이 $-\rho_s$인 판에 모두 들어간다. 따라서 두 판 사이의 전계 세기는 거리에 관계없이 일정하게 된다.

$\therefore\ \boldsymbol{E} = \dfrac{\rho_s}{\epsilon_0}a_y$ [V/m]

【답】 ③

29 반경이 r_1인 가상구 내부에 $+Q$의 전하가 균일하게 분포된 경우, 가상구 내의 전계의 크기 설명 중 옳은 것은? 단, $\boldsymbol{r}$는 r 방향의 단위 벡터이다.

① 반경이 $0 \sim r_1$인 구간에서 전계의 세기는 영이다.

② 반경이 $0 \sim r_1$인 구간에서 전계의 세기는 $\dfrac{Qr}{4\pi\epsilon_0 r_1^3}\boldsymbol{r}$ (단, $r \leq r_1$)로 거리의 크기에 따라 증가한다.

③ 반경이 $0 \sim$r 1인 구간에서 전계의 세기는 $\dfrac{Qr}{4\pi\epsilon_0 r_1^3}\boldsymbol{r}$ (단, $r \leq r_1$)로 거리의 크기에 따라 감소한다.

④ 반경이 $0 \sim r_1$인 구간에서 전계의 세기는 $\dfrac{Q}{4\pi\epsilon_0 r_1}$로 일정하다.

해설

구도체에 전하가 균일하게 분포된 경우
구내부($0\sim r_1$)에서 전계

$E_i = \frac{rQ}{4\pi\epsilon_0 r_1^3} r$ [V/m] → 거리에 비례

구외부($r_1\sim\infty$)에서 전계

$E = \frac{Q}{4\pi\epsilon_0 r^2} r$ [V/m] → 거리의 제곱에 반비례

전하가 균일하게 분포되지 않은 일반적인 경우 내부의 전계는 0이다.

【답】 ②

30 동축 원통 도체 내의 원통 간의 전계의 세기가 어느 곳에서든지 일정하기 위해서는 원통간에 넣는 유전체의 유전율이 중심으로부터의 거리 r 와 더불어 어떻게 변화하면 되는가?

① 거리 r 에 비례하도록 하면 된다.
② 거리 rr에 반비례하도록 하면 된다.
③ 거리 r^2 에 비례하도록 하면 된다.
④ 거리 r^2 에 반비례하도록 하면 된다.

해설

전계의 세기 : $E = \frac{\lambda}{2\pi\epsilon_0 r} \propto \frac{1}{r}$

【답】 ②

31 쌍극자 모멘트가 M[C·m]인 전기 쌍극자에 의한 임의의 점 P의 전계의 크기는 전기 쌍극자의 중심에서 축방향과 점 P를 잇는 선분 사이의 각 θ가 어느 때 최대가 되는가?

① 0 ② $\pi/2$
③ $\pi/3$ ④ $\pi/4$

해설

전기 쌍극자 전계의 세기 : $E = \frac{M}{4\pi\epsilon_0 r^3}(\sqrt{1+3\cos^2\theta})$

에서 점 P의 전계는 $\theta = 0°$일 때 최대이고 $\theta = 90°$일 때 최소가 된다.

【답】 ①

32 쌍극자 모멘트가 M[C·m]인 전기쌍극자에서 점 P의 전계는 $\theta = \frac{\pi}{2}$일 때 어떻게 되는가? 단, θ는 전기쌍극자의 중심에서 축방향과 점 P를 잇는 선분의 사이각이다.

① 최소 ② 최대
③ 항상 0이다. ④ 항상 1이다.

해설

전기 쌍극자 전계의 세기 : $E = \frac{M}{4\pi\epsilon_0 r^3}(\sqrt{1+3\cos^2\theta})$

에서 점 P의 전계는 $\theta = 0°$일 때 최대이고 $\theta = 90°$일 때 최소가 된다.

【답】 ①

33 전기 쌍극자가 만드는 전계는? 단, M 는 쌍극자 능률이다.

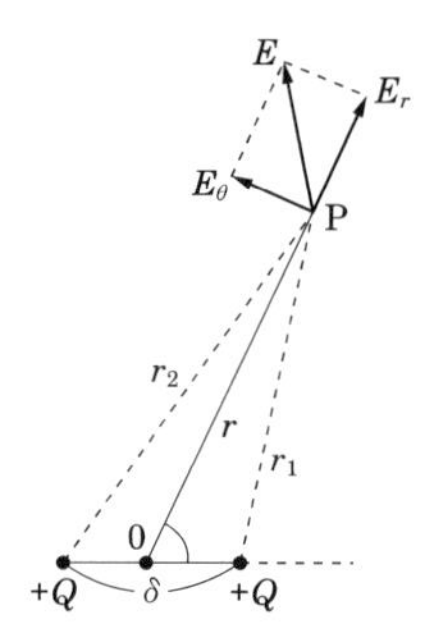

① $E_r = \frac{M}{2\pi\epsilon_0 r^3}\sin\theta,\ E_\theta = \frac{M}{4\pi\epsilon_0 r^3}\cos\theta$

② $E_r = \frac{M}{4\pi\epsilon_0 r^3}\sin\theta,\ E_\theta = \frac{M}{4\pi\epsilon_0 r^3}\cos\theta$

③ $E_r = \frac{M}{2\pi\epsilon_0 r^3}\cos\theta,\ E_\theta = \frac{M}{4\pi\epsilon_0 r^3}\sin\theta$

④ $E_r = \frac{M}{4\pi\epsilon_0}\omega,\ E_\theta = \frac{M}{4\pi\epsilon_0}(1-\omega)$

해설

전기 쌍극자 전계의 세기

$E = E_r a_r + E_\theta a_\theta = \frac{M}{4\pi\epsilon_0 r^3}(2\cos\theta a_r + \sin\theta a_\theta)$

【답】 ③

34 전기 쌍극자로부터 임의 점의 거리가 r 라 할 때 전계의 세기는 다음 중 어느 것에 비례하는가?

① $1/r^3$에 비례　　② r^3에 비례
③ $1/r^2$에 비례　　④ $1/r$에 비례

해설

전기 쌍극자에 의한 전계

$$E=\frac{M}{4\pi\epsilon_0 r^3}\sqrt{1+3\cos^2\theta}\ [\text{V/m}] \rightarrow \frac{1}{r^3}$$

【답】 ①

35 50 [V/m]인 평등전계 중의 80 [V]되는 A 점에서 전계 방향으로 80 [cm] 떨어진 B점의 전위는 몇 [V]인가?

① 20
② 40
③ 60
④ 80

평등　E
A　B
0.8[m]

해설

전위차 $V_{BA}=V_B-V_A=-\int_A^B \boldsymbol{E}\cdot dl$

$$=-\int_0^{0.8}\boldsymbol{E}\cdot dl=-[50l]_0^{0.8}=-40[\text{V}]$$

$E=50$ [V/m], $V_A=80$ [V], $V_{BA}=-40$ [V] 이므로

$\therefore V_B=V_A+V_{BA}=80-40=40$ [V]

【답】 ②

36 그림과 같이 전계가 어디서나 x의 (+)방향으로 $E=5$ [V/m]인 평등 전계 중에서 원점의 전위 $V_0=10$ [V]이었다. $\triangle y=0.1$ [m]인 P점의 전위는?

① 9.5
② 10.5
③ 0
④ 10

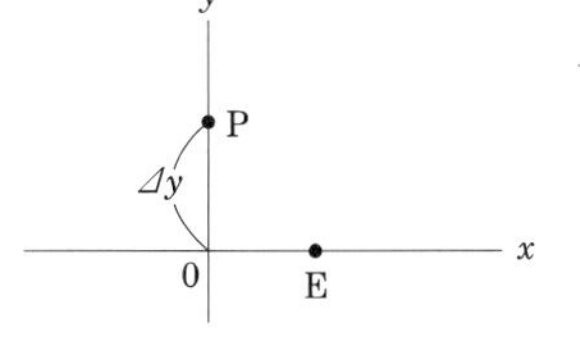

해설

경로 0P는 전기력선과 수직인 등전위이므로 전위차는 0이다. 등전위는 평등전계를 의미한다.

【답】 ④

37 점 (2, 2, 0)에 Q_1 [C], 점 (2, -2, 0)에 Q_2 [C]이 있을 때 점 (2, 0, 0)에서 전계의 세기의 y 성분이 0이 되는 조건은?

① $Q_1=Q_2$　　② $Q_1=-Q_2$
③ $Q_1=2Q_2$　　④ $Q_1=-2Q_2$

해설

E는 벡터이므로 방향과 크기를 고려하면

x축상 (2, 0, 0)에서 $E_y=0$이 되기 위한 조건은 $Q_1=Q_2$이다.

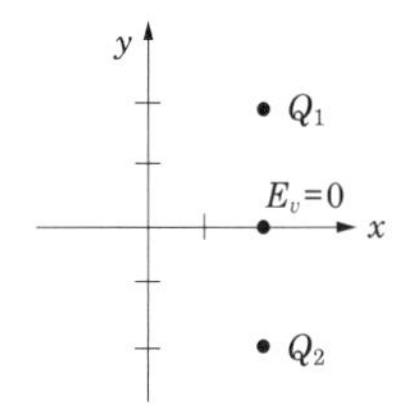

【답】 ①

38 원점에 전하 0.01 [μC]이 있을 때 두 점 A(0, 2, 0) [m]와 B(0, 0, 3) [m]간의 전위차는 V_{AB}는 몇 [V]인가?

① 10　　② 15
③ 18　　④ 20

해설

전위차

$$V_{AB}=\frac{Q}{4\pi\epsilon_0}\left(\frac{1}{a}-\frac{1}{b}\right)=9\times10^9\times0.01\times10^{-6}\left(\frac{1}{2}-\frac{1}{3}\right)$$

$$=1.5\times10=15\ [\text{V}]$$

【답】 ②

39 공기 중에 고립하고 있는 지름 40 [cm]인 구도체의 전위를 몇 [V] 이상으로 하면, 구 표면의 공기 절연이 파괴되는가? 단, 공기의 절연 내력은 30 [kV/cm]라 한다.

① 300 [kV] 이상 ② 450 [kV] 이상
③ 600 [kV] 이상 ④ 1200 [kV] 이상

해설

전위 : $V=\dfrac{Q}{4\pi\epsilon_0 r}$ [V]

전위 경도(전계의 세기) : $G=E=\dfrac{Q}{4\pi\epsilon_0 r^2}$ [V/m]

$\therefore\ V \geq Gr = 3\times10^6\ [\text{V/m}]\times\dfrac{40}{2}\times10^{-2}\ [\text{m}]$

$=0.6\times10^6$ [V]=600 [kV]

【답】 ③

40 절연 내력 3 [kV/mm]의 공기 중에 놓인 반지름 r [m]의 구도체에 줄 수 있는 최대 전하가 1/3000 [C]이었다. 이 구도체의 반지름[m]은?

① 0.5 ② 1
③ 2 ④ 3

해설

전위 : $V=\dfrac{Q}{4\pi\epsilon_0 r}$ [V]

전위 경도(전계의 세기) : $G=E=\dfrac{Q}{4\pi\epsilon_0 r^2}$ [V/m]

$V=Gr$ 이므로 $\dfrac{Q}{4\pi\epsilon_0 r}=Gr$ 에서

$$r^2=\frac{Q}{4\pi\epsilon_0 G}=9\times10^9\times\frac{\frac{1}{3\times10^3}}{3\times10^6}=1$$

$\therefore r=1$ [m]

【답】 ②

41 원점에 전하 0.4 [μC]이 있을 때 두 점 (4, 0, 0) [m]와 (0, 3, 0) [m]간의 전위차 V는?

① 300 ② 150
③ 100 ④ 30

해설

전위차

$$V_{AB}=V_A-V_B=\frac{Q}{4\pi\epsilon_0}\left(\frac{1}{r_1}-\frac{1}{r_2}\right)$$

$$=9\times10^9\times0.4\times10^{-6}\left(\frac{1}{3}-\frac{1}{4}\right)$$

$$=\frac{9\times10^9\times0.4\times10^{-6}}{12}=300\ [\text{V}]$$

【답】 ①

42 한 변의 길이가 a [m]인 정사각형 A, B, C, D의 각 정점에 각각 Q [C]의 전하를 놓을 때 정사각형 중심 O의 전위는 몇 [V]인가?

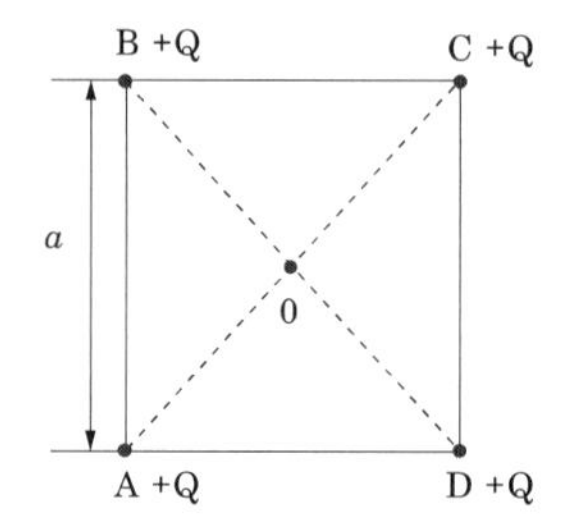

① $\dfrac{3Q}{4\pi\epsilon_0 a}$ ② $\dfrac{3Q}{\pi\epsilon_0 a}$
③ $\dfrac{\sqrt{2}Q}{\pi\epsilon_0 a}$ ④ $\dfrac{2Q}{\pi\epsilon_0 a}$

해설

대각선의 거리 : $r=\dfrac{1}{\sqrt{2}}a$ [m]

1변에 의한 0점 전위

$$V_1=\frac{Q}{4\pi\epsilon_0\left(\frac{a}{\sqrt{2}}\right)}=\frac{Q}{2\sqrt{2}\pi\epsilon_0 a}\ [\text{V}]$$

중점 전위는 1변의 전위에 4배 이므로

$\therefore\ V_0=4V_1=\dfrac{\sqrt{2}Q}{\pi\epsilon_0 a}$ [V]

【답】 ③

43 공기 중 원점의 점전하에서 0.5, 2 [m] 거리의 전위가 각각 30, 15 [V]일 때, 1 [m] 거리인 점의 전위[V]는?

① 25 ② 17.5
③ 20 ④ 22.5

해설

1[C] (0), V_A=30[V] (0.5), V_C (1), V_B=15[V] (2)

전위
$$\begin{cases} 15 = \dfrac{1}{4\pi\epsilon_0 \times 2} + A & \cdots\cdots ① \\ 30 = \dfrac{1}{4\pi\epsilon_0 \times 0.5} + A & \cdots\cdots ② \\ V_c = \dfrac{1}{4\pi\epsilon_0 \times 1} + A & \cdots\cdots ③ \end{cases}$$

①에서 $\dfrac{1}{4\pi\epsilon_0} = (15 - A) \times 2$

②에서 $30 = (15 - A) \times 2 \times 2 + A \quad \therefore A = 10$

$\therefore \dfrac{1}{4\pi\epsilon_0} = (15 - 10) \times 2 = 10$

$\therefore V_c = \dfrac{1}{4\pi\epsilon_0} + A = 10 + 10 = 20$ [V]

【답】 ③

44 무한장 선전하와 무한 평면 전하에서 r [m] 떨어진 점의 전위는 각각 얼마인가? 단, ρ_L은 선전하 밀도, ρ_s는 평면 전하 밀도이다.

① 무한 직선 : $\dfrac{\rho_L}{2\pi\epsilon_0}$ [V], 무한 평면 도체 : $\dfrac{\rho_s}{\epsilon}$ [V]

② 무한 직선 : $\dfrac{\rho_L}{4\pi\epsilon_0}$ [V], 무한 평면 도체 : $\dfrac{\rho_s}{2\pi\epsilon_0}$ [V]

③ 무한 직선 : $\dfrac{\rho_L}{\epsilon}$ [V], 무한 평면 도체 : ∞ [V]

④ 무한 직선 : ∞ [V], 무한 평면 도체 : ∞ [V]

해설

전하로부터 거리가 멀어짐에 따라 E는 감소한다. 그러나 무한 선전하, 무한 평면 전하로 인한 임의 점의 전위는 ∞가 된다.

【답】 ④

45 공기의 절연내력은 30 [kV/cm]이다. 공기 중에 고립되어 있는 직경 40 [cm]인 도체구에 걸어 줄 수 있는 전위의 최대값은 몇 [kV]인가?

① 6 ② 15
③ 600 ④ 1200

해설

전위경도(전계의 세기)

$G = 30$ [kV/cm] $= 3 \times 10^6$ [V/m]

$\therefore V = G \cdot a = 3 \times 10^6 \times 20 \times 10^{-2} = 600$ [kV]

【답】 ③

46 완전 진공으로 된 평등 전계 내에서 전자가 자유로이 운동하고 있을 때 전하를 e, 전자의 질량을 m, 전자가 통과한 곳의 전위차를 V라 할 때 전자의 속도 v [m/s]는? 단, $e = 1.602 \times 10^{-19}$ [C], $m = 9.107 \times 10^{-31}$ [kg]이다.

① $v = 9.55 \times 10^5 \sqrt{V}$
② $v = 5.95 \times 10^3 \sqrt{V}$
③ $v = 5.95 \times 10^5 \sqrt{V}$
④ $v = 9.55 \times 10^3 \sqrt{V}$

해설

$W = eV = \dfrac{1}{2}mv^2 \quad v^2 = \dfrac{2eV}{m}$

$\therefore v = \sqrt{\dfrac{2eV}{m}} = \sqrt{\dfrac{2e}{m}}\sqrt{V}$

$= \sqrt{\dfrac{2 \times 1.602 \times 10^{-19}}{9.107 \times 10^{-31}}}\sqrt{V} = 5.95 \times 10^5 \sqrt{V}$ [m/s]

【답】 ③

47 전위 함수 $V = 2xy^2 + x^2yz^2$ [V]일 때 점 (1, 0, 0) [m]의 공간 전하 밀도는 몇[C/m^3]인가?

① $4\epsilon_0$ ② $-4\epsilon_0$
③ $6\epsilon_0$ ④ $-6\epsilon_0$

해설

포아송의 방정식 : $\nabla^2 V = -\frac{\rho}{\epsilon_0}$

$\nabla^2 V = \frac{\partial^2 V}{\partial x^2} + \frac{\partial^2 V}{\partial y^2} + \frac{\partial^2 V}{\partial z^2} = 2yz^2 + 4x + 2x^2 y = -\frac{\rho}{\epsilon_0}$

$[\nabla^2 V]_{x=1, y=0, z=0} = 4 = -\frac{\rho}{\epsilon_0}$

$\therefore \rho = -4\epsilon_0$ [C/m^3]

【답】②

48 어떤 공간의 비유전율은 2.0이고 전위 V는 다음 식으로 주어진다고 한다.

$$V(x, y) = \frac{1}{x} + 2xy^2$$

점 $\left(\frac{1}{2}, 2\right)$에서의 전하밀도 ρ는 약 몇 [pC/m^3]인가?

① -20 ② -40
③ -160 ④ -320

해설

포아송의 방정식 : $\nabla^2 V = -\frac{\rho}{\epsilon_0}$

$\nabla^2 V = \frac{\partial^2 V}{\partial x^2} + \frac{\partial^2 V}{\partial y^2} + \frac{\partial^2 V}{\partial z^2} = 2x^{-3} + 4x = -\frac{\rho}{\epsilon_0}$

$\therefore \rho = -\epsilon(\nabla^2 V) = -\epsilon(18) = -18\epsilon = -18\epsilon_0\epsilon_s$

$= -18 \times 8.854 \times 10^{-12} \times 2 \fallingdotseq 320 \times 10^{-12}$ [C/m^3]

=320 [pC/m^3]

【답】④

49 정전계에 관한 법칙 중 틀린 것은?

① $\text{grad}\, V = \boldsymbol{i}\frac{\partial V}{\partial x} + \boldsymbol{j}\frac{\partial V}{\partial y} + \boldsymbol{k}\frac{\partial V}{\partial z}$

② $\text{div}\boldsymbol{E} = \frac{\rho}{\epsilon_0}$

③ $\int\int_s \boldsymbol{A}\cdot\boldsymbol{n}dS = \int\int\int_V \div \boldsymbol{A}\cdot dV$

④ $\nabla^2 V = \frac{\rho}{\epsilon_0}$

해설

① 전위경도
② 가우스 정리의 미분형
③ 발산정리
④ 포아송의 방정식 : $\nabla^2 V = -\frac{\rho}{\epsilon_0}$

【답】④

50 두 장의 평행평면 도체판으로 만든 2극판 내에서 도체간의 전위분포는 $V = V_0(\frac{x}{d})^{\frac{4}{3}}$으로 나타내어진다. 판간 공간의 전하 밀도의 분포는 몇 [C/m^3]인가?

① $-\frac{4}{9}\frac{\epsilon_0 V_0}{d^2}(\frac{d}{x})^{\frac{2}{3}}$ ② $-\frac{4}{9}\frac{\epsilon_0 V_0}{d^2}(\frac{x}{d})^{-\frac{2}{3}}$

③ $-\frac{4}{9}\frac{\epsilon_0 V_0}{d^2}(\frac{d}{x})^{\frac{1}{3}}$ ④ $-\frac{4}{9}\frac{\epsilon_0 V_0}{d^2}(\frac{x}{d})^{\frac{1}{3}}$

해설

포아송의 방정식 : $\nabla^2 V = -\frac{\rho}{\epsilon_0}$

$\therefore \nabla^2 V = \frac{\partial^2}{\partial x^2}\left\{V_0\left(\frac{x}{d}\right)^{\frac{4}{3}}\right\} = \frac{4}{9}\frac{1}{d^2}V_0\left(\frac{x}{d}\right)^{-\frac{2}{3}}$

$\therefore \rho = -\epsilon_0(\nabla^2 V) = -\frac{4}{9}\frac{\epsilon_0 V_0}{d^2}\left(\frac{x}{d}\right)^{-\frac{2}{3}}$

【답】②

51 자유공간 내에서 전장이 $E=(\sin x a_x + \cos x a_y)e^{-y}$로 주어졌을 때 전하밀도 ρ는?

① 0 ② e^{-y}
③ $\cos x e^{-y}$ ④ $\sin x e^{-y}$

해설

전하밀도와 전계의 세기와의 관계식

$$\text{div}\ \boldsymbol{E}=\nabla\cdot\boldsymbol{E}=\frac{\rho}{\epsilon_0}$$

$$\rho=\epsilon_0\cdot\text{div}E=\epsilon_0\left(\frac{\partial E_x}{\partial x}+\frac{\partial E_y}{\partial y}+\frac{\partial E_z}{\partial z}\right)$$

$$=\epsilon_0\left(\frac{\partial}{\partial x}\sin x\cdot e^{-y}+\frac{\partial}{\partial y}\cos x\cdot e^{-y}\right)=0$$

【답】①

52 Poisson이나 Laplace의 방정식을 유도하는데 관련이 없는 식은?

① $\boldsymbol{E}=-\text{grad V}$ ② $\text{rot}\boldsymbol{E}=-\dfrac{\partial \boldsymbol{B}}{\partial t}$
③ $\text{divD}=\rho$ ④ $\boldsymbol{D}=\epsilon\boldsymbol{E}$

해설

가우스법칙의 미분형 : $\text{divD}=\rho$에서$\boldsymbol{D}=\epsilon\boldsymbol{E}$ 이므로

$$\text{div}\ \boldsymbol{E}=\nabla\cdot\boldsymbol{E}=\frac{\rho}{\epsilon_0}$$

전위와 전계의 세기 : $\boldsymbol{E}=-\text{grad}\,V=-\nabla V$

$$\therefore \text{div grad}\,V=-\frac{\rho}{\epsilon_0}$$

$$\therefore \nabla\cdot\nabla V=\nabla^2 V=-\frac{\rho}{\epsilon_0}\quad\left(\therefore \nabla^2 V=-\frac{\rho}{\epsilon_0}\right)$$

이것을 포아송 방정식(Poisson's equation)이라 한다.

【답】②

53 전위 V가 단지 x 만의 함수이며 $x=0$에서 $V=0$이고, $x=d$일 때 $V=V_0$인 경계 조건을 갖는다고 한다. 라플라스 방정식에 의한 V의 해는?

① $\nabla^2 V$ ② $V_0 d$
③ $\dfrac{V_0}{d}x$ ④ $\dfrac{Q}{4\pi\epsilon_0 d}$

해설

라플라스 방정식에서 V가 x만의 함수이므로

$$\nabla^2 V=\frac{\partial^2 V}{\partial x^2}=0\ (V\text{는 } x\text{의 1차 함수})$$

$\therefore V=Ax+B$에 $x=0$일 때 $V=0$ 이므로 $\therefore B=0$

$x=d$일 때 $V=V_0$에서 $\therefore A=\dfrac{V_0}{d}$ 이므로

$$\therefore V=\frac{V_0}{d}x$$

【답】③

54 다음 식 중에서 틀린 것은?

① 유전체에 대한 Gauss정리의 미분형 : $\text{div}\,\boldsymbol{D}=-\rho$
② Poisson의 방정식 : $\nabla^2 V=-\dfrac{\rho}{\epsilon_0}$
③ Laplace의 방정식 : $\nabla^2 V=0$
④ 발산정리 :
$$\int\!\!\int_s \boldsymbol{A}\cdot ndS=\int\!\!\int\!\!\int_v \text{div}\boldsymbol{A}\cdot dV$$

해설

유전체에 대한 가우스 정리 : $\oint \boldsymbol{D}\cdot ndS=\boldsymbol{Q}$

$$\therefore \int \text{div}\boldsymbol{D}\cdot dv=\int \rho\cdot dv$$

양변을 미분하여 표시하면 $\text{div}\boldsymbol{D}=\nabla\cdot\boldsymbol{D}=\rho$가 된다.

가우스법칙의 미분형 : $\text{div}\boldsymbol{E}=\nabla\cdot\boldsymbol{E}=\dfrac{\rho}{\epsilon_0}$

【답】①

55 다음 중 옳지 않은 것은?

① $V_\rho=\displaystyle\int_0^\infty \boldsymbol{E}\cdot dl$
② $\boldsymbol{E}=-\text{grad}\,V$
③ $\text{grad}\,V=+\boldsymbol{i}\dfrac{\partial V}{\partial x}+\boldsymbol{j}\dfrac{\partial V}{\partial y}+\boldsymbol{k}\dfrac{\partial V}{\partial z}$
④ $\displaystyle\int_1 \boldsymbol{E}\cdot d\boldsymbol{S}=Q$

해설

Gauss의 법칙 : $\oint_s \boldsymbol{E}\cdot ndS=\dfrac{Q}{\epsilon_0}$

【답】④

56 면전하 밀도가 σ [C/m^2]인 대전 도체가 진공 중에 놓여 있을 때 도체 표면에 작용하는 정전 응력[N/m^2]은?

① σ^2에 비례한다. ② σ 에 비례한다.
③ σ^2 에 반비례한다. ④ σ 에 반비례한다.

해설

정전 에너지 : $W=\frac{Q^2}{2C}=\frac{Q^2}{2\left(\frac{\epsilon_0 S}{d}\right)}=\frac{Q^2 d}{2\epsilon_0 S}=\frac{\sigma^2 d}{2\epsilon_0 S^3}$ [J]

정전응력 : $F=-\frac{\partial W}{\partial d}=-\frac{\sigma^2}{2\epsilon_0 S^3}$ [N]

【답】 ①

57 $\boldsymbol{E}=\boldsymbol{i}+2\boldsymbol{j}+3\boldsymbol{k}$ [V/m]로 표시되는 전계가 있다. 0.01 [μC]의 전하를 원점으로부터 $\boldsymbol{r}=3\boldsymbol{i}$ [m]로 움직이는데 요하는 일[J]은?

① 4.99×10^{-6} ② 3×10^{-6}
③ 4.99×10^{-8} ④ 3×10^{-8}

해설

일 : $W=\boldsymbol{F}\cdot\boldsymbol{r}=Q\boldsymbol{E}\cdot\boldsymbol{r}$ [J]

$\therefore W=0.01\times10^{-6}(\boldsymbol{i}+2\boldsymbol{j}+3\boldsymbol{k})\cdot(3\boldsymbol{i})$
$=0.01\times10^{-6}(3)=0.03\times10^{-6}=3\times10^{-8}$ [J]

【답】 ④

58 $E=2xa_x+4ya_y+za_z$ [V/m]일 때, 직선 경로를 따라 0.5 [C]의 전하를 점 (4, 1, 2)에서 점 (2, 3, 2)까지 이동시키는데 요하는 일은 몇 [J]인가?

① 8 ② 4
③ -2 ④ -6

해설

일 : $W=-\int_0^{r} QE\cdot dr$
$=-0.5\left\{\int_4^2 2x\cdot dx+\int_1^3 4y\cdot dy+\int_2^2 z\cdot dz\right\}$
$=-0.5\{[x^2]_4^2+[2y^2]_1^3\}=-2$ [J]

【답】 ③

59 질량 $m=10^{-8}$ [kg], 전하량 $q=10^{-6}$ [C]의 입자가 전계 E [V/m]인 곳에 존재한다. 이 입자의 가속도가 $\alpha=10^2\boldsymbol{i}+10^3\boldsymbol{j}$ [m/s^2]인 것이 관측되었다면 전계의 세기 $\boldsymbol{E}$ [V/m]는? 단, $\boldsymbol{i}$, $\boldsymbol{j}$는 단위 벡터이다.

① $E=10^2\boldsymbol{i}+10^3\boldsymbol{j}$
② $E=\boldsymbol{i}+10\boldsymbol{j}$
③ $E=10^{-4}\boldsymbol{i}+10^{-3}\boldsymbol{j}$
④ $E=10\boldsymbol{i}+10^2\boldsymbol{j}$

해설

힘 : $F=qE=m\alpha$ [N]

$\therefore E=\frac{m}{q}\alpha=\frac{10^{-8}}{10^{-6}}\times(10^2\boldsymbol{i}+10^3\boldsymbol{j})=\boldsymbol{i}+10\boldsymbol{j}$ [V/m]

【답】 ②

60 그림에서 점 P에 있는 전하 Q [C]에 의한 전계 내에서 미소한 전하 q [C]을 점 A에서 점 B까지 이동시키는데 요하는 일의 양은?

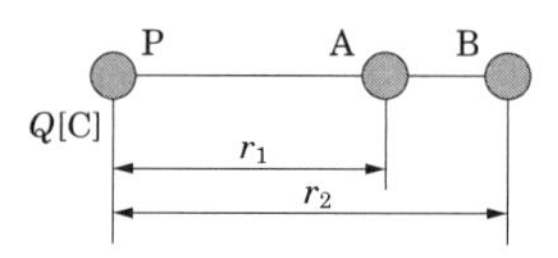

① $\frac{Qq}{4\pi\epsilon_0}\left(\frac{1}{r_2}-\frac{1}{r_1}\right)$ ② $\frac{Qq}{4\pi\epsilon_0}\left(\frac{1}{r_1}-\frac{1}{r_2}\right)$
③ $9\times10^9\left(\frac{1}{r_2}-\frac{1}{r_1}\right)$ ④ $\frac{Qq}{9\times10^9}\left(\frac{1}{r_2}-\frac{1}{r_1}\right)$

해설

AB 간의 전위차 : 미소 전하 q [C]을 점 A에서 점 B까지 이동시키는데 요하는 일의 양

$W=V_{BA}=-\int_A^B \boldsymbol{E}\cdot dl=-\int_{r_1}^{r_2} Edr$
$=-\int_{r_1}^{r_2}\frac{Qq}{4\pi\epsilon_0}\frac{1}{r^2}dr=-\frac{Qq}{4\pi\epsilon_0}\left[-\frac{1}{r}\right]_{r_1}^{r_2}$
$=\frac{Qq}{4\pi\epsilon_0}\left(\frac{1}{r_2}-\frac{1}{r_1}\right)$ [V]

【답】 ①

61 등전위면을 따라 전하 Q[C]을 운반하는데 필요한 일은?

① 전하의 크기에 따라 변한다.
② 전위의 크기에 따라 변한다.
③ 등전위면과 전기력선에 의하여 결정된다.
④ 항상 0이다.

해설

미소길이를 운반하는데 필요한 일

$dW = q\boldsymbol{E} \cdot dl = qE\cos\theta dl$ [J]

∴ 문제의 조건은 등전위면이며, 전계와 등전위면(dl)은 항상 $\theta = 90°$의 각을 이루므로 일은 0이다.

【답】 ④

62 자유 공간 중에서 $V = xyz$ [V]일 때 $0 \leqq x \leqq 1,\ 0 \leqq y \leqq 1,\ 0 \leqq z \leqq 1$인 입방체에 존재하는 정전 에너지[J]는?

① $\frac{1}{6}\epsilon_0$　② $\frac{1}{5}\epsilon_0$
③ $\frac{1}{4}\epsilon_0$　④ $\frac{1}{3}\epsilon_0$

해설

정전에너지

$$W = \int_v \frac{1}{2}\epsilon_0 E^2 dv = \frac{1}{2}\epsilon_0 \int_v |-\text{grad}\, V|^2 dv$$

$$= \frac{1}{2}\epsilon_0 \int_0^1\int_0^1\int_0^1 |-(yz\boldsymbol{i} + xz\boldsymbol{j} + xy\boldsymbol{k})|^2 dx\, dy\, dz = \frac{1}{6}\epsilon_0$$

【답】 ①

63 전위가 $V = 2x + y$ [V]일 때 자유공간중의 $0 \leqq x \leqq 1,\ 0 \leqq y \leqq 1,\ 0 \leqq z \leqq 1$의 공간에 저장되는 전계에너지는 약 몇 [J]인가?

① 2.214×10^{-11}　② 4.428×10^{-11}
③ 2.214×10^{-12}　④ 4.428×10^{-12}

해설

전계의 세기 : $E = -\text{grad}\ V = -(2i + j)$에서

$E^2 = (-2i - j) \cdot (-2i - j) = 5$ [V]

전계 에너지

$W = \frac{1}{2}\epsilon E^2 = \frac{1}{2} \times 8.855 \times 10^{-12} \times 5 = 2.214 \times 10^{-11}$ [J]

【답】 ①

64 진공 중에 전하량 Q[C]인 점전하가 있다. 그림과 같이 Q를 둘러싸는 경로 C_1과 둘러싸지 않는 폐곡선 C_2가 있다. 지금 +1[C]의 전하를 화살표 방향으로 경로 C_1을 따라 일주시킬 때 요하는 일을 W_1, 경로 C_2를 일주시키는데 요하는 일을 W_2라고 할 때 옳은 것은?

① $W_1 < W_2$
② $W_2 < W_1$
③ $W_1 \neq 0,\ W_2 = 0$
④ $W_1 = W_2 = 0$

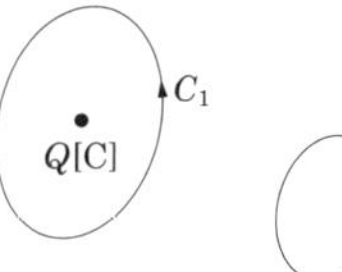

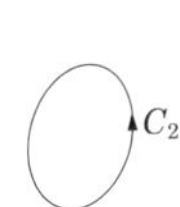

해설

정전계의 보존성 : 폐곡선을 따라 일주했을 때 요하는 일의 양은 경로에 관계없이 항상 0이다.

∴ $W_1 = W_2$

【답】 ④

65 그림에서 무한 평면 S 위에 한 점 P가 있다. S가 P점에 대해서 이루는 입체각 ω는?

• P

S

① $\omega = \pi$　② $\omega = 2\pi$
③ $\omega = 3\pi$　④ $\omega = 4\pi$

【답】 ②

66 정전계의 전기력의 성질을 나타내는 식 중 틀린 것은?

① $\oint_c \boldsymbol{E} \cdot dl = Q$ ② $\boldsymbol{E} = -\nabla V$

③ $\nabla \cdot \boldsymbol{E} = \frac{\rho}{\epsilon_0}$ ④ $\nabla \times \boldsymbol{E} = 0$

해설

정전계에서 전위는 위치만으로 결정된다.
정전계의 보존성 : 폐곡선을 따라 일주했을 때 요하는 일의 양은 경로에 관계없이 항상 0이다.

$\therefore \oint_c \boldsymbol{E} \cdot dl = 0$

$\therefore$ Stokes의 정리를 적용하면

$$\oint_c \boldsymbol{E} \cdot dl = \int_s \mathrm{rot}\boldsymbol{E} \cdot \boldsymbol{n} dS = 0$$

$\therefore \mathrm{rot}\boldsymbol{E} = \nabla \times \boldsymbol{E} = 0$ 로 전계는 비회전성이다.
즉 전기력선은 그 자신만으로 폐곡선이 되는 일은 없다.

【답】①

Chapter 3

진공중의 도체계

1. 도체계

1.1 전위계수

도체계에서 각 도체의 전하가 $Q_i(i=1, 2, 3, \cdots)$일 때의 전위를 V_i 라고 하고 또, 전하가 Q_i'일 때의 전위를 V_i'라 하면, 전하가 Q_i+Q_i'일 때의 전위는 V_i+V_i'로 된다. 이것은 중첩의 원리(principle of superposition)에 의해 구한 것이다.

전위계수는 n개의 도체계에서 도체 1에만 단위전하를 주고 다른 도체에는 전하를 주지 않았을 경우 각 도체의 전위를 구하면

$$V_1=P_{11}Q_1\,,\quad V_2=P_{21}Q_1\,,\quad V_3=P_{31}Q_1 \cdots\cdots V_n=P_{n1}Q_1$$

또, 도체 2에만 단위전하를 주고 다른 도체에는 전하를 주지 않은 경우 각 노체의 전위를 구하면

$$V_1=P_{12}Q_2\,,\quad V_2=P_{22}Q_2\,,\quad V_3=P_{32}Q_2 \cdots\cdots \quad V_n=P_{n2}Q_2$$

동일한 방법으로 각 도체의 전위를 구한 다음 중첩에 원리에 의해 전위를 구하면 다음과 같다.

$$\begin{cases} V_1=P_{11}Q_1+P_{12}Q_2+P_{13}Q_3+\cdots\cdots+P_{1n}Q_n \\ V_2=P_{21}Q_1+P_{22}Q_2+P_{23}Q_3+\cdots\cdots+P_{2n}Q_n \\ V_3=P_{31}Q_1+P_{32}Q_2+P_{33}Q_3+\cdots\cdots+P_{3n}Q_n \\ \cdots \\ \cdots \\ V_n=P_{n1}Q_1+P_{n2}Q_2+P_{n3}Q_3+\cdots\cdots+P_{nn}Q_n \end{cases}$$

이것을 행렬로 표현하면

$$\begin{bmatrix} V_1 \\ V_2 \\ V_3 \\ \cdots \\ \cdots \\ V_n \end{bmatrix} = \begin{bmatrix} P_{11}\ P_{12}\ P_{13} \cdots P_{1n} \\ P_{21}\ P_{22}\ P_{23} \cdots P_{2n} \\ P_{31}\ P_{32}\ P_{33} \cdots P_{3n} \\ \cdots\ \cdots\ \cdots\ \cdots\ \cdots \\ \cdots\ \cdots\ \cdots\ \cdots\ \cdots \\ P_{n1}\ P_{n2}\ P_{n3} \cdots P_{nn} \end{bmatrix} \begin{bmatrix} Q_1 \\ Q_2 \\ Q_3 \\ \cdots \\ \cdots \\ Q_n \end{bmatrix}$$

이때 계수행렬을 전위계수라 한다. 이것은 다음과 같은 일반식으로 표현할 수 있다.

$$V_i = \sum_{j=1}^{n} P_{ij}\, Q_j$$

여기서, P_{ij}: 전위계수, j도체에 단위전하를 주었을 경우 i도체의 전위를 말함

만약 도체가 2개만 있는 경우 1도체의 반지름이 a, 2도체의 반지름이 b이고, 두도체는 r[m]거리에 떨어져 있다면

$$V_1 = P_{11}Q_1 + P_{12}Q_2$$
$$V_2 = P_{21}Q_1 + P_{22}Q_2$$

가 된다. 따라서

$$V_1 = \frac{1}{4\pi\epsilon_0 a}Q_1 + \frac{1}{4\pi\epsilon_0 r}Q_2$$

$$V_2 = \frac{1}{4\pi\epsilon_0 r}Q_1 + \frac{1}{4\pi\epsilon_0 b}Q_2$$

따라서,

$P_{11} > 0$ 이므로 $P_{ii} > 0$

$P_{12} = P_{21} \geqq 0$ 이므로 $P_{ij} = P_{ji} \geqq 0$

$P_{11} > P_{21}$ 이므로 $P_{ii} \geqq P_{ji}$

만약 $P_{11} = P_{21}$이라면 도체2가 도체1에 완전 포위된 것을 의미한다. 이것이 전위계수의 성질이 된다. 또, Q와 $-Q$로 대전된 두 도체 n와 r 사이의 전위를 전위계수로 표시하면

$$V_1 = P_{nn}Q_1 + P_{nr}Q_2$$
$$V_2 = P_{rn}Q_1 + P_{rr}Q_2$$

위 식에 $Q_1 = Q,\ Q_2 = -Q$를 대입하면

$$V_1 = P_{nn}Q - P_{nr}Q$$

$$V_2 = P_{rn}Q - P_{rr}Q$$

전위차 $V = V_1 - V_2 = (P_{nn} - 2P_{nr} + P_{rr})Q$가 되며 P_{nn}, P_{nr}, P_{rr}을 전위계수라 한다.

$$\text{전위계수} = \frac{1}{C} = \frac{V}{Q}\,[1/\text{F}]\ (\text{엘라스턴스, elastance, daraf})$$

이때 정전용량은

$$C = \frac{Q}{V_1 - V_2} = \frac{1}{P_{nn} - 2P_{nr} + P_{rr}}\,[\text{F}]$$

가 된다. 또 그림 1과 같은 동심 도체구의 도체 1, 2를 $+Q$, $-Q$로 대전하였을 때 도체간의 전위차를 전위계수로 구하면 다음과 같다.

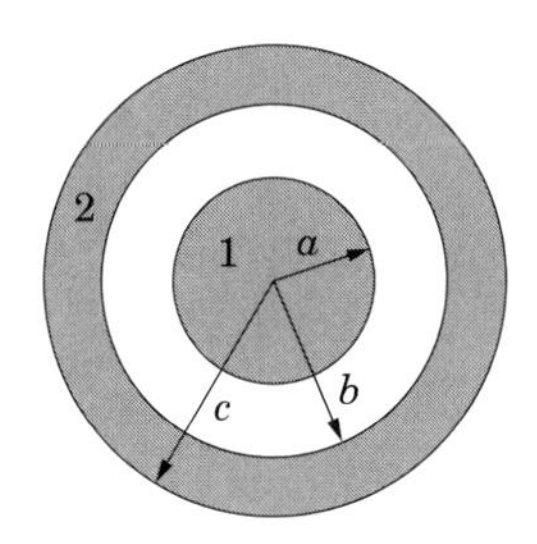

그림 1 동심도체구

$$V_1 = P_{11}Q_1 + P_{12}Q_2$$

$$V_2 = P_{21}Q_1 + P_{22}Q_2$$

$Q_1 = +Q$, $Q_2 = -Q$을 대입하면

$$V_1 = P_{11}Q - P_{12}Q$$

$$V_2 = P_{21}Q - P_{22}Q$$

전위차는 다음과 같다.

$$V = V_1 - V_2 = (P_{11} - 2P_{12} + P_{22})Q$$

예제문제 01

전위계수의 단위는?

① [1/F]　　② [C]　　③ [C/V]　　④ 없다.

해설

전위계수 : +1 [C]이 만드는 전위, $P=\dfrac{V}{Q}$[V/C], [1/F], [daraf]

답 : ①

예제문제 02

도체 Ⅰ, Ⅱ 및 Ⅲ이 있을 때 도체 Ⅱ가 도체 Ⅰ에 완전 포위되어 있음을 나타내는 것은?

① $P_{11}=P_{21}$　　② $P_{11}=P_{31}$

③ $P_{11}=P_{33}$　　④ $P_{12}=P_{22}$

해설

반지름 a [m]인 도체구 Ⅱ를 안 반지름 b [m], 바깥 반지름 c [m]인 동심 도체구 Ⅰ로 포위하는 경우로서 도체 Ⅰ에만 $+Q$ [C]의 전하를 준 경우

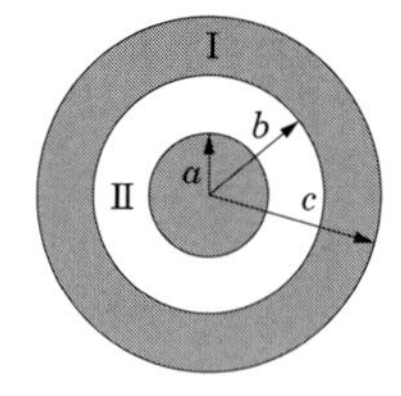

$V_1=P_{11}Q,\ V_2=P_{21}Q$ 에서 $P_{11}=\dfrac{V_1}{Q}=\dfrac{1}{4\pi\epsilon_0 c}$

도체구 Ⅰ의 외부 표면 전위 : $\dfrac{Q}{4\pi\epsilon_0 c}$

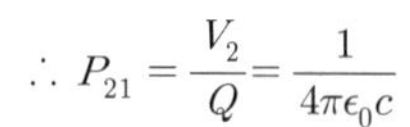

$\therefore P_{21}=\dfrac{V_2}{Q}=\dfrac{1}{4\pi\epsilon_0 c}$

∴ 도체구 Ⅰ, Ⅱ 사이의 전위차=0 이므로 $P_{11}=P_{21}$

답 : ①

예제문제 03

2개의 도체를 $+Q$ [C]과 $-Q$ [C]으로 대전했을 때 이 두 도체간의 정전 용량을 전위 계수로 표시하면 어떻게 되는가?

① $\dfrac{P_{11}P_{22}-P_{12}^2}{P_{11}+2P_{12}+P_{22}}$　　② $\dfrac{P_{11}P_{22}+P_{12}^2}{P_{11}+2P_{12}+P_{22}}$

③ $\dfrac{1}{P_{11}+2P_{12}+P_{22}}$　　④ $\dfrac{1}{P_{11}-2P_{12}+P_{22}}$

해설

전위계수 $\left.\begin{aligned}V_1=P_{11}Q_1+P_{12}Q_2\\V_2=P_{21}Q_1+P_{22}Q_2\end{aligned}\right\}$ 에서 $V_1-V_2=(P_{11}-2P_{12}+P_{22})Q$

$\therefore C=\dfrac{Q}{V_1-V_2}=\dfrac{1}{P_{11}-2P_{12}+P_{22}}$ [F]

답 : ④

예제문제 04

도체계의 전위 계수의 설명 중 옳지 않은 것은?

① $P_{rr} \geq P_{rs}$ ② $P_{rr} < 0$ ③ $P_{rs} \geq 0$ ④ $P_{rs} = P_{sr}$

해설

P_{rr} : r 도체에 1[C]을 줄 때의 r 도체 자신의 전위 → $P_{rr} > 0$

답 : ②

1.2 용량계수(coefficient of capacity)와 유도계수(coefficient of induction)

용량계수는 n개의 도체계에서 도체 1에만 단위전위를 주고 다른 도체에는 전위를 주지 않았을 경우 각 도체의 전하를 구하면

$$Q_1 = q_{11} V_1, \quad Q_2 = q_{21} V_1, \quad Q_3 = q_{31} V_1 \cdots\cdots \quad Q_n = q_{n1} V_1$$

또, 도체 2에만 단위전위를 주고 다른 도체에는 전위를 주지 않은 경우 각 도체의 전하를 구하면

$$Q_1 = q_{12} V_2, \quad Q_2 = q_{22} V_2, \quad Q_3 = q_{32} V_2 \cdots\cdots \quad Q_n = q_{n2} V_2$$

동일한 방법으로 각 도체의 전하를 구한다음 중첩에 원리에 의해 전하를 구하면 다음과 같다.

$$\begin{cases} Q_1 = q_{11} V_1 + q_{12} V_2 + q_{13} V_3 + \cdots\cdots + q_{1n} V_n \\ Q_2 = q_{21} V_1 + q_{22} V_2 + q_{23} V_3 + \cdots\cdots + q_{2n} V_n \\ Q_3 = q_{31} V_1 + q_{32} V_2 + q_{33} V_3 + \cdots\cdots + q_{3n} V_n \\ \cdots \\ \cdots \\ Q_n = q_{n1} V_1 + q_{n2} V_2 + q_{n3} V_3 + \cdots\cdots + q_{nn} V_n \end{cases}$$

이것을 행렬로 표현하면

$$\begin{bmatrix} Q_1 \\ Q_2 \\ Q_3 \\ \cdots \\ \cdots \\ Q_n \end{bmatrix} = \begin{bmatrix} q_{11} & q_{12} & q_{13} & \cdots & q_{1n} \\ q_{21} & q_{22} & q_{23} & \cdots & q_{2n} \\ q_{31} & q_{32} & q_{33} & \cdots & q_{3n} \\ \cdots & \cdots & \cdots & \cdots & \cdots \\ \cdots & \cdots & \cdots & \cdots & \cdots \\ q_{n1} & q_{n2} & q_{n3} & \cdots & q_{nn} \end{bmatrix} \begin{bmatrix} V_1 \\ V_2 \\ V_3 \\ \cdots \\ \cdots \\ V_n \end{bmatrix}$$

이때 계수행렬을 용량계수라 한다. 이것은 다음과 같은 일반식으로 표현할 수 있다.

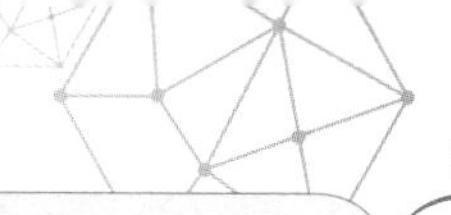

$$Q_i = \sum_{j=1}^{n} q_{ij}\ V_j$$

여기서, q_{ij}: 용량계수, j도체에 단위전위를 주었을 경우 i도체의 전하를 말함

용량계수의 성질은 다음과 같다.
용량계수는 자기 자신의 전위를 단위 전위로 하기 때문에 항상 정(+)전하가 된다.

$$q_{11}, q_{22},\ q_{33},\ \cdots\cdots > 0 \quad \text{즉}, \ (q_{ii}) > 0$$

유도계수는 상호간에 나타나며 한도체에 전위를 주고 다른 도체를 접지하였을 경우 접지된 도체에 유도되는 전하를 의미하므로 항상 부(-)전하가 된다.

$$q_{12}, q_{21},\ q_{31},\ \cdots\cdots \leqq 0 \quad \text{즉}, \ (q_{ij}) \leqq 0$$

이때 전하의 거리가 무한대인 경우라면 유도전하는 0이 되어 유도계수는 0이 된다. 그러므로 용량계수와 유도계수는

$$q_{11} \geqq -(\ q_{21} + q_{31} + q_{31} + \cdots\cdots + q_{n1})$$

이항 하면

$$q_{11} + q_{21} + q_{31} + q_{31} + \ldots\ldots + q_{n1} \geqq\ 0$$

가 된다. 전위계수 $P_{12} = P_{21}$의 성질이 있으므로 유도계수도

$$q_{12} = q_{21}$$

$$q_{ij} = q_{ji}$$

가 된다.

예제문제 05

다음은 도체계에 대한 용량 계수와 유도 계수의 성질을 나타낸 것이다. 이 중 맞지 않는 것은? 단, 첨자가 같은 것은 용량 계수이며, 첨자가 다른 것은 유도 계수이다.

① $q_{rs} = q_{sr}$
② $q_{rr} > 0$
③ $q_{ss} > q_{rs} > 0$
④ $q_{11} \geqq -(q_{21} + q_{31} + \cdots + q_{n1})$

해설
유도 계수 : $q_{12}, q_{21},\ q_{31},\ \cdots\cdots \leqq 0 \ \rightarrow\ q_{ij} \leqq 0$
용량 계수 : $q_{11},\ q_{22},\ q_{33},\ \cdots\cdots > 0 \ \rightarrow\ q_{ii} > 0$

답 : ③

예제문제 06

정전 용량이 각각 C_1, C_2 그 사이의 상호 유도 계수가 M인 절연된 두 도체가 있다. 두 도체를 가는 선으로 연결할 경우 그 정전 용량은?

① C_1+C_2-M ② C_1+C_2+M

③ C_1+C_2+2M ④ $2C_1+2C_2+M$

해설

$\begin{cases} Q_1 = q_{11}V_1 + q_{12}V_2 \\ Q_2 = q_{21}V_1 + q_{22}V_2 \end{cases}$ 에서 $\begin{cases} q_{11} = C_1, q_{22} = C_2 \\ q_{12} = q_{21} = M \end{cases}$

두 도체를 가는 선으로 연결하면 등전위가 된다.

$\therefore V_1 = V_2 = V$

$\therefore \begin{cases} Q_1 = (q_{11}+q_{12})V = (C_1+M)V \\ Q_2 = (q_{21}+q_{22})V = (M+C_2)V \end{cases}$

$\therefore C = \dfrac{Q_1+Q_2}{V} = C_1+C_2+2M$

답 : ③

2. 정전용량(electrostatic capacity)의 계산

2.1 진공중의 고립된 도체의 정전용량

진공 중에 고립된 한 도체에 전하 Q를 주었을 때 나타나는 전위를 V로 하면 전하와 전위의 관계는 비례한다.

$$Q = CV\,[\mathrm{C}]$$

$$C = \frac{Q}{V}\,[\mathrm{F}]$$

여기서, C : 정전용량

2.2 도체구의 정전용량

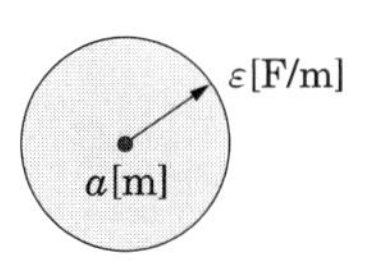

그림 2 도체구

그림 2와 같이 반지름이 a인 도체구에 전하 Q가 인가된 경우 정전용량은 구도체의 전위로부터 구한다. 전하로부터 $r\,[\mathrm{m}]$ 떨어진 지점의 전속의 총수와 전기력선의 총수

는 가우스법칙을 적용하면

$$N = \oint_S \boldsymbol{D} \cdot d\boldsymbol{S} = Q \text{ 이며}$$

$$E = \frac{D}{\epsilon_0} \text{ 를 적용하면 } N = \oint_S E \cdot d\boldsymbol{S} = \frac{Q}{\epsilon_0}$$

$$\therefore E \cdot 4\pi a^2 = \frac{Q}{\epsilon_0}$$ 11)

따라서 전계의 세기는 다음과 같다.

$$E = \frac{Q}{4\pi\epsilon_0 a^2}$$

$$\boldsymbol{E} = \frac{Q}{4\pi\epsilon_0 a^2}\boldsymbol{r}_0$$

여기서, $\boldsymbol{r}_0$는 방사방향의 단위벡터이다.

전위를 구하면

$$V = -\int_\infty^r \boldsymbol{E} \cdot dl = -\int_\infty^r \frac{Q}{4\pi\epsilon_0 a^2} dr$$

$$= -\frac{Q}{4\pi\epsilon_0}\int_\infty^a \frac{1}{a^2} da = -\frac{Q}{4\pi\epsilon_0}\left[-\frac{1}{a}\right]_\infty^a = \frac{Q}{4\pi\epsilon_0 a}[\mathrm{V}]$$

$$C = \frac{Q}{V}[\mathrm{F}]$$

이므로

$$C = \frac{Q}{V} = 4\pi\epsilon_0 a[\mathrm{F}]$$

가 된다.

11) s는 구의 표면적을 말한다.

예제문제 07

반지름 a [m]인 구의 정전 용량[F]은?

① $4\pi\epsilon_0 a$ ② $\epsilon_0 a$ ③ a ④ $\frac{1}{4\pi}\epsilon_0 a$

해설

구도체 정전용량 : $C=\frac{Q}{V}=\frac{Q}{\frac{Q}{4\pi\epsilon_0 a}}=4\pi\epsilon_0 a\ [\text{F}]=\frac{1}{9\times10^9}a\ [\text{F}]$

답 : ①

예제문제 08

1 [μF]의 정전 용량을 가진 구의 반지름[km]은?

① 9×10^3 ② 9 ③ 9×10^{-3} ④ 9×10^{-6}

해설

구도체 정전용량 : $C=4\pi\epsilon_0 a=\frac{1}{9\times10^9}\times a$

$\therefore a=9\times10^9 C=9\times10^9\times1\times10^{-6}=9\times10^3\ [\text{m}]=9\ [\text{km}]$

답 : ②

2.3 동심구의 정전용량

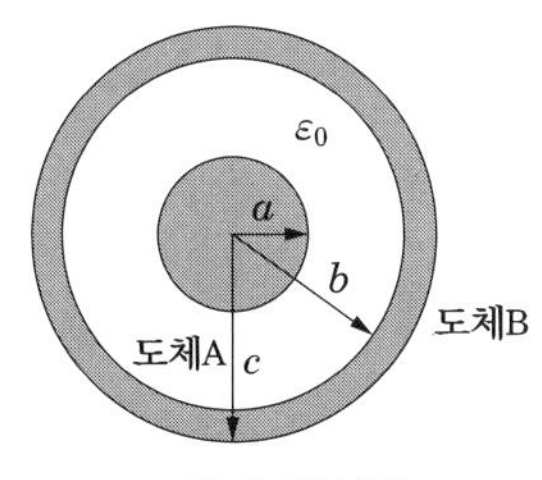

그림 3 동심구

그림 3과 같은 동심구의 전위로부터 정전용량을 구한다. 도체 A에 Q를 주고 도체 B에 전하 $-Q$를 주는 경우 전계의 세기는 가우스 법칙에 의해 구하면 다음과 같다. 이 때 정·부전하는 정전력에 의해 도체 A의 표면과 도체 B의 내측 표면에 존재한다.

도체 B의 외측($r\geq c$)

$$N=\oint_S \boldsymbol{E}\cdot d\boldsymbol{S}=E\cdot 4\pi r^2=\frac{1}{\epsilon_0}(Q-Q)=0$$

$$E=0$$

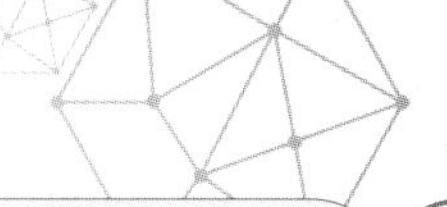

도체 A와 B 사이$(a \leqq r \leqq b)$

$$\oint_S \boldsymbol{E} \cdot d\boldsymbol{S} = E \cdot 4\pi r^2 = \frac{Q}{\epsilon_0}$$

$$E = \frac{Q}{4\pi\epsilon_0 r^2}$$

전위를 구하면 다음과 같다.

도체 B의 표면전위 $V_c\,(r=c)$

$$V_c = 0$$

도체 A와 B 사이의 전위차 $V_{ab}\,(a \leqq r \leqq b)$

$$V_{ab} = -\int_b^a E dr = \frac{Q}{4\pi\epsilon_0}\left(\frac{1}{a} - \frac{1}{b}\right)$$

도체 A의 표면전위 $V_a\,(r=a)$

$$V_a = V_{ab} + V_{bc} + V_c$$

$$= V_{ab} = \frac{Q}{4\pi\epsilon_0}\left(\frac{1}{a} - \frac{1}{b}\right) \text{ [V]}$$

그러므로 정전용량은

$$C = \frac{Q}{V_{ab}} = \frac{4\pi\epsilon_0}{\dfrac{1}{a} - \dfrac{1}{b}} = \frac{4\pi\epsilon_0 ab}{b-a} \text{ [F]}$$

가 된다.

예제문제 09

반지름 a>b (단위 : m)인 동심구 도체의 정전 용량은 몇 [C]인가?

① $\dfrac{2\pi\epsilon_0 ab}{a-b}$　　② $\dfrac{4\pi\epsilon_0 ab}{a-b}$

③ $\dfrac{8\pi\epsilon_0 ab}{a-b}$　　④ $\dfrac{16\pi\epsilon_0 ab}{a-b}$

해설

동심구 도체의 정전 용량 $(a<b)$: $C=\dfrac{4\pi\epsilon_0}{\dfrac{1}{a}-\dfrac{1}{b}}$

동심구 도체의 정전 용량 $(a>b)$: $C=\dfrac{4\pi\epsilon_0}{\dfrac{1}{b}-\dfrac{1}{a}}=\dfrac{4\pi\epsilon_0 ab}{a-b}$

답 : ②

예제문제 10

내구의 반지름 $a=10$ [cm], 외구의 반지름 $b=20$ [cm]인 동심구 콘덴서의 용량을 구하면?

① 11 [pF] ② 22 [pF] ③ 33 [pF] ④ 22 [μF]

해설

동심구 도체의 정전 용량 $(a<b)$: $C=\dfrac{4\pi\epsilon_0}{\dfrac{1}{a}-\dfrac{1}{b}}$

$\therefore\ C=\dfrac{4\pi\epsilon_0 ab}{b-a}=\dfrac{\dfrac{1}{9\times10^9}\times0.1\times0.2}{0.2-0.1}=\dfrac{2\times10^{-10}}{9}=2.22\times10^{-11}=22.2\times10^{-12}$ [F] = 22.2 [pF]

답 : ②

예제문제 11

동심 구형 콘덴서의 내외 반지름을 각각 2배로 하면 정전 용량은 몇 배가 되는가?

① 1배 ② 2배 ③ 3배 ④ 4배

해설

동심구 도체의 정전 용량 : $C=\dfrac{4\pi\epsilon_0 ab}{b-a}$ [F]

내외구의 반지름을 2배로 늘린 경우의 정전 용량 : $C'=\dfrac{4\pi\epsilon_0(2a)(2b)}{(2b-2a)}=\dfrac{4\pi\epsilon_0 ab}{b-a}\times2=2C$

답 : ②

예제문제 12

그림과 같은 동심 도체구의 정전 용량은 몇 [C]인가?

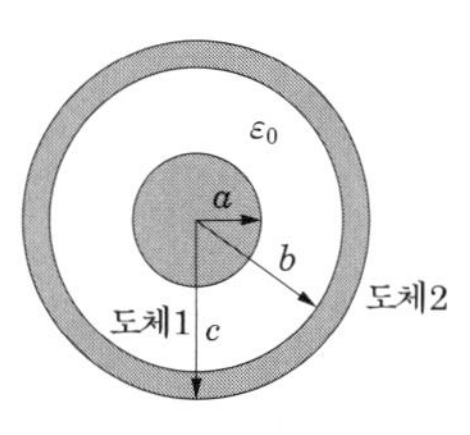

① $4\pi\epsilon_0(b-a)$ ② $\dfrac{4\pi\epsilon_0 ab}{b-a}$

③ $\dfrac{ab}{4\pi\epsilon_0(b-a)}$ ④ $4\pi\epsilon_0\left(\dfrac{1}{a}-\dfrac{1}{b}\right)$

해설

내구에 $+Q$[C], 외구에 $-Q$[C]을 준 경우 내외 도체 사이의 전위차 : $V_{ab}=\dfrac{Q}{4\pi\epsilon_0}\left(\dfrac{1}{a}-\dfrac{1}{b}\right)$ [V]

$\therefore\ C=\dfrac{Q}{V_{ab}}=\dfrac{4\pi\epsilon_0}{\dfrac{1}{a}-\dfrac{1}{b}}=\dfrac{4\pi\epsilon_0 ab}{b-a}$ [F]

답 : ②

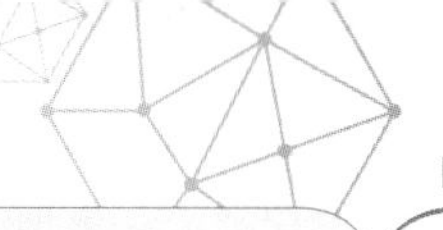

2.4 평행판 도체의 정전용량

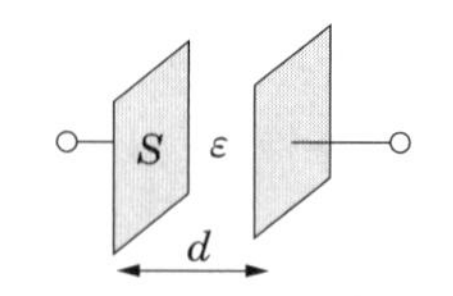

그림 4 평행판 콘덴서

그림 4와 같은 평행판에 면전하밀도를 각각 $+\sigma$, $-\sigma$를 부여하면 면전하밀도가 곧 전속밀도가 된다.

$$D = \pm\sigma[\mathrm{C/m^2}]$$

두 극판간의 전위차는 $D=\epsilon_o E$의 식에 의해서

$$V = Ed = \frac{\sigma}{\epsilon_0}d$$

가 되며, $\sigma = \frac{Q}{S}[\mathrm{C/m^2}]$이므로 정전용량은 다음과 같다.

$$V = \frac{\frac{Q}{S}}{\epsilon_o}d$$

$$C = \frac{\epsilon S}{d}[\mathrm{F}]$$

예제문제 13

1변이 50 [cm]인 정사각형 전극을 가진 평행판 콘덴서가 있다. 이 극판 간격을 5 [mm]로 할 때 정전 용량은 얼마인가? 단, $\epsilon_0 = 8.855\times10^{-12}$ [F/m]이고 단말 효과는 무시한다.

① 443 [pF]　② 380 [μF]　③ 410 [μF]　④ 0.5 [pF]

해설

평행판 콘덴서의 정전용량 : $C=\frac{\epsilon_0 S}{d}=\frac{8.855\times10^{-12}\times(5\times10^{-1})^2}{5\times10^{-3}}=443$ [pF]

답 : ①

2.5 동축원통 케이블의 정전용량

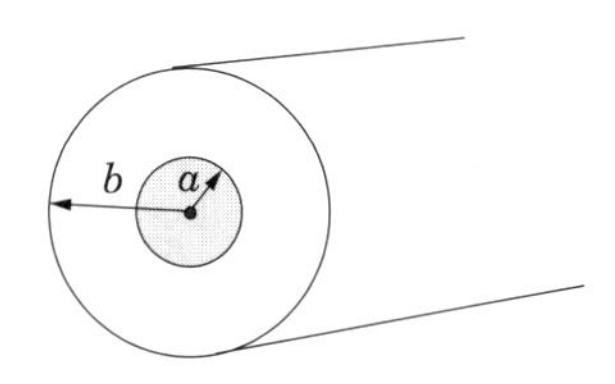

그림 5 동축 원통케이블

그림 5와 같이 무한한 길이의 동축원통 케이블에 내부 원통에 λ[C/m], 외부 원통에 $-\lambda$[C/m]의 선전하밀도가 있다고 가정하고 중심으로부터 r[m]떨어진 지점(원통 도체 사이)의 정전용량은 다음과 같다. 전계의 세기는

$$E = \frac{\lambda}{2\pi\epsilon_0 r}[\mathrm{V/m}]$$

이며, 원통 도체 사이의 전위차는

$$V = -\int_a^b E\,dr = -\frac{\lambda}{2\pi\epsilon_0}\int_a^b \frac{1}{r}\,dr$$

$$= -\frac{\lambda}{2\pi\epsilon_0}[\ln r]_a^b$$

$$= \frac{\lambda}{2\pi\epsilon_0} ln\frac{b}{a}[\mathrm{V}]$$

이므로 동축 원통 도체 사이의 단위 길이당 정전용량 C는

$$C = \frac{\lambda}{V} = \frac{2\pi\epsilon_0}{\ln\frac{b}{a}}[\mathrm{F/m}]$$

가 된다.

예제문제 14

내외 원통 도체의 반지름이 각각 a, b인 동축 원통 콘덴서의 단위 길이당 정전 용량은? 단, 원통 사이의 유전체의 비유전율은 ϵ_s이다.

① $\frac{2\pi\epsilon_0\epsilon_s}{\log_e\frac{b}{a}}$ ② $\frac{2\pi\epsilon_0}{\epsilon_s\log_e\frac{b}{a}}$ ③ $\frac{4\pi\epsilon_0\epsilon_0}{\log_e\frac{b}{a}}$ ④ $\frac{4\pi\epsilon_0}{\epsilon_s}\log_e\frac{b}{a}$

해설

내측 및 외측의 반경이 a [m], b [m]이고 무한히 긴 동축 원통 도체의 선전하 : λ [C/m]

두 원통 도체간의 전계 세기 : $E = \frac{\lambda}{2\pi\epsilon r}$ [V/m]

두 원통 도체간의 전위차 : $V_{ab} = -\int_b^a E dr = -\frac{\lambda}{2\pi\epsilon}\int_b^a \frac{1}{r} dr = \frac{\lambda}{2\pi\epsilon}[\ln r]_a^b = \frac{\lambda}{2\pi\epsilon}\ln\frac{b}{a}$ [V]

∴ 단위 길이당 및 길이 1 [m]의 정전 용량 : $C_0 = \frac{\lambda}{V_{ab}} = \frac{2\pi\epsilon}{\ln\frac{b}{a}} = \frac{2\pi\epsilon_0\epsilon_s}{\ln\frac{b}{a}}$ [F/m]

답 : ①

2.6 평행도선 사이의 정전용량

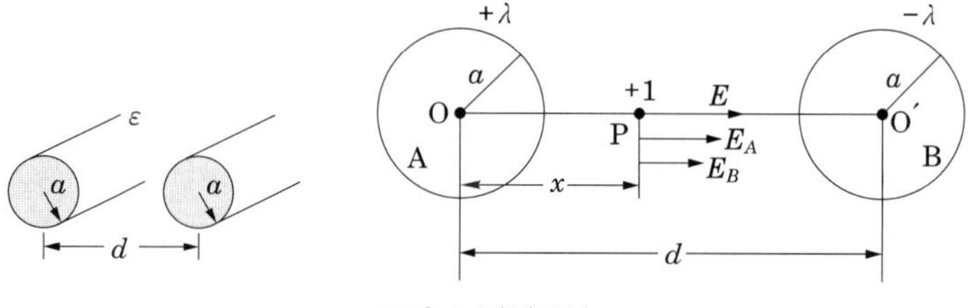

그림 6 평행도선

그림 6과 같이 길이가 무한한 두 원통도체가 평행하게 진행하고 있을 때 정전용량은 두 도체에 선전하 밀도를 각각 λ[C/m], −λ[C/m]를 부여하고 전계의 세기를 구한다음 전위차를 구한 후 정전용량을 구한다.

$$E_A = \frac{\lambda}{2\pi\epsilon_0 x}, \quad E_B = \frac{\lambda}{2\pi\epsilon_0(d-x)}$$

λ[C/m], −λ[C/m]를 부여 하였으므로 전계 E_A와 E_B는 동일 방향은 동일하다. 따라서 합성전계 E는

$$E = E_A + E_B = \frac{\lambda}{2\pi\epsilon_0 x} + \frac{\lambda}{2\pi\epsilon_0(d-x)} \text{ [V/m]}$$

전위차 V는

$$V = -\int_{d-a}^{a} E\,dx = \frac{\lambda}{2\pi\epsilon_0}\left(\int_a^{d-a}\frac{1}{x}dx + \int_a^{d-a}\frac{1}{d-x}dx\right)$$

$$= \frac{\lambda}{\pi\epsilon_0} ln\frac{d-a}{a} \text{ [V]}$$

정전용량 C는

$$C=\frac{\lambda}{V}=\frac{\pi\epsilon_0}{\ln\frac{d-a}{a}}[\mathrm{F/m}]$$

여기서, 전선의 반지름은 도체 사이의 거리 보다 매우 작으므로 무시하면

$$C\fallingdotseq\frac{\pi\epsilon_0}{\ln\frac{d}{a}}[\mathrm{F/m}]$$

가 된다.

예제문제 15

공기 중에 반지름 r [m]의 매우 긴 평행 왕복도체가 d [m]의 간격으로 놓여 있을 때 단위 길이당의 정전 용량은 몇 [F/m]인가? 단, $r \ll d$

① $\frac{\pi\epsilon_0}{\ln\frac{d}{r}}$ ② $\frac{2\pi\epsilon_0}{\ln\frac{d}{r}}$ ③ $2\pi\epsilon_0\ln\frac{d}{r}$ ④ $\frac{\pi\epsilon_0}{\ln\frac{r}{d}}$

해설

평행 도선간의 정전용량 : $C=\frac{\lambda}{V}=\frac{\lambda}{-\int_{d-a}^{a}Edr}=\frac{\lambda}{\frac{-\lambda}{2\pi\epsilon_0}\int_{d-a}^{a}\left(\frac{1}{r}+\frac{1}{d-r}\right)dr}=\frac{\pi\epsilon_0}{\ln\frac{d-a}{a}}\fallingdotseq\frac{\pi\epsilon_0}{\ln\frac{d}{a}}$

$\therefore\ C_0=\frac{\pi\epsilon_0}{\ln\frac{d}{r}}[\mathrm{F/m}]$

답 : ①

예제문제 16

반지름 a [m], 선간 거리 d [m]인 평행 도선간의 정전 용량[F/m]은? 단, $d \gg a$ 이다.

① $\frac{2\pi\epsilon_0}{\ln\frac{d}{a}}$ ② $\frac{1}{2\pi\epsilon_0\ln\frac{d}{a}}$ ③ $\frac{1}{2\epsilon_0\ln\frac{d}{a}}$ ④ $\frac{\pi\epsilon_0}{\ln\frac{d}{a}}$

해설

평행 도선간의 정전용량 : $C=\frac{\lambda}{V}=\frac{\lambda}{-\int_{d-a}^{a}Edr}=\frac{\lambda}{\frac{-\lambda}{2\pi\epsilon_0}\int_{d-a}^{a}\left(\frac{1}{r}+\frac{1}{d-r}\right)dr}=\frac{\pi\epsilon_0}{\ln\frac{d-a}{a}}\fallingdotseq\frac{\pi\epsilon_0}{\ln\frac{d}{a}}$

답 : ④

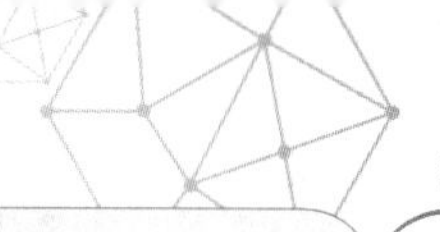

2.7 대지정전용량

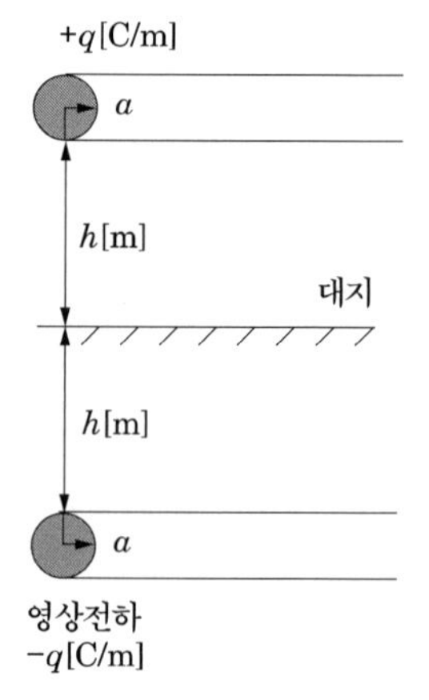

그림 7 1선의 송전선로

지면에 평행으로 높이 h [m]에 가설된 반지름 a [m]인 직선 도체가 있는 경우 대지 정전용량은 그림 7과 같이 대지면 하에 영상전하가 존재하는 것으로 가정하고 선전하밀도를 각각 $+q$[C/m], $-q$[C/m]를 부여한 다음 전계의 세기와 전위를 구하고, 정전용량을 구한다. 2.6절과 같다.

$$C \fallingdotseq \frac{\pi \epsilon_0}{\ln \frac{d}{a}} [\text{F/m}]$$

여기서, 실제 대지간의 거리는 선전하 사이의 거리에 1/2 이므로

$$\therefore \ C_0 = 2C = \frac{2\pi\epsilon_0}{\ln \frac{2h}{a}}$$

가 된다.

예제문제 17

지면에 평행으로 높이 h [m]에 가설된 반지름 a [m]인 직선도체가 있다. 대지 정전 용량은 몇 [F/m]인가? 단, $h \gg a$ 이다.

① $\dfrac{4\pi\epsilon_0}{\log \frac{2h}{a}}$ ② $\dfrac{2\pi\epsilon_0}{\log \frac{2h}{a}}$ ③ $\dfrac{4\pi\epsilon_0}{\log \frac{a}{2h}}$ ④ $\dfrac{2\pi\epsilon_0}{\log \frac{a}{2h}}$

해설

두 평형 도선간 정전 용량 : $C = \dfrac{\pi\epsilon_0}{\ln \frac{2h}{a}}$ [F/m]

대지간 정전 용량 : $C_0 = 2C = \dfrac{2\pi\epsilon_0}{\ln \frac{2h}{a}}$ [F/m]

답 : ②

3. 콘덴서의 합성

직렬 또는 병렬로 연결된 콘덴서의 합성 정전용량은 다음과 같이 구한다.

3.1 직렬연결

그림 8 콘덴서의 직렬연결

$$V_1 = \frac{Q}{C_1}, \quad V_2 = \frac{Q}{C_2}$$

$$V = V_1 + V_2$$

$$C_o = \frac{Q}{V} = \frac{1}{\dfrac{1}{C_1} + \dfrac{1}{C_2}}$$

$$\therefore\ C_o = \frac{C_1 C_2}{C_1 + C_2}\ [\mathrm{F}]$$

3.2 병렬연결

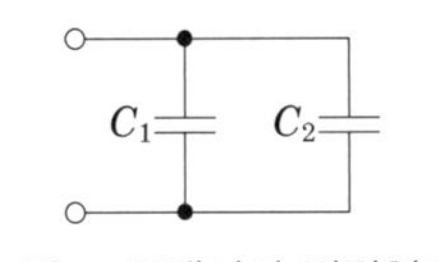

그림 9 콘덴서의 병렬연결

$$Q_1 = C_1 V, \quad Q_2 = C_2 V$$

$$Q = Q_1 + Q_2 = C_1 V + C_2 V$$

$$C = \frac{Q}{V} = \frac{(C_1 + C_2)V}{V}$$

$$\therefore\ C = C_1 + C_2$$

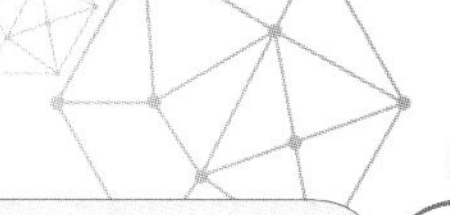

예제문제 18

그림에서 a, b간의 합성 용량치는?

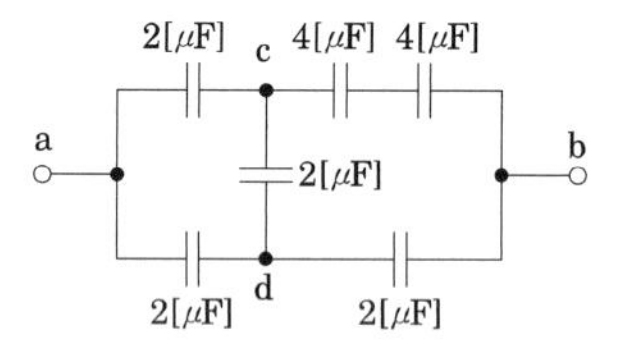

① 2 [μF] ② 4 [μF]
③ 6 [μF] ④ 8 [μF]

해설
브리지 평형조건이 성립한다.

$$C=\frac{2\cdot 2}{2+2}+\frac{2\cdot 2}{2+2}=2\ [\mu F]$$

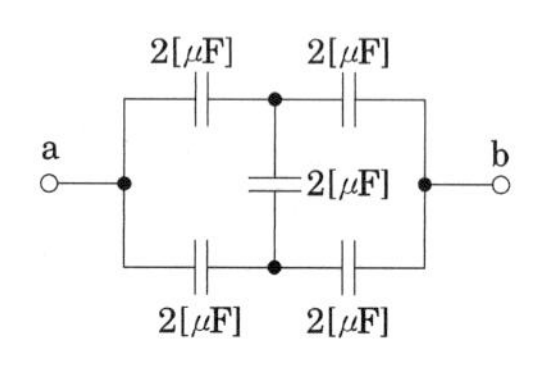

답 : ①

4. 정전에너지 및 정전에너지밀도

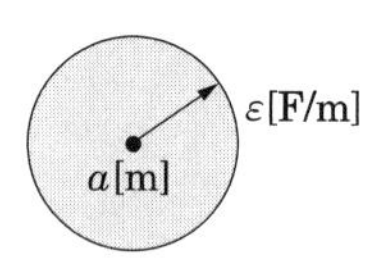

그림 10 도체구

그림 10과 같이 반지름이 a인 도체구에 전하 Q가 인가된 경우 전위는

$$V=\frac{W}{Q}$$

이때 공급되는 일은

$$W=QV$$

가 된다. 즉

$$dW=Vdq$$

$$W=\int_0^Q V\,dq=\int_0^Q \frac{q}{C}\,dq=\frac{1}{C}\int_0^Q q\,dq$$

$$=\frac{1}{C}\left[\frac{1}{2}q^2\right]_0^Q=\frac{Q^2}{2C}$$

$$W=\frac{1}{2}QV=\frac{1}{2}CV^2=\frac{1}{2}\frac{Q^2}{C}\ [\mathrm{J}]$$

전위와 정전용량을 위 식에 대입하면

$$V = Ed\,,\quad C = \frac{\epsilon_0}{d}S$$

$$\therefore W = \frac{1}{2}CV^2 = \frac{1}{2}\epsilon_0 E^2 \cdot Sd\,[\mathrm{J}]$$

가 된다. 여기서 $Sd[\mathrm{m}^3]$ 이므로

$$w = \frac{W}{Sd} = \frac{1}{2}\epsilon_0 E^2\,[\mathrm{J/m^3}]$$

가 된다. 이것을 정전에너지 밀도라고 한다. 정전에너지 밀도의 단위변화는 다음과 같다.

$$\left[\frac{\mathrm{J}}{\mathrm{m}^3}\right] = \left[\frac{\mathrm{N\cdot m}}{\mathrm{m}^3}\right] = \left[\frac{\mathrm{N}}{\mathrm{m}^2}\right]$$

즉, 정전에너지 밀도는 단위면적당 작용하는 힘과 같으며 이것을 정전응력이라 한다.

예제문제 19

면적 $S\,[\mathrm{m}^2]$, 간격 $d\,[\mathrm{m}]$인 평행판 콘덴서에 전하 $Q\,[\mathrm{C}]$을 충전하였을 때 정전 용량 $C\,[\mathrm{F}]$와 정전 에너지 $W\,[\mathrm{J}]$는?

① $C = \frac{\epsilon_0}{d^2},\ W = \frac{dQ^2}{2\epsilon_0 S}$　　② $C = \frac{2\epsilon_0 S}{d},\ W = \frac{Q^2}{4\epsilon_0 S}$

③ $C = \frac{\epsilon_0 S}{d},\ W = \frac{dQ^2}{2\epsilon_0 S}$　　④ $C = \frac{2\epsilon_0}{d^2},\ W = \frac{Q^2}{\epsilon_0 S}$

해설

평행판 콘덴서의 정전 용량 : $C = \frac{\epsilon_0 S}{d}$　　$\therefore$ 정전 에너지 $W = \frac{Q^2}{2C} = \frac{Q^2 d}{2\epsilon_0 S}$

답 : ③

예제문제 20

정전 용량 $1\,[\mu\mathrm{F}]$, $2\,[\mu\mathrm{F}]$의 콘덴서에 각각 $2\times10^{-4}\,[\mathrm{C}]$ 및 $3\times10^{-4}\,[\mathrm{C}]$의 전하를 주고 극성을 같게 하여 병렬로 접속할 때 콘덴서에 축적된 에너지[J]는 얼마인가?

① 약 0.025　② 약 0.303　③ 약 0.042　④ 약 0.525

해설

전하량 : $Q = Q_1 + Q_2 = 5\times10^{-4}\,[\mathrm{C}]$

정전용량 : $C = C_1 + C_2 = (1+2)\times10^{-6} = 3\times10^{-6}\,[\mathrm{F}]$

$\therefore W = \frac{Q^2}{2C} = \frac{(5\times10^{-4})^2}{2\times3\times10^{-6}} = 0.042\,[\mathrm{J}]$

답 : ③

예제문제 21

1 [μF]의 콘덴서를 30 [kV]로 충전하여 200 [Ω]의 저항에 연결하면 저항에서 소모되는 에너지는 몇 [J]인가?

① 450 ② 900 ③ 1350 ④ 1800

해설

콘덴서에 충전(소모)된 에너지 : $W=\frac{1}{2}CV^2=\frac{1}{2}\times1\times10^{-6}\times(30\times10^3)^2=450$ [J]

답 : ①

예제문제 22

반지름 20 [cm]의 도체구가 1.6×10^{-5} [J]의 정전 에너지를 가졌다면 이 구의 표면 전위는 몇 [V]인가?

① 1.2 ② 12 ③ 120 ④ 1200

해설

반경 a [m]인 도체구의 정전 용량 : $C=4\pi\epsilon_0 a$ [F]

정전 에너지 : $W=\frac{1}{2}CV^2=\frac{1}{2}(4\pi\epsilon_0 a)V^2=2\pi\epsilon_0 aV^2$ [J]

$\therefore V=\sqrt{\frac{W}{2\pi\epsilon_0 a}}=\sqrt{\frac{1.6\times10^{-5}}{2\pi\times8.855\times10^{-12}\times0.2}}\fallingdotseq 1200$ [V]

답 : ④

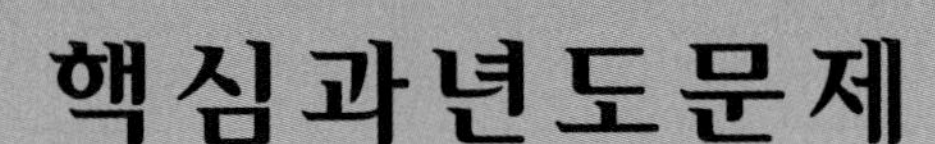

핵심과년도문제

3·1

진공 중에서 떨어져 있는 두 도체 A, B가 있다. A에만 1 [C]의 전하를 줄 때 도체 A, B의 전위가 각각 3, 2 [V]였다. 지금 A, B에 각각 2, 1 [C]의 전하를 주면 도체 A의 전위[V]는?

① 6 ② 7 ③ 8 ④ 9

해설 전위계수

$V_A = P_{AA}Q_A + P_{AB}Q_B$

$V_B = P_{BA}Q_A + P_{BB}Q_B$

문제의 조건에 따라 $Q_A = 1$ [C], $Q_B = 0$일 경우 $P_{AA} = V_A = 3$, $P_{BA} = 2$ [V/C]

$\therefore V_A = P_{AA}Q_A + P_{AB}Q_B = 3Q_A + 2Q_B = 3\times2 + 2\times1 = 8$ [V]

【답】 ③

3·2

용량 계수와 유도 계수의 설명 중 옳지 않은 것은?

① 유도 계수는 항상 0이거나 0보다 작다.
② 용량 계수는 항상 0보다 크다.
③ $q_{11} \geqq -(q_{21} + q_{31} + \cdots + q_{n1})$
④ 용량 계수와 유도 계수는 항상 0보다 크다.

해설 유도 계수 : $q_{12}, q_{21}, q_{31}, \cdots\cdots \leqq 0 \rightarrow q_{ij} \leqq 0$

용량 계수 : $q_{11}, q_{22}, q_{33}, \cdots\cdots > 0 \rightarrow q_{ii} > 0$

【답】 ④

3·3

일래스턴스(elastance)란?

① $\dfrac{1}{\text{전위차}\times\text{전기량}}$ ② 전위차×전기량

③ $\dfrac{\text{전위차}}{\text{전기량}}$ ④ $\dfrac{\text{전기량}}{\text{전위차}}$

해설 정전 용량의 역수 : 일래스턴스 $\dfrac{1}{C} = \dfrac{V}{Q}\left[\dfrac{\text{전위차}}{\text{전하량}}\right]$이며 단위는 [V/C] 또는 [daraf]

【답】 ③

3·4

그림과 같이 내구에 +Q [C], 외구에 −Q [C]의 전하로 두 개의 동심구 도체가 있다. 구 사이가 진공으로 되어 있을 때 동구심 사이의 정전 용량 C [F]는?

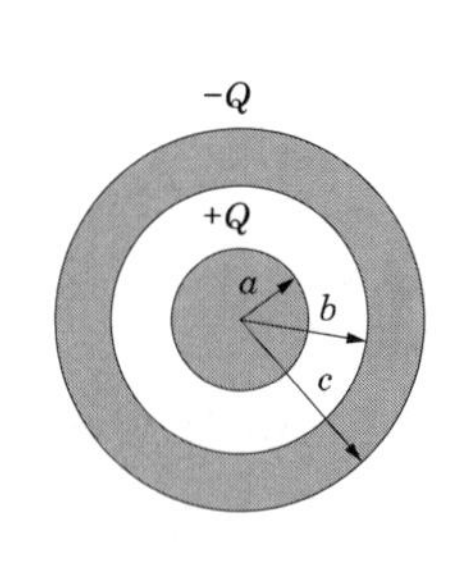

① $2\pi\epsilon_0 \dfrac{ab}{b-a}$　　② $4\pi\epsilon_0 \dfrac{ab}{b-a}$

③ $2\pi\epsilon_0 \cdot \dfrac{1}{\ln\left(\dfrac{b}{a}\right)}$　　④ $4\pi\epsilon_0 \cdot \dfrac{1}{\ln\left(\dfrac{b}{a}\right)}$

해설 동구심에 ±Q[C]를 줄 때 전위차 : $V=\dfrac{Q}{4\pi\epsilon_0}\left(\dfrac{1}{a}-\dfrac{1}{b}\right)$

$\therefore C=\dfrac{Q}{V}=\dfrac{4\pi\epsilon_0}{\dfrac{1}{a}-\dfrac{1}{b}}=\dfrac{4\pi\epsilon_0 ab}{b-a}$ [F]

【답】②

3·5

동심 구형 콘덴서의 내외 반지름을 각각 10배로 증가시키면 정전 용량은 몇 배로 증가하는가?

① 5　　② 10　　③ 20　　④ 100

해설 동심구 도체의 정전 용량 : $C=\dfrac{4\pi\epsilon_0 ab}{b-a}$ [F]

내외구의 반지름을 10배로 늘린 경우의 정전 용량

: $C=\dfrac{4\pi\epsilon_0 ab}{b-a}=\dfrac{4\pi\epsilon_0\cdot(10a\cdot 10b)}{10b-10a}=\dfrac{10\cdot 4\pi\epsilon_0 ab}{b-a}=10C$

【답】②

3·6

도선의 반지름이 a 이고, 두 도선 중심간의 간격이 d 인 평행 2선 선로의 정전 용량에 대한 설명으로 옳은 것은?

① 정전 용량 C는 $\ln\dfrac{d}{a}$에 직접 비례한다.

② 정전 용량 C는 $\ln\dfrac{d}{a}$에 반비례한다.

③ 정전 용량 C는 $\ln\dfrac{a}{d}$에 직접 비례한다.

④ 정전 용량 C는 $\ln\dfrac{a}{d}$에 반비례한다.

해설 평행 도선간의 정전용량

$$C=\frac{\lambda}{V}=\frac{\lambda}{-\int_{d-a}^{a}Edr}=\frac{\lambda}{\dfrac{-\lambda}{2\pi\epsilon_0}\int_{d-a}^{a}\left(\dfrac{1}{r}+\dfrac{1}{d-r}\right)dr}=\frac{\pi\epsilon_0}{\ln\dfrac{d-a}{a}}\fallingdotseq\frac{\pi\epsilon_0}{\ln\dfrac{d}{a}}$$

【답】②

3·7

정전 용량이 5 [μF]인 평행판 콘덴서를 20 [V]로 충전한 뒤에 극판 거리를 처음의 2배로 하였다. 이때 이 콘덴서의 전압은 몇 [V]가 되겠는가?

① 5　　② 10
③ 20　　④ 40

해설 평행판 콘덴서의 정전용량 : $C=\dfrac{\epsilon_0 S}{d}$ [F]

$\therefore V=\dfrac{Q}{C}=\dfrac{Q}{\dfrac{\epsilon_0 S}{d}}=\dfrac{Qd}{\epsilon_0 S}\propto d$,　$V'=2V=40$ [V]

【답】 ④

3·8

Q_1으로 대전된 용량 C_1의 콘덴서에 용량 C_2를 병렬 연결한 경우 C_2가 분배받는 전기량은? 단, V_1은 콘덴서 C_1에 Q_1으로 충전되었을 때의 C_1 양단 전압이다.

① $Q_2=\dfrac{C_1+C_2}{C_2}V_1$　　② $Q_2=\dfrac{C_2}{C_1+C_2}V_1$
③ $Q_2=\dfrac{C_1}{C_1+C_2}V_1$　　④ $Q_2=\dfrac{C_1 C_2}{C_1+C_2}V_1$

해설 합성 용량 : $C_0=C_1+C_2$ [F]

연결 후의 전위차 : $V_0=\dfrac{Q_1}{C_1+C_2}$ [V]

C_2가 분배받는 전기량 : $Q_2=C_2V_0=\dfrac{C_2}{C_1+C_2}Q_1=\dfrac{C_1C_2}{C_1+C_2}V_1$ [C]

【답】 ④

3·9

20 [W]의 전구가 2초 동안 한 일의 에너지를 축적할 수 있는 콘덴서의 용량은 몇 [μF]인가? 단, 충전 전압은 100 [V]이다.

① 4,000　　② 6,000
③ 8,000　　④ 10,000

해설 20 [W] 전구가 2초 동안 한 일 : $W=p\cdot t=20\times 2=40$ [J]

40 [J]$=\dfrac{1}{2}CV^2$에서 $V=100$ [V]

$\therefore C=8000$ [μF]

【답】 ③

3·10

도체의 전계 에너지는 도체 전위에 대하여 어떤 상태로 증가하는가?

① 직선 ② 쌍곡선
③ 포물선 ④ 원형곡선

해설 정전 에너지 : $W=\frac{1}{2}CV^2$ [J]에서 $W\propto V^2$ 이므로 포물선이 된다. 【답】 ③

3·11

내압이 1 [kV]이고, 용량이 0.01 [μF], 0.02 [μF], 0.04 [μF]인 3개의 콘덴서를 직렬로 연결하였을 때 전체 내압은 몇 [V]가 되는가?

① 1,750 ② 1,950
③ 3,500 ④ 7,000

해설 콘덴서 직렬 연결시 전하량이 일정하므로 $Q_1=Q_2=Q_3=Q$

$\therefore C_1V_1=C_2V_2=C_3V_3=Q$

$\therefore V_1=\frac{Q}{C},\quad V_2=\frac{Q}{C_2},\quad V_3=\frac{Q}{C_3}$

내압이 같은 경우 각 콘덴서 양단간에 걸리는 전압은 용량에 반비례한다. 용량이 제일 작은 0.01 [μF]이 최초로 파괴되므로 0.01 [μF]에서 기준한다.

$V_1:V_2:V_3=\frac{1}{0.01}:\frac{1}{0.02}:\frac{1}{0.04}=4:2:1$

$V_1=\frac{4}{7}V\rightarrow V=\frac{7}{4}\times 1{,}000=1{,}750$ [V] 【답】 ①

3·12

내압과 용량이 각각 200 [V] 5 [μF], 300 [V] 4 [μF], 500 [V] 3 [μF]인 3개의 콘덴서를 직렬 연결하고 양단에 직류 전압을 가하여 전압을 서서히 상승시키면 최초로 파괴되는 콘덴서는 어느 것이며, 이때 양단에 가해진 전압은 몇 [V]인가? 단, 3개의 콘덴서의 재질이나 형태는 동일한 것으로 간주한다. 단, $C_1=5$ [μF], $C_2=4$ [μF], $C_3=3$ [μF]이다.

① C_2, 468 ② C_3, 533
③ C_1, 783 ④ C_2, 1050

해설 내압이 다르므로 각 콘덴서에 걸리는 전압의 비는

$V_1:V_2:V_3=\frac{1}{5}:\frac{1}{4}:\frac{1}{3}=12:15:20$

또 $V_1+V_2+V_3=1000$ [V] 이므로

$$V_1 = \frac{12}{47}V = \frac{12000}{47} = 255\ [\mathrm{V}]$$

$$V_2 = \frac{15}{47}V = \frac{15000}{47} = 319\ [\mathrm{V}]$$

$$V_3 = \frac{20}{47}V = \frac{20000}{47} = 425\ [\mathrm{V}]$$

∴ C_1 콘덴서에 걸리는 전압이 255 [V]이므로 제일 먼저 파괴된다. 이때 전압 V_1'는

$$V_1' = \frac{47}{12}V_1 = \frac{47}{12} \times 200 = 783\ [\mathrm{V}]$$

【답】 ③

3·13

2 [μF], 3 [μF], 4 [μF]의 콘덴서를 직렬로 연결하고 양단에 가한 전압을 서서히 상승시킬 때 다음 중 옳은 것은? 단, 유전체의 재질 및 두께는 같다.

① 2 [μF]의 콘덴서가 제일 먼저 파괴된다.
② 3 [μF]의 콘덴서가 제일 먼저 파괴된다.
③ 4 [μF]의 콘덴서가 제일 먼저 파괴된다.
④ 세 개의 콘덴서가 동시에 파괴된다.

해설 콘덴서 직렬 연결시 전하량이 일정하므로 $Q_1 = Q_2 = Q_3 = Q$

$$\therefore C_1V_1 = C_2V_2 = C_3V_3 = Q$$

$$\therefore V_1 = \frac{Q}{C},\quad V_2 = \frac{Q}{C_2},\quad V_3 = \frac{Q}{C_3}$$

내압이 같은 경우 각 콘덴서 양단간에 걸리는 전압은 용량에 반비례한다.

∴ 용량이 제일 작은 2 [μF]의 콘덴서가 제일 먼저 파괴된다.

【답】 ①

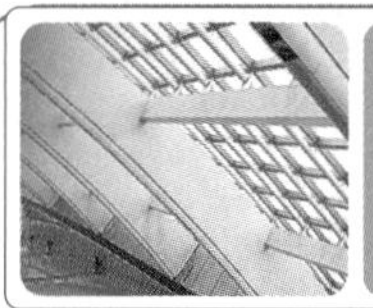

심화학습문제

01 Q와 $-Q$로 대전된 두 도체 n와 r 사이의 전위차를 전위계수로 표시하면?

① $(P_{nn}-2P_{nr}+P_{rr})Q$
② $(P_{nn}+2P_{nr}+P_{rr})Q$
③ $(P_{nn}+P_{nr}+P_{rr})Q$
④ $(P_{nn}-P_{nr}+P_{rr})Q$

해설

전위계수

$V_1=P_{nn}Q_1+P_{nr}Q_2$

$V_2=P_{rn}Q_1+P_{rr}Q_2$

문제의 조건에서 $Q_1=Q$, $Q_2=-Q$를 대입하면

$V_1=P_{nn}Q-P_{nr}Q$

$V_2=P_{rn}Q-P_{rr}Q$

∴ 전위차 $V=V_1-V_2=(P_{nn}-2P_{nr}+P_{rr})Q$

【답】 ①

02 그림과 같은 2개의 동심구에서 내구의 반지름이 a [m], 외구의 안지름이 b [m], 외구의 바깥지름이 c [m]일 때 전위 계수 P_{11}을 구하면?

① $\frac{1}{4\pi\epsilon_0}\left(\frac{1}{a}-\frac{1}{b}+\frac{1}{c}\right)$
② $\frac{1}{4\pi\epsilon_0}\frac{1}{c}$
③ $\frac{1}{4\pi\epsilon_0}\left(\frac{1}{a}-\frac{1}{b}\right)$
④ $\frac{1}{4\pi\epsilon_0}\left(\frac{1}{a}+\frac{1}{b}+\frac{1}{c}\right)$

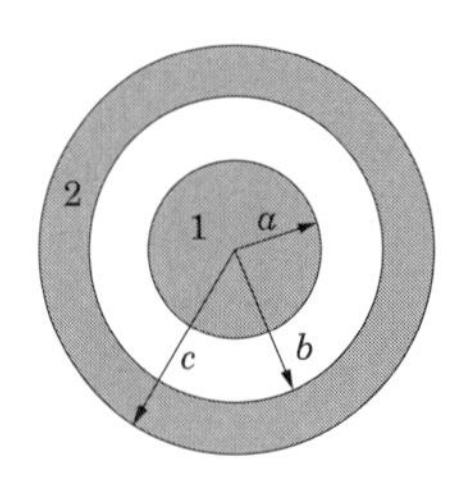

해설

전위계수 $\begin{cases} V_1=P_{11}Q_1+P_{12}Q_2 \\ V_2=P_{21}Q_1+P_{22}Q_2 \end{cases}$

에서 $Q_1=1$, $Q_2=0$일 때 $V_1=P_{11}$, $V_2=P_{21}$

$Q_1=0$, $Q_2=1$일 때 $V_2=P_{22}$, $V_1=P_{12}$

∴ 내구에 $Q_1=1$을 줄 때 외구에는 -1, +1의 전하가 내외에 유기된다.

∴ $V_1=P_{11}=\frac{1}{4\pi\epsilon_0}\left(\frac{1}{a}-\frac{1}{b}+\frac{1}{c}\right)$[1/F]

$V_2=P_{21}=\frac{1}{4\pi\epsilon_0 c}$[1/F]

또, 외구에 $Q_2=1$을 줄 때 $V_2=P_{22}=\frac{1}{4\pi\epsilon_0 c}$[1/F]

【답】 ①

03 그림과 같이 도체 1을 도체 2로 포위하여 도체 2를 일정 전위로 유지하고, 도체 1과 도체 2의 외측에 도체 3이 있을 때 용량 계수 및 유도 계수의 성질 중 맞는 것은?

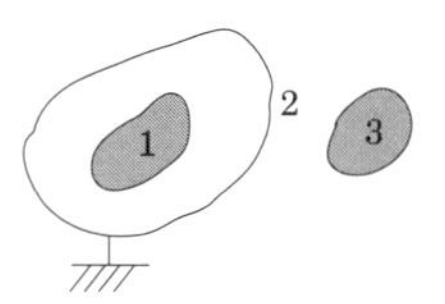

① $q_{21}=-q_{11}$　② $q_{31}=q_{11}$
③ $q_{13}=-q_{11}$　④ $q_{23}=q_{11}$

해설

1도체를 영전위의 도체 2로 포위 한 경우

$q_{21}=-q_{11}$, $q_{31}=0$, $V_2=0$

∴ $Q_1=q_{11}V_1$ [C]

$Q_2=q_{21}V_1+q_{23}V_3$ [C]

$Q_3=+q_{33}V_3$ [C]

【답】 ①

04 도체계에서 각 도체의 전위를 V_1, V_2, ………으로 하기 위한 각 도체의 유도계수와 용량계수에 대한 설명으로 옳은 것은?

① q_{11}, q_{22}, q_{33} 등을 유도계수라 한다.
② q_{21}, q_{31}, q_{41} 등을 용량계수라 한다.
③ 일반적으로 유도계수≤0이다.
④ 용량계수와 유도계수의 단위는 모두 [V/C]이다.

해설

용량계수 : q_{11}, q_{22}, q_{33}
유도계수 : q_{21}, q_{31}, q_{41}
용량계수와 유도계수의 단위 : [C/V]

【답】 ③

05 1[C]의 정전하를 각각 대전시켰을 때 도체 1의 전위는 5[V], 도체 2의 전위는 12[V]로 되는 두 도체가 있다. 도체 1에만 1[C]을 대전하였을 때 도체 2의 전위는 0.5[V]로 된다면 이 두 도체간의 정전 용량[F]은?

① 0.02　　② 0.05
③ 0.07　　④ 0.1

해설

전위계수

$V_1 = P_{11}Q_1 + P_{12}Q_2$ [V]

$V_2 = P_{21}Q_1 + P_{22}Q_2$ [V]

에서 $Q_1 = Q_2 = 1$ [C]인 경우

$V_1 = P_{11} + P_{12} = 5$[V]

$V_2 = P_{21} + P_{22} = 12$[V]

또 $Q_1 = 1$ [C], $Q_2 = 0$인 경우

$V_2 = P_{21} = 0.5$ [V]

따라서 위 식으로 부터

$P_{11} = 4.5$ [1/F]

$P_{12} = P_{21} = 0.5$ [1/F]

$P_{22} = 11.5$ [1/F]

∴ 전위 계수로 표시한 정전 용량

$$C = \frac{Q}{V_1 - V_2} = \frac{1}{P_{11} - 2P_{12} + P_{22}} \text{ [F]}$$

$$\therefore C = \frac{1}{4.5 - 2 \times 0.5 + 11.5} = 0.07 \text{ [F]}$$

【답】 ③

06 모든 전기 장치에 접지시키는 근본적인 이유는?

① 지구의 용량이 커서 전위가 거의 일정하기 때문이다.
② 편의상 지면을 영전위로 보기 때문이다.
③ 영상 전하를 이용하기 때문이다.
④ 지구는 전류를 잘 통하기 때문이다.

해설

지구는 정전 용량이 매우 크므로 많은 전하가 축적되어도 지구의 전위는 일정하다고 본다. 따라서 모든 전기 장치를 접지시키고 대지를 실용상 등전위로 본다.

【답】 ①

07 콘덴서의 성질에 관한 설명 중 적절하지 못한 것은?

① 용량이 같은 콘덴서를 n개 직렬 연결하면 내압은 n배가 되고 용량은 $\frac{1}{n}$배가 된다.
② 용량이 같은 콘덴서를 n개 병렬 연결하면 내압은 같고 용량은 n배가 된다.
③ 정전용량이란 도체의 전위를 1[V]로 하는데 필요한 전하량을 말한다.
④ 콘덴서를 직렬 연결할 때 각 콘덴서에 분포되는 전하량은 콘덴서 크기에 비례한다.

해설

콘덴서를 직렬 연결 : 각 콘덴서에 분포되는 전하량은 콘덴서 용량에 관계없이 일정하게 충전된다.

【답】 ④

08 다음 설명 중 잘못된 것은?

① 정전 유도에 의하여 작용하는 힘은 반발력이다.
② 정전 용량이란 콘덴서가 전하를 축적하는 능력을 말한다.
③ 콘덴서에 전압을 가하는 순간은 콘덴서는 단락 상태가 된다.
④ 같은 부호의 전하끼리는 반발력이 생긴다.

해설

정전 유도된 전하량은 다른 극성의 전하가 근접하며 동일 극성 전하가 반대편에 나타난다. 따라서 흡인력이 반발력보다 크게 되어 전체적으로 흡인력이 작용한다.

【답】 ①

09 반지름이 각각 a [m], b [m], c [m]인 독립 구도체가 있다. 이들 도체를 가는 선으로 연결하면 합성 정전 용량은 몇 [F]인가?

① $4\pi\epsilon_0(a+b+c)$

② $4\pi\epsilon_0\sqrt{a^2+b^2+c^2}$

③ $12\pi\epsilon_0\sqrt{a^3+b^3+c^3}$

④ $\frac{4}{3}\pi\epsilon_0\sqrt{a^2+b^2+c^2}$

해설

도체를 가는 선으로 연결했을 때의 합성 정전 용량은 다음과 같다.

$$C=C_1+C_2+C_3=4\pi\epsilon_0 a+4\pi\epsilon_0 b+4\pi\epsilon_0 c$$
$$=4\pi\epsilon_0(a+b+c)$$

【답】 ①

10 두 개의 동심구에 대한 내구의 반지름이 $a=10$ [cm], 외구의 내 반지름 $b=20$ [cm], 외구의 반지름 $c=30$ [cm]인 동심 콘덴서의 정전 용량은 몇 [pF]인가?

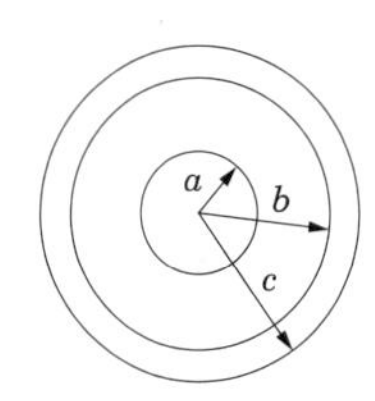

① 11　　② 15
③ 18　　④ 22

해설

동심구 도체의 정전 용량 : $C=\frac{4\pi\epsilon_0 ab}{b-a}$ [F]

$$\therefore C=\frac{4\pi\epsilon_0 ab}{b-a}=\frac{4\pi\epsilon_0\times10\times10^{-2}\times20\times10^{-2}}{10\times10^{-2}}$$
$$=2.2\times10^{-11}\text{ [F]}=22\times10^{-12}\text{ [F]}=22\text{ [pF]}$$

【답】 ④

11 내구의 반지름 8 [cm], 외구의 반지름 16 [cm]인 동심 구형 콘덴서의 정전 용량은 몇 [pF]인가? (단, 유전율은 $\frac{10^9}{36\pi}$ [F/m]이다.)

① 13.8　　② 15.8
③ 17.8　　④ 19.8

해설

동심구 도체의 정전 용량 : $C=\frac{4\pi\epsilon_0 ab}{b-a}$ [F]

$$\therefore C=\frac{\frac{1}{9\times10^9}(16\times8)\times10^{-4}}{(16-8)\times10^{-2}}$$
$$=1.777\times10^{-11}\text{ [F]}=17.8\times10^{-12}=17.8\text{ [pF]}$$

【답】 ③

12 공기 중에 1변 40 [cm]의 정방형 전극을 가진 평행판 콘덴서가 있다. 극판의 간격을 4 [mm]로 할 때 극판간에 100 [V]의 전위차를 주면 축적되는 전하[C]는?

① 3.54×10^{-9}　　② 3.54×10^{-8}
③ 6.56×10^{-9}　　④ 6.56×10^{-8}

해설

평행판 콘덴서의 정전용량 : $C=\frac{\epsilon_0 S}{d}$ [F]

$$\therefore C=\frac{\epsilon_0 S}{d}=\frac{8.855\times10^{-12}\times(4\times10^{-1})^2}{4\times10^{-3}}$$
$$=35.42\times10^{-11}\text{ [F]}$$
$$\therefore Q=CV=35.42\times10^{-11}\times100=3.542\times10^{-8}\text{ [C]}$$

【답】 ②

13 간격 d [m]인 무한히 넓은 평행판의 단위 면적당 정전 용량[F/m^2]은? 단, 매질은 공기라 한다.

① $\dfrac{1}{4\pi\epsilon_0 d}$ ② $\dfrac{4\pi\epsilon_0}{d}$

③ $\dfrac{\epsilon_0}{d}$ ④ $\dfrac{\epsilon_0}{d^2}$

해설

평행판 콘덴서의 정전용량 : $C=\dfrac{\epsilon_0 S}{d}$ [F]

평행판 콘덴서의 면적당 정전용량 : $C=\dfrac{\epsilon_0}{d}$ [F/m^2]

【답】 ③

14 정전 용량 1 [μF]의 콘덴서를 1000 [V]로 충전한 후 이것을 큰 전기 저항을 가진 도선으로 단열적으로 방전시켰다면 도선의 온도 상승은 약 몇 [℃]인가? 단, 도선의 열용량 = 0.09 [cal/℃]이다.

① 2.32 ② 1.82

③ 1.32 ④ 0.82

해설

콘덴서에 축적되는 에너지

$W=\dfrac{1}{2}CV^2=\dfrac{1}{2}\times 1\times 10^{-6}\times(1000)^2=0.5$ [J]

1 [J]=0.24 [cal]이므로 $H=0.5\times 0.24=0.12$[cal]의 열을 발생한다.

∴ 상승한 온도는 $t=\dfrac{0.12}{0.09}=1.33$ [℃]

【답】 ③

15 반지름 2 [mm]인 원통 단면을 갖는 길이가 극히 긴 두 도선 중심 사이가 1 [m]이고, 단위 길이당 8.94×10^{-8} [C/m]의 전하가 주어지고, 두 도선 사이의 전위차가 200 [V]인 평행된 배전선의 단위 길이당 정전 용량은 몇 [F/m]인가?

① 2.23×10^{-6} ② 2.98×10^{-8}

③ 4.47×10^{-10} ④ 8.9×10^{-12}

해설

정전용량 : $C=\dfrac{Q}{V}=\dfrac{8.94\times 10^{-8}}{200}=4.47\times 10^{-10}$ [F/m]

【답】 ③

16 정전 용량 C인 평행판 콘덴서를 전압 V로 충전하고 전원을 제거한 후 전극 간격을 1/2로 접근시키면 전압은?

① $\dfrac{1}{4}V$ ② $\dfrac{1}{2}V$

③ V ④ $2V$

해설

$V=\dfrac{Q}{C}$에서 충전 후 전원을 제거시 Q가 일정하여 전위차는 C에 반비례한다.

∴ $C'=\dfrac{\epsilon A}{\frac{1}{2}d}=2C$ 이므로 $V'=\dfrac{1}{2}V$

【답】 ②

17 그림과 같이 용량 C_0 [F]으로 대전하고 있는 콘덴서에 정전 전압계를 직렬로 접속하였더니 그 계기의 지시가 10 [%]로 감소하였다면 계기의 정전용량은 몇 [F]인가?

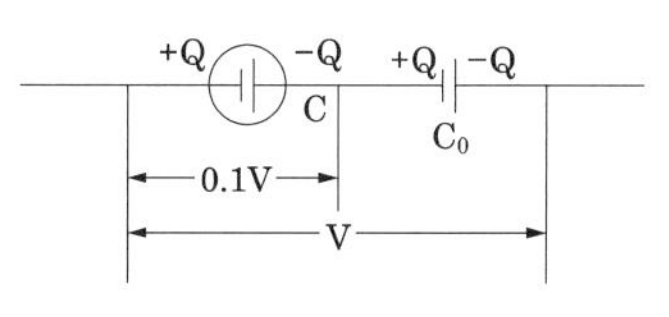

① $9C_0$ ② $99C_0$

③ $\dfrac{C_0}{9}$ ④ $\dfrac{C_0}{99}$

해설

두 콘덴서를 직렬로 접속하였으므로

$0.1V = \frac{Q}{C}$, $V - 0.1V = \frac{Q}{C_0}$

$V = \frac{Q}{0.1C} = \frac{Q}{0.9C_0}$

$\therefore C = 9C_0$

【답】 ①

18 전압 V로 충전된 용량 C의 콘덴서에 동일 용량 $2C$의 콘덴서를 병렬 연결한 후의 단자 전압은?

① $3V$ ② $2V$

③ $\frac{V}{2}$ ④ $\frac{V}{3}$

해설

충전 전하 : $Q = CV$

병렬 합성 정전용량 : $C_0 = C + 2C = 3C$

$\therefore$ 전위차 $V_0 = \frac{Q}{C_0} = \frac{CV}{3C} = \frac{V}{3}$

【답】 ④

19 그림에서 ab간의 합성 정전 용량은? 단, 단위는 모두 같다.

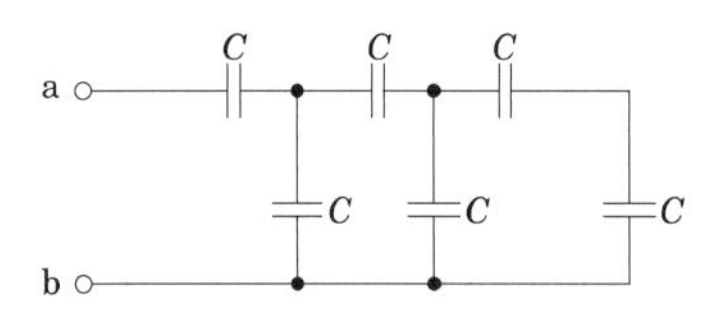

① $\frac{8}{13}C$ ② $\frac{6}{11}C$

③ $\frac{9}{17}C$ ④ $\frac{5}{6}C$

해설

C_5과 C_6은 직렬 접속후 C_4는 병렬 접속

$\therefore C_a = \frac{C}{2} + C = \frac{3}{2}C$

C_a와 C_3는 직렬 접속후 C_2는 병렬 접속

$\therefore C_b = C_2 + \frac{C_e \cdot C_3}{C_e + C_3} = C + \frac{\frac{3}{2}C \cdot C}{\frac{3}{2}C + C} = 1.6C$

C_b와 C_1은 직렬 접속

$\therefore C_{ab} = \frac{C_1 \cdot C_b}{C_1 + C_b} = \frac{C \times 1.6C}{C + 1.6C} = \frac{1.6}{2.6}C = \frac{8}{13}C$

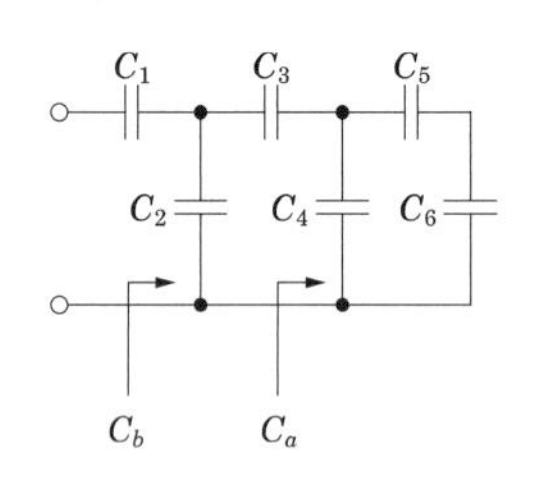

【답】 ①

20 그림과 같이 $C_1 = 3$ [μF], $C_2 = 4$ [μF], $C_3 = 5$ [μF], $C_4 = 4$ [μF]의 콘덴서가 연결되어 있을 때, C_3 에 $Q_3 = 120$ [μC]의 전하가 충전되어 있다면 $\overline{\text{ac}}$간의 전위차는 몇 [V]인가?

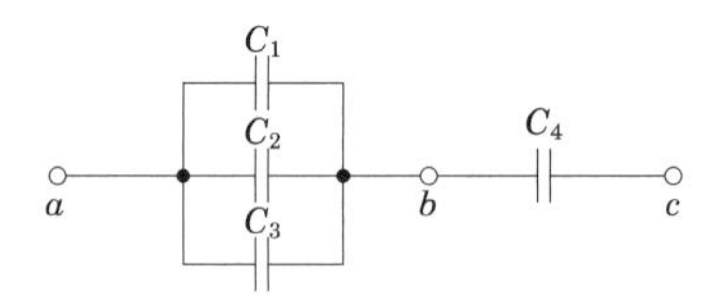

① 72 ② 96

③ 102 ④ 120

해설

콘덴서 병렬연결시 각 콘덴서 양단의 전위차

$V_{ab} = V_1 = V_2 = V_3 = \frac{Q_3}{C_3} = \frac{120 \times 10^{-6}}{5 \times 10^{-6}} = 24$ [V]

a-b 사이의 등가용량 : $C' = C_1 + C_2 + C_3 = 12$ [μF]

C'와 C_4는 직렬연결시 걸리는 전압은 용량에 반비례 한다.

$V_{ab} : V_{bc} = \frac{1}{C'} : \frac{1}{C_4} = 1 : 3$에서

$V_{bc} = 3V_{ab} = 72$ [V]

$\therefore V_{ac} = V_{ab} + V_{bc} = 24 + 72 = 96$ [V]

【답】 ②

21 그림에서 2 [μF]에 100 [μC]의 전하가 충전되어 있었다면 3 [μF]의 양단의 전위차는 몇 [V]인가?

① 50
② 100
③ 200
④ 260

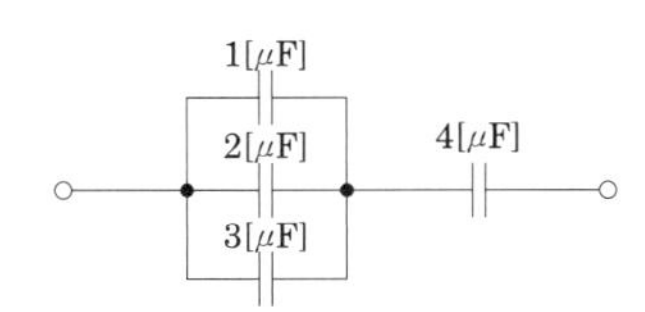

해설

2 [μF]의 양단에 걸리는 전압 : $V_2 = \frac{Q_2}{C_2} = 50$ [V]

콘덴서 병렬연결시 각 콘덴서에 걸리는 전압은 같다.

∴ 3 [μF] 양단에 걸리는 전압 : $V_3 = V_2 = 50$ [V]

【답】 ①

22 대전된 구도체를 반지름이 2배 되는 무대전구(無帶電球) 도체에 가는 도선으로 연결할 때 에너지의 손실비는 얼마나 되겠는가? 단, 두 도체는 충분히 떨어져 있는 것으로 본다.

① 2/3　　② 5/9
③ 3/2　　④ 9/5

해설

대전 도체구의 정전 용량을 C라 하면 무대전구의 정전 용량 : $C' = 4\pi\epsilon_0 R' = 4\pi\epsilon_0 \times 2R = 2C$

① 연결 전 에너지 : $W = \frac{Q^2}{2C}$

② 연결 후 에너지 : $W' = \frac{Q^2}{2(C+2C)} = \frac{Q^2}{6C}$

∴ 손실비 : $\frac{W-W'}{W} = \left(\frac{Q^2}{2C} - \frac{Q^2}{6C}\right) \Big/ \frac{Q^2}{2C} = \frac{2}{3}$

【답】 ①

23 W_1, W_2의 에너지를 갖는 두 콘덴서를 병렬로 연결한 경우 총 에너지 W는? 단, $W_1 \neq W_2$ 이다.

① $W_1 + W_2 = W$　　② $W_1 + W_2 = > W$
③ $W_1 + W_2 = < W$　　④ $W_1 - W_2 = W$

해설

전위가 다르게 충전된 콘덴서를 병렬로 접속시 전위차가 같아지도록 높은 전위 콘덴서의 전하가 낮은 전위 콘덴서 쪽으로 이동한다.

따라서 전하의 이동은 전류의 흐름을 의미하며 도선에서 전력 소모가 발생한다.

【답】 ②

24 공기 중에 10^{-3} [μC]과 2×10^{-3} [μC]의 두 점전하가 1 [m] 거리에 놓여졌을 때 이들이 갖는 전계 에너지는 몇 [J]인가?

① 36×10^{-3}　　② 36×10^{-9}
③ 18×10^{-3}　　④ 18×10^{-9}

해설

점전하의 전위

$$V_1 = \frac{1}{4\pi\epsilon_0}\frac{Q_2}{r} = 9\times10^9 \frac{2\times10^{-9}}{1} = 18 \text{ [V]}$$

점전하의 전위

$$V_2 = \frac{1}{4\pi\epsilon_0}\frac{Q_1}{r} = 9\times10^9 \frac{10^{-9}}{1} = 9 \text{ [V]}$$

에너지

$$W = \sum_{n=1}^{n} \frac{1}{2} Q_i V_i = \frac{1}{2}[Q_1 V_1 + Q_2 V_2]$$

$$= \frac{1}{2}(10^{-9} \times 18 + 2\times10^{-9} \times 9) = 18 \times 10^{-9} \text{ [J]}$$

【답】 ④

25 정전 용량이 30 [μF]와 50 [μF]인 두 개의 콘덴서를 직렬로 연결하여 충전시키는데 400 [J]의 일이 필요했다면 50 [μF]에 저축되는 에너지는 몇 [J]인가?

① 150　　② 180
③ 210　　④ 240

해설

합성 정전용량 : $C = \frac{C_1 C_2}{C_1 + C_2} = 18.75$ [μF]

정전에너지 : $W = \frac{1}{2}CV^2$ 에서 $V = 6.53$ [kV]

50 [μF]에 가해지는 전압

$$V_2' = \frac{C_1}{C_1+C_2}V = \frac{30}{30+50}\times 6.53\,[\text{kV}] = 2.45\,[\text{kV}]$$

정전에너지 : $W = \frac{1}{2}\times 50\times 10^{-6}\times 2.45^2\times 10^6 = 150\,[\text{J}]$

【답】 ①

26 x 축상에서 $x=1,\ 2,\ 3,\ 4$ [m]인 각 점에 2, 4, 6, 8 [μC]의 점전하가 존재할 때 이들에 의한 전계내에 저장되는 정전 에너지는 몇 [μJ]인가?

① 483 ② 644
③ 725 ④ 966

해설

중첩의 정리를 적용한다.

$$V_1 = \sum_i \frac{Q_i}{4\pi\epsilon_0 r_i} = \frac{1}{4\pi\epsilon_0}\left(\frac{4}{1}+\frac{6}{2}+\frac{8}{3}\right)\times 10^{-6} = 87\,[\text{kV}]$$

$$V_2 = \frac{1}{4\pi\epsilon_0}\left(\frac{2}{1}+\frac{6}{1}+\frac{8}{2}\right)\times 10^{-6} = 108\,[\text{kV}]$$

$$V_3 = \frac{1}{4\pi\epsilon_0}\left(\frac{2}{2}+\frac{4}{1}+\frac{8}{1}\right)\times 10^{-6} = 117\,[\text{kV}]$$

$$V_4 = \frac{1}{4\pi\epsilon_0}\left(\frac{2}{3}+\frac{4}{2}+\frac{6}{1}\right)\times 10^{-6} = 78\,[\text{kV}]$$

전체 축적 에너지

$$W = \sum\frac{1}{2}Q_iV_i = \frac{1}{2}(Q_1V_1+Q_2V_2+Q_3V_3+Q_4V_4)$$

$$= \frac{1}{2}(2\times 87+4\times 108+6\times 117+8\times 78)\times 10^{-6}$$

$$= 966\,[\mu\text{J}]$$

【답】 ④

27 공기 중에 고립된 지름 1 [m]의 반구 도체를 10^6 [V]로 충전한 다음 이 에너지를 10^{-5} 초 사이에 방전한 경우의 평균 전력은?

① 700 [kW] ② 1389 [kW]
③ 2780 [kW] ④ 5560 [kW]

해설

고립된 반구 도체구이므로 정전 용량

$$C = \frac{4\pi\epsilon_0 a}{2} = 2\pi\epsilon_0 a\,[\text{F}]$$

평균 전력

$$P = \frac{W}{t} = \frac{\frac{1}{2}CV^2}{t}$$

$$= \frac{\frac{1}{2}\times 2\pi\times 8.855\times 10^{-12}\times 0.5\times (10^6)^2}{10^{-5}} \fallingdotseq 1389\,[\text{kW}]$$

【답】 ②

28 정전용량이 4 [μF], 5 [μF], 6 [μF]이고, 각각의 내압이 순서대로 500 [V], 450 [V], 350 [V]인 콘덴서 3개를 직렬로 연결하고 전압을 서서히 증가시키면 콘덴서의 상태는 어떻게 되겠는가? (단, 유전체의 재질이나 두께는 같다.)

① 동시에 모두 파괴 된다.
② 4 [μF]가 가장 먼저 파괴된다.
③ 5 [μF]가 가장 먼저 파괴된다.
④ 6 [μF]가 가장 먼저 파괴된다.

해설

직렬로 연결하면 전하량 Q가 일정하므로 각 콘덴서에 가해지는 전압을 $V_1,\ V_2,\ V_3$ [V]라 하면

$$V_1 : V_2 : V_3 = \frac{1}{4} : \frac{1}{5} : \frac{1}{6} = 30 : 24 : 20 = 15 : 12 : 10$$

$$V_1 = \frac{15}{37}V,\quad V_2 = \frac{12}{37}V,\quad V_3 = \frac{10}{37}V \text{가 된다.}$$

전압은 정전용량에 반비례 하므로 V의 최대값은 전압이 제일 크게 걸리는 콘덴서는 4 [μF]이다.

$$V_1 = \frac{15}{37}V = 500 \qquad \therefore V = \frac{37\times 500}{15} = 1233.33\,[\text{V}]$$

$$V_1 = \frac{15}{37}\times 1233.33 = 500\,[\text{V}]$$

$$V_2 = \frac{12}{37}\times 1233.33 = 400\,[\text{V}]$$

$$V_3 = \frac{10}{37}\times 1233.33 = 333.33\,[\text{V}]$$

$\therefore$ 4 [μF] 콘덴서가 제일 먼저 파괴된다.

【답】 ②

29 내압이 1 [kV]이고 용량이 각각 0.01 [μF], 0.02 [μF], 0.05 [μF]인 콘덴서를 직렬로 연결했을 때의 전체 내압[V]은?

① 3000　② 1750
③ 1700　④ 1500

해설

직렬로 연결하면 전하량 Q가 일정하므로 각 콘덴서에 가해지는 전압을 V_1, V_2, V_3 [V]라 하면

$$V_1 : V_2 : V_3 = \frac{1}{0.01} : \frac{1}{0.02} : \frac{1}{0.05} = 10 : 5 : 2$$

전압은 정전용량에 반비례 하므로 V의 최대값은 전압이 제일 크게 걸리는 콘덴서는 0.01 [μF]이다.

$$\therefore V_1 = \frac{10}{17} V$$

$$\therefore V_{\max} = \frac{17}{10} V_{1\max} = \frac{17}{10} \times 1000 = 1700 \text{ [V]}$$

【답】 ③

30 $C_1 = 1$ [μF], $C_2 = 2$ [μF], $C_3 = 3$ [μF]인 3개의 콘덴서를 직렬 연결하여 600 [V]의 전압을 가할 때 C_1 양변 사이에 걸리는 전압[V]은?

① 약 55　② 약 327
③ 약 164　④ 약 382

해설

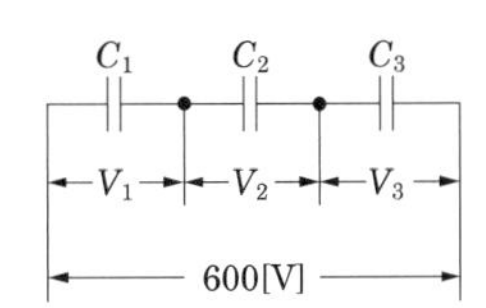

직렬로 연결하면 전하량 Q가 일정하므로 각 콘덴서에 가해지는 전압을 V_1, V_2, V_3 [V]라 하면
합성정전용량

$$\frac{1}{C_0} = \frac{1}{C_1} + \frac{1}{C_2} + \frac{1}{C_3} = 1 + \frac{1}{2} + \frac{1}{3} = \frac{11}{6} \text{ [}\mu\text{F]}$$

$$\therefore C_0 = \frac{6}{11} \text{ [}\mu\text{F]}$$

$$\therefore V_1 = \frac{C_0}{C_1} V = \frac{6}{11} V = \frac{6}{11} \times 600 = 327.27 \text{ [V]}$$

【답】 ②

31 반지름 3 [cm] 및 2 [cm]의 도체구에 각각 4 [μC] 및 −6 [μC]의 전하가 대전되어 있다. 두 구를 접속시키면 반지름 3 [cm]의 도체구에 남는 전기량[μC]은?

① −1　② −1.2
③ −0.8　④ 0.8

해설

중화 현상으로 인한 전체 전기량 : $Q = -2$ [μC]

$$\therefore Q_1 = \frac{3}{3+2} \times (-2) = -1.2 \text{ [}\mu\text{C]}$$

【답】 ②

Chapter 4

유전체

1. 유전체

전계 중에서 분극현상이 나타나는 절연체를 유전체라 한다. 즉, 비유전율 ϵ_s가 1보다 큰 절연체를 유전체라 한다. 따라서 유전체를 삽입하면 전위차 및 전계의 세기는 감소하지만 정전용량은 증가한다.

C_o : 절연체 삽입하기 이전의 정전용량

C : 절연체(유전체) 삽입후 정전용량

두 정전용량은 $C > C_o$ 이며, 이 두 정전용량의 비를 비유전율(relative permittivity)이라 한다.

$$\frac{C}{C_0} = \epsilon_s \quad (\epsilon_s > 1)$$

평행판 콘덴서의 경우 공기중인 때와 절연체(유전체)[12]를 삽입한 후의 정전용량은 비유전율 배 만큼 증가하므로

$$C = \epsilon_s C_0 = \frac{\epsilon_0 \epsilon_s}{d} S = \frac{\epsilon}{d} S\,[\mathrm{F}]$$

여기서, $\epsilon = \epsilon_0 \epsilon_s\ [\mathrm{F/m}]$를 유전률(permittivity)이라 한다.

12) 절연체를 유전체(dielectric)라 한다.

표 1 각종 유전체의 비유전율

유전체	비유전율 ϵ_s	유전체	비유전율 ϵ_s
진 공	1.000	운 모	6.7
공 기	1.00058	유 리	3.5~10
종 이	1.2~1.6	물(증류수)	80
폴리에틸렌	2.3	산화티탄	100
변압기 유	2.2~2.4	로 셀 염	100~1000
고 무	2.0~3.5	티탄산바륨 자기	1000~3000

예제문제 01

콘덴서에 비유전율 ϵ_r인 유전체로 채워져 있을 때의 정전 용량 C와 공기로 채워져 있을 때의 정전 용량 C_0와의 비 C/C_0는?

① ϵ_r ② $1/\epsilon_r$ ③ $\sqrt{\epsilon_r}$ ④ $1/\sqrt{\epsilon_r}$

해설

비유전율 : $\frac{C}{C_0}=\epsilon_s$ 에서 $C=\epsilon_s C_0$

$\therefore\ V=\frac{Q}{C}=\frac{Q}{\epsilon_r C_0}=\frac{V_0}{\epsilon_r}$, $E=\frac{\sigma}{\epsilon_0\epsilon_r}=\frac{Q/S}{\epsilon_0\epsilon_r}=\frac{1}{\epsilon_r}\frac{Q}{\epsilon_0 S}=\frac{E_0}{\epsilon_r}$

답 : ①

예제문제 02

평행판 콘덴서의 판 사이가 진공으로 되어 정전 용량이 C_0인 콘덴서가 있다. 이 콘덴서에 유전체를 삽입하여 정전 용량 C를 얻었다. 다음 중 틀린 것은?

① 유전체를 삽입한 콘덴서의 정전 용량 C는 진공인 때의 정전 용량 C_0보다 커진다.

② 삽입된 유전체 내의 전계는 판간이 진공인 경우의 전계보다 강해진다.

③ 두 정전 용량의 비 $\frac{C}{C_0}$는 유전체 종류에 따라 정해지는 상수이며 비유전율이라 부른다.

④ 유전체의 분극도(分極度)는 분극에 의하여 발생된 전하 밀도와 같다.

해설

비유전율 : $\frac{C}{C_0}=\epsilon_s$ 에서 $C=\epsilon_s C_0$

전속밀도 : $D=\epsilon E=\epsilon_0\epsilon_s E$

$\therefore\ E=\frac{D}{\epsilon_0\epsilon_s}=\frac{\sigma}{\epsilon_0\epsilon_s}=\frac{\sigma/\epsilon_0}{\epsilon_s}=\frac{E_0}{\epsilon_s}$

답 : ②

예제문제 03

다음 물질 중 비유전율이 가장 큰 것은?

① 산화티탄 자기 ② 종이 ③ 운모 ④ 변압기 기름

해설
유전체의 비유전율
종이 : 2~2.6 변압기 기름 : 2.2~2.4 유리 : 5.4~9.9
운모 : 5.5~6.6 산화티탄 자기 : 115~5000

답 : ①

예제문제 04

비유전률 ϵ_s인 유전체의 판을 E_0인 평등전계 내에 전계와 수직으로 놓았을 때 유전체 내의 전계 E는?

① $E=\epsilon_s E_0$ ② $E=\dfrac{E_0}{\epsilon_s}$ ③ $E=E_0$ ④ $E=\epsilon_s^3 E_0$

해설
평등 전계와 수직이므로 $D_0=D$, $\epsilon_0 E_0=\epsilon_0\epsilon_s E$ 에서 $E=\dfrac{E_0}{\epsilon_s}$ [V/m]

답 : ②

예제문제 05

$\epsilon_s=10$인 유리 콘덴서와 동일 크기의 $\epsilon_s=1$인 공기 콘덴서가 있다. 유리 콘덴서에 200 [V]의 전압을 가할 때 동일한 전하를 축적하기 위하여 공기 콘덴서에 필요한 전압[V]은?

① 20 ② 200 ③ 400 ④ 2000

해설
공기 콘덴서의 전하량과 유리 콘덴서의 전하량이 같아야 한다.
$Q_0=C_0V_0=Q=CV=C_0\epsilon_s V$
$\therefore V_0=\epsilon_s V=10\times 200=2000$ [V]

답 : ④

2. 분극

유전체를 전계 중에 놓으면 유전체를 구성하는 원자 또는 분자 중의 양전하는 전계 방향으로, 음전하는 전계와 반대 방향으로 변위를 일으켜 전기 쌍극자를 형성한다. 이때 유전체 표면에 나타나는 전하를 분극 전하(polarization charge)라 하고, 분극 전하에 의해 전기쌍극자를 형성하는 현상을 전기 분극(electric polarization)이라 한다.

예제문제 06

전기 분극이란?

① 도체 내의 원자핵의 변위이다. ② 유전체 내의 원자의 흐름이다.
③ 유전체 내의 속박전하의 변위이다. ④ 도체 내의 자유전하의 흐름이다.

해설
분극 전하에 의해 전기쌍극자를 형성하는 현상을 전기 분극(electric polarization)이라 한다.

답 : ③

2.1 전자분극(electronic polarization)

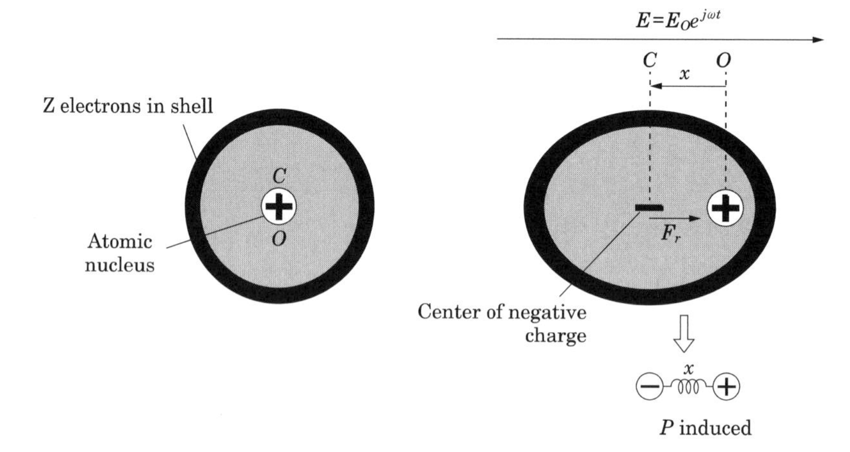

그림 1 전자분극

그림 1에서 보는 것과 같이 원자에 전계를 가하게 되면 원자핵의 변위가 생기며 분극이 발생한다. 이것을 전자분극이라 한다.

2.2 이온분극(ionic polarization)

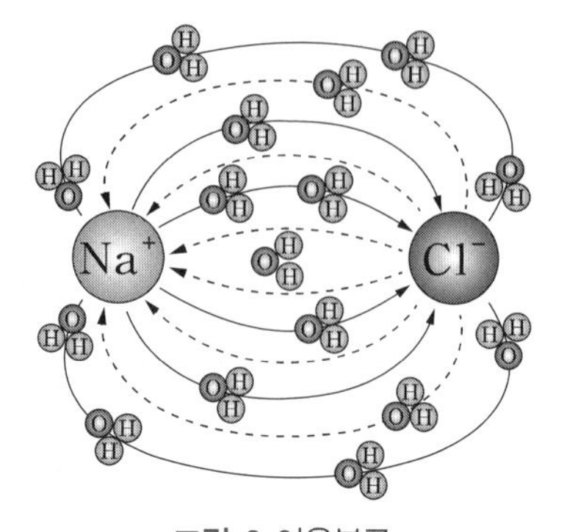

그림 2 이온분극

그림 2와 같이 염화나트륨(NaCl)이 이온이 되면 양이온(Na+)과 음이온(Cl−)에 의한 전계가 형성되고 H_2O는 전계의 방향과 반대 방향으로 분극이 형성된다. 이와 같은 것을 이온분극(ionic polarization)이라 한다.

2.3 쌍극자 배향분극(orientational polarization)

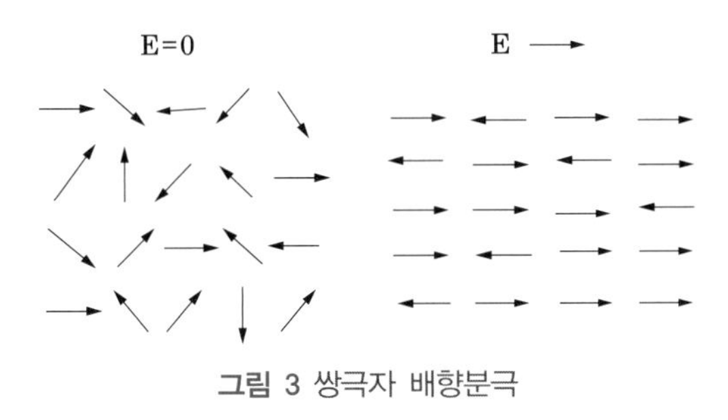

그림 3 쌍극자 배향분극

유극성 분자(전계를 가하지 않아도 처음부터 영구 쌍극자를 갖는 분자로 물, 메탄, 암모니아가 있다.)가 전계 방향에 의해 재배열한 분극을 배향분극이라 한다.

예제문제 07

다이아몬드와 같은 단결정 물체에 전장을 가할 때 유도되는 분극은?

① 전자 분극 ② 이온 분극과 배향 분극
③ 전자 분극과 이온 분극 ④ 전자 분극, 이온 분극, 배향 분극

해설
원자에 전계를 가하게 되면 원자핵의 변위가 생기며 분극이 발생한다. 이것을 전자분극이라 한다.

답 : ①

2.4 분극의 세기

유전체 내 임의의 한 점에서 전계의 방향에 대하여 수직인 단위 면적에 나타나는 분극 전하량(분극전하밀도)을 그 점에 대한 분극도 또는 분극의 세기로 정의한다.

$$P = \sigma' \ [\mathrm{C/m^2}]$$

그림 4와 같이 분극이 발생하면 진공중에 내부 전계의 세기를 구할 수 있다.

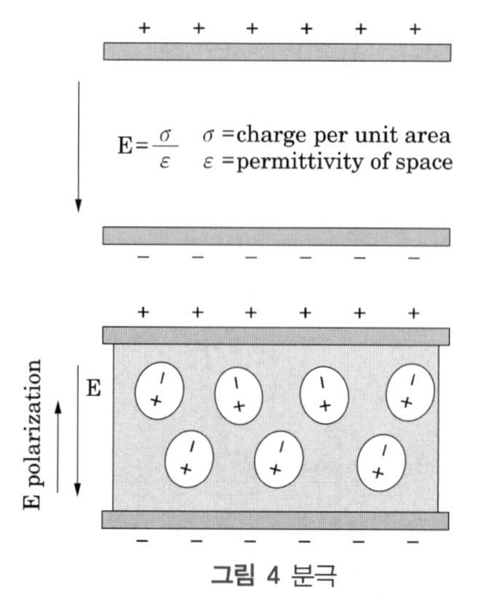

그림 4 분극

$$E_0 = \frac{\sigma}{\epsilon_0} \text{ 에서 } E = \frac{\sigma - \sigma'}{\epsilon_0} = \frac{\sigma - P}{\epsilon_0}$$

여기서, σ : 진전하(true charge)

σ' : 속박전하(bounded charge) 또는 분극전하(polarization charge), 진전하 중 분극을 보상하는 전하

$\sigma - \sigma'$: 자유전하(free charge), 전계의 형성에 기여하는 전하

$\sigma = \epsilon E$ 이므로 이를 대입하면

$$P = (\epsilon - \epsilon_0)E = \epsilon_0(\epsilon_s - 1)E$$

$$\boldsymbol{P} = (\epsilon - \epsilon_0)\boldsymbol{E} = \epsilon_0(\epsilon_s - 1)\boldsymbol{E}$$

따라서 $P = \chi E$ 라면

$$\chi = (\epsilon - \epsilon_0) = \epsilon_0(\epsilon_s - 1)$$

이 되며 χ를 분극률이라 한다.

예제문제 08

유전체 내의 전계의 세기 E와 분극의 세기 P와의 관계를 나타내는 식은?

① $P = \epsilon_0(\epsilon_s - 1)E$ ② $P = \epsilon_0 \epsilon_s E$ ③ $P = \epsilon_0(1 - \epsilon_s)E$ ④ $P = (1 - \epsilon_s)E$

해설

유전체 내부 전계의 세기 : $E = \frac{\sigma - \sigma_p}{\epsilon_0} = \frac{D - P}{\epsilon_0}$ [V/m] 전속밀도 : $D = \epsilon_0 E + P = \epsilon_0 \epsilon_s E$ [C/m^2]

$\therefore P = \epsilon_0(\epsilon_s - 1)E$ [C/m^2]

답 : ①

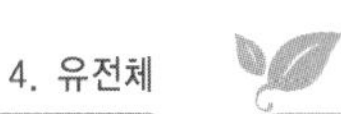

예제문제 09

유전체에서 분극의 세기의 단위는?

① [C] ② [C/m] ③ [C/m^2] ④ [C/m^3]

해설
분극의 세기 : $P=\epsilon_0(\epsilon_s-1)E\,[\mathrm{C/m^2}]$

답 : ③

예제문제 10

평등 전계 내에 수직으로 비유전율 $\epsilon_s=2$인 유전체 판을 놓았을 경우 판 내의 전속 밀도가 $D=4\times10^{-6}$ [C/m^2]이었다. 유전체 내의 분극의 세기 P [C/m^2]는?

① 1×10^{-6} ② 2×10^{-6} ③ 4×10^{-6} ④ 8×10^{-6}

해설
분극의 세기 : $P=\epsilon_0(\epsilon_s-1)E=D\left(1-\frac{1}{\epsilon_s}\right)=4\times10^{-6}\left(1-\frac{1}{2}\right)=2\times10^{-6}\,[\mathrm{C/m^2}]$

답 : ②

예제문제 11

비유전률이 5인 등방 유전체의 한점에서의 전계의 세기가 10 [kV/m]이다. 이 점의 분극의 세기는 몇 [C/m^2]인가?

① 1.41×10^{-7} ② 3.54×10^{-7}
③ 8.84×10^{-8} ④ 4×10^{-4}

해설
분극의 세기 : $P=xE=\epsilon_0(\epsilon_s-1)E=8.854\times10^{-12}(5-1)\times10^3=3.54\times10^{-7}\,[\mathrm{C/m^2}]$

답 : ②

예제문제 12

비유전율 $\epsilon_s=5$인 등방 유전체의 한 점에서 전계의 세기가 $E=10^4$ [V/m]일 때, 이 점의 분극률 χ [H/m]는?

① $\frac{10^{-9}}{9\pi}$ ② $\frac{10^{-9}}{18\pi}$ ③ $\frac{10^{-9}}{27\pi}$ ④ $\frac{10^{-9}}{36\pi}$

해설
분극의 세기 : $P=\epsilon_0(\epsilon_s-1)E$ 식에서

분극률 : $\chi=\frac{P}{E}=\epsilon_0(\epsilon_s-1)=\frac{1}{36\pi\times10^9}\times(5-1)=\frac{10^{-9}}{9\pi}\,[\mathrm{F/m}]$

답 : ①

3. 유전체중의 전속밀도

유전체 내부의 전속밀도 D는

$$\boldsymbol{D} = \sigma\,[\mathrm{C/m^2}]$$

유전체 내에서는 내부 전계 E와 분극에 의한 분극의 세기 P의 두 벡터계의 합이 된다.

$$\boldsymbol{D} = \epsilon_0 \boldsymbol{E} + \boldsymbol{P}$$

$$\boldsymbol{D} = \epsilon_0 \boldsymbol{E} + \epsilon_0(\epsilon_s - 1)\boldsymbol{E} = \epsilon_0 \epsilon_s \boldsymbol{E}$$

또 $\epsilon = \epsilon_0 \epsilon_s$ 이므로

$$D = \epsilon E \quad \text{또는} \quad \boldsymbol{D} = \epsilon \boldsymbol{E}$$

$$D = \epsilon_0 E \quad \text{또는} \quad \boldsymbol{D} = \epsilon_0 \boldsymbol{E}$$

가 된다.

예제문제 13

비유전율이 4이고 전계의 세기가 20 [kV/m]인 유전체 내의 전속 밀도[μc/m^2]는?

① 0.708 ② 0.168 ③ 6.28 ④ 2.83

해설

전속밀도 : $D = \epsilon_0 \epsilon_s E = 8.855 \times 10^{-12} \times 4 \times 20 \times 10^3 = 0.708 \times 10^{-6}$ [C/m^2]

답 : ①

예제문제 14

표면 전하 밀도 $\rho_s > 0$인 도체 표면상의 한 점의 전속 밀도가 $D = 4a_x - 5a_y + 2a_z$ [C/m^2]일 때 ρ_s는 몇 [C/m^2]인가?

① $2\sqrt{3}$ ② $2\sqrt{5}$ ③ $3\sqrt{3}$ ④ $3\sqrt{5}$

해설

전속밀도 : $D = \rho_s$ 에서 $\rho_s = \sqrt{4^2 + (-5)^2 + 2^2} = \sqrt{45} = 3\sqrt{5}$ [C/m^2]

답 : ④

예제문제 15

10 [cm^3]의 체적에 3 [μC/cm^3]의 체적 전하 분포가 있을 때 이 체적 전체에서 발산하는 전속은?

① 3×10^5 [C]　② 3×10^6 [C]　③ 3×10^{-5} [C]　④ 3×10^{-6} [C]

해설

전속수 : $N=3\times10^{-6}\times10=3\times10^{-5}$ [C]

답 : ③

예제문제 16

div$\boldsymbol{D}=\rho$ 와 가장 관계 깊은 것은?

① Ampere의 주회 적분 법칙　② Faraday의 전자 유도 법칙
③ Laplace의 방정식　④ Gauss의 정리

해설

가우스 법칙 : div $D=\rho$
① 전하가 존재하면 전속선이 발산한다.
② 임의점에서 전속선의 발산량은 그 점의 전하 밀도와 같다.

답 : ④

예제문제 17

전속 밀도 $\boldsymbol{D}=3x\boldsymbol{i}+2y\boldsymbol{j}+z\boldsymbol{k}$ [C/m^3]를 발생하는 전하 분포에서 1 [mm^3] 내의 전하는 얼마인가?

① 3 [nC]　② 3 [μC]　③ 6 [nC]　④ 6 [C]

해설

전하 밀도 : $\rho=\mathrm{div}\boldsymbol{D}=\dfrac{\partial D_x}{\partial x}+\dfrac{\partial D_y}{\partial y}+\dfrac{\partial D_z}{\partial z}=3+2+1=6$ [C/m^3]

1 [mm^3] 내의 전하량[nC] : $\rho\Delta v=6\times10^{-9}$ [C]$=6$ [nC]

답 : ③

4. 패러데이관

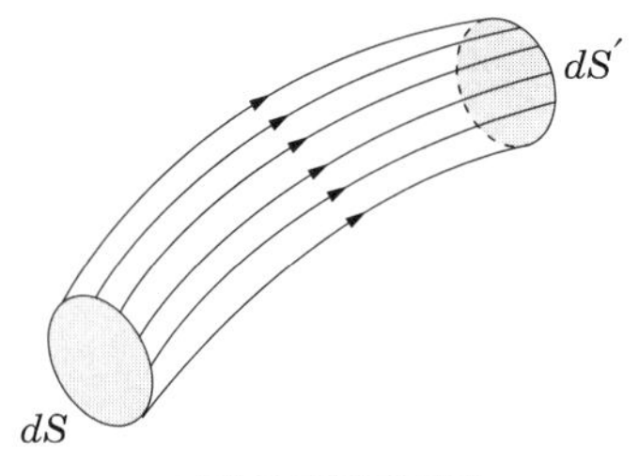

그림 5 패러데이관

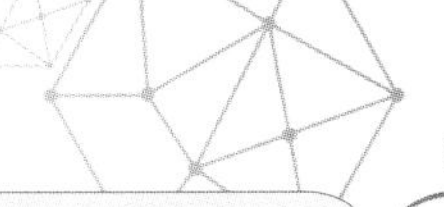

그림 5와 같이 미소면적 dS에 전하$+Q$와 $-Q$가 존재하는 경우 전기력선과 전속이 $+Q$에서 $-Q$로 향한다. 이때 미소면적 $\boldsymbol{dS}$의 주변을 지나는 $\boldsymbol{D}$의 전속선으로 하나의 관이 생기며 이 관은 $\mathrm{div}\,\boldsymbol{D}=\rho$ 에 의하여 정전하에서 나와 부전하에서 끝나게 된다. 여기서 단위전하를 생각하면 1개의 전속이 나오며, 한 개의 관이 존재한다. 이 관 양단에는 ±1 [C]의 전하가 있게 된다. 이러한 단위전하에서 나오는 전속선의 관을 패러데이관(Faraday tube)이라 한다. 즉, 패러데이 관수는 전속의 수와 같게 된다.

- 패러데이관 내의 전속선 수는 일정하다.
- 진전하가 없는 점에서는 패러데이관은 연속적이다.
- 패러데이관 양단에 정·부의 단위 전하가 있다.
- 패러데이관의 밀도는 전속밀도와 같다.

예제문제 18

패러데이관에서 전속선 수가 $5Q$ 개이면 패러데이관 수는?

① $\dfrac{Q}{\epsilon}$　② $\dfrac{Q}{5}$　③ $\dfrac{5}{Q}$　④ $5Q$

해설

Faraday관은 +1 [C]의 진전하에서 나와서 -1 [C]의 진전하로 들어가는 한 개의 관으로 Faraday관수(전속수)는 관속에 진전하가 없으면 일정하다.

답 : ④

예제문제 19

패러데이(Faraday)관에 대한 설명 중 틀린 것은?

① 패러데이관 내의 전속선 수는 일정하다.
② 진전하가 없는 점에서는 패러데이관은 불연속적이다.
③ 패러데이관의 밀도는 전속밀도와 같다.
④ 패러데이관 양단에 정, 부의 단위 전하가 있다.

해설

Faraday관은 +1 [C]의 진전하에서 나와서 -1 [C]의 진전하로 들어가는 한 개의 관으로 Faraday관수(전속수)는 관속에 진전하가 없으면 일정하다. 이것은 연속적임을 의미한다.

답 : ②

5. 유전체의 경계조건

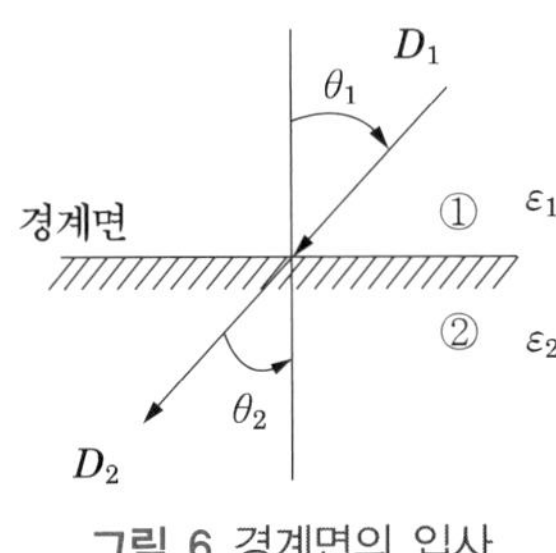

그림 6 경계면의 입사

유전율이 다른 두 유전체가 서로 접하고 있는 경우 경계면에 전계가 입사하는 경우와 전속이 입사하는 경우 굴절이 생긴다.

5.1 전속밀도의 경계조건

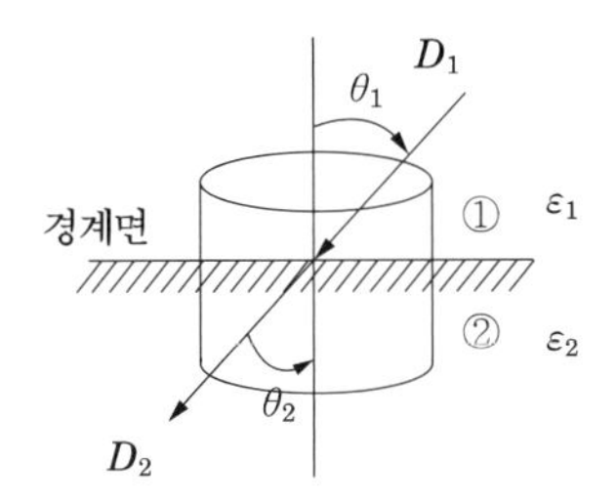

그림 7 전속밀도의 경계면 입사

경계면의 양측에 평행한 면적 dS를 가지고, 측면은 전속의 출입을 무시할 수 있도록 높이가 충분히 작은 원통면을 생각하고, 경계면에 면전하밀도 σ, 전속밀도 D가 있다고 보고 가우스법칙을 적용한다. 경계면을 기준으로 하면

$$\oint_s D \cdot dS = \oint_s D_n dS$$

$$= -\int_{s_1} D_{1n} dS + \int_{s_2} D_{2n} dS = \sigma\, dS$$

$$dS_1 = dS_2 = dS$$

$$D_{2n} - D_{1n} = \sigma$$

이 식은 경계면에 존재하는 면전하밀도를 나타낸다. 실제는 경계면에서는 전하가 존재하지 않으므로($\sigma = 0$)

$$D_{1n} = D_{2n}$$

따라서 서로 다른 유전체의 경계면에서 전속밀도가 입사하면 법선성분(수직성분)은

서로 같고 연속이다.

$$D_1\cos\theta_1 = D_2\cos\theta_2$$

5.2 전계의세기 경계조건

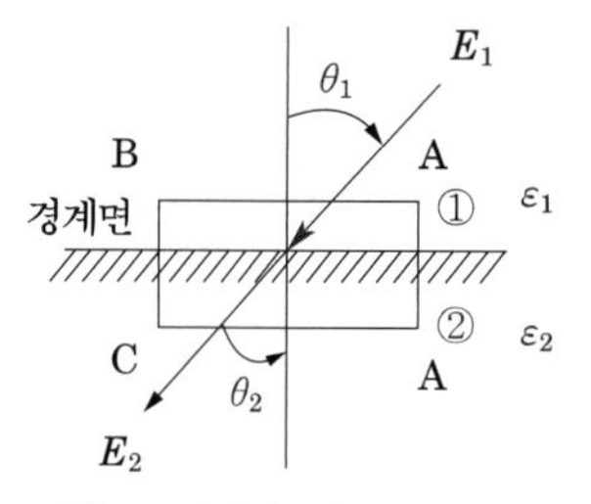

그림 8 전계의 경계면의 입사

유전율이 다른 경계면에 전계가 입사하는 경우 접하는 직사각형 모양의 경로를 취한다. 그리고 이 경로에 대하여 주회적분을 구하면

$$\oint \boldsymbol{E} \cdot dl = \int_A^B \boldsymbol{E} \cdot dl + \int_B^C \boldsymbol{E} \cdot dl + \int_C^D \boldsymbol{E} \cdot dl + \int_D^A \boldsymbol{E} \cdot dl$$

가 된다. 여기서 BC 및 DA의 경로는 대단히 짧기 때문에 무시하면

$$AB = CD = \delta l$$

$$\oint \boldsymbol{E} \cdot dl = \int_A^B \boldsymbol{E} \cdot dl + \int_C^D \boldsymbol{E} \cdot dl = \int_A^B E_{1t}\, dl - \int_C^D E_{2t}\, dl$$

$$= (E_{1t} - E_{2t})\,\delta l$$

여기서 보존장의 조건을 적용하면

$$\oint \boldsymbol{E} \cdot dl = 0$$

이므로

$$E_{1t} = E_{2t}$$

따라서 서로 다른 유전체의 경계면에 전계가 입사하면 접선성분(평행성분)은 서로 같고 연속이다.

$$E_1\sin\theta_1 = E_2\sin\theta_2$$

5.3 경계조건

전속밀도와 전계의 경계조건은 다음과 같다.

$$D_1\cos\theta_1 = D_2\cos\theta_2$$

$$E_1\sin\theta_1 = E_2\sin\theta_2$$

전속밀도와 전계의 세기는 $D_1 = \epsilon_1 E_1$, $D_2 = \epsilon_2 E_2$ 관계가 있으므로

$$\epsilon_1 E_1 \cos\theta_1 = \epsilon_2 E_2 \cos\theta_2$$

$$\frac{\tan\theta_1}{\tan\theta_2} = \frac{\epsilon_1}{\epsilon_2}$$

$\epsilon_1 > \epsilon_2$이면, $\theta_1 > \theta_2$

가 된다. 이것을 굴절의 법칙(경계조건)이라 한다.

예제문제 20

그림과 같은 상이한 유전체 ϵ_1, ϵ_2의 경계면에서 성립되는 관계로 옳은 것은?

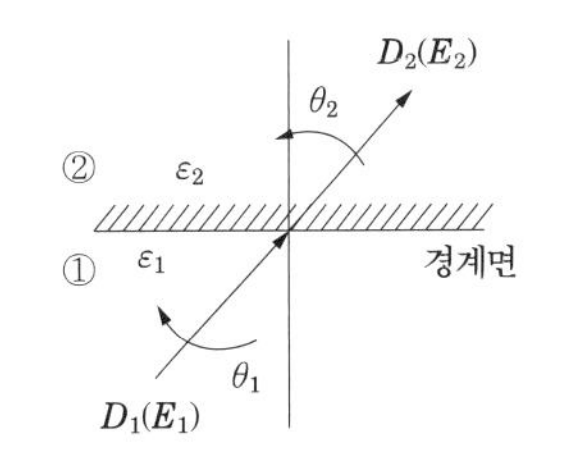

① 전속의 법선 성분이 같고 전계의 법선 성분이 같다.
② 전속의 법선 성분이 같고 전계의 접선 성분이 같다.
③ 전속의 접선 성분이 같고 전계의 접선 성분이 같다.
④ 전속의 접선 성분이 같고 전계의 법선 성분이 같다.

해설
경계조건
$D_1\cos\theta_1 = D_2\cos\theta_2$: 전속 밀도의 법선 성분(수직 성분)이 같다.
$E_1\sin\theta_1 = E_2\sin\theta_2$: 전계는 접선 성분(평행 성분)이 같다.
$\therefore \frac{\tan\theta_1}{\tan\theta_2} = \frac{\epsilon_1}{\epsilon_2}$

답 : ②

예제문제 21

유전율이 각각 ϵ_1, ϵ_2인 두 유전체가 접해 있는 경계면에서 전속선의 방향이 그림과 같이 될 때 $\epsilon_1 > \epsilon_2$이면?

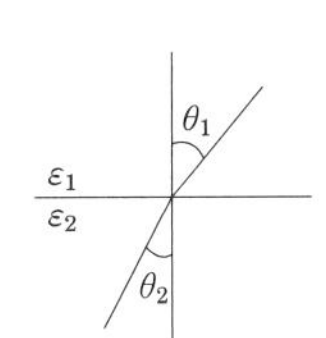

① $\theta_1 = \theta_2$　　② $\theta_1 > \theta_2$
③ $\theta_1 < \theta_2$　　④ θ_1, θ_2의 크기에 무관

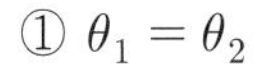

해설

경계조건 : $\frac{\tan\theta_1}{\tan\theta_2}=\frac{\epsilon_1}{\epsilon_2}$에서 $\epsilon_1>\epsilon_2$이면 $\theta_1>\theta_2$, $\epsilon_1<\epsilon_2$이면 $\theta_1<\theta_2$

∴ 유전율이 작은 유전체에서 유전율이 큰 유전체로 전속이나 전기력선이 들어가면 굴절각이 크게 됨을 알 수 있다.

답 : ②

예제문제 22

유전율이 각각 ϵ_1, ϵ_2인 두 유전체가 접해 있다. 각 유전체 중의 전계 및 전속 밀도가 각각 E_1, D_1 및 E_2, D_2이고 경계면에 대한 입사각 및 굴절각이 θ_1, θ_2일 때 경계 조건으로 옳은 것은?

① $\frac{E_2}{E_1}=\frac{\sin\theta_2}{\sin\theta_1}$

② $\frac{\cos\theta_2}{\cos\theta_1}=\frac{D_2}{D_1}$

③ $\frac{\tan\theta_2}{\tan\theta_1}=\frac{\epsilon_2}{\epsilon_1}$

④ $\tan\theta_2-\tan\theta_1=\epsilon_1\epsilon_2$

해설

경계조건 : $\frac{\tan\theta_1}{\tan\theta_2}=\frac{\epsilon_1}{\epsilon_2}$

답 : ③

예제문제 23

두 유전체가 접했을 때 $\frac{\tan\theta_1}{\tan\theta_2}=\frac{\epsilon_1}{\epsilon_2}$의 관계식에서 $\theta_1=0$일 때 다음 중에 표현이 잘못된 것은?

① 전기력선은 굴절하지 않는다.

② 전속 밀도는 불변이다.

③ 전계는 불연속이다.

④ 전기력선은 유전율이 큰 쪽에 모여진다.

해설

① 수직 입사 : $\theta_1=0°$

$\frac{\tan\theta_1}{\tan\theta_2}=\frac{\epsilon_1}{\epsilon_2}$에서 $\tan\theta_2=\frac{\epsilon_2}{\epsilon_1}\tan\theta_1=0\rightarrow\therefore\theta_2=0$ 이므로 굴절하지 않는다.

② 경계조건 : $\frac{\tan\theta_1}{\tan\theta_2}=\frac{\epsilon_1}{\epsilon_2}$ 에서 $\epsilon_1>\epsilon_2$이면 $\theta_1>\theta_2$, $\epsilon_1<\epsilon_2$이면 $\theta_1<\theta_2$ 이므로 전기력선 밀도는 유전율이 크면 작고 그 반면 전속은 유전율이 큰 쪽으로 모인다.

답 : ④

예제문제 24

유전률이 각각 다른 두 유전체의 경계면에 전계가 수직으로 입사하였을 때 옳은 것은?

① 전계는 연속성이다.
② 전속 밀도가 달라진다.
③ 유전률이 같아진다.
④ 전력선은 굴절하지 않는다.

해설

수직 입사 : $\theta_1 = 0°$

$\dfrac{\tan\theta_1}{\tan\theta_2} = \dfrac{\epsilon_1}{\epsilon_2}$ 에서 $\tan\theta_2 = \dfrac{\epsilon_2}{\epsilon_1}\tan\theta_1 = 0 \rightarrow \therefore \theta_2 = 0$ 이므로 굴절하지 않는다.

답 : ④

예제문제 25

유전율이 각각 다른 두 유전체가 서로 경계를 이루며 접해 있다. 다음 중 옳지 않은 것은? 단, 이 경계면에는 진전하 분포가 없다고 한다.

① 경계면에서 전계의 접선 성분은 연속이다.
② 경계면에서 전속 밀도의 법선 성분은 연속이다.
③ 경계면에서 전계와 전속 밀도는 굴절한다.
④ 경계면에서 전계와 전속 밀도는 불변이다.

해설

경계조건

$D_1\cos\theta_1 = D_2\cos\theta_2$: 전속 밀도의 법선 성분 (수직 성분)이 같다.

$E_1\sin\theta_1 = E_2\sin\theta_2$: 전계는 접선 성분(평행 성분)이 같다.

$\dfrac{\tan\theta_1}{\tan\theta_2} = \dfrac{\epsilon_1}{\epsilon_2}$: 전계와 전속밀도 방향은 서로 같고, 굴절한다.

답 : ④

예제문제 26

공기 중의 전계 $E_1 = 10$[kV/cm]이 $30°$의 입사각으로 기름의 경계에 닿을 때, 굴절각 θ_2와 기름 중의 전계 E_2 [V/m]는? 단, 기름의 비유전율은 3이라 한다.

① $60°,\ \dfrac{10^6}{\sqrt{3}}$
② $60°,\ \dfrac{10^3}{\sqrt{3}}$
③ $45°,\ \dfrac{10^6}{\sqrt{3}}$
④ $45°,\ \dfrac{10^3}{\sqrt{3}}$

해설

경계조건 : $\dfrac{\tan\theta_1}{\tan\theta_2} = \dfrac{\epsilon_1}{\epsilon_2} = \dfrac{1}{3}$ 에서 $3\tan\theta_1 = \tan\theta_2$

$$\therefore \theta_2 = \tan^{-1}(3\tan 30°) = \tan^{-1}\left(\frac{3}{\sqrt{3}}\right) = 60°$$

$$\therefore E_2 = \frac{\sin\theta_1}{\sin\theta_2}E_1 = \frac{\sin 30°}{\sin 60°}\times E_1 = \frac{\frac{1}{2}}{\frac{\sqrt{3}}{2}}\times 10\times\frac{10^3}{10^{-2}} = \frac{1}{\sqrt{3}}\times 10^6 = \frac{10^6}{\sqrt{3}}\,[\text{V/m}]$$

답 : ①

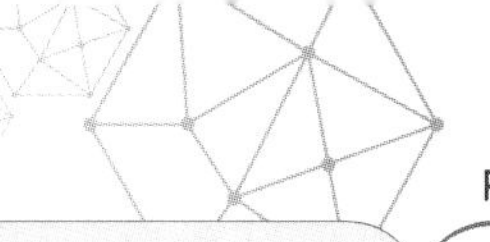

6. 복합유전체의 정전용량

6.1 직렬 복합유전체

평행평판 전극 사이에 면적 S, 두께 d_1, d_2 유전율 ϵ_1, ϵ_2인 2종 유전체가 채워진 합성 정전용량은 유전체가 직렬로 연결된 것으로 보고 계산한다.

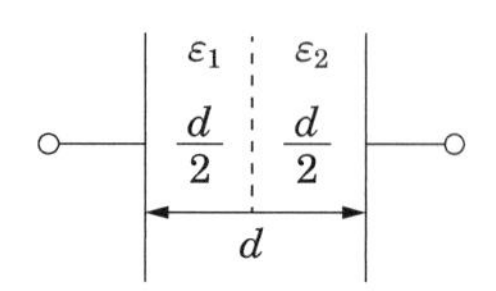

그림 9 직렬복합 유전체

그림 9와 같이 주어진 경우 합성정전용량을 구하면 C_1, C_2는 직렬이므로

$$C=\frac{C_1\cdot C_2}{C_1+C_2}=\frac{\dfrac{\epsilon_1\cdot S}{\frac{d}{2}}\cdot\dfrac{\epsilon_2\cdot S}{\frac{d}{2}}}{\dfrac{\epsilon_1\cdot S}{\frac{d}{2}}+\dfrac{\epsilon_2\cdot S}{\frac{d}{2}}}=\frac{2S}{d\left(\dfrac{1}{\epsilon_1}+\dfrac{1}{\epsilon_2}\right)}\text{[F]}$$

가 된다.

예제문제 27

면적 S[m^2]의 평행한 평판전극 사이에 유전율이 ϵ_1 [F/m], ϵ_2 [F/m] 되는 두 종류의 유전체를 $\frac{d}{2}$[m] 두께가 되도록 각각 넣으면 정전 용량은 몇 [F]가 되는가?

① $\dfrac{S}{\frac{d}{2}(\epsilon_1+\epsilon_2)}$

② $\dfrac{1}{\frac{dS}{2}\left(\frac{1}{\epsilon_1}+\frac{1}{\epsilon_2}\right)}$

③ $\dfrac{2S}{d\left(\frac{1}{\epsilon_1}+\frac{1}{\epsilon_2}\right)}$

④ $\dfrac{S}{2d\left(\frac{1}{\epsilon_1}+\frac{1}{\epsilon_2}\right)}$

해설

직렬복합 유전체 정전용량 : $C=\dfrac{C_1\cdot C_2}{C_1+C_2}=\dfrac{\dfrac{\epsilon_1\cdot S}{\frac{d}{2}}\cdot\dfrac{\epsilon_2\cdot S}{\frac{d}{2}}}{\dfrac{\epsilon_1\cdot S}{\frac{d}{2}}+\dfrac{\epsilon_2\cdot S}{\frac{d}{2}}}=\dfrac{2S}{d\left(\frac{1}{\epsilon_1}+\frac{1}{\epsilon_2}\right)}$[F]

답 : ③

예제문제 28

0.03 [μF]인 평행판 공기 콘덴서의 극판간에 그 간격이 절반 두께에 비유전율 10인 유리판을 평행하게 넣었다면 이 콘덴서의 정전 용량[μF]은?

① 1.83 ② 18.3 ③ 0.055 ④ 0.55

해설

공기 부분의 정전 용량 : $C_1 = \dfrac{\epsilon_0 S}{d/2}[\text{F}] = \dfrac{2S\epsilon_0}{d}[\text{F}]$

유리판 부분의 정전 용량을 : $C_2 = \dfrac{\epsilon S}{d/2} = \dfrac{2S\epsilon}{d}[\text{F}]$

극판간 공극의 두께 1/2 상당의 유리판을 넣는 경우 정전 용량

$$\therefore C = \frac{1}{\dfrac{1}{C_1}+\dfrac{1}{C_2}} = \frac{1}{\dfrac{d}{2S}\left(\dfrac{1}{\epsilon_0}+\dfrac{1}{\epsilon}\right)} = \frac{1}{\dfrac{d}{2\epsilon_0 S}\left(1+\dfrac{\epsilon_0}{\epsilon}\right)} = \frac{2C_0}{1+\dfrac{\epsilon_0}{\epsilon}} = \frac{2C_0}{1+\dfrac{1}{\epsilon_s}}[\text{F}]$$

$$\therefore C = \frac{2C_0}{1+\dfrac{1}{\epsilon_s}} = \frac{2\times 0.03\times 10^{-6}}{1+\dfrac{1}{10}} = 0.055\ [\mu\text{F}]$$

답 : ③

예제문제 29

정전 용량이 C_0[F]인 평행판 공기 콘덴서가 있다. 이 극판에 평행으로 판 간격 d [m]의 1/2 두께 되는 유리판을 삽입하면 이때의 정전 용량[F]은? 단, 유리판의 유전율은 ϵ [F/m]이라 한다.

① $\dfrac{C_0}{1+\dfrac{1}{\epsilon}}$ ② $\dfrac{2C_0}{1+\dfrac{1}{\epsilon}}$ ③ $\dfrac{C}{1+\dfrac{\epsilon}{\epsilon_0}}$ ④ $\dfrac{2C_0}{1+\dfrac{\epsilon_0}{\epsilon}}$

해설

공기 부분의 정전 용량 : $C_1 = \dfrac{\epsilon_0 S}{d/2}[\text{F}] = \dfrac{2S\epsilon_0}{d}[\text{F}]$

유리판 부분의 정전 용량을 : $C_2 = \dfrac{\epsilon S}{d/2} = \dfrac{2S\epsilon}{d}[\text{F}]$

극판간 공극의 두께 1/2 상당의 유리판을 넣는 경우 정전 용량

$$\therefore C = \frac{1}{\dfrac{1}{C_1}+\dfrac{1}{C_2}} = \frac{1}{\dfrac{d}{2S}\left(\dfrac{1}{\epsilon_0}+\dfrac{1}{\epsilon}\right)} = \frac{1}{\dfrac{d}{2\epsilon_0 S}\left(1+\dfrac{\epsilon_0}{\epsilon}\right)} = \frac{2C_0}{1+\dfrac{\epsilon_0}{\epsilon}} = \frac{2C_0}{1+\dfrac{1}{\epsilon_s}}[\text{F}]$$

답 : ④

예제문제 30

평행판 공기 콘덴서에 극간 간격의 1/2 두께 되는 종이를 전극에 평행하게 넣으면 처음에 비하여 정전 용량은 몇 배가 되는가? 단, 종이의 비유전율은 $\epsilon_s = 3$이다.

① 1 ② 1.5 ③ 2 ④ 2.5

해설

직렬 복합유전체의 정전용량 : $C = \dfrac{2C_0}{1+\dfrac{1}{\epsilon_s}} = \dfrac{2C_0}{1+\dfrac{1}{3}} = \dfrac{3}{2}C_0 = 1.5C_0$

답 : ②

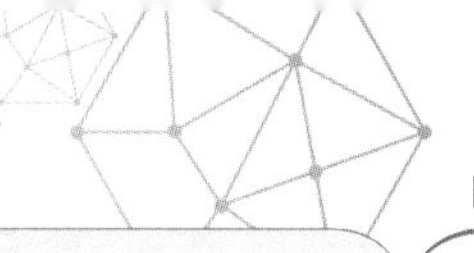

6.2 병렬 복합유전체

평행평판 전극 사이에 면적 S_1, S_2 두께 d 의 유전율 ϵ_1, ϵ_2 인 판상의 유전체가 채워져 있는 경우는 유전체가 병렬로 연결된 것으로 보고 계산한다.
그림 10과 같이 주어진 경우 합성정전용량을 구하면

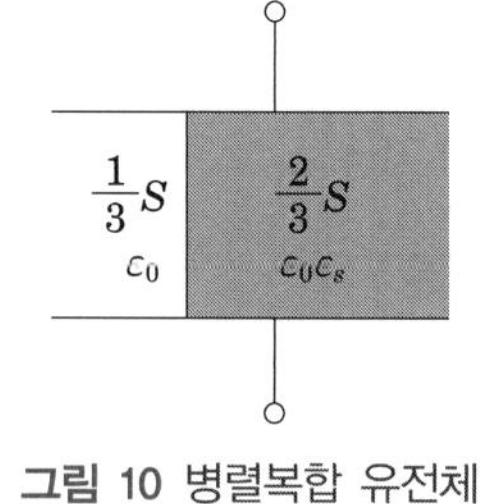

그림 10 병렬복합 유전체

$$C_1 = \frac{\epsilon_0\left(\frac{1}{3}S\right)}{d} = \frac{1}{3}C_0$$

$$C_2 = \frac{\epsilon_0\epsilon_s\left(\frac{2}{3}S\right)}{d} = \frac{2}{3}\epsilon_s C_0$$

C_1, C_2는 병렬접속이므로

$$C_t = C_1 + C_2 = \frac{1+2\epsilon_s}{3}C_0$$

가 된다.

예제문제 31

그림과 같은 정전 용량이 C_0[F] 되는 평행판 공기 콘덴서의 판 면적의 $\frac{2}{3}$ 되는 공간에 비유전율 ϵ_s인 유전체를 채우면 공기 콘덴서의 정전 용량[F]은?

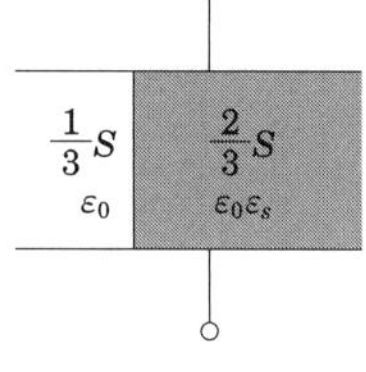

① $\frac{2\epsilon_s}{3}C_0$　　② $\frac{3}{1+2\epsilon_s}C_0$

③ $\frac{1+\epsilon_s}{3}C_0$　　④ $\frac{1+2\epsilon_s}{3}C_0$

해설

$C_1 = \frac{\epsilon_0\left(\frac{1}{3}S\right)}{d} = \frac{1}{3}C_0$　　$C_2 = \frac{\epsilon_0\epsilon_s\left(\frac{2}{3}S\right)}{d} = \frac{2}{3}\epsilon_s C_0$

∴ C_1, C_2는 병렬접속이므로 $C_t = C_1 + C_2 = \frac{1+2\epsilon_s}{3}C_0$

답 : ④

7. 유전체에 작용하는 힘

7.1 전계가 경계면에 수직으로 입사하는 경우 작용하는 힘

전계 E [V/m]가 유전율이 $\epsilon_1 > \epsilon_2$의 두 유전체의 경계면에 전계가 수직으로 입사할 때 경계면에 작용하는 힘은 다음과 같다.

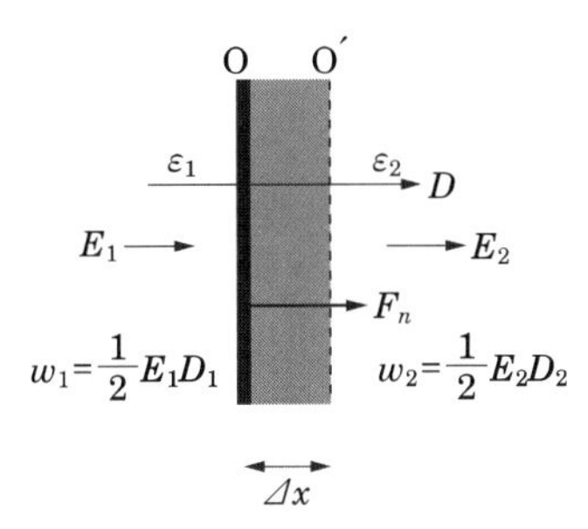

그림 11 경계면에 수직 입사하는 경우의 작용하는 힘

그림 11과 같이 유전율 ϵ_1, ϵ_2인 두 유전체가 경계면을 이루고 있을 때, 경계면 O에 수직으로 전계가 가해져 힘 F_n을 받아 면 O가 Δx만큼 변위하여 O′가 되었다면 빗금친 부분은 ϵ_2에서 ϵ_1으로, 즉 에너지 밀도가 w_2에서 w_1으로 변화하여 에너지 총 변화량은 다음과 같다.
유전체의 정전에너지는

$$w = \frac{1}{2}CV^2 = \frac{1}{2}\epsilon_0 E^2 \cdot Sd \text{ [J]}$$

이며, 이 식에 의해

$$\Delta W = (w_1 - w_2)\Delta x \cdot S \text{ [J]}$$

여기서, S : 경계면의 면적

따라서, 가상변위의 정리에 의해 힘을 구하면

$$F_n = -\frac{\Delta W}{\Delta x} = -(w_1 - w_2)S = (w_2 - w_1) \cdot S \text{ [N]}$$

단위 면적당 작용하는 힘은

$$f_n = w_2 - w_1 = \frac{1}{2}E_2 D_2 - \frac{1}{2}E_1 D_1 \text{ [N/m}^2\text{]}$$

인데, 경계면에서 수직으로 입사되므로 $D_1 = D_2$, $D = \epsilon E$ 이므로

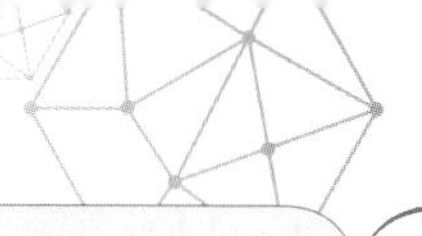

$$f_n = \frac{1}{2}(E_2 - E_1)D = \frac{1}{2}\left(\frac{1}{\epsilon_2} - \frac{1}{\epsilon_1}\right)D^2 \text{ [N/m}^2\text{]}$$

가 된다. 또 $f_n > 0$가 되려면 $\epsilon_1 > \epsilon_2$이어야 한다. 즉 유전율이 큰 유전체가 작은 유전체 쪽으로 끌려 들어가는 힘(인장 응력)을 받는다. 이 힘을 맥스웰(Maxwell)의 응력이라 한다.

예제문제 32

$\epsilon_1 > \epsilon_2$의 두 유전체의 경계면에 전계가 수직으로 입사할 때 경계면에 작용하는 힘은?

① $f = \frac{1}{2}\left(\frac{1}{\epsilon_2} - \frac{1}{\epsilon_1}\right)D^2$의 힘이 ϵ_1에서 ϵ_2로 작용한다.

② $f = \frac{1}{2}\left(\frac{1}{\epsilon_1} - \frac{1}{\epsilon_2}\right)E^2$의 힘이 ϵ_2에서 ϵ_1로 작용한다.

③ $f = \frac{1}{2}\left(\frac{1}{\epsilon_1} - \frac{1}{\epsilon_2}\right)D^2$의 힘이 ϵ_1에서 ϵ_2로 작용한다.

④ $f = \frac{1}{2}\left(\frac{1}{\epsilon_2} - \frac{1}{\epsilon_1}\right)E^2$의 힘이 ϵ_1에서 ϵ_2로 작용한다.

해설

유전율 ϵ_1, ϵ_2인 두 유전체가 경계면을 이루고 있을 때, 경계면 O에 수직으로 전계가 가해져 힘 F_n을 받아 면 O가 Δx만큼 변위하여 O'가 되었다면 빗금 친 부분은 ϵ_2에서 ϵ_1으로, 즉 에너지 밀도가 w_2에서 w_1으로 변화한다.

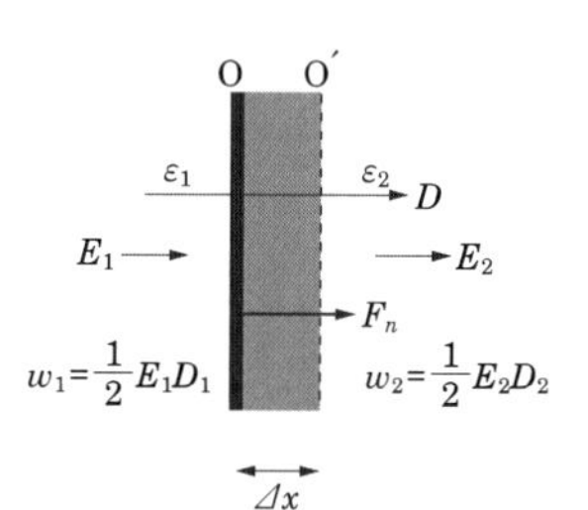

에너지 총 변화량 : $\Delta W = (w_1 - w_2)\Delta x \cdot S$ [J]

여기서 S : 경계면의 면적

가상 변위의 정리에 의해 힘

$$F_n = -\frac{\Delta W}{\Delta x} = -(w_1 - w_2)S = (w_2 - w_1) \cdot S \text{ [N]}$$

단위 면적당 작용하는 힘

$$f_n = w_2 - w_1 = \frac{1}{2}E_2 D_2 - \frac{1}{2}E_1 D_1 \text{ [N/m}^2\text{]}$$

경계면에서 수직으로 입사되므로 $D_1 = D_2$로 $f_n = \frac{1}{2}(E_2 - E_1)D = \frac{1}{2}\left(\frac{1}{\epsilon_2} - \frac{1}{\epsilon_1}\right)D^2$ [N/m^2]이 된다.

∴ $f_n > 0$가 되려면 $\epsilon_1 > \epsilon_2$이어야 한다.

∴ 유전율이 큰 유전체가 작은 유전체 쪽으로 끌려 들어가는 힘(인장 응력)을 받는다. 이 힘을 Maxwell의 응력이라 한다.

답 : ①

예제문제 33

유전율이 ϵ_1, ϵ_2의 유전체 경계면에 수직으로 전계가 작용할 때 단위면적당에 작용하는 수직력 f 는?

① $2\left(\dfrac{1}{\epsilon_2}-\dfrac{1}{\epsilon_1}\right)D^2$　　② $\dfrac{1}{2}\left(\dfrac{1}{\epsilon_2}-\dfrac{1}{\epsilon_1}\right)D^2$

③ $\dfrac{1}{2}\left(\dfrac{1}{\epsilon_2}-\dfrac{1}{\epsilon_1}\right)E^2$　　④ $2(\epsilon_2-\epsilon_1)E^2$

해설

유전체 경계면에 작용하는 Maxwell 응력 : $f=\dfrac{1}{2}\left(\dfrac{1}{\epsilon_2}-\dfrac{1}{\epsilon_1}\right)D^2$ [N/m^2]의 힘이 유전율이 큰 쪽에서 작은 쪽으로 작용한다.

답 : ②

7.2 전계가 경계면에 평행으로 입사하는 경우의 힘

전계가 경계면에 평행으로 입사할 경우

$$E_1=E_2=E$$
$$D_1=\epsilon_1 E,\quad D_2=\epsilon_2 E\quad (D_1>D_2)$$

가 된다. 유전율 ϵ_1의 유전체에 의한 경계면에서 단위 면적에 작용하는 힘 f_1은

$$f_1=\frac{1}{2}D_1E=\frac{1}{2}\epsilon_1E^2\,[\mathrm{N/m^2}]$$

또 유전율 ϵ_2의 유전체에 의한 경계면에서 단위 면적에 작용하는 힘 f_2는

$$f_2=\frac{1}{2}D_2E=\frac{1}{2}\epsilon_2E^2\,[\mathrm{N/m^2}]$$

유전체의 경계면에서는 압축응력이 작용하므로

$$f=f_1-f_2=\frac{1}{2}(D_1-D_2)E=\frac{1}{2}(\epsilon_1-\epsilon_2)E^2\,[\mathrm{N/m^2}]$$

가 된다. 전율이 $\epsilon_1>\epsilon_2$이면 $f_1>f_2$의 관계로 인하여 유전률이 큰 유전체가 유전률이 작은 유전체의 방향으로 척력이 작용한다.

예제문제 34

전계 E [V/m]가 두 유전체의 경계면에 평행으로 작용하는 경우 경계면의 단위 면적당 작용하는 힘은? 단, ϵ_1, ϵ_2는 두 유전체의 유전율이다.

① $f = \frac{1}{2}(\epsilon_1 - \epsilon_2)E^2$ [N/m²]

② $f = E^2(\epsilon_1 - \epsilon_2)$ [N/m²]

③ $f = \frac{1}{2E^2}(\epsilon_1 - \epsilon_2)$ [N/m²]

④ $f = \frac{1}{E^2}(\epsilon_1 - \epsilon_2)$ [N/m²]

해설

전계가 경계면에 수직인 경우 : $f_n = \frac{1}{2}(E_2 - E_1) \cdot D = \frac{1}{2}\left(\frac{1}{\epsilon_2} - \frac{1}{\epsilon_1}\right)D^2$ [N/m²]

전계가 경계면에 평행인 경우 : $f_n = \frac{1}{2}(E_1 \cdot D_1 - E_2 \cdot D_2) = \frac{1}{2}(\epsilon_1 - \epsilon_2)E^2$ [N/m²]

∴ 유전율이 큰 쪽에서 유전율이 작은 쪽으로 끌려 들어가는 맥스웰 응력이 작용한다.

답 : ①

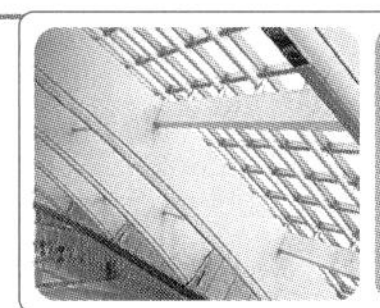

핵심과년도문제

4·1

유전율 $\epsilon_s = 3$인 유전체 중에 $Q_1 = Q_2 = 2\times10^{-6}$ [C]의 두 점전하간에 힘 $F = 3\times10^{-3}$ [N]이 되도록 하려면 상호 얼마만큼 떨어져야 하는가?

① 1 [m]　　② 2 [m]　　③ 3 [m]　　④ 4 [m]

해설 $F = \dfrac{1}{4\pi\epsilon_0\epsilon_s}\times\dfrac{Q_1Q_2}{r^2}$ 에서 $F = 9\times10^9\times\dfrac{1}{3}\times\dfrac{(2\times10^{-6})^2}{r^2} = 3\times10^{-3}$

$\therefore r = 2$ [m]

【답】 ②

4·2

공기 중 두 점전하 사이에 작용하는 힘이 5 [N]이었다. 두 전하 사이에 유전체를 넣었더니 힘이 2 [N]으로 되었다면 유전체의 비유전율은 얼마인가?

① 15　　② 10　　③ 5　　④ 2.5

해설 공기 중 두 점전하 사이에 작용하는 힘 : $F_1 = \dfrac{Q_1Q_2}{4\pi\epsilon_0 r^2}$ [N]

유전체를 두 전하 사이에 넣었을 때 힘 : $F_2 = \dfrac{Q_1Q_2}{4\pi\epsilon_0\epsilon_s r^2}$ [N]

$\dfrac{F_1}{F_2} = \dfrac{\dfrac{Q_1Q_2}{4\pi\epsilon_0 r^2}}{\dfrac{Q_1Q_2}{4\pi\epsilon_0\epsilon_s r^2}} = \epsilon_s$ → 유전체를 넣으면 힘은 진공일 때의 $1/\epsilon_s$배가 된다.

$\therefore \epsilon_s = \dfrac{F_1}{F_2} = \dfrac{5}{2} = 2.5$

【답】 ④

4·3

비율전률 ϵ_s에 대한 설명으로 옳은 것은?

① 진공의 비유전율은 0이고, 공기의 비유전율은 1이다.
② ϵ_s는 항상 1보다 작은 값이다.
③ ϵ_s는 절연물의 종류에 따라 다르다.
④ ϵ_s의 단위는 [C/m]이다.

【답】 ③

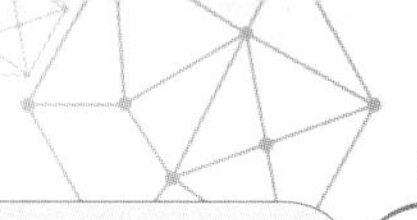

4·4

공기 콘덴서의 극판 사이에 비유전율 ϵ_s의 유전체를 채운 경우 동일 전위차에 대한 극판간의 전하량은?

① $\frac{1}{\epsilon_s}$로 감소 ② ϵ_s배로 증가

③ 불변 ④ $\pi\epsilon_s$배로 증가

해설 $Q=CV$에서 Q는 C에 비례하고, 용량 C는 유전율에 비례하므로 ϵ_s배로 증가한다.

【답】 ②

4·5

두 종류의 유전체 경계면에서 전속과 전기력선이 경계면에 수직일 때 옳지 않은 것은?

① 전속과 전기력선은 굴절하지 않는다.
② 전속 밀도는 불변이다.
③ 전계의 세기는 불연속이다.
④ 전속선은 유전율이 작은 유전체쪽으로 모이려는 성질이 있다.

해설 경계조건 : $\frac{\tan\theta_1}{\tan\theta_2}=\frac{\epsilon_1}{\epsilon_2}$ 에서 $\epsilon_1>\epsilon_2$이면 $\theta_1>\theta_2$, $\epsilon_1<\epsilon_2$이면 $\theta_1<\theta_2$
∴ 전속선은 유전율이 큰 유전체쪽으로 모이려는 성질이 있다.

【답】 ④

4·6

비유전률 3의 유전체 A와 비유전률을 알 수 없는 유전체 B가 그림과 같이 경계를 이루고 있으며 경계면에서 전자파의 굴절이 일어날 때 유전체 B의 비유전률은 얼마인가?

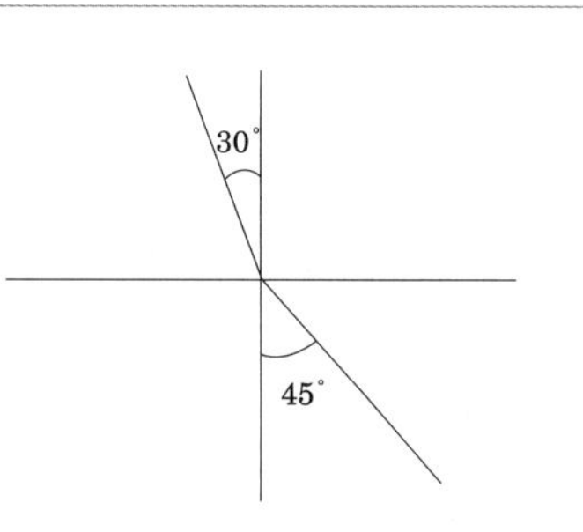

① 1.5 ② 2.3
③ 4.2 ④ 5.2

해설 경계조건 : $\frac{\tan\theta_1}{\tan\theta_2}=\frac{\epsilon_1}{\epsilon_2}$ 에서

$$\frac{\epsilon_1}{\epsilon_2}=\frac{\epsilon_0\epsilon_{1s}}{\epsilon_0\epsilon_{2s}}=\frac{\epsilon_{1s}}{\epsilon_{2s}}=\frac{\tan\theta_1}{\tan\theta_2}=\frac{\tan 30°}{\tan 45°}=\frac{1}{\sqrt{3}}$$

$$\therefore \epsilon_{2s}=\sqrt{3}\,\epsilon_{1s}=\sqrt{3}\times 3=5.2$$

【답】 ④

4·7

유전율 $\epsilon_1 > \epsilon_2$인 두 유전체 경계면에 전속이 수직일 때 경계면상의 작용력은?

① ϵ_2의 유전체에서 ϵ_1의 유전체 방향
② ϵ_1의 유전체에서 ϵ_2의 유전체 방향
③ 전속 밀도의 방향
④ 전속 밀도의 반대 방향

해설 경계조건 : $\dfrac{\tan\theta_1}{\tan\theta_2} = \dfrac{\epsilon_1}{\epsilon_2}$에서 $\epsilon_1 > \epsilon_2$이면 $\theta_1 > \theta_2$, $\epsilon_1 < \epsilon_2$이면 $\theta_1 < \theta_2$

∴ 유전체 경계면에서 전계 또는 전속 밀도는 유전율이 큰 쪽으로 크게 굴절한다.

【답】 ②

4·8

서로 다른 두 유전체 사이의 경계면에 전하 분포가 없다면 경계면 양쪽에서의 전계 및 전속 밀도는?

① 전계의 법선 성분 및 전속 밀도의 접선 성분은 서로 같다.
② 전계의 접선 성분 및 전속 밀도의 법선 성분은 서로 같다.
③ 전계 및 전속 밀도의 법선 성분은 서로 같다.
④ 전계 및 전속 밀도의 접선 성분은 서로 같다.

해설 경계조건

$D_1\cos\theta_1 = D_2\cos\theta_2$: 전속 밀도의 법선 성분(수직 성분)이 같다.

$E_1\sin\theta_1 = E_2\sin\theta_2$: 전계는 접선 성분(평행 성분)이 같다.

$\dfrac{\tan\theta_1}{\tan\theta_2} = \dfrac{\epsilon_1}{\epsilon_2}$: 전계와 전속밀도 방향은 서로 같고, 굴절한다.

【답】 ②

4·9

비유전율 $\epsilon_s = 5$인 유전체 내의 한 점에서 전계의 세기가 $E = 10^4$ [V/m]일 때 이 점의 분극의 세기 P [C/m^2]는?

① $\dfrac{10^{-5}}{9\pi}$ ② $\dfrac{10^{-9}}{9\pi}$ ③ $\dfrac{10^{-5}}{18\pi}$ ④ $\dfrac{10^{-9}}{18\pi}$

해설 분극의 세기

$$P = \epsilon_0(\epsilon_s - 1)E = \frac{1}{36\pi \times 10^9}(5-1)\times 10^4 = \frac{10^{-5}}{9\pi} \text{ [C/m}^2]$$

【답】 ①

4·10

면적 19.6 [cm^2], 두께 5 [mm]의 판상 플라스틱 양면에 전극을 설치하고 정전 용량을 측정하였더니 21.8 [pF]이었다. 이 재료의 비유전율은 약 얼마 정도 되는가?

① 3.3 ② 4.3 ③ 5.3 ④ 6.3

해설 정전용량 : $C=\dfrac{\epsilon_0 \cdot \epsilon_s \cdot S}{d}$ [F]

$$\epsilon_s = \frac{C \cdot d}{\epsilon_0 \cdot S} = \frac{21.8\times10^{-12}\times5\times10^{-3}}{8.855\times10^{-12}\times19.6\times10^{-4}} = 6.28 \text{ [F/m]}$$

【답】 ④

4·11

평행판 콘덴서의 극판 사이가 진공일 때의 용량을 C_0, 비유전률 ϵ_s의 유전체를 채웠을 때의 용량을 C라 할 때, 이들의 관계식은?

① $\dfrac{C}{C_0}=\dfrac{1}{\epsilon_0\epsilon_s}$ ② $\dfrac{C}{C_0}=\dfrac{1}{\epsilon_s}$ ③ $\dfrac{C}{C_0}=\epsilon_0\epsilon_s$ ④ $\dfrac{C}{C_0}=\epsilon_s$

해설 진공중의 정전용량 : $C_0=\dfrac{\epsilon_0 s}{d}$

유전체중의 정전용량 : $C=\dfrac{\epsilon_0\epsilon_s s}{d}=\epsilon_s C_0$ $\quad \therefore \dfrac{C}{C_0}=\epsilon_s$

【답】 ④

4·12

평행판 콘덴서의 판 사이에 비유전율 ϵ_s의 유전체를 삽입하였을 때의 정전 용량은 진공일 때의 용량의 몇 배인가?

① ϵ_s ② (ϵ_s-1) ③ $\dfrac{1}{\epsilon_s}$ ④ (ϵ_s+1)

해설 평행판 콘덴서의 정전 용량 : $C=\dfrac{\epsilon_0\epsilon_s A}{d}$ [F] → 유전율(비유전율)에 비례한다.

【답】 ①

4·13

극판의 면적이 10 [cm^2], 극판간의 간격이 1 [mm], 극판간에 채워진 유전체의 비유전율이 2.5인 평행판 콘덴서에 100 [V]의 전압을 가할 때 극판의 전하[C]는?

① 1.2×10^{-9} ② 1.25×10^{-12} ③ 2.21×10^{-9} ④ 4.25×10^{-10}

해설 평평판 콘덴서의 정전용량에 의한 전하량

$$Q=CV=\frac{\epsilon_0\epsilon_s S}{d}V = 8.855\times10^{-12}\times2.5\times10\times10^{-4}\times100/10^{-3} = 2.21\times10^{-9} \text{ [C]}$$

【답】 ③

4·14

면적 $S\,[\text{m}^2]$, 극간 거리 $d\,[\text{m}]$인 평행판 콘덴서에 비유전율 ϵ_s의 유전체를 채운 경우의 정전 용량은? 단, 진공의 유전율은 ϵ이다.

① $\dfrac{\epsilon_s S}{4\pi\epsilon_0 d}$　② $\dfrac{4\pi\epsilon_0\epsilon_s}{Sd}$　③ $\dfrac{\epsilon_s S}{\epsilon_0 d}$　④ $\dfrac{\epsilon_0\epsilon_s S}{d}$

해설 정전 용량 : $C=\dfrac{Q}{V}=\dfrac{Q}{Ed}=\dfrac{\sigma S}{\dfrac{\sigma d}{\epsilon_0\epsilon_s}}=\sigma S\times\dfrac{\epsilon_0\epsilon_s}{\sigma d}=\dfrac{\epsilon_0\epsilon_s S}{d}\,[\text{F}]$　【답】 ④

4·15

비유전율이 4인 유전체 내에 있는 $1\,[\mu\text{C}]$의 전하에서 나오는 전전속[C]은?

① 4×10^{-6}　② 2×10^{-6}　③ 1×10^{-6}　④ $\dfrac{1}{4}\times10^{-6}$

해설 전속 : 매질(ϵ_s)에 관계가 없으므로 1×10^{-6} [C]으로 전하량과 같다.　【답】 ③

4·16

표면 전하 밀도 $\sigma\,[\text{C/m}^2]$로 대전된 도체 내부의 전속 밀도는 몇 $[\text{C/m}^2]$인가?

① σ　② $\epsilon_0 E$　③ $\dfrac{\sigma}{\epsilon_0}$　④ 0

해설 도체 내부의 전계의 세기 : $E=0$

∴ 전속 밀도 $D=\epsilon_0 E=0$　【답】 ④

4·17

평판 콘덴서에 어떤 유전체를 넣었을 때 전속 밀도가 $2.4\times10^{-7}\,[\text{C/m}^2]$이고 단위 체적 중의 에너지가 $5.3\times10^{-3}\,[\text{J/m}^3]$이었다. 이 유전체의 유전율은 몇 [F/m]인가?

① 2.17×10^{-11}　② 5.43×10^{-11}

③ 2.17×10^{-12}　④ 5.43×10^{-12}

해설 단위 체적당 에너지

$W_e=\dfrac{D^2}{2\epsilon}\,[\text{J/m}^3]$ 에서 $\epsilon=\dfrac{D^2}{2\cdot W_e}=\dfrac{(2.4\times10^{-7})^2}{2\times5.3\times10^{-3}}=5.43\times10^{-12}\,[\text{F/m}]$　【답】 ④

4·18

유전체 내의 전속 밀도가 D [C/m^2]인 전계에 저축되는 단위 체적당 정전 에너지가 W_e [J/m^2]일 때 유전체의 비유전율은?

① $\dfrac{D^2}{2\epsilon_0 W_e}$ ② $\dfrac{D^2}{\epsilon_0 W_e}$ ③ $\dfrac{2\epsilon_0 D^2}{W_e}$ ④ $\dfrac{\epsilon_0 D^2}{W_e}$

해설 단위 체적당 에너지 : $W_e = \dfrac{D^2}{2\epsilon_0\epsilon_s}$ [J/m^3]에서 $\epsilon_s = \dfrac{D^2}{2\epsilon_0 W_e}$ 【답】 ①

4·19

유전체(유전율= 9) 내의 전계의 세기가 100 [V/m]일 때 유전체 내에 저장되는 에너지 밀도 [J/m^3]는?

① 5.55×10^4 ② 4.5×10^4
③ 9×10^9 ④ 4.05×10^5

해설 유전체 내에 저장되는 에너지 밀도

$$w=\frac{ED}{2}=\frac{1}{2}\epsilon E^2=\frac{1}{2}\frac{D^2}{\epsilon}\ [\mathrm{J/m^3}]$$ 식에서

$$\therefore w=\frac{1}{2}\epsilon E^2=\frac{1}{2}\times9\times(100)^2=4.5\times10^4\ [\mathrm{J/m^3}]$$ 【답】 ②

4·20

Q [C]의 전하를 가진 반지름 a [m]의 도체구를 비유전율 2인 기름 탱크에서 공기중으로 꺼내는데 필요한 에너지는 몇 [J]인가?

① $\dfrac{Q^2}{8\pi\epsilon_0 a}$ ② $\dfrac{Q^2}{32\pi\epsilon_0 a}$ ③ $\dfrac{Q^2}{16\pi\epsilon_0 a}$ ④ $\dfrac{Q^2}{4\pi\epsilon_0 a}$

해설 공기 중의 구의 용량 : $C=4\pi\epsilon_0 a$

유전체 중의 구의 용량 : $C'=4\pi\epsilon_0 a=4\pi\epsilon_0\epsilon_s a=8\pi\epsilon_0 a$

∴ 필요한 에너지 $W=\dfrac{Q^2}{2C}-\dfrac{Q^2}{2C'}=\dfrac{Q^2}{8\pi\epsilon_0 a}-\dfrac{Q^2}{16\pi\epsilon_0 a}=\dfrac{Q^2}{16\pi\epsilon_0 a}$ 【답】 ③

4·21

공기 콘덴서를 100 [V]로 충전한 다음 전극 사이에 유전체를 넣어 용량을 10배로 했다. 정전 에너지는 몇 배로 되는가?

① $\frac{1}{10}$배 ② 10배 ③ $\frac{1}{1000}$배 ④ 1000배

해설 정전에너지 : $W=\frac{1}{2}CV^2=\frac{Q^2}{2C}\propto\frac{1}{C}$

【답】 ①

4·22

극판의 면적 $S=10$ [cm^2], 간격 $d=1$ [mm]의 평행한 콘덴서에 비유전율 $\epsilon_s=3$ 인 유전체를 채웠을 때 전압 100 [V]를 인가하면 축적되는 에너지[J]는?

① 2.1×10^{-7} ② 0.3×10^{-7}
③ 1.3×10^{-7} ④ 0.6×10^{-7}

해설 평행판 콘덴서의 정전용량 : $C=\frac{\epsilon_0\epsilon_s}{d}S=\frac{3\times10\times10^{-4}}{36\pi\times10^9\times10^{-3}}=\frac{1}{12\pi}\times10^{-9}$ [F]

정전에너지 : $W=\frac{1}{2}CV^2=\frac{10^{-9}}{2\times12\pi}\times(100)^2=1.38\times10^{-7}$ [J]

【답】 ③

심화학습문제

01 진공 중에 있는 두 대전체 사이에 작용하는 힘이 1.6×10^{-6} [N]이었다. 이 대전체 사이에 유전체를 넣었더니 작용하는 힘이 2.0×10^{-8} [N]이 되었다면 이 유전체의 비유전율은 얼마인가?

① 40　② 60
③ 80　④ 100

해설

비유전율 : $\epsilon_s = \dfrac{F_0}{F} = \dfrac{1.6\times10^{-6}}{2\times10^{-8}} = 80$ [F/m]

【답】 ③

02 20×10^{-6} [C]의 양전하와 20×10^{-6} [C]의 음전하를 갖는 대전체가 비유전율 2.5의 기름속에서 5 [cm] 거리에 있을 때 이 사이에 작용하는 힘은 몇 [N]인가?

① 반발력 608　② 반발력 576
③ 흡인력 608　④ 흡인력 576

해설

쿨롱의 법칙

$$F = \frac{1}{4\pi\epsilon_0\epsilon_s}\frac{Q_1Q_2}{r^2}$$
$$= 9\times10^9\times\frac{1}{2.5}\times\frac{20\times10^{-6}\times20\times10^{-6}}{(5\times10^{-2})^2}$$
$$= \frac{9\times4\times10^3}{2.5\times25} = 576\ [\text{N}]$$

【답】 ④

03 지름이 각각 2 [cm] 및 4 [cm]인 금속구가 비유전율 $\epsilon_s = 10$인 변압기유 속에 1 [m]만큼 떨어져 있다. 각 구의 전위가 동일하게 10 [kV]라면 두 금속구 사이에 작용하는 반발력[N]은?

① 1.2×10^{-6}　② 2.2×10^{-5}
③ 3.2×10^{-8}　④ 4.2×10^{-9}

해설

구도체 전하량

$$Q_a = C_aV_a = 4\pi\epsilon_0\epsilon_s a V_a$$
$$= \frac{1}{9\times10^9}\times10\times1\times10^{-2}\times10\times10^3 = 1.11\times10^{-7}\ [\text{C}]$$

구도체 전하량

$$Q_b = C_bV_b = 4\pi\epsilon_0\epsilon_s b V_b$$
$$= \frac{1}{9\times10^9}\times10\times2\times10^{-2}\times10\times10^3 = 2.22\times10^{-7}\ [\text{C}]$$

$$\therefore F = \frac{1}{4\pi\epsilon_0\epsilon_s}\cdot\frac{Q_1Q_2}{r^2}$$
$$= 9\times10^9\times\frac{1}{10}\times\frac{1.11\times10^{-7}\times2.22\times10^{-7}}{1^2}$$
$$= 2.2\times10^{-5}\ [\text{N}]$$

【답】 ②

04 유전체 역률($\tan\delta$)과 무관한 것은?

① 주파수　② 정전 용량
③ 인가 전압　④ 누설 저항

해설

유전정접 : $\tan\delta = \dfrac{I_R}{I_c} = \dfrac{E}{R}\Big/\dfrac{E}{\frac{1}{\omega C}} = \dfrac{1}{\omega CR} = \dfrac{1}{2\pi f_c R}$

【답】 ③

05 M. K. S 단위로 나타낸 진공에 대한 유전율은?

① 8.855×10^{-12} [N/m]
② 8.855×10^{-10} [N/m]
③ 8.855×10^{-12} [F/m]
④ 8.855×10^{-10} [F/m]

해설

진공의 유전율

$$\epsilon_0 = \frac{1}{4\pi \times 9 \times 10^9} = \frac{10^7}{4\pi C_0^2} = \frac{1}{\mu_0 C_0^2} = \frac{1}{120\pi C_0}$$
$$= 8.855 \times 10^{-12} \text{ [F/m]}$$

여기서, C_0 : 진공중의 빛의 속도

【답】 ③

06 V로 충전되어 있는 정전 용량 C_0의 공기 콘덴서 사이에 $\epsilon_s = 10$의 유전체를 채운 경우 전계의 세기는 공기인 경우의 몇 배가 되는가?

① 10배 ② 5배
③ 0.2배 ④ 0.1배

해설

$E = \frac{\sigma}{\epsilon_0 \epsilon_s} = \frac{Q/S}{\epsilon_0 \epsilon_s} = \frac{1}{\epsilon_s} \cdot \frac{Q}{\epsilon_0 S} = \frac{E_0}{\epsilon_s}$에서 전계의 세기는 유전율에 반비례 한다. 따라서 $\frac{1}{10}$배가 된다.

【답】 ④

07 동심구의 양 도체 사이에 절연 내력이 30 [kV/mm]이고, 비유전율 5인 절연 액체를 넣으면 공기인 경우의 몇 배의 전기량이 축적되는가? 단, 공기의 절연 내력은 3 [kV/mm]이다.

① 3 ② 5
③ 30 ④ 50

해설

공기의 전연내력이 주어졌으며, 도체사이에 절연내력이 공기의 절연내력에 10배가 된다.

$E = \frac{Q}{4\pi\epsilon_0\epsilon_s r^2}$에서 $Q = E \cdot 4\pi\epsilon_0\epsilon_s r^2$이므로

$Q = E' \cdot 4\pi\epsilon_0\epsilon_s r^2 = 10E \cdot 4\pi\epsilon_0 \cdot 5 \cdot r^2 = 50E \cdot 4\pi\epsilon_0 r^2$

∴ 50배가 축적된다.

【답】 ④

08 평행판 공기 콘덴서의 두 전극판 사이에 전위차계를 접속하고 전지에 의하여 충전하였다. 충전한 상태에서 비유전율 ϵ_r의 유전체를 콘덴서에 채우면 전위차계의 지시는 어떻게 되는가?

① 불변이다. ② 0이 된다.
③ 감소한다. ④ 증가한다.

해설

$Q = CV$에서 전지가 연결된 상태라면 V가 일정하므로 유전체를 채워 C가 증가하면 Q가 증가한다.

【답】 ③

09 반경 a [m]의 도체구와 내외반경이 각각 b [m] 및 c [m]인 도체구가 동심으로 되어 있다. 두 도체구 사이에 비유전율 ϵ_s인 유전체를 채웠을 경우의 정전 용량은 몇 [F]인가?

① $\frac{1}{9 \times 10^9} \cdot \frac{abc}{a-b+c}$

② $9 \times 10^9 \cdot \frac{bc}{d-b}$

③ $\frac{\epsilon_s}{9 \times 10^9} \cdot \frac{ac}{c-a}$

④ $\frac{\epsilon_s}{9 \times 10^9} \cdot \frac{ab}{b-a}$

해설

동심구의 내구에 $+Q$[C], 외구에 $-Q$[C]을 준 경우

두 도체구 사이의 전위차 : $V_{12} = \frac{Q}{4\pi\epsilon}\left(\frac{1}{a} - \frac{1}{b}\right)$ [V]

$$\therefore C=\frac{Q}{V_{12}}=\frac{4\pi\epsilon}{\frac{1}{a}-\frac{1}{b}}=\frac{4\pi\epsilon}{\frac{b-a}{ab}}=\frac{4\pi\epsilon ab}{b-a}$$

$$=\frac{4\pi\epsilon_0\epsilon_s ab}{b-a}=\frac{\epsilon_s}{9\times10^9}\cdot\frac{ab}{b-a}[\text{F}]$$

【답】 ④

10 공기 중에서 반지름 a [m], 도선의 중심 축간 거리 d [m]($d \gg a$) 인 평행 도선 사이의 단위 길이당 정전 용량[F/m]를 나타낸 것은 어느 것인가?

① $\dfrac{\pi\epsilon_0}{\ln\frac{d}{a}}$ ② $\dfrac{12.07\times10^{-12}}{\ln\frac{d}{a}}$

③ $\dfrac{24.16}{\ln\frac{d}{a}}\times10^{-12}$ ④ $\dfrac{2\pi\epsilon_0}{\ln\frac{d}{a}}$

해설

평형도선 사이의 정전 용량

$$C=\frac{Q}{V}=\frac{Q}{\frac{Q}{\pi\epsilon_0}ln\frac{d-a}{a}}=\frac{\pi\epsilon_0}{\ln\frac{d-a}{a}}\fallingdotseq\frac{\pi\epsilon_0}{\ln\frac{d}{a}}[\text{F/m}]$$

【답】 ①

11 공기 중에 놓인 반지름 r [m]인 금속구가 반지름 R [m]까지 유전율이 ϵ (비유전율 ϵ_s)인 유전체로 둘러싸여 있을 때 이 구의 용량은 몇 [F]인가? 단, $R>r$ 이다.

① $\dfrac{4\pi\epsilon rR}{r(\epsilon_s-1)+R}$ ② $\dfrac{2\pi\epsilon_s rR}{r(\epsilon_s-1)+R}$

③ $\dfrac{4\pi\epsilon rR}{R(\epsilon_s-1)+r}$ ④ $\dfrac{2\pi\epsilon_s rR}{R(\epsilon_s-1)+r}$

해설

유전체 부분($r<x<R$) 전계 : $E_1=\dfrac{Q}{4\pi\epsilon x^2}$[V/m]

공기 부분($x>R$)의 전계 : $E_2=\dfrac{Q}{4\pi\epsilon_0 x^2}$[V/m]

금속구 표면의 전위

$$V=-\int_\infty^R E_2dx+\left(-\int_R^r E_1dx\right)$$

$$=-\int_\infty^R\frac{Qdx}{4\pi\epsilon_0x^2}+\left(-\int_R^r\frac{Qdx}{4\pi\epsilon x^2}\right)$$

$$=\frac{Q}{4\pi\epsilon_0}\left\{\frac{1}{R}+\frac{1}{\epsilon_s}\left(\frac{1}{r}-\frac{1}{R}\right)\right\}=\frac{Q}{4\pi\epsilon_0}\cdot\frac{\epsilon_s r+R-r}{\epsilon_s rR}[\text{V}]$$

금속구의 정전 용량 $C=\dfrac{Q}{V}=\dfrac{4\pi\epsilon rR}{r(\epsilon_s-1)+R}$[F]

【답】 ①

12 그림과 같이 유전체 경계면에서 $\epsilon_1<\epsilon_2$이었을 때 E_1과 E_2의 관계식 중 맞는 것은?

① $E_1>E_2$

② $E_1\cos\theta_1=E_2\cos\theta_2$

③ $E_1=E_2$

④ $E_1<E_2$

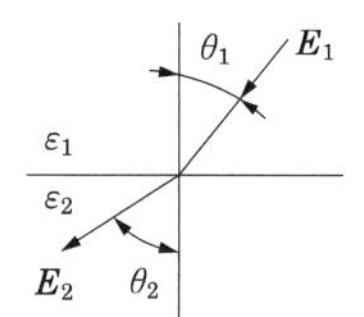

해설

$\epsilon_1<\epsilon_2$ 이면 $\theta_1<\theta_2$ $\rightarrow E_1>E_2$

$\epsilon_1>\epsilon_2$ 이면 $\theta_1>\theta_2$ $\rightarrow E_1<E_2$

【답】 ①

13 유전율이 서로 다른 두 종류의 경계면에 전속과 전기력선이 수직으로 도달할 때 맞지 않는 것은?

① 전속과 전기력선은 굴절하지 않는다.

② 전속 밀도는 불변이다.

③ 전계의 세기는 연속이다.

④ 전속선은 유전율이 큰 유전체 중으로 모이려는 성질이 있다.

해설

수직으로 입사하는 경우 경계조건

$D_1\cos\theta_1=D_2\cos\theta_2$: $\theta_1=\theta_2=0°$에서 $D_1=D_2$이므로 전속밀도는 불변(연속)이다.

$E_1\sin\theta_1=E_2\sin\theta_2$: 입사각 $\theta_1=0°$ 이므로 $\theta_2=0$ 이므로 굴절하지 않는다.

경계조건 : $\dfrac{\tan\theta_1}{\tan\theta_2}=\dfrac{\epsilon_1}{\epsilon_2}$에서 $\epsilon_1>\epsilon_2$이면 $\theta_1>\theta_2$, $\epsilon_1<\epsilon_2$ 이면 $\theta_1<\theta_2$

∴ 유전체 경계면에서 전계 또는 전속 밀도는 유전율이 큰 쪽으로 크게 굴절한다.

【답】 ③

14 다음은 전계 강도와 전속 밀도에 대한 경계 조건을 설명한 것이다. 옳지 않은 것은? 단, 경계면의 진전하 분포는 없으며 $\epsilon_1 > \epsilon_2$로 한다.

① 전속은 유전율이 큰 쪽으로 집속되려는 성질이 있다.
② 유전율이 큰 ϵ_1의 영역에서 전속 밀도(D_1)는 유전율이 작은 ϵ_2의 영역에서의 전속 밀도(D_2)와 $D_1 \geqq D_2$의 관계를 갖는다.
③ 경계면 사이의 정전력은 유전율이 작은 쪽에서 큰 쪽으로 작용한다.
④ 전계가 ϵ_1의 영역에서 ϵ_2의 영역으로 입사될 때 ϵ_2에서 전계 강도가 더 커진다.

해설

경계조건 : $\dfrac{\tan\theta_1}{\tan\theta_2} = \dfrac{\epsilon_1}{\epsilon_2}$에서 $\epsilon_1 > \epsilon_2$이면 $\theta_1 > \theta_2$, $\epsilon_1 < \epsilon_2$이면 $\theta_1 < \theta_2$

∴ 유전체에 작용하는 힘의 방향은 유전율이 큰 쪽에서 작은 쪽으로 향한다.

【답】 ③

15 $x > 0$인 영역에 $\epsilon_{R1} = 3$인 유전체, $x < 0$인 영역에 $\epsilon_{R2} = 5$인 유전체가 있다. $x < 0$인 영역에서 전계 $\boldsymbol{E_2} = 20\boldsymbol{a_x} + 30\boldsymbol{a_y} - 40\boldsymbol{a_z}$ [V/m]일 때 $x > 0$인 영역에서 전속 밀도 $\boldsymbol{D_1}$을 구하여라.

① $(100\boldsymbol{a_x} + 150\boldsymbol{a_y} - 200\boldsymbol{a_z})\epsilon_0$
② $(100\boldsymbol{a_x} - 90\boldsymbol{a_y} - 120\boldsymbol{a_z})\epsilon_0$
③ $(100\boldsymbol{a_x} - 150\boldsymbol{a_y} + 200\boldsymbol{a_z})\epsilon_0$
④ $(100\boldsymbol{a_x} + 90\boldsymbol{a_y} - 120\boldsymbol{a_z})\epsilon_0$

해설

전속밀도 : $\boldsymbol{D_2} = \epsilon_0\epsilon_{R2}$

전계의 세기 : $\boldsymbol{E_2} = (100\boldsymbol{a_x} + 150\boldsymbol{a_y} - 200\boldsymbol{a_z})\epsilon_0$ [C/m^2]

경계 조건에 의하여

$D_{1x} = D_{2x}$, $E_{1y} = E_{2y}$, $E_{1z} = E_{2z}$이므로

$$\boldsymbol{D_1} = \epsilon_0\epsilon_{R1}\boldsymbol{E_1} = \epsilon_0 \times 3 \times \left[\frac{100}{3}\boldsymbol{a_x} + 30\boldsymbol{a_y} - 40\boldsymbol{a_z}\right]$$
$$= (100\boldsymbol{a_x} + 90\boldsymbol{a_y} - 120\boldsymbol{a_z})\epsilon_0 \text{ [C/m}^2\text{]}$$

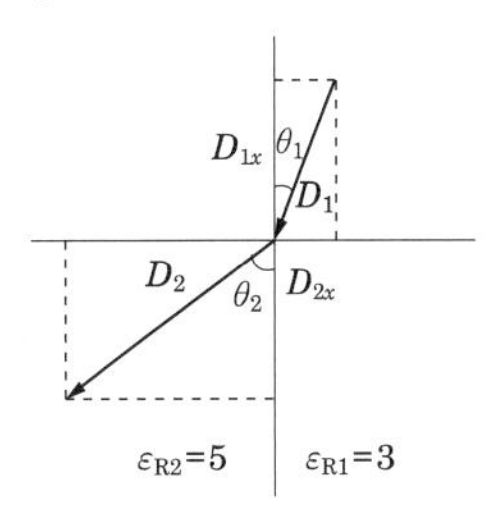

【답】 ④

16 유전율이 각각 다른 두 종류의 유전체 경계면에 전속이 입사될 때 이 전속의 방향은?

① 직전　　② 반사
③ 회절　　④ 굴절

해설

유전체 경계면에서 전계 또는 전속 밀도는 유전율이 큰 쪽으로 크게 굴절한다.

【답】 ④

17 두 유전체의 경계면에서 정전계가 만족하는 것은?

① 전계의 법선 성분이 같다.
② 분극의 세기의 접선 성분이 같다.
③ 전계의 접선 성분이 같다.
④ 전속 밀도의 접선 성분이 같다.

해설

경계조건

$D_1\cos\theta_1 = D_2\cos\theta_2$: 전속 밀도의 법선 성분(수직 성분)이 같다.

$E_1\sin\theta_1 = E_2\sin\theta_2$: 전계는 접선 성분(평행 성분)이 같다.

$\frac{\tan\theta_1}{\tan\theta_2} = \frac{\epsilon_1}{\epsilon_2}$: 전계와 전속밀도 방향은 서로 같고, 굴절한다.

【답】 ③

18 그림과 같은 유전속 분포에서 ϵ_1과 ϵ_2 사이의 관계는?

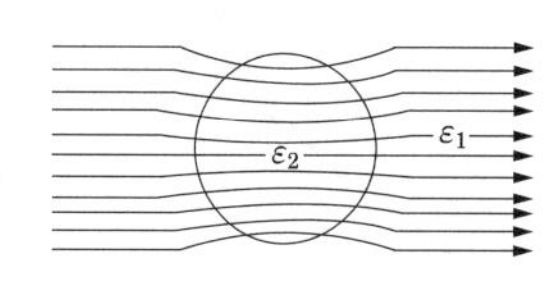

① $\epsilon_1 > \epsilon_2$　② $\epsilon_2 > \epsilon_1$
③ $\epsilon_1 = \epsilon_2$　④ $\epsilon_2 \leq \epsilon_1$

해설

전속선은 유전율이 큰 쪽으로 모인다. → $\epsilon_2 > \epsilon_1$

【답】 ②

19 유전체 내의 전속 밀도에 관한 설명 중 옳은 것은?

① 진전하만이다.
② 분극 전하만이다.
③ 겉보기 전하만이다.
④ 진전하와 분극 전하이다.

해설

가우스 정리의 미분형 : $\text{div}\boldsymbol{D} = \rho$
∴ 유전체 중의 전속 밀도의 발산은 진전하 밀도 ρ 만에 의해 좌우된다.

【답】 ①

20 분극 중 온도의 영향을 받는 분극은?

① 분자분극(electronic polarization)
② 이온분극(ionic polarization)
③ 배향분극(orientational polarization)
④ 전자분극과 이온분극

해설

배향분극 : 유극성 분자의 영구 쌍극자는 열 운동에 의하여 임의의 방향을 가지기 때문에 물질 전체로 보면 분극은 0이 되지만 전계가 작용하면 영구 쌍극자는 전계와 반대 방향으로 회전력을 받아 분극을 일으킨다.

【답】 ③

21 유전체 중의 전계의 세기를 E, 유전율을 ϵ이라 하면 전기 변위는?

① $\frac{\epsilon}{E}$　② $\frac{E}{\epsilon}$
③ ϵE^2　④ ϵE

【답】 ④

22 균일한 전계 $\boldsymbol{E}_0$ [V/m]인 진공 중에 비유전율 ϵ_s인 유전체구를 놓은 경우의 유전체 중의 분극의 세기 $\boldsymbol{P}$ [C/m2]는?

① $\frac{3\epsilon_0(\epsilon_s - 1)}{\epsilon_s - 2}\boldsymbol{E}_0$　② $\frac{3\epsilon_0(\epsilon_s + 1)}{\epsilon_s + 2}\boldsymbol{E}_0$
③ $\frac{\epsilon_0(\epsilon_s - 1)}{\epsilon_s + 2}\boldsymbol{E}_0$　④ $\frac{3\epsilon_0(\epsilon_s - 1)}{2 + \epsilon_s}\boldsymbol{E}_0$

해설

분극의 세기 : $P = \chi E = \epsilon_0(\epsilon_s - 1)E$

유전체구 내의 전계의 세기 : $E = \frac{3\epsilon_0}{2\epsilon_0 + \epsilon}E_0$

$\therefore \boldsymbol{P} = \epsilon_0(\epsilon_s - 1) \cdot \frac{3\epsilon_0}{2\epsilon_0 + \epsilon}\boldsymbol{E}_0 = \frac{3\epsilon_0(\epsilon_s - 1)}{2 + \epsilon_s}\boldsymbol{E}_0$

【답】 ④

23 E [V/m]인 평등 전계의 절연유(비유전율 ϵ_r)중에 있는 구형 기포중의 전계의 세기는 몇 [V/m]인가?

① $\frac{3\epsilon_r}{2\epsilon_r + 1}E$　② $\frac{2\epsilon_r}{3\epsilon_r + 1}E$
③ $\frac{3\epsilon_r}{\epsilon_r + 1}E$　④ $\frac{2\epsilon_r}{\epsilon_r + 1}E$

해설

구형 기포 중의 전계의 세기 : $E_0 = \dfrac{3\epsilon_r}{2\epsilon_r + 1}E$

【답】 ①

24 공기 중에서 평등 전계 E_0[V/m]에 수직으로 비유전율이 ϵ_s인 유전체를 놓았더니 σ^r [C/m^2]의 분극 전하가 표면에 생겼다면 유전체 중의 전계 강도 E[V/m]는?

① $\dfrac{\sigma^r}{\epsilon_0\epsilon_s}$　　② $\dfrac{\sigma^r}{\epsilon_0(\epsilon_s - 1)}$

③ $\epsilon_0\epsilon_s\sigma^r$　　④ $\epsilon_0(\epsilon_s - 1)\sigma^r$

해설

분극의 세기 : $P = \epsilon_0(\epsilon_s - 1)E$에서

$E = \dfrac{\sigma^r}{\epsilon_0(\epsilon_s - 1)}$ [V/m]

【답】 ②

25 그림과 같이 평행판 콘덴서의 극판 사이에 유전율이 각각 ϵ_1, ϵ_2인 두 유전체를 반반씩 채우고 극판 사이에 일정한 전압을 걸어 준다. 이때 매질 (Ⅰ), (Ⅱ) 내의 전계의 세기 E_1, E_2 사이에는 다음 어느 관계가 성립하는가?

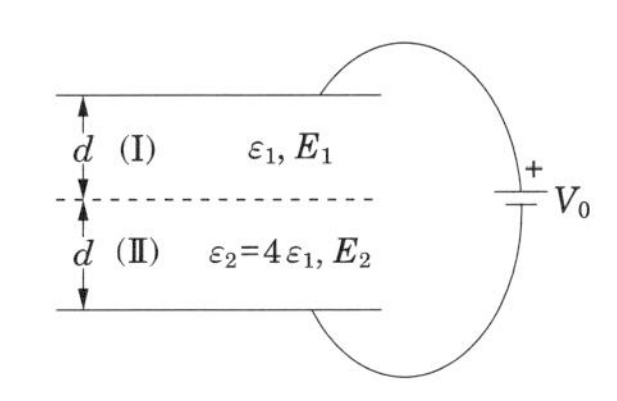

① $E_2 = 4E_1$　　② $E_2 = 2E_1$

③ $E_2 = E_1/4$　　④ $E_2 = E_1$

해설

전계의 세기는 유전율에 반비례 한다.

$E \propto \dfrac{1}{\epsilon} \rightarrow \dfrac{E_1}{E_2} = \dfrac{\epsilon_2}{\epsilon_1} = 4$

$\therefore E_2 = \dfrac{1}{4}E_1$

【답】 ③

26 간격에 비해서 충분히 넓은 평행판 콘덴서의 판 사이에 비유전률 ϵ_s 인 유전체를 채우고 외부에서 판에 수직 방향으로 전계 $\boldsymbol{E}_0$ 를 가할 때 분극 전하에 의한 전계의 세기는 몇 [V/m]인가?

① $\dfrac{\epsilon_s + 1}{\epsilon_s}\boldsymbol{E}_0$　　② $\dfrac{\epsilon_s - 1}{\epsilon_s}\boldsymbol{E}_0$

③ $\dfrac{\epsilon_s}{\epsilon_s - 1}\boldsymbol{E}_0$　　④ $\dfrac{\epsilon_s}{\epsilon_s + 1}\boldsymbol{E}_0$

해설

분극 전하를 σ 인 경우 분극의 세기

$P = \sigma = D\left(1 - \dfrac{1}{\epsilon_s}\right) = \dfrac{\epsilon_s - 1}{\epsilon_s}\epsilon_0 E_0$

$\therefore E = \dfrac{\sigma}{\epsilon_0} = \dfrac{\epsilon_s - 1}{\epsilon_s}E_0$

【답】 ②

27 정전 용량 0.06 [μF]의 평행판 공기 콘덴서가 있다. 전극판 간격의 1/2 두께의 유리판을 전극에 평행하게 넣으면 공기 부분의 정전 용량과 유리판 부분의 정전 용량을 직렬로 접속한 콘덴서와 같게 된다. 유리의 비유전율을 5라 할 때 새로운 콘덴서의 정전 용량은 몇 [μF]인가?

① 0.01　　② 0.05

③ 0.1　　④ 0.5

해설

공기 부분 정전 용량 : $C_1 = \dfrac{\epsilon_0 S}{d/2} = \dfrac{2S\epsilon_0}{d}$ [F]

유리판 부분 정전 용량 : $C_2 = \dfrac{\epsilon S}{d/s} = \dfrac{2S\epsilon}{d}$ [F]

극판간 공극의 두께 $\dfrac{1}{2}$ 상당의 유리판을 넣을 경우 정전 용량

$$C = \dfrac{1}{\dfrac{1}{C_1} + \dfrac{1}{C_2}} = \dfrac{1}{\dfrac{d}{2S}\left(\dfrac{1}{\epsilon_0} + \dfrac{1}{\epsilon}\right)} = \dfrac{1}{\dfrac{d}{2S\epsilon_0}\left(1 + \dfrac{\epsilon_0}{\epsilon}\right)}$$

$$= \dfrac{2C_0}{1 + \dfrac{\epsilon_0}{\epsilon}} = \dfrac{2C_0}{1 + \dfrac{1}{\epsilon_s}} = \dfrac{2 \times 0.06 \times 10^{-6}}{1 + \dfrac{1}{5}} \fallingdotseq 0.1\,[\mu\text{F}]$$

【답】 ③

28 그림과 같이 평행판 콘덴서 내에 비유전율 12와 18인 두 종류의 유전체를 같은 두께로 두었을 때 A에는 몇 [V]의 전압이 가해지는가?

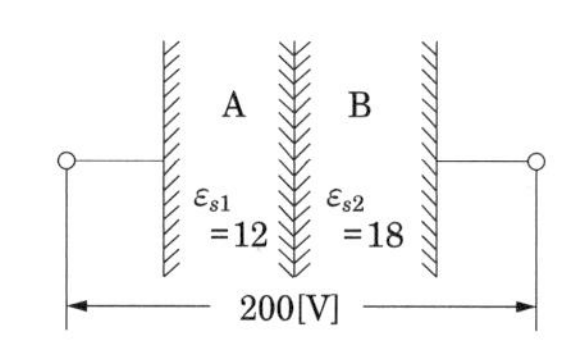

① 40　② 80
③ 120　④ 160

해설

$V=E\cdot d=\dfrac{D}{\epsilon_0\epsilon_s}d$ 에서 $V\propto\dfrac{1}{\epsilon_s}$

분배법칙을 적용하면

$V_A=\dfrac{\epsilon_{s2}}{\epsilon_{s1}+\epsilon_{s2}}V=\dfrac{18}{12+18}\times 200=120$ [V]

【답】 ③

29 정전 용량이 1 [μF]인 공기 콘덴서가 있다. 이 콘덴서 극판간의 반인 두께를 갖고 비유전율 $\epsilon_s=2$인 유전체를 콘덴서의 한 전극면에 접촉하여 넣었을 때 전체의 정전 용량 [μF]은 얼마인가?

① $\dfrac{1}{2}$
② 2
③ $\dfrac{4}{3}$
④ 4

해설

직렬 복합 유전체의 정전용량

$C=\dfrac{2C_0}{1+\dfrac{1}{\epsilon_s}}=\dfrac{2\times1\times10^{-6}}{1+\dfrac{1}{2}}=\dfrac{4}{3}\times10^{-6}$ [F] $=\dfrac{4}{3}$ [μF]

【답】 ③

30 면적 S [m^2], 간격 d [m]인 평행판 콘덴서에 그림과 같이 두께 d_1, d_2 [m]이며 유전율 ϵ_1, ϵ_2 [F/m]인 두 유전체를 극판간에 평행으로 채웠을 때 정전 용량은 얼마인가?

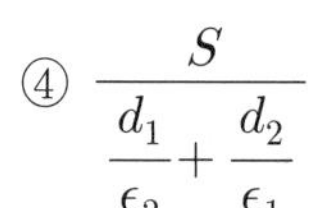

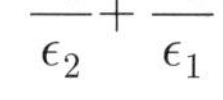

① $\dfrac{S}{\dfrac{d_1}{\epsilon_1}+\dfrac{d_2}{\epsilon_2}}$

② $\dfrac{\epsilon_1\epsilon_2 S}{d}$

③ $\dfrac{\epsilon_1 S}{d_1}+\dfrac{\epsilon_2 S}{d_2}$

④ $\dfrac{S}{\dfrac{d_1}{\epsilon_2}+\dfrac{d_2}{\epsilon_1}}$

해설

직렬 복합 유전체의 정전용량

$$C=\frac{1}{\dfrac{1}{C_1}+\dfrac{1}{C_2}}=\frac{C_1C_2}{C_1+C_2}$$

$$=\frac{\dfrac{\epsilon_1 S\epsilon_2 S}{d_1d_2}}{\dfrac{\epsilon_1 S}{d_1}+\dfrac{\epsilon_2 S}{d_2}}=\frac{\epsilon_1\epsilon_2 S}{\epsilon_2 d_1+\epsilon_1 d_2}=\frac{S}{\dfrac{d_1}{\epsilon_1}+\dfrac{d_2}{\epsilon_2}}$$

【답】 ①

31 극판의 면적이 4 [cm^2], 정전 용량 1 [pF]인 종이 콘덴서를 만들려고 한다. 비유전율 2.5, 두께 0.01 [mm]의 종이를 사용하면 종이는 몇 장을 겹쳐야 되겠는가?

① 87　② 100
③ 250　④ 885

해설

평행판 콘덴서의 정전용량 : $C=\epsilon\dfrac{S}{d}=\epsilon_0\,\epsilon_s\dfrac{S}{d}$

∴ 두께 $d=\dfrac{\epsilon_0\,\epsilon_s\,S}{C}=\dfrac{2.5\times8.85\times10^{-12}\times4\times10^{-4}}{10^{-12}}$

$=8.85\times10^{-3}$ [m] $=8.85$ [mm]

∴ 0.01 [mm] 두께이므로 $N=\dfrac{8.85}{0.01}=885$ [장]

【답】 ④

32 절연유($\epsilon_r = 2.5$) 중의 점전하 16 [μC]을 중심으로 하는 구면상에서 $r = 5$ [m], $0 \le \theta \le \frac{\pi}{2}$, $0 \le \phi \le \frac{\pi}{2}$ 인 표면을 지나는 전속선은 몇 [lines]인가?

① 0.8×10^{-6}　② 1.6×10^{-6}
③ 2×10^{-6}　④ 4×10^{-6}

해설

전속선 수 $= \int_s \boldsymbol{D} \cdot d\boldsymbol{S} = Q = 16 \times 10^{-6}$ [개]

주어진 영역은 구 표면의 $\frac{1}{8}$에 해당되므로

$N = \frac{1}{8} \times Q = \frac{1}{8} \times 16 \times 10^{-6} = 2 \times 10^{-6}$ [개]

【답】 ③

33 종이, 콘덴서는 그림과 같이 금속박과 종이를 겹쳐서 이것을 감아서 원통형으로 만든 것이다. 기름감은 절연물을 첨부시킨 종이의 비유전율은 2.5이고, 폭이 30 [mm], 두께가 0.02 [mm]이다. 이때 0.1 [μF]의 정전 용량을 얻으려면, 종이의 길이를 얼마로 취해야 할 것인가?

① 12.08 [m]
② 6.04 [m]
③ 3.02 [m]
④ 1.51 [m]

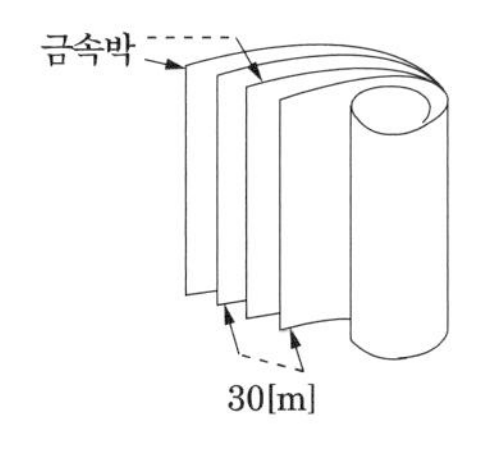

해설

평행판 콘덴서 정전용량 $C = \frac{\epsilon A}{d}$ 에서 면적

$A =$ 폭 × 길이

폭을 P라 하면 길이

$l = \frac{d}{P\epsilon} C = \frac{0.02 \times 10^{-3} \times 0.1 \times 10^{-6}}{30 \times 10^{-3} \times 8.854 \times 10^{-12} \times 2.5} \fallingdotseq 3.012$ [m]

【답】 ③

34 반지름 a [m]인 도체구에 전하 Q [C]를 주었을 때 구 중심에서 r [m] 떨어진 구 밖($r > a$)의 전속 밀도 D [C/m^2]는 얼마인가?

① $\frac{Q}{2\pi\epsilon r}$　② $\frac{Q}{4\pi r^2}$
③ $\frac{Q}{4\pi\epsilon a^2}$　④ $\frac{Q}{4\pi r}$

해설

가우스 정리

$$\int_s \boldsymbol{E} \cdot d\boldsymbol{S} = \int_s E_n dS = E_n \int_s dS = E_n 4\pi r^2 = \frac{Q}{\epsilon}$$

$$\therefore \epsilon E_n = D_n = \frac{Q}{4\pi r^2} = D \text{ [C/m}^2\text{]}$$

【답】 ②

35 합성 수지의 절연체에 5×10^3 [V/m]의 전계를 가했을 때, 이때의 전속 밀도를 구하면 약 몇 [C/m^2]이 되는가? 단, 이 절연체의 비유전율은 10으로 한다.

① 40.28×10^{-5}　② 41.28×10^{-8}
③ 43.52×10^{-4}　④ 44.28×10^{-8}

해설

전속밀도 : $D = \epsilon E = \epsilon_0 \epsilon_s E = 8.855 \times 10^{-12} \times 10 \times 5 \times 10^3$
$= 44.28 \times 10^{-8}$ [C/m^2]

【답】 ④

36 진공 중에서 어떤 대전체의 전속이 Q 이었다. 이 대전체를 비유전율 2.2인 유전체 속에 넣었을 경우의 전속은?

① Q　② ϵQ
③ 2.2 Q　④ 0

해설

Gauss 법칙 : $\oint \boldsymbol{D} \cdot n dS = Q$

전속수는 유전율에 관계없이 항상 전하량과 같으므로 Q 개다.

【답】 ①

37 폐곡면으로부터 나오는 유전속(dielectric flux)의 수가 N 일 때 폐곡면 내의 전하량은 얼마인가?

① N ② $\frac{N}{\epsilon_0}$

③ $\epsilon_0 N$ ④ $\frac{N}{2\epsilon_0}$

해설

Gauss 법칙 : $\oint_s \boldsymbol{D} \cdot d\boldsymbol{S} = Q$

폐곡면 S를 나오는 유전속 수 = 폐곡면 S 내의 진 전하임을 의미한다.

【답】 ①

38 $D = e^{-2}\sin x\, a_x - e^{-2} y\cos x \cdot ay + 5za_z$ [C/m^2]이고 미소 체적은 $\Delta v = 10^{-12}$ [m^3]일 때 Δv 내에 존재하는 전하의 근사값은 약 몇 [C]인가?

① $(2\cos x) \times 10^{-12}$

② $(2\sin x) \times 10^{-12}$

③ 5×10^{-12}

④ $(2e^{-z}\sin x) \times 10^{-12}$

해설

$\text{div} D = \rho$ [C/m^3]

$\text{div} D = \nabla \cdot D = \frac{\partial Dx}{\partial x} + \frac{\partial Dy}{\partial y} + \frac{\partial Dz}{\partial z}$

$= \frac{\partial}{\partial x}(e^{-2}\sin x) + \frac{\partial}{\partial y}(-e^{-2}y\cos x) + \frac{\partial}{\partial z}(5z)$

$= e^{-2}\cos x + (-e^{-2} \cdot \cos x) + 5 = 5$

$\therefore \rho = 5$ [C/m^3]

$\therefore \Delta Q = \rho \cdot \Delta v = 5 \times 10^{-12}$ [C]

【답】 ③

39 전속 밀도 $\boldsymbol{D} = 2xyz^3\boldsymbol{a_x} + x^2z^2\boldsymbol{a_y} + 3x^2yz^2 a_z$ 일 때 점 P(2, 2, 2)에 있는 정 20면체의 10^{-12} [m^3]인 미소 체적소 내의 전하량은?

① 32×10^{-12} [C] ② 64×10^{-12} [C]

③ 128×10^{-12} [C] ④ 256×10^{-12} [C]

해설

$\text{div} D = \rho$ [C/m^3]

$\rho = \nabla \cdot \boldsymbol{D} = \frac{\partial D_x}{\partial x} + \frac{\partial D_y}{\partial y} + \frac{\partial D_z}{\partial z}$ [C/m^3]

$= 2yz^3 + 6x^2yz = 2 \times 2 \times 2^3 + 6 \times 2^2 \times 2 \times 2 = 128$ [C/m^3]

$Q = 128 \times 10^{-12}$ [C]

【답】 ③

40 극판 면적이 50 [cm^2], 간격이 5 [cm]인 평행판 콘덴서의 극판간에 유전율 3인 유전체를 넣은 후 극판간에 50 [V]의 전위차를 가하면 전극판을 떼어내는 데 필요한 힘은 몇 [N]인가?

① −600 ② −750

③ −6000 ④ −7500

해설

$F = f_e \cdot S = \frac{1}{2}\epsilon_0 \cdot \epsilon_s \cdot E^2 \cdot S$

$= \frac{1}{2}\epsilon_0 \cdot \epsilon_s \cdot \left(\frac{V}{d}\right)^2 \cdot S$

$= \frac{1}{2} \times 3 \times \left(\frac{50}{5 \times 10^{-2}}\right)^2 \times 50 \times 10^{-4} = 7500$ [N] (흡인력)

【답】 ④

41 면적이 300 [cm^2], 판 간격 2 [cm]인 두 장의 평행판 금속 사이를 비유전율 5인 유전체로 채우고 두 판간에 20 [kV]의 전압을 가할 경우 판간에 작용하는 정전 흡인력[N]은?

① 0.75 ② 0.66

③ 0.89 ④ 10

해설

평행판 콘덴서의 정전용량

$$C=\frac{\epsilon_0\epsilon_s S}{d}$$

$$=\frac{8.855\times10^{-12}\times5\times300\times10^{-4}}{2\times10^{-2}}=6.641\times10^{-11}\ [\text{F}]$$

정전에너지

$$W=\frac{1}{2}CV^2$$

$$=\frac{1}{2}\times6.641\times10^{-11}\times(20\times10^3)^2=13.28\times10^{-3}\ [\text{J}]$$

정전 흡인력 : $F=\frac{\partial W}{\partial d}=\frac{13.28\times10^{-3}}{2\times10^{-2}}=0.66\ [\text{N}]$

【답】 ②

42 평행판 사이에 유전율이 ϵ_1, ϵ_2되는 ($\epsilon_2<\epsilon_1$) 유전체를 경계면이 판에 평행하게 그림과 같이 채우고 그림의 극성으로 극판 사이에 전압을 걸었을 때 두 유전체 사이에 작용하는 힘은?

① ①의 방향
② ②의 방향
③ ③의 방향
④ ④의 방향

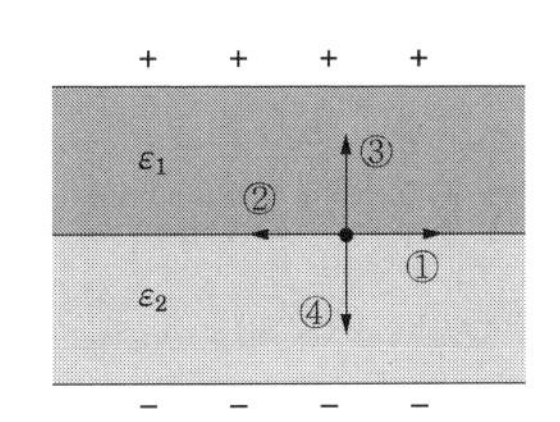

해설

유전율이 큰 쪽에서 작은 쪽으로 끌려 들어가는 맥스웰 응력이 작용한다.

【답】 ④

43 간격 d [m], 면적 S [m^2]의 평행판 커패시터 사이에 유전율 ϵ를 갖는 절연체를 넣고 전극간에 V [V]의 전압을 가할 때, 양 전극판을 떼어내는데 필요한 힘의 크기는 몇 [N]인가?

① $\frac{1}{2\epsilon}\frac{V^2}{d^2S}$　② $\frac{1}{2\epsilon}\frac{dV^2}{S}$

③ $\frac{1}{2}\epsilon\frac{V}{d}S$　④ $\frac{1}{2}\epsilon\frac{V^2}{d^2}S$

해설

도체 표면에 작용하는 힘

$$F=f\cdot S=\frac{1}{2}\epsilon E^2\cdot S=\frac{1}{2}\epsilon\left(\frac{V}{d}\right)^2\cdot S\ [\text{N}]$$

【답】 ④

44 공간 전하 밀도 ρ [C/m^3]를 가진 점의 전압이 V [V], 전계의 세기가 E [V/m]일 때 공간 전체의 전하가 가진 에너지는 몇 [J]인가?

① $\frac{1}{2}\int_v E^2 dv$

② $\frac{1}{2}\int_v \rho\,\mathrm{div}\,\boldsymbol{D}\,dv$

③ $\frac{1}{2}\int_v V\mathrm{div}\,\boldsymbol{D}\,dv$

④ $\frac{1}{2}\int_v V(-\mathrm{grad}\,V)dv$

해설

체적 중의 전하가 가지는 에너지

$$dW=\frac{1}{2}V\rho dv\ [\text{J}]$$

$$\therefore W=\int_v dW=\frac{1}{2}\int V\rho dv=\frac{1}{2}\int_v V\mathrm{div}\boldsymbol{D}dv\ [\text{J}]$$

【답】 ③

45 유전율 ϵ [F/m]인 유전체 내에서 반지름 a [m]인 도체구의 전위가 V [V]일 때 이 도체구가 가진 에너지는 몇 [J]인가?

① $4\pi\epsilon aV$　② $2\pi\epsilon aV$

③ $4\pi\epsilon aV^2$　④ $2\pi\epsilon aV^2$

해설

도체구의 정전 용량 : $C=4\pi\epsilon a$ [F]

정전에너지 : $W=\frac{1}{2}CV^2=\frac{1}{2}\times4\pi\epsilon aV^2=2\pi\epsilon aV^2$ [J]

【답】 ④

46 정전 에너지와 전속 밀도, 비유전율 ϵ_r과의 관계에 대한 설명 중 틀린 것은?

① 동일 전속에서는 ϵ_r이 클수록 축적되는 정전 에너지는 작아진다.
② 축적되는 정전 에너지가 일정할 때 ϵ_r이 클수록 전속 밀도가 커진다.
③ 굴절각이 큰 유전체의 ϵ_r이 크다.
④ 전속은 매질 내에 축적되는 에너지가 최대가 되도록 분포된다.

해설

Thomson의 정리 : 정전계는 에너지가 최소인 상태로 분포된다. 즉, 전속은 매질 내에 축적되는 에너지가 최소가 되도록 분포한다.

【답】 ④

47 누설이 없는 콘덴서의 소모 전력은 얼마인가?

① $\frac{1}{2}CV^2$　② $\frac{Q}{\epsilon}$
③ ∞　④ 0

해설

전압과 전류의 상차각 $\theta = 90°$이므로
$P = EI\cos 90° = 0$

【답】 ④

48 정전 용량 5 [μF]인 콘덴서를 200 [V]로 충전하여 자기 인덕턴스 $L = 20$ [mH], 저항 $r = 0$인 코일을 통해 방전할 때 생기는 전기 진동의 주파수 f [Hz] 및 코일에 축적되는 에너지[J]는?

① 500, 0.1　② 50, 1
③ 500, 1　④ 5000, 0.1

해설

정전에너지

$$W = \frac{1}{2}CV^2 = \frac{1}{2} \times 5 \times 10^{-6} \times (200)^2 = 0.1 \text{ [J]}$$

진동 주파수

$$f = \frac{1}{2\pi\sqrt{LC}}$$

$$= \frac{1}{2 \times 3.14\sqrt{20 \times 10^{-3} \times 5 \times 10^{-6}}} = 503 \fallingdotseq 500 \text{ [Hz]}$$

【답】 ①

전계의 특수해법(전기영상법)

도체계의 전계를 구할 때에 정전유도 등에 의하여 도체계의 전하 분포가 변화하는 경우는 쿨롱의 법칙, 가우스 법칙, 포아송의 방정식 및 라플라스 방정식 등으로는 계산이 곤란하다. 따라서 도체의 전하 분포 및 경계 조건을 교란시키지 않는 전하를 가상(영상전하)함으로써 간단히 도체 주위의 전계를 해석하는 방법을 사용한다. 이것을 전기영상법(electric image method)이라 한다.

1. 평면도체와 점 전하

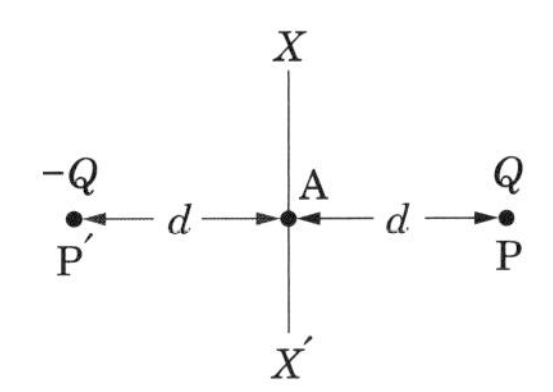

그림 1 평면도체와 점 전하

그림 1과 같이 도체 평면 XX'에서 거리 d인 점 P에 점전하 Q가 있는 경우의 평면도체와 점전하 사이에 작용하는 힘은 도체면에 대하여 대칭인 영상점 P'에 영상 전하 $-Q$가 있다고 가정하고 힘을 구한다.

$$F = \frac{Q \times (-Q)}{4\pi\epsilon_0 (2d)^2} = -\frac{Q^2}{16\pi\epsilon_0 d^2}$$

평면도체와 점전하 사이에는 전하의 부호에 관계없이 항상 (−)의 흡인력이 작용한다.

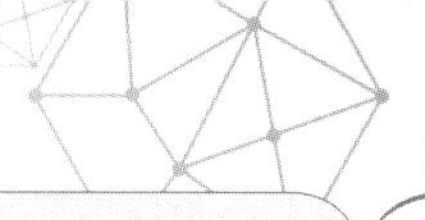

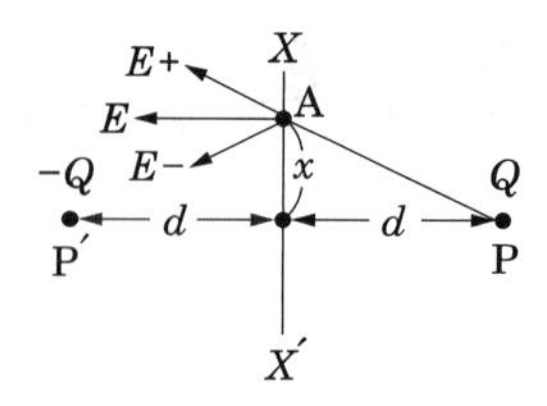

그림 2 점점하에 작용하는 전계의 세기

그림 2와 같이 A점이 수직면이 아닌 XX'의 임의의 한점인 경우 평면도체와 점전하 사이에 작용하는 힘은

$$D = \sigma, \quad D = \epsilon_0 E$$

$$\therefore \sigma = \epsilon_0 E$$

이며 원점으로부터 거리 x인 도체 위의 한 점에서의 전계 E는

$$E_+ = E_- = \frac{Q}{4\pi\epsilon_0 r^2} = \frac{Q}{4\pi\epsilon_0 (d^2 + x^2)}$$

$$E = E_+ + E_- = 2E_+ \cos\theta = \frac{Q}{2\pi\epsilon_0 (d^2 + x^2)} \cdot \frac{d}{\sqrt{d^2 + x^2}}$$

$$= \frac{Qd}{2\pi\epsilon_0 (d^2 + x^2)^{3/2}}$$

전하밀도는

$$\sigma = -\epsilon_0 E = -\frac{Qd}{2\pi (d^2 + x^2)^{3/2}} [\text{C/m}^2]$$

가 된다. $x = 0$ 이라 하면 σ가 최대가 된다.

$$|\sigma|_{\max} = -\frac{Q}{2\pi d^2} [\text{C/m}^2]$$

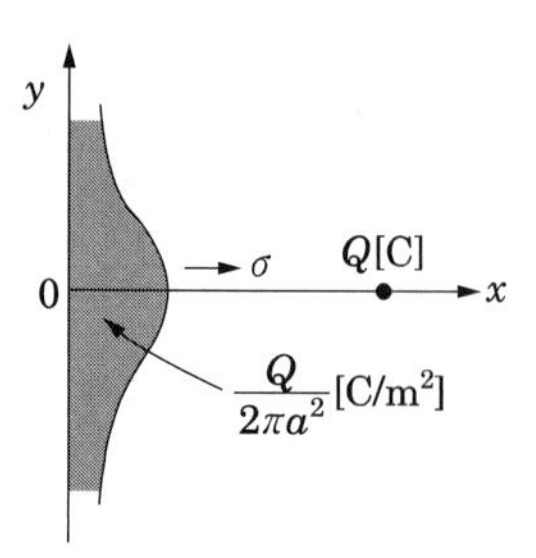

그림 3 전점하에 의한 전계분포

예제문제 01

무한 평면 도체로부터 수직 거리 a [m]인 곳에 점전하 Q [C]이 있을 때 Q [C]과 무한 평면 도체간의 작용력[N]은? 단, 공간 매질의 유전율은 ϵ [F/m]이다.

① $\dfrac{Q^2}{2\pi\epsilon_0 a^2}$　② $\dfrac{-Q^2}{16\pi\epsilon_0 a^2}$　③ $\dfrac{Q^2}{4\pi\epsilon a^2}$　④ $\dfrac{-Q^2}{16\pi\epsilon a^2}$

해설

점전하 Q [C]과 무한 평면 도체간의 작용력[N]은 영상 전하 $-Q$ [C]과의 작용력[N]이므로

$F = \dfrac{-Q^2}{4\pi\epsilon(2a)^2} = \dfrac{-Q^2}{16\pi\epsilon a^2}$ [N]

여기서, (-)는 흡인력이다.

답 : ④

예제문제 02

점전하 Q [C]에 의한 무한 평면 도체의 영상 전하는?

① $-Q$ [C]보다 작다.　② Q [C]보다 크다.

③ $-Q$ [C]과 같다.　④ Q [C]과 같다.

해설

영상 전하는 $-Q$ [C]이고, 거리는 $+Q$ [C]과 반대 방향으로 등거리이다.

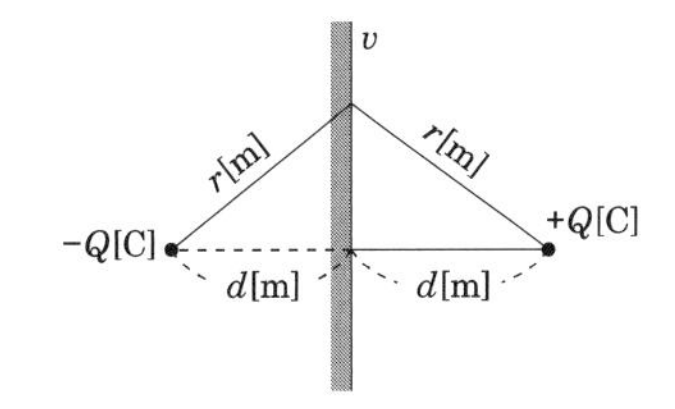

답 : ③

예제문제 03

지표면상 h [m] 위의 반지름 a [m]인 도체구에 Q [C]의 전하가 있을 때 Q [C]의 전하가 받는 전기력은 몇 [N]인가? 단, $a \ll h$이다.

① $\dfrac{Q^2}{16\pi\epsilon_0 h}$　② $\dfrac{Q^2}{16\pi\epsilon_0 h^2}$　③ $\dfrac{Q^2}{4\pi\epsilon_0 h}$　④ $\dfrac{Q^2}{4\pi\epsilon_0 h^2}$

해설

영상전하에 의한 작용력 : $F = \dfrac{Q\cdot(-Q)}{4\pi\epsilon_0(2h)^2} = \dfrac{-Q^2}{16\pi\epsilon_0 h^2}$ [N]

답 : ②

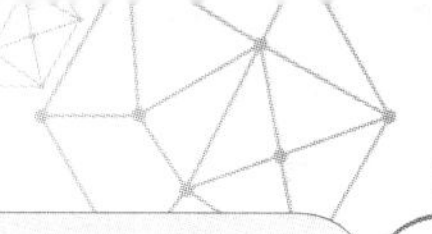

예제문제 04

공기 중에서 무한 평면 도체 표면 아래의 1 [m] 떨어진 곳에 1 [C]의 점전하가 있다. 전하가 받는 힘의 크기는 몇 [N]인가?

① 9×10^9　② $\frac{9}{2}\times10^9$　③ $\frac{9}{4}\times10^9$　④ $\frac{9}{16}\times10^9$

해설

영상전하에 의한 작용력

$$F=\frac{1}{4\pi\epsilon_0}\frac{QQ'}{(2r)^2}=\frac{Q^2}{16\pi\epsilon_0 r^2}=\frac{1}{4}\times9\times10^9\times1\ [\text{N}]$$

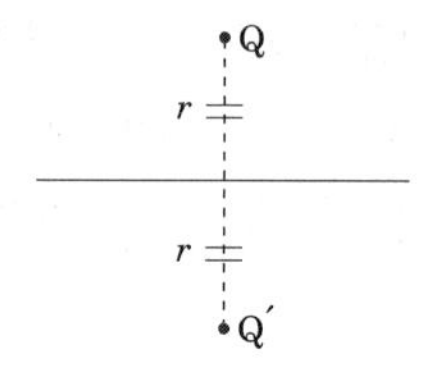

답 : ③

예제문제 05

무한 평면 도체로부터 거리 a [m]인 곳에 점전하 Q [C]이 있을 때 이 무한 평면 도체 표면에 유도되는 면밀도가 최대인 점의 전하 밀도는 몇 [C/m²]인가?

① $-\frac{Q}{2\pi a^2}$　② $-\frac{Q^2}{4\pi a}$　③ $-\frac{Q}{\pi a^2}$　④ 0

해설

무한 평면 도체상의 기준 원점으로부터 x [m]인 곳의 유기 전하 밀도[C/m²]

$$\sigma=-D-\epsilon_0E=-\frac{Q\cdot a}{2\pi(a^2+x^2)^{3/2}}\ [\text{C/m}^2]$$

$$\therefore \sigma_{\max}=[\sigma]_{x=0}=-\frac{Q}{2\pi a^2}\ [\text{C/m}^2]$$

$$\sigma_{\min}=[\sigma]_{x=\infty}=0$$

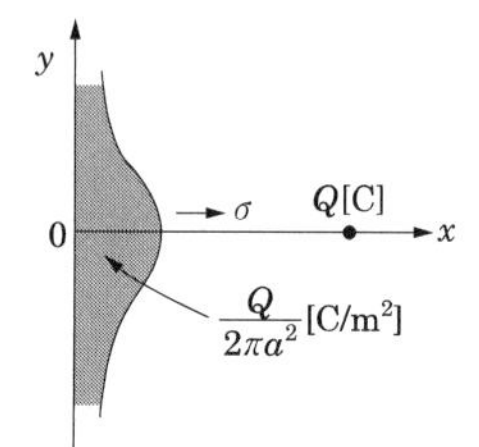

답 : ①

2. 접지 도체구와 점전하

그림 4와 같이 반지름 a의 접지 도체구의 중심으로부터 $d(>a)$인 점에 점전하 Q가 있는 경우 접지도체구와 전하 Q 사이에 작용하는 힘은 다음과 같다.

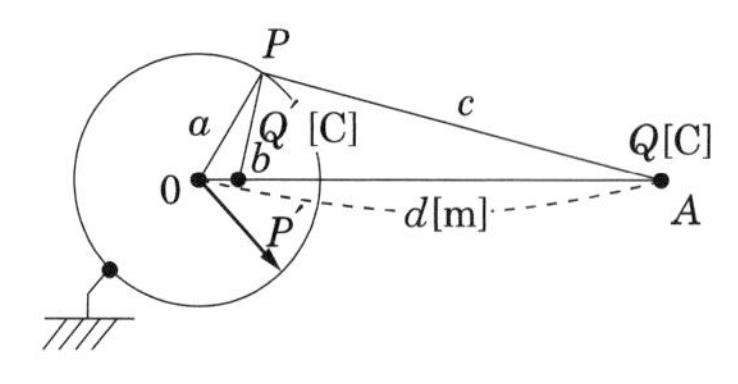

그림 4 접지도체구와 점전하

2.1 영상전하의 위치

구면상의 P점의 전위 V_P은

$$V_P = \frac{1}{4\pi\epsilon_0}\left(\frac{Q'}{b} + \frac{Q}{c}\right) = 0$$

가 된다. 접지 도체구 이므로 $V_P = 0$이 된다. 따라서

$$\frac{Q'}{b} + \frac{Q}{c} = 0$$

$$\frac{b}{c} = -\frac{Q'}{Q}$$

$\triangle APO$와 $\triangle PP'O$가 같은 형상이 되도록 P'를 정하면 $\angle POA$는 공통인 각이 된다.

$$\frac{b}{c} = \frac{a}{d} = \frac{\overline{\mathrm{OP}'}}{a}$$

$$\therefore\ \overline{\mathrm{OP}'} = \frac{a^2}{d}$$

이 점이 영상전하가 존재하는 점이 된다. 이것을 영상점이라 한다.
영상전하의 크기는 다음과 같다.

$$\frac{b}{c} = -\frac{Q'}{Q}$$

$$Q' = -\frac{b}{c}Q = -\frac{a}{d}Q$$

영상전하와 점전하의 거리 AP'는

$$\overline{AP'} = d - \frac{a^2}{d} = \frac{d^2 - a^2}{d}$$

가 된다.
따라서 영상전하와 점전하 사이의 작용하는 힘은

$$F = \frac{Q\left(-\frac{a}{d}Q\right)}{4\pi\epsilon_0\left(\frac{d^2 - a^2}{d}\right)^2} = -\frac{a\,d\,Q^2}{4\pi\epsilon_0(d^2 - a^2)^2}\,[\mathrm{N}]$$

가 된다. 이 힘은 흡인력이 된다.

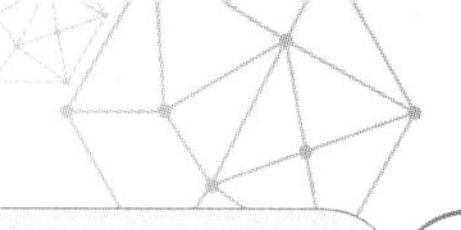

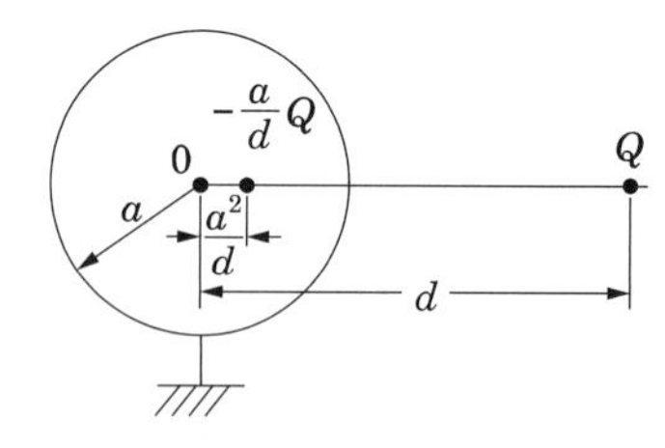

그림 5 영상전하의 위치

예제문제 06

반지름 a [m]인 접지 도체구 중심으로부터 d [m] ($>a$)인 곳에 점전하 Q [C]이 있으면 구도체에 유기되는 전하량[C]은?

① $-\frac{a}{d}Q$　② $\frac{a}{d}Q$　③ $-\frac{d}{a}Q$　④ $\frac{d}{a}Q$

해설

점 P'의 영상 전하 : $Q'=-\frac{a}{d}Q$[C]

거리 $\overline{OP'}=\frac{a^2}{d}$[m]이다.

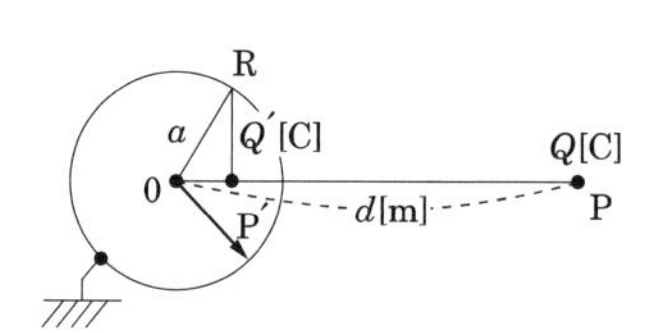

답 : ①

예제문제 07

반지름 a인 접지 도체구의 중심에서 $d(>a)$되는 곳에 점전하 Q가 있다. 도체구에 유기되는 영상 전하 및 그 위치(중심에서의 거리)는 각각 얼마인가?

① $+\frac{a}{d}Q$이며 $\frac{a^2}{d}$이다.　② $-\frac{a}{d}Q$이며 $\frac{a^2}{d}$이다.

③ $+\frac{d}{a}Q$이며 $\frac{a^2}{d}$이다.　④ $-\frac{d}{a}Q$이며 $\frac{d^2}{a}$이다.

답 : ②

예제문제 08

접지 구도체와 점전하간의 작용력은?

① 항상 반발력이다.　② 항상 흡인력이다.

③ 조건적 반발력이다.　④ 조건적 흡인력이다.

해설

접지 구도체에는 항상 점전하와 반대 극성인 전하가 유도되므로 항상 흡인력이 작용한다.

답 : ②

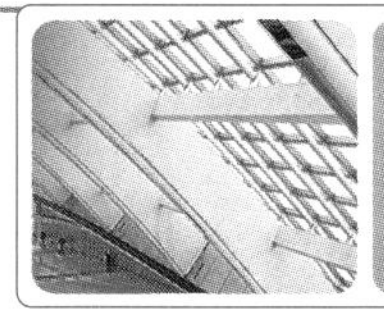

핵심과년도문제

5·1

전류 $+I$와 전하 $+Q$가 무한히 긴 직선상의 도체에 각각 주어졌고 이들 도체는 진공 속에서 각각 투자율과 유전율이 무한대인 물질로 된 무한대 평면과 평행하게 놓여 있다. 이 경우 영상법에 의한 영상 전류와 영상 전하는? 단, 전류는 직류이다.

① $-I, -Q$　　② $-I, +Q$　　③ $+I, -Q$　　④ $+I, +Q$

해설 무한 평면에 의한 영상분은 크기가 같고 부호는 반대가 된다. 【답】 ①

5·2

반지름 a [m] 되는 접지 도체구의 중심에서 r [m]되는 거리에 점전하 Q [C]을 놓았을 때 접지 도체구에 유도된 총전하[C]는?

① 0　　② －Q　　③ $-\frac{a}{r}Q$　　④ $-\frac{r}{a}Q$

해설 점 P에서 Q의 전하를 주고, 도체구를 접지($V_1=0$)하였을 때 유도되는 전하를 Q'인 경우

$$V_1 = 0 = P_{11}Q' + P_{12}Q$$

$$\therefore Q' = -\frac{P_{12}}{P_{11}}Q = \frac{\frac{1}{4\pi\epsilon_0 r}}{\frac{1}{4\pi\epsilon_0 a}}Q = -\frac{a}{r}Q$$

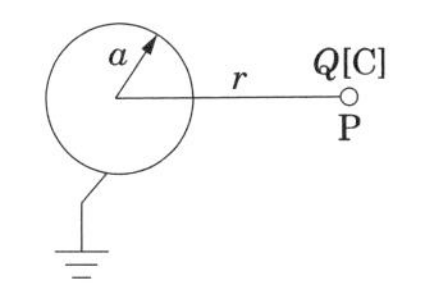

【답】 ③

5·3

그림과 같이 진공 중에 놓인 무한 평면 도체의 표면에서 r [m] 떨어진 점에 점전하 Q [C]을 놓았을 때 이 전하에 작용하는 힘을 MKS 유리 단위로 나타내면?

① $\frac{Q}{4\pi\epsilon_0 r^2}$　　② $\frac{Q^2}{4\pi\epsilon_0 r^2}$

③ $\frac{Q}{16\pi\epsilon_0 r^2}$　　④ $\frac{Q^2}{16\pi\epsilon_0 r^2}$

Q
r[m]
도체면

해설 영상전하에 의한 작용력 : $F = \frac{-Q \cdot Q}{4\pi\epsilon_0(2r)^2} = -\frac{Q^2}{16\pi\epsilon_0 r^2}$ [N] 【답】 ④

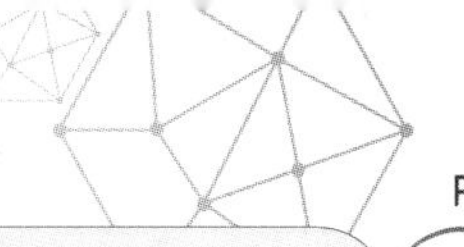

5·4

평면 도체 표면에서 d [m]의 거리에 점전하 Q [C]이 있을 때 이 전하를 무한원까지 운반하는데 요하는 일[J]을 구하면?

① $\dfrac{Q^2}{4\pi\epsilon_0 d}$　② $\dfrac{Q^2}{8\pi\epsilon_0 d}$　③ $\dfrac{Q^2}{16\pi\epsilon_0 d}$　④ $\dfrac{Q^2}{32\pi\epsilon_0 d}$

해설 영상전하에 의한 작용력 : $F=\dfrac{-Q^2}{4\pi\epsilon_0(2d)^2}=\dfrac{-Q^2}{16\pi\epsilon_0 d^2}$ [N]

요하는 일 : $W=\displaystyle\int_d^\infty F dr=\frac{Q^2}{16\pi\epsilon_0}\int_d^\infty \frac{1}{d^2}dr=\frac{Q^2}{16\pi\epsilon_0}\left[-\frac{1}{d}\right]_d^\infty$

$=\dfrac{Q^2}{16\pi\epsilon_0 d}$ [J]

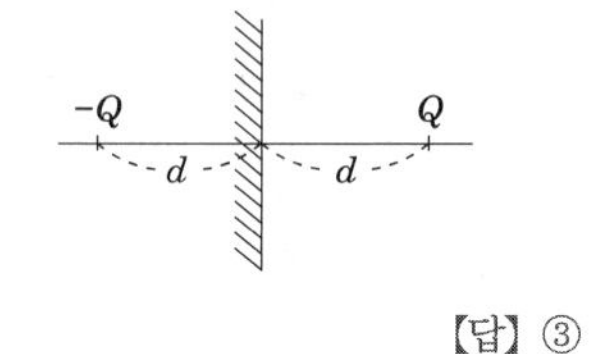

【답】 ③

5·5

그림과 같은 직교 도체 평면상 P점에 Q [C]의 전하가 있을 때 P'점의 영상 전하는?

① Q^2　② Q

③ $-Q$　④ 0

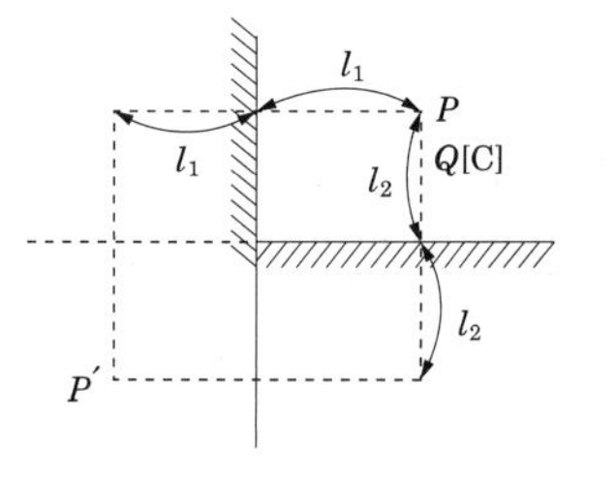

해설 직교이면 영상 전하 개수 : $n=\dfrac{360°}{\theta}-1$(개)

$\therefore n=\dfrac{360°}{90°}-1=3$(개)이다.

2상 안에 영상 전하가 $Q'=-Q$

3상 안에 영상 전하가 $Q'=+Q$

4상 안에 영상 전하가 $Q'=-Q$

$\therefore P'$점 영상 전하는 Q [C]이다.

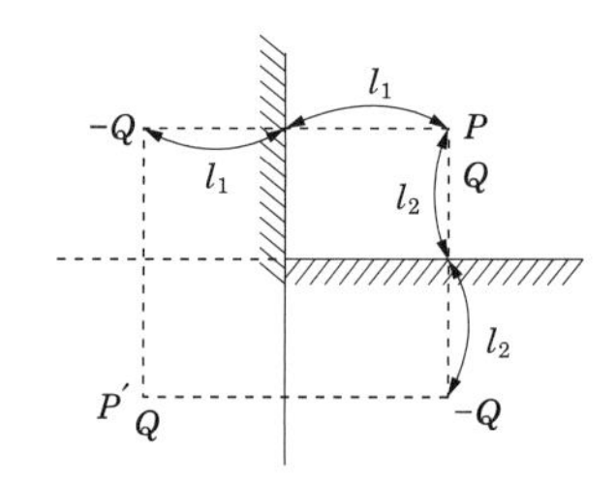

【답】 ②

심화학습문제

01 전기 영상법에 대하여 옳지 않은 것은?

① 도체 평면 S와 점전하 q가 대립되어 있을 때의 문제를 점전하 $+q$와 영상 전하 $-q$가 대립되어 있는 문제로 풀 수 있다.
② $+q, -q$ 인 점전하가 대립되어 있을 때의 문제를 점전하 $+q$와 도체 평면S가 대립되어 있을 때의 문제로 풀 수 있다.
③ 도체 평면에 대한 점전하와 그 영상 전하는 항상 전하량이 같고 부호가 반대이다.
④ 도체 접지구에 관한 점전하와 그 영상 전하는 항상 전하량이 같고 부호가 반대이다.

해설

도체 접지구 영상전하의 크기 : $Q' = -\frac{a}{d}Q$

【답】 ④

02 무한 평면 도체로부터 거리 d [m]의 곳에 점전하 Q [C]이 있을 때 Q와 평면 도체간에 작용하는 힘[N]은?

① $\dfrac{Q}{4\pi\epsilon_0 d^2}$　② $\dfrac{Q^2}{4\pi\epsilon_0 d^2}$
③ $\dfrac{Q^2}{8\pi\epsilon_0 d^2}$　④ $\dfrac{Q^2}{16\pi\epsilon_0 d^2}$

해설

영상전하에 의한 작용력

$$F = \frac{-Q^2}{4\pi\epsilon_0 (2d)^2} = \frac{-Q^2}{16\pi\epsilon_0 d^2} \text{ [N]}$$

【답】 ④

03 대지면에 높이 h [m]로 평행 가설된 매우 긴 선전하(선전하 밀도 λ [C/m])가 지면으로부터 받는 힘[N/m]은?

① h에 비례한다.　② h에 반비례한다.
③ h^2에 비례한다.　④ h^2에 반비례한다.

해설

지상의 높이 h [m]와 같은 길이에 선전하 밀도 $-\lambda$ [C/m]인 영상 전하를 고려한 선전하간의 작용력

$$f = -\lambda E = -\lambda \cdot \frac{\lambda}{2\pi\epsilon_0 (2h)} = \frac{-\lambda^2}{4\pi\epsilon_0 h} \propto \frac{1}{h}$$

【답】 ②

04 그림과 같이 무한 평면 도체로부터 수직 거리 a [m]인 곳에 점전하 Q [C]이 있다. 점전하 Q [C]으로부터 r [m] 떨어진 점 (0, y)의 전위[V]는?

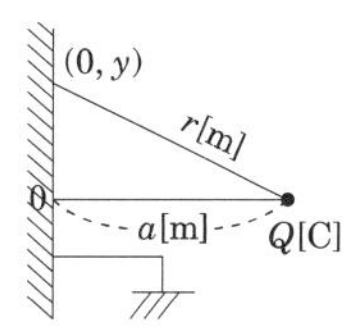

① 0
② $\dfrac{Q}{4\pi\epsilon_0}\left[\dfrac{1}{\sqrt{a^2+x^2}}\right]$
③ $\dfrac{Q}{4\pi\epsilon_0}\left[\dfrac{1}{(a^2+x^2)} + \dfrac{1}{(a^2-x^2)}\right]$
④ $\dfrac{Q}{4\pi\epsilon_0}\left[\dfrac{1}{\sqrt{a^2+y^2}} + \dfrac{1}{\sqrt{a^2+y^2}}\right]$

해설

무한 평면 도체 내부에 전하 Q [C]과 정반대 방향의 대칭점에 영상 전하 $-Q$ [C] 인 경우 무한 평면상의 전위 → $V = \dfrac{Q}{4\pi\epsilon_0 r} - \dfrac{Q}{4\pi\epsilon_0 r} = 0$

여기서, $r = \sqrt{a^2+y^2}$ [m]

【답】 ①

05 무한 평면 도체와 d [m] 떨어져 평행한 무한장 직선 도체에 ρ [C/m]의 전하 분포가 주어졌을 때 직선 도체가 단위 길이당 받는 힘은? 단, 공간의 유전율은 ϵ이다.

① 0 [N/m] ② $\frac{\rho^2}{\pi\epsilon d}$ [N/m]

③ $\frac{\rho^2}{2\pi\epsilon d}$ [N/m] ④ $\frac{\rho^2}{4\pi\epsilon d}$ [N/m]

해설

지상의 높이 d [m]와 같은 깊이에 선전하 밀도 $-\rho$ [C/m]인 영상 전하를 고려한 작용력

$$F = -\rho \cdot E = -\rho \cdot \frac{\rho}{2\pi\epsilon(2d)} = -\frac{\rho^2}{4\pi\epsilon d} \text{ [N/m]}$$

【답】 ④

06 질량이 10^{-3} [kg]인 작은 물체가 전하 Q [C]을 가지고 무한 도체 평면 아래 2×10^{-2} [m]에 있다. 전기 영상법을 이용하여 정전력이 중력과 같게 되는데 필요한 Q 의 값[C]은?

① 약 2.5×10^{-8} ② 약 3.2×10^{-8}
③ 약 4.2×10^{-8} ④ 약 5.0×10^{-8}

해설

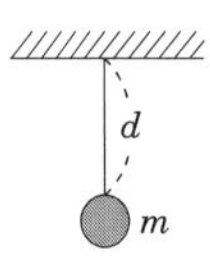

영상 전하에 의한 작용력

$$F = \frac{Q^2}{4\pi\epsilon_0 r^2} = \frac{Q^2}{4\pi\epsilon_0 (2d)^2} = mg$$

$$\therefore \frac{Q^2}{16\pi\epsilon_0 d^2} = mg \text{ 에서 } Q^2 = 16\pi\epsilon_0 d^2 mg$$

$m = 10^{-3}$ [kg], $d = 2\times10^{-2}$ [m]를 대입하면

$$\therefore Q^2 = 16\pi \times \frac{1}{36\pi\times10^{-9}} \times (2\times10^{-2})^2 \times 10^{-3} \times 9.8$$

$$= 17.42\times10^{-16}$$

$$\therefore Q = \sqrt{17.42\times10^{-16}} \fallingdotseq 4.2\times10^{-8} \text{ [C]}$$

【답】 ③

07 반지름 a인 접지 구형 도체와 점전하가 유전율 ϵ인 공간에서 각각 원점과 $(d, 0, 0)$인 점에 있다. 구형 도체를 제외한 공간의 전계를 구할 수 있도록 구형 도체를 영상 전하로 대치할 때의 영상 점전하의 위치는? 단, $d > a$ 이다.

① $\left(-\frac{a^2}{d}, 0, 0\right)$ ② $\left(+\frac{a^2}{d}, 0, 0\right)$

③ $\left(0, +\frac{a^2}{d}, 0\right)$ ④ $\left(+\frac{d^2}{4a}, 0, 0\right)$

해설

영상 전하의 위치는 구의 중심으로부터 점전하쪽 방향으로 $\frac{a^2}{d}$ 만큼 떨어진 곳에 위치한다.

【답】 ②

전 류

1. 전류의 정의

모든 물질은 분자 또는 원자의 결합으로 되어 있으며, 원자핵과 전자를 가지고 있다. 전자(電子, electron)는 음의 전하를 띠고 있으며, 원자 내부에서 핵 주위에 분포하며 공전한다. 이러한 전자는 어떤 형태로던 이동할 수 있다. 고체 내에서도 이동할 수 있으며, 기체 방전의 형태로도 이동할 수 있고, 반도체에서도 이동할 수 있다. 도체 내에서 일정한 방향으로 이동하는 것을 전류라고 정의한다. 이러한 전류의 크기는 다음과 같이 정의한다.

$$I = \frac{Q}{t}\ [\mathrm{A}]\ \text{또는}\ Q = I \cdot t\ [\mathrm{C}]$$

$$i(t) = \frac{dq}{dt}\ [\mathrm{A}]\ \text{또는}\ q = \int_0^t i\,dt\ [\mathrm{C}]$$

여기서, I : 전류, Q : 전기량(전하량), t : 시간

이 식은 단위 시간당 이동한 전기량(전자는 전기량을 가지고 있기 때문이다)을 의미한다. 전류의 단위는 SI 단위계로 암페어(Ampere : [A])이다.

전류는 정상전류(stationary current), 직류(direct current)와 교류(alternating current)로 구분하며, 금속 도체 중을 흐르는 전도전류(conduction current), 전해액 또는 공간적으로 분포되어 있는 대전된 하전입자(charged partick)[13]의 이동에 의한 대류전류(convection current) 및 진공 또는 유전체 내에 흐르는 변위전류(displacement current) 등으로 구분한다.

2. 전류밀도

길이에 비하여 단면적이 큰 경우, 단면적 S를 가진 도체에 S와 θ 방향으로 전계를 가하고 그 속의 전하를 속도 v로 미소거리 dl만큼 이동하였을 때

13) 하전입자(荷電粒子) : 전기(전하)를 띤 입자로, 대표적인 것이 양성자, 전자이온 등이나 알파입자, 헬륨 핵 같은 원자핵 일 수도 있다.

전기량 $dQ = nq\boldsymbol{S} \cdot dl$ 이 된다.
속도 $\boldsymbol{v} = dl/dt$ 이므로 양변을 미분하면

$$\frac{dQ}{dt} = I = nqSv = \rho Sv \quad [\text{A}]$$

S와 v가 같은 방향일 경우 전류밀도는

$$J = \frac{I}{S} = nqv = \rho v \quad [\text{A/m}^2]$$

가 된다. 여기서 $\rho = nq\ [\text{C/m}^3]$으로 체적전하밀도가 된다.
또 v는 하전입자의 이동속도이며 이동속도는 가해지는 전계에 비례한다.

$$v = \mu \boldsymbol{E}$$

v는 입자 충돌에 의한 평균속도를 의미하고 드리프트 속도(drift velocity)라고 하며, μ는 하전입자의 이동도(mobility)라 한다. 전류밀도 i는

$$\boldsymbol{i} = nq\mu \boldsymbol{E} = \rho\mu \boldsymbol{E} \quad \text{또는} \quad \boldsymbol{i} = \sigma \boldsymbol{E} \ [\text{A/m}^2]$$

가 된다. 이 식을 정상전류계의 미분형이라 한다.

$$\sigma = nq\mu = \rho\mu \quad [\Omega \cdot \text{m}]^{-1}$$

여기서, n : 단위체적당 전하의 수
q : 한 개 입자의 전하량[C]
v : 전하의 이동속도[m/sec]
S : 단면적[m^2]
ρ : 체적전하밀도[C/m^3]
μ : 하전입자의 이동도(mobility)
σ : 도전율(conductivity)
J : 전류밀도[A/m^2]
Q : 단위체적당 이동 전하[C/m^3]

예제문제 01

전류밀도 $J = 10^7$ [A/m^2]이고, 단위체적의 이동전하가 $Q = 8 \times 10^9$ [C/m^3]이라면 도체내의 전자의 이동속도 v [m/s]는?

① 1.25×10^{-2} ② 1.25×10^{-3} ③ 1.25×10^{-4} ④ 1.25×10^{-5}

해설

전자의 속도 : $v = \frac{J}{Q} = \frac{10^7}{8 \times 10^9} = 1.25 \times 10^{-3}$ [m/s]

답 : ②

예제문제 02

MKS 단위계로 고유 저항의 단위는?

① [Ω·m]　② [Ω·mm²/m]　③ [μΩ·cm]　④ [Ω·cm]

해설

$R=\rho\frac{l}{S}[\Omega]$ 에서 $\rho=\frac{RS}{l}\left[\frac{\Omega\cdot\text{m}^2}{\text{m}}\right]=\frac{RS}{l}[\Omega\cdot\text{m}]$

답 : ①

3. 옴의 법칙

전원을 V, 도체가 가진 저항을 R이라 하면 그림 1과 같이 회로를 구성하면 전류 I가 흐른다. 이때 저항양단에는 RI만큼의 전압강하가 발생한다.

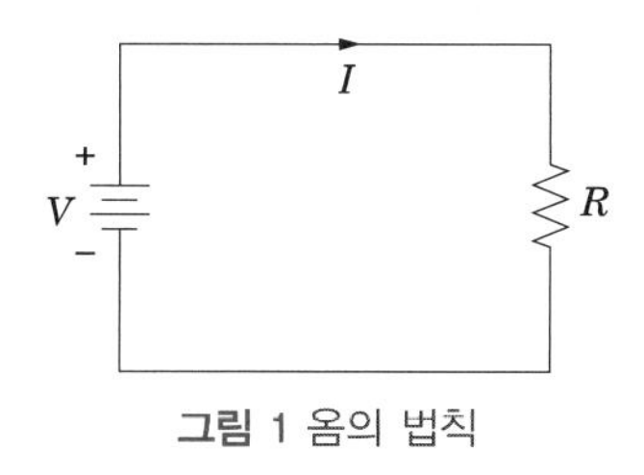

그림 1 옴의 법칙

따라서 이들 사이의 관계식은 다음과 같다.

전압 $V=RI$ [V], 전류 $I=\frac{V}{R}$ [A], $R=\frac{V}{I}$ [Ω]

여기서, V : 전압, I : 전류, R : 저항

전기 지항(電氣抵抗, electrical resistance) 또는 저항은 진류의 흐름을 방해하는 정도를 나타내는 물리량이며, 물체에 흐르는 단위 전류가 가지는 전압이다. 국제단위계에서 단위는 [Ω]이다. 전기 저항은 크기 변수(extensive variable)이며, 따라서 물체의 형태에 따라서 달라진다. 즉, 물체가 더 길쭉하면 더 저항이 크고, 반대로 더 굵으면 저항이 더 작아진다.

$$R=\rho\frac{l}{A}\ [\Omega]$$

여기서, R : 도체의 저항, ρ : 도체의 고유저항, l : 도체의 길이, A : 도체의 단면적

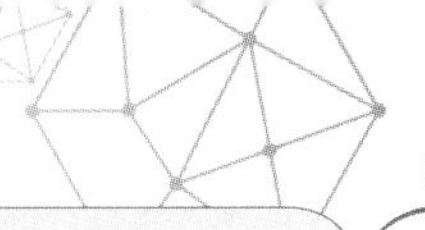

일반적으로 도체는 온도가 높아질수록 저항이 커지고, 반도체와 부도체는 온도가 높아질수록 저항이 낮아지며, 전해질은 전해질의 농도가 높아지고 이온의 이동성이 커질수록 저항값은 낮아진다.
일반적인 금속의 경우 저항값은 온도에 비례해서 증가한다. 이를 나타낸 것이 다음 식이다. 이 식은 온도가 t[℃]상승했을 경우이다.

$$R = R_0(1+\alpha t)\ [\Omega]$$

여기서, R : 온도 증가후 저항값, R_0 : 온도 증가전 저항값
α : 온도계수, t : 온도변화량

온도계수는

$$\alpha = \frac{\alpha_0}{1+\alpha_0 t_1}$$

이며, α_o는 0[℃]에서의 온도계수이고, 특히 구리에서 0[℃]의 온도계수 α_o은 다음과 같다.

$$\alpha_0 = \frac{1}{234.5}$$

표 1 금속의 저항율과 온도계수(20℃)

금 속	$\rho_{20}(10^8\Omega \cdot m)$	α_{20}	금 속	$\rho_{20}(10^8\Omega \cdot m)$	α_{20}
은	1.62	0.0038	철	10.0	0.0050
구 리	1.69	0.00393	백 금	10.5	0.003
금	2.40	0.0034	주 석	11.4	0.0042
알루미늄	2.62	0.0039	납	21.9	0.0039
텅 스 텐	5.48	0.0045	망 간	35~100	0.00001
아 연	6.1	0.0037	니 크 롬	100~110	0.0002

각종 금속의 저항률과 20[℃]에서의 저항 온도계수를 나타낸다.

예제문제 03

옴(Ohm)의 법칙을 미분형으로 표시하면?

① $i=\frac{E}{\rho}$　② $i=\rho E$　③ $i=\nabla E$　④ $i=\text{div}E$

해설

$dI=-\frac{dV}{R}=i\cdot dS$에서 $i=-\frac{dV}{R\cdot dS}$

여기서 -의 부호는 전위가 감소하는 쪽으로 전류가 흐름을 의미한다.

$R=\rho\frac{l}{S}$에서 $R\cdot S=\rho\cdot l$

$\therefore i=\frac{dV}{R\cdot dS}=-\frac{dV}{\rho\cdot dl}$

전위의 경도 $\frac{dV}{dl}=-E$ 에서 $i=\frac{1}{\rho}E=kE$ 가 된다. 이것을 옴의 법칙의 미분형이라 한다.

답 : ①

예제문제 04

다음 중 옴의 법칙은 어느 것인가? 단, k는 도전율, ρ는 고유 저항, E는 전계의 세기이다.

① $i=kE$　② $i=\frac{E}{k}$　③ $i=\rho E$　④ $i=-kE$

해설

$dI=-\frac{dV}{R}=i\cdot dS$에서 $i=-\frac{dV}{R\cdot dS}$

여기서 -의 부호는 전위가 감소하는 쪽으로 전류가 흐름을 의미한다.

$R=\rho\frac{l}{S}$에서 $R\cdot S=\rho\cdot l$

$\therefore i=\frac{dV}{R\cdot dS}=-\frac{dV}{\rho\cdot dl}$

전위의 경도 $\frac{dV}{dl}=-E$ 에서 $i=\frac{1}{\rho}E=kE$ 가 된다. 이것을 옴의 법칙의 미분형이라 한다.

답 : ①

예제문제 05

다음은 도체의 전기 저항에 대한 설명이다. 틀린 것은?

① 고유 저항은 백금보다 구리가 크다.
② 단면적에 반비례하고 길이에 비례한다.
③ 도체 반지름의 제곱에 반비례한다.
④ 같은 길이, 단면적에서도 온도가 상승하면 저항이 증가한다.

해설

20[℃]에서의 고유 저항

구리 : 1.69×10^{-8} [Ω·m] ,　백금 : 10.5×10^{-8} [Ω·m]

답 : ①

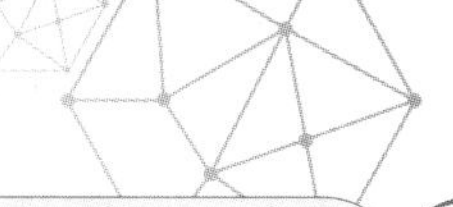

예제문제 06

20 [℃]에서 저항 온도 계수 $\alpha_{20} = 0.004$인 저항선의 저항이 100 [Ω]이다. 이 저항선의 온도가 80 [℃]로 상승될 때 저항은 몇 [Ω]이 되겠는가?

① 24　　② 48　　③ 72　　④ 124

해설
도체는 온도가 높아질수록 저항이 커진다.
$\therefore\ R_{80} = R_{20}\{1+\alpha_{20}(T-t)\} = 100\{1+0.004(80-20)\} = 124\ [\Omega]$

답 : ④

4. 전력과 주울열

4.1 전력의 정의

어떤 것의 정의할 때는 시간당의 값으로 표현하는 것이 보통이다. 전류의 경우는 단위시간당 이동한 전하량으로 표현하며, 속도의 경우는 단위시간당 이동한 거리로 표현한다. 전력은 전기가 단위시간당 한 일로 나타내며 단위는 [W] (와트)로 나타낸다.

$$P = \frac{W}{t} [\mathrm{J/s}]$$

여기서 P : 전력, W : 일(에너지), t : 시간(초)

전력의 단위는 [J/sec] 이지만 이것과 같은 단위로 [W]를 사용한다. 전압의 정의인 $V = \frac{W}{Q}$에서 $W = QV$를 위 식에 대입하면 다음과 같이 된다.

$$P = \frac{W}{t} = \frac{QV}{t} [\mathrm{W}]$$

여기서 전류의 정의인 $I = \frac{Q}{t}$를 대입하면 전력은

$$P = VI\ \ [\mathrm{W}]$$

가 된다. 즉, 전기가 단위시간당 하는 일은 전압과 전류의 곱과 같게 되는 것을 의미하며, 직류회로에서는 [W], 교류에서는 [VA]라는 단위를 사용한다.

4.2 줄의 법칙

전력은 단위시간당 전기가 한 일이며, 전력량은 전력에 시간을 곱한 [J]의 단위를 갖는 것을 말한다. 즉, 전력량은 전기가 한 일에 해당된다.

$$W = Pt\,[W \cdot \mathrm{sec}]$$

여기서 W : 일(에너지, 전력량), P : 전력, t : 시간(초)

이 식의 단위는 $[W \cdot \mathrm{sec}]$이며 이 단위는 전력에 시간을 곱한 것으로 전력량에 해당한다. 전력량의 실용적 단위는 [kWh]로 사용한다.
전력량은 열량으로 환산할 수 있다.

$$Q = 0.24\,Pt\,[\mathrm{cal}]$$

$$Q = 0.24Pt = 0.24I^2Rt = 0.24\frac{V^2}{R}t = Cm(\theta_2 - \theta_1)\ [\mathrm{cal}]$$

여기서 Q : 열량(칼로리), P : 전력, I : 전류
R : 저항, t : 시간, C : 비열, m : 질량, θ : 온도

이 식의 의미는 "도체에 흐르는 전류에 의하여 단위 시간에 발생하는 열량은 I^2R에 비례한다."는 것을 말한다.
줄의 법칙은 전기에너지를 열에너지로 변화하여 나타낸 것으로 이 열에너지는 전등, 전기용접, 전열기 등에 자주 이용된다. 줄의 법칙의 기본식은 다음과 같다.

$$0.24P\,t\eta = Cm(\theta_2 - \theta_1)$$

이 식은 전열기의 설계 등에 사용된다.

표 2 전류계와 정전계의 유사성

정전계	전류계
$\boldsymbol{D} = \epsilon \boldsymbol{E}$ $\boldsymbol{E} = -\mathrm{grad}\ V$ $\nabla^2 V = 0$ $\mathrm{div}\boldsymbol{D} = \rho$(전하가 없으면 $\mathrm{div}\boldsymbol{D} = 0$)	$i = \sigma \boldsymbol{E}$ $i = -\sigma\,\mathrm{grad}\ V$ $\nabla^2 V = 0$ $\mathrm{div}i = 0$(정상전류)

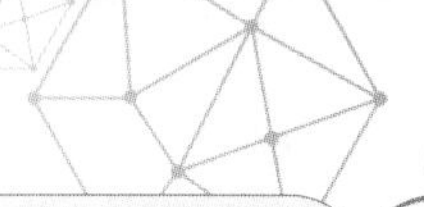

예제문제 07

공간 도체 중의 정상 전류 밀도가 i, 전하 밀도가 ρ일 때, 키르히호프의 전류 법칙을 나타내는 것은?

① $i = \frac{\partial \rho}{\partial t}$

② $\text{div}\boldsymbol{i} = 0$

③ $i = 0$

④ $\text{div}\,\boldsymbol{i} = -\frac{\partial \rho}{\partial t}$

해설

키르히호프의 전류 법칙 : $\sum I = 0 = \int_s \boldsymbol{i} \cdot d\boldsymbol{S} = \int_v \text{div}\boldsymbol{i}dv$

$\therefore$ $\text{div}\,i = 0$ → 단위 체적당의 전류의 발산은 없다.(전류의 연속성)

답 : ②

예제문제 08

div$i = 0$에 대한 설명이 아닌 것은?

① 도체 내에 흐르는 전류는 연속적이다.

② 도체 내에 흐르는 전류는 일정하다.

③ 단위 시간당 전하의 변화는 없다.

④ 도체 내에 전류가 흐르지 않는다.

해설

$\text{div}\,i = -\frac{\partial \rho}{\partial t}$에서 정상 전류가 흐를 때 전하의 축적 또는 소멸이 없을 것이므로 $\frac{\partial \rho}{\partial t} = 0$이 된다.

$\therefore$ $\text{div}\,i = 0$ → 단위 체적당의 전류의 발산은 없다.(전류의 연속성)

답 : ④

예제문제 09

10^6 [cal]의 열량은 어느 정도의 전력량에 상당하는가?

① 0.06 [kWh]

② 1.16 [kWh]

③ 0.27 [kWh]

④ 4.17 [kWh]

해설

1 [kWh] = 860 [kcal]

10^6 [cal] = 10^3 [kcal]

열량을 전력량으로 환산하면 $\frac{10^3}{860} = 1.16$ [kWh]

답 : ②

예제문제 10

2 [Ω]과 4 [Ω]의 병렬 회로 양단에 40 [V]를 가했을 때 2 [Ω]에서 발생하는 열은 4 [Ω]에서의 열의 몇 배인가?

① 2　　② 4　　③ 6　　④ 8

해설

$H = 0.24\frac{V^2}{R}$ [cal/sec] → 열은 전압이 일정할 경우 $H \propto \frac{1}{R}$가 된다. → $\frac{H_2}{H_4} = \frac{\frac{1}{2}}{\frac{1}{4}} = 2$

$\therefore H_2 = 2H_4$

답 : ①

5. 저항과 정전용량

$+Q$를 가진 전극 A를 포위한 폐곡면 S에서 나오는 전속과 이 전극계에서의 정전용량은 다음과 같다.

$$Q = \int \boldsymbol{D} \cdot d\boldsymbol{S} = \epsilon \int \boldsymbol{E} \cdot d\boldsymbol{S}$$

$$\therefore C = \frac{Q}{V} = \frac{\epsilon \int \boldsymbol{E} \cdot d\boldsymbol{S}}{-\int \boldsymbol{E} \cdot dl}$$

폐곡면 S의 전 표면에서 유출하는 전류와 저항은 다음과 같다.

$$I = \int i \cdot d\boldsymbol{S} = \sigma \int \boldsymbol{E} \cdot d\boldsymbol{S}$$

$$\therefore R = \frac{V}{I} = \frac{-\int \boldsymbol{E} \cdot dl}{\sigma \int \boldsymbol{E} \cdot d\boldsymbol{S}}$$

정전용량과 저항의 결과를 곱하면 다음과 같으며 유전율과 도전률 값을 이용하여 저항만을 측정한다면 정전용량의 값도 계산할 수 있다.

$$RC = \frac{\epsilon}{\sigma} = \epsilon \rho$$

예제문제 11

전기저항 R과 정전 용량 C, 고유저항 ρ 및 유전율 ϵ 사이의 관계는?

① $RC = \rho\epsilon$　　② $\frac{R}{C} = \frac{\epsilon}{\rho}$

③ $\frac{C}{R} = \rho\epsilon$　　④ $R = \epsilon C\rho$

해설

$R = \rho\frac{l}{s}$, $C = \frac{\epsilon s}{l}$ 에서 $RC = \rho\epsilon$

답 : ①

예제문제 12

액체 유전체를 포함한 콘덴서 용량이 C [F]인 것에 V [V] 전압을 가했을 경우에 흐르는 누설 전류는 몇 [A]인가? 단, 유전체의 비유전율은 ϵ_s이며 고유 저항은 ρ [Ω]이라 한다.

① $\frac{CV}{\rho\epsilon}$　　② $\frac{CV^2}{\rho\epsilon}$

③ $\frac{\rho\epsilon_s V}{C}$　　④ $\frac{\rho\epsilon_s}{C}$

해설

$RC = \rho\epsilon$ 에서 $R = \frac{\rho\epsilon}{C}$ [Ω]

$\therefore I = \frac{V}{R} = \frac{V}{\frac{\rho\epsilon}{C}} = \frac{CV}{\rho\epsilon}$

답 : ①

예제문제 13

그림 과 같이 면적 S [m²], 간격 d [m]인 극판간에 유전율 ϵ, 저항률이 ρ인 매질을 채웠을 때 극판간의 정전 용량과 저항의 관계는? 단, 전극판의 저항률은 매우 작은 것으로 한다.

① $R = \frac{\epsilon\rho}{C}$　　② $R = \frac{C}{\epsilon\rho}$

③ $R = \epsilon\rho C$　　④ $R = \frac{1}{\epsilon\rho C}$

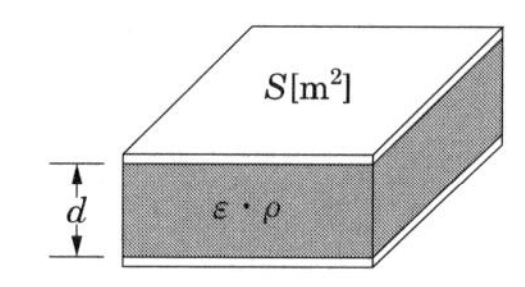

해설

$RC = \rho\epsilon$ 에서 $R = \frac{\rho\epsilon}{C}$ [Ω]

답 : ①

예제문제 14

반지름 a, $b\ (a<b)$인 동심 원통 전극 사이에 고유 저항 ρ의 물질이 충만되어 있을 때 단위 길이당의 저항은?

① $2\pi\rho \ln ba$ ② $\dfrac{\rho}{2\pi \ln \dfrac{b}{a}}$ ③ $\dfrac{\rho}{2\pi}\ln\dfrac{b}{a}$ ④ $2a\rho$

해설

동축 원통 도체 사이의 단위 길이당 정전용량 : $C=\dfrac{\lambda}{V}=\dfrac{2\pi\epsilon}{\ln\dfrac{b}{a}}$[F/m]

$RC=\rho\epsilon$ 에서 $R=\dfrac{\rho\epsilon}{C}=\dfrac{\rho\epsilon}{\dfrac{2\pi\epsilon}{\ln\dfrac{b}{a}}}=\dfrac{\rho}{2\pi}\ln\dfrac{b}{a}\,[\Omega]$

답 : ③

예제문제 15

대지의 고유 저항이 ρ [Ω·m]일 때 반지름 a [m]인 반구형 접지극의 접지 저항은?

① $2\pi\rho a$ ② $\dfrac{2\pi\rho}{a}$ ③ $\dfrac{\rho}{4\pi a}$ ④ $\dfrac{\rho}{2\pi a}$

해설

반구의 정전 용량 : $C=\dfrac{4\pi\epsilon a}{2}=2\pi\epsilon a$

$RC=\rho\epsilon$ 에서 $R=\dfrac{\rho\epsilon}{C}=\dfrac{\rho\epsilon}{2\pi\epsilon a}=\dfrac{\rho}{2\pi a}\,[\Omega]$

답 : ④

예제문제 16

액체 유전체를 넣은 콘덴서의 용량이 20 [μF]이다. 여기에 500 [kV]의 전압을 가하면 누설 전류[A]는? 단, 비유전율 $\epsilon_s=2.2$, 고유저항 $\rho=10^{11}$ [Ω·m]이다.

① 4.2 ② 5.13 ③ 54.5 ④ 61

해설

$RC=\rho\epsilon$ [s]에서 $R=\dfrac{\rho\epsilon}{C}\,[\Omega]$

$\therefore I=\dfrac{V}{R}=\dfrac{CV}{\rho\epsilon}=\dfrac{CV}{\rho\epsilon_0\epsilon_s}=\dfrac{20\times10^{-6}\times500\times10^{3}}{10^{11}\times8.855\times10^{-12}\times2.2}=5.13\ [\mathrm{A}]$

답 : ②

6. 열전현상

6.1 제베크 효과(Seebeck effect)

서로 다른 두 종류의 금속선을 접합하여 폐회로를 만든 후 두 접합점의 온도를 달리하였을 때, 폐회로에 열기전력이 발생하여 열전류가 흐르게 된다.
이러한 현상을 제베크 효과라 하며 이때 연결한 금속 루프를 열전대라 한다.

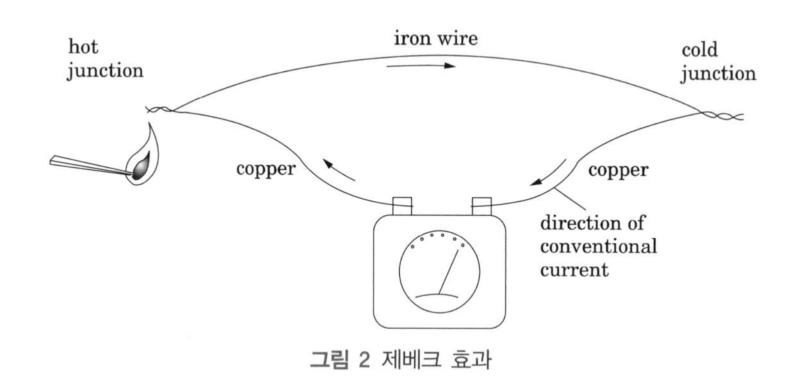

그림 2 제베크 효과

6.2 펠티에 효과(Peltier effect)

서로 다른 두 종류의 금속선으로 폐회로를 만들고 온도를 일정하게 유지하면서 전류를 흘리면 금속선의 접속점에서 열의 흡수(온도 강하) 또는 발생(온도 상승)이 일어나는 현상을 펠티에 효과라 한다. 이때, 발열 및 열의 흡수 현상은 전류의 방향을 반대로 흘려주면 바뀌게 된다.

6.3 톰슨 효과(Thomson effect)

톰슨은 펠티에 효과와 제어벡 효과가 서로 연관된 것임을 밝혀내고 이들 사이의 상관 관계를 정리하였다. 이 과정에서 단일한 도체로 된 막대기의 양 끝에 전위차가 가해지면 이 도체의 양 끝에서 열의 흡수 또는 발생이 되는 현상을 예측하고 만들었다. 또, 동일한 금속 도선의 두 점간에 온도차를 주고 고온쪽에서 저온쪽으로 전류를 흘리면 도선 속에서 열이 발생되거나 흡수가 일어나는 이러한 현상을 톰슨 효과라 한다. 이때, 발열 및 흡수 현상은 전류의 방향을 반대로 흘려주면 바뀌게 된다.

6.4 압전기현상(Piezoelectric phenomena)

압력을 가하면 전기 분극이 발생하는 현상을 말한다. 결정에 나타나는 압전 현상은 방향성을 가지고 있는데 응력과 분극이 동일방향으로 발생할 때는 종효과, 수직인 경우를 횡효과라고 한다.

예제문제 17

두 종류의 금속으로 된 회로에 전류를 통하면 각 접속점에서 열의 흡수 또는 발생이 일어나는 현상은?

① 톰슨 효과　　② 제베크 효과
③ 볼타 효과　　④ 펠티에 효과

해설
펠티에 효과(Peltier effect) : 두 종류의 금속선으로 폐회로를 만들어 전류를 흘리면 금속선의 접속점에서 열이 흡수(온도 강하)되거나 발생(온도 상승)하는 현상을 말한다.

$H=0.24P\int_0^t Idt$ [cal]

H : 발열량[cal], P : 펠티에 계수, I : 전류 [A]

답 : ④

예제문제 18

동일한 금속의 2점 사이에 온도차가 있는 경우, 전류가 통과할 때 열의 발생 또는 흡수가 일어나는 현상은?

① Seebeck 효과　　② Peltier 효과
③ Volta 효과　　④ Thomson 효과

해설
- 제어벡 효과 : 두 종류 금속 접속면에 온도차가 있으면 기전력이 발생한다.
- 펠티에 효과 : 두 종류 금속 접속면에 전류를 흘리면 접속점에서 열의 흡수, 발생이 일어난다.
- 톰슨 효과 : 동일 종류 금속이라도 그 도체중의 두 점간에 온도차가 전류를 흘림으로써 열의 흡수, 발생이 일어난다.

답 : ④

핵심과년도문제

6·1

유전율이 ϵ, 도전율이 σ이고, 반경이 r_1, $r_2(r_1 < r_2)$, 길이가 l인 동축 케이블에서 저항 R은 얼마인가?

① $\frac{1}{2\pi rl}ln\frac{r_2}{r_1}$ ② $\frac{1}{2\pi\sigma l}ln\frac{r_2}{r_1}$

③ $\frac{2\pi rl}{\ln r_2/r_1}$ ④ $\frac{2\pi\epsilon l}{\frac{1}{r_1}-\frac{1}{r_2}}$

해설 동축 원통 도체 사이의 정전용량 : $C=\frac{\lambda}{V}=\frac{2\pi\epsilon l}{\ln\frac{b}{a}}$[F]

$RC=\rho\epsilon=\frac{\epsilon}{\sigma}$ 에서 $R=\frac{\epsilon}{C\sigma}=\frac{\epsilon}{\frac{2\pi\epsilon l}{\ln\frac{r_2}{r_1}}\times\sigma}=\frac{1}{2\pi\sigma l}ln\frac{r_2}{r_1}[\Omega]$

【답】②

6·2

정전 용량 C[F]와 컨덕턴스 G[S]와의 관계는 어떤 관계에 있는가? 단, k : 도전율[℧/m], ϵ : 유전율[F/m]

① $\frac{C}{G}=\frac{\epsilon}{k}$ ② $Ck=\frac{\epsilon}{G}$ ③ $CG=k\epsilon$ ④ $\frac{C}{G}=\frac{k}{\epsilon}$

해설 $R=\rho\frac{d}{S}=\frac{d}{kS}[\Omega]$ $C=\frac{\epsilon S}{d}$[F]에서 $RC=\frac{d}{kS}\times\frac{\epsilon S}{d}=\frac{\epsilon}{k}=\rho\epsilon$

$\therefore RC=\rho\epsilon$ 또는 $\frac{C}{G}=\frac{\epsilon}{k}$

【답】①

6·3

그림에 표시한 반구형 도체를 전극으로 한 경우의 접지 저항은? 단, ρ는 대지의 고유 저항이며 전극의 고유 저항에 비해 매우 크다.

① $4\pi a\rho$ ② $\frac{\rho}{4\pi a}$

③ $\frac{\rho}{2\pi a}$ ④ $2\pi a\rho$

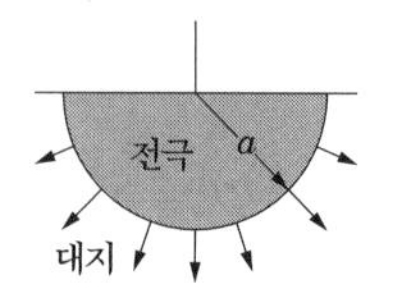

해설 반구의 정전 용량 $C=\frac{4\pi\epsilon a}{2}=2\pi\epsilon a$ [F]

$RC=\rho\epsilon$ 에서 $\therefore R=\frac{\rho\epsilon}{C}=\frac{\rho\epsilon}{2\pi\epsilon a}=\frac{\rho}{2\pi a}$ [Ω]

【답】③

6·4

반지름 a, b 인 두 구상 도체 전극이 도전율 k인 매질 속에 중심간의 거리 r 만큼 떨어져 놓여 있다. 양 전극간의 저항은? 단, $r \gg a,\ b$ 이다.

① $4\pi k\left(\frac{1}{a}+\frac{1}{b}\right)$ ② $4\pi k\left(\frac{1}{a}-\frac{1}{b}\right)$ ③ $\frac{1}{4\pi k}\left(\frac{1}{a}+\frac{1}{b}\right)$ ④ $\frac{1}{4\pi k}\left(\frac{1}{a}-\frac{1}{b}\right)$

해설 구도체 a, b 사이의 정전 용량 : $C=\frac{Q}{V_a-V_b}=\frac{4\pi\epsilon}{\frac{1}{a}+\frac{1}{b}}$ [F]

$\therefore R=\frac{\rho\epsilon}{C}=\frac{\rho\epsilon}{\frac{4\pi\epsilon}{\left(\frac{1}{a}+\frac{1}{b}\right)}}=\frac{\rho}{4\pi}\left(\frac{1}{a}+\frac{1}{b}\right)=\frac{1}{4\pi k}\left(\frac{1}{a}+\frac{1}{b}\right)$ [Ω]

【답】③

6·5

내경이 2 [cm], 외경이 3 [cm]인 동심 구도체간에 고유 저항이 1.884×10^2 [Ω·m]인 저항 물질로 채워져 있는 경우 내외 구간의 합성 저항은 약 몇 [Ω] 정도 되겠는가?

① 2.5 ② 5 ③ 250 ④ 500

해설 구도체 a, b 사이의 정전 용량 : $C=\frac{Q}{V_a-V_b}=\frac{4\pi\epsilon}{\frac{1}{a}+\frac{1}{b}}$ [F]

$RC=\rho\epsilon$ 에서 $R=\frac{\rho\epsilon}{C}=\frac{\rho\epsilon}{\frac{4\pi\epsilon}{\left(\frac{1}{a}-\frac{1}{b}\right)}}=\frac{\rho}{4\pi}\left(\frac{1}{a}-\frac{1}{b}\right)=\frac{1.884\times10^2}{4\pi}\times\left(\frac{1}{1\times10^{-2}}-\frac{1}{1.5\times10^{-2}}\right)\fallingdotseq 500$ [Ω]

【답】④

6·6

다른 종류의 금속선으로 된 폐회로의 두 접합점의 온도를 달리하였을 때 전기가 발생하는 효과는?

① 톰슨 효과 ② 핀치 효과 ③ 펠티에 효과 ④ 제베크 효과

해설 이종 금속선으로 된 폐회로의 두 접합점의 온도를 다르게 했을 경우에 열기전력이 발생한다. 이것을 제베크 효과(Seebeck effect)라 한다.

【답】④

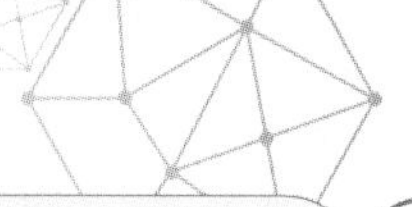

6·7

열기전력에 관한 법칙이 아닌 것은?

① 파센의 법칙　　② 제베크의 효과
③ 중간 온도의 법칙　　④ 중간 금속의 법칙

해설 파센 법칙은 불꽃 방전에 관한 법칙이다. 【답】 ①

6·8

대기 중의 두 전극 사이에 있는 어떤 점의 전계의 세기가 E = 3.5 [V/ cm], 지면의 도전율이 $k=10^{-4}$ [℧/m]일 때, 이 점의 전류 밀도[A/m^2]는?

① 1.5×10^{-2}　　② 2.5×10^{-3}　　③ 3.5×10^{-2}　　④ 6.6×10^{-2}

해설 전류 밀도 $i=kE$ 식에서 $i=10^{-4}\times\dfrac{3.5}{10^{-2}}=3.5\times10^{-2}$ [A/m^2] 【답】 ③

6·9

DC전압을 가하면 전류는 도선 중심쪽으로 흐르려고 한다.이러한 현상을 무슨 효과라 하는가?

① Skin 효과　　② Pinch 효과
③ 압전기 효과　　④ Peltier 효과

해설 핀치효과 : 액체 도체에 전류를 흘리면 전류의 방향과 수직방향으로 원형 자계가 생겨서 전류가 흐르는 액체에는 구심력의 전자력이 작용한다. 그 결과 액체 단면은 수축하여 저항이 커지기 때문에 전류의 흐름은 작게된다. 전류의 흐름이 작게되면 수축력이 감소하여 액체 단면은 원상태로 복귀하고 다시 전류가 흐르게 되어 수축력이 작용한다. 【답】 ②

6·10

전류가 흐르고 있는 도체에 자계를 가하면 도체 측면에는 정부의 전하가 나타나 두 면간에 전위차가 발생하는 현상은?

① 핀치 효과　　② 톰슨 효과
③ 홀 효과　　④ 제베크 효과

해설 홀효과 : 전류가 흐르고 있는 도체에 자계를 가하면 플레밍의 왼손 법칙에 의하여 도체 내부의 전하가 횡방향으로 힘을 모아 도체 측면에 (+), (−)의 전하가 나타나는 현상을 말한다.

【답】 ③

6·11

다음 현상 가운데서 반드시 외부에서 자계를 가할 때만 일어나는 효과는?

① Seebeck 효과 ② Pinch 효과
③ Hall 효과 ④ Peltier 효과

해설 홀효과 : 전류가 흐르고 있는 도체에 자계를 가하면 플레밍의 왼손 법칙에 의하여 도체 내부의 전하가 횡방향으로 힘을 모아 도체 측면에 (+), (−)의 전하가 나타나는 현상을 말한다.

【답】 ③

6·12

도체계에서 임의의 도체를 일정 전위의 도체로 완전 포위하면 내외 공간의 전계를 완전히 차단할 수 있다. 이것을 무엇이라 하는가?

① 전자차폐 ② 정전차폐
③ 홀(hall) 효과 ④ 핀치(pinch) 효과

해설 정전차폐 : 임의의 도체를 접지된 도체로 완전 포위하면 외부에서 유도되는 전하를 차단할 수 있다.

【답】 ②

심화학습문제

01 그림과 같은 회로에 있어서 $R_1 = 90$ [Ω], $R_2 = 6$ [Ω]의 경우와 $R_1 = 70$ [Ω], $R_2 = 4$ [Ω]의 경우 전류계에 같은 전류가 흐른다면 전류계의 내부저항은 얼마인가?

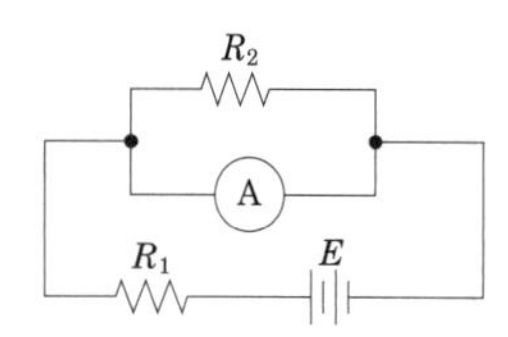

① 2 [Ω] ② 4 [Ω]
③ 6 [Ω] ④ 8 [Ω]

해설

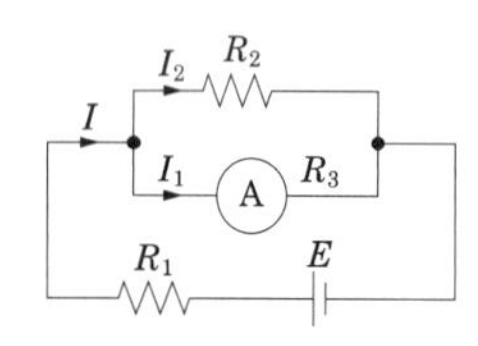

전류계 ㅁ의 내부저항을 R_3, 각 회로의 전류를 I_1, I_2, I 합성 저항을 R이라 하면

$$R = R_1 + \frac{R_2R_3}{R_2+R_3} = \frac{R_1(R_2+R_3)+R_2R_3}{R_2+R_3} [\Omega]$$

$$I_1 = I \times \frac{R_2}{R_2+R_3} = \frac{E}{R} \times \frac{R_2}{R_2+R_3}$$

$$= \frac{(R_2+R_3)E}{R_1(R_2+R_3)+R_2R_3} \times \frac{R_2}{R_2+R_3}$$

$$= \frac{(R_2+R_3)E}{R_1(R_2+R_3)+R_2R_3} [\Omega]$$

$R_1 = 90$ [Ω], $R_2 = 6$ [Ω]일 때와 $R_1 = 70$ [Ω], $R_2 = 4$ [Ω]일 때에 전류계에 같은 전류가 흐른다.

$$\frac{(6+R_3)E}{90(6+R_3)+6R_3} + \frac{(4+R_3)E}{70(4+R_3)+4R_3}$$

$$\therefore R_3 = 8 [\Omega]$$

【답】 ④

02 길이 l 인 동축 원통에서 내부 원통의 반지름 a, 외부 원통의 안지름 b, 바깥지름 c 이고 내외 원통간에 저항률 ρ인 도체로 채워져 있다. 도체간의 저항은 얼마인가? 단, 도체 자체의 저항은 0으로 한다.

① $\frac{\rho}{\pi l}log_{10}\frac{b}{a}$

② $\frac{\rho}{2\pi l}log_{10}\frac{b}{a}$

③ $\frac{\rho}{\pi l}log_e\frac{b}{a}$

④ $\frac{\rho}{2\pi l}log_e\frac{b}{a}$

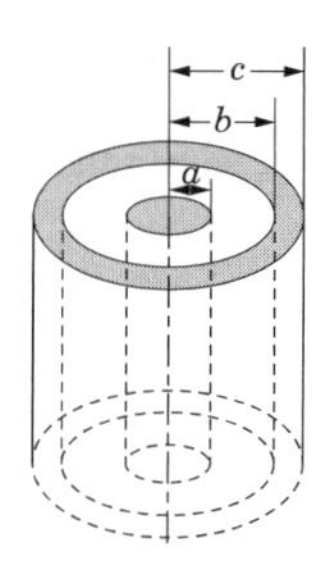

해설

$dR = \rho\frac{dr}{2\pi rl}$ 이므로

$$R = \int_a^b dR = \int_a^b \rho\frac{dr}{2\pi rl}$$

$$= \frac{\rho}{2\pi l}\int_a^b \frac{1}{r}dr = \frac{\rho}{2\pi l}log_e\frac{b}{a} \ [\Omega]$$

【답】 ④

03 저항 10 [Ω]인 구리선과 30 [Ω]의 망간선을 직렬 접속하면 합성 저항 온도 계수는 몇 [%]인가? (단, 동선의 저항 온도 계수는 0.4 [%], 망간선은 0이다.)

① 0.1 ② 0.2
③ 0.3 ④ 0.4

해설

합성저항 온도계수

$$\alpha = \frac{R_1\alpha_1 + R_2\alpha_2}{R_1+R_2} = \frac{10\times0.4+30\times0}{10+30} = 0.1 \ [\%]$$

【답】 ①

04 간격 d 의 평행 도체판 간에 비저항 ρ인 물질을 채웠을 때 단위 면적당의 저항은?

① ρd ② $\frac{\rho}{d}$

③ $\rho - d$ ④ $\rho + d$

해설

단위 면적당 저항 : $R=\rho\frac{d}{A}=\rho d$ [Ω]

【답】 ①

05 그림과 같이 CD와 PQ의 2개의 저항을 연결하고, A, B 사이에 일정 전압을 공급한다. 이런 경우 PD에 흐르는 전류를 최소로 하려면 CP와 PD의 저항의 비를 얼마로 하면 좋은가?

① 1 : 1
② 1 : 2
③ 2 : 1
④ 1 : 3

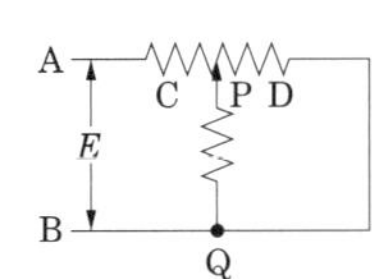

해설

CP를 흐르는 전류 : $I=\dfrac{E}{R_{CP}+\dfrac{R_{PD}\cdot R_{PQ}}{R_{PD}+R_{PQ}}}$

PD를 흐르는 전류 : $I_{PD}=I\times\dfrac{R_{PQ}}{R_{PD}+R_{PQ}}$

I_{PD}가 최소가 되려면 $\dfrac{d}{dR_{PD}}(I_{PD})=0$가 되어야 한다.

$$\therefore \frac{d}{dR_{PD}}(I_{PD})=\frac{d}{dR_{PD}}\left(\frac{R_{PQ}E}{R_{CD}R_{PD}-R_{PD}^2+R_{CP}R_{PQ}}\right)$$
$$=\frac{R_{CD}-2R_{PD}}{(R_{CD}R_{PD}-R_{PD}^2+R_{CP}R_{PQ})^2}=0$$

$R_{CD}-2R_{PD}=0$

$R_{PD}=\frac{1}{2}R_{CD}$

$\therefore R_{CP}: R_{PD}=1: 1$

【답】 ①

06 직류 전원의 단자 전압을 내부 저항 250 [Ω]의 전압계로 측정하니 50 [V]이고 750 [Ω]의 전압계로 측정하니 75 [V]이었다. 전원의 기전력 E 및 내부 저항 r 의 값은 얼마인가?

① 100 [V], 250 [Ω] ② 100 [V], 25 [Ω]
③ 250 [V], 100 [Ω] ④ 125 [V], 5 [Ω]

해설

내부 저항이 250 [Ω]인 전압계를 사용할 때의 전류

$I=\dfrac{50}{250}=\dfrac{E}{250+r}$

$\therefore E=0.2r+50$

내부 저항이 750 [Ω]인 전압계를 사용할 때의 전류

$I=\dfrac{75}{750}=\dfrac{E}{750+r}$

$\therefore E=0.1r+75$

두 식에 의해서 $r=250$ [Ω]이 된다.

$\therefore E=0.2\times250+50=100$ [V]

【답】 ①

07 온도 t [℃]에서 저항이 R_1, R_2이고 저항의 온도계수가 각각 α_1, α_2 인 두 개의 저항을 직렬로 접속했을 때 그들의 합성 저항 온도계수는?

① $\dfrac{R_1\alpha_2+R_2\alpha_1}{R_1+R_2}$ ② $\dfrac{R_1\alpha_1+R_2\alpha_2}{R_1R_2}$

③ $\dfrac{R_1\alpha_1+R_2\alpha_2}{R_1+R_2}$ ④ $\dfrac{R_1\alpha_2+R_2\alpha_1}{R_1R_2}$

【답】 ③

08 저항 100 [Ω]인 구리선에 900 [Ω]의 망간선을 직렬로 연결하면 전체 저항의 온도 계수는 동선의 온도 계수의 약 몇 배 정도가 되는가? 단, 망간선의 저항 온도 계수는 0이다.

① 0.1 ② 0.6
③ 0.9 ④ 1.8

해설

합성 저항 온도 계수

$$\alpha_t = \frac{\alpha_1 R_1 + \alpha_2 R_2}{R_1 + R_2} = \frac{100\alpha_1 + 900 \times 0}{100 + 900} = 0.1\alpha_1$$

【답】 ①

09 구리의 저항률은 20 [℃]에서 1.69×10^{-8} [Ω · m]이고 온도 계수는 0.0039이다. 단면적이 2 [mm^2]인 구리선 200 [m]의 50 [℃]에서의 저항값은 몇 [Ω]인가?

① 1.69×10^{-3}　② 1.89×10^{-3}
③ 1.69　④ 1.89

해설

20℃의 저항

$$R_{20} = \rho\frac{l}{s} = 1.69 \times 10^{-8} \frac{200}{2 \times 10^{-6}} = 1.69 \ [\Omega]$$

50℃의 저항

$$R_{50} = R_{20}[1 + \alpha(t_2 - t_1)]$$
$$= 1.69[1 + 0.0039(50 - 20)] = 1.888 \ [\Omega]$$

【답】 ④

10 유전율 ϵ, 고유저항 ρ인 유전체로 채워진 평행판 콘덴서를 충전시키고 다시 전원을 끊어 축적된 전하를 유전체의 저항을 통해 방전시키는 경우, 전하량이 최초 양의 $\frac{1}{\rho}$로 되는 시간 t [sec]는?

① $\frac{\rho}{\epsilon}$　② $\frac{\epsilon}{\rho}$
③ $\rho\epsilon$　④ $2\rho\epsilon$

해설

$Q = CV$[V]

전하량이 최초의 $\frac{1}{\rho}$배로 되면

$$\frac{Q}{\rho} = \frac{CV}{\rho} = \frac{CRI}{\rho}$$

$I = \frac{Q}{t}$[A] 이므로 $\frac{Q}{\rho} = \frac{CRQ}{\rho t}$

$\therefore t = RC = \rho\varepsilon$

【답】 ③

11 10^4 [eV]의 전자속도는 10^2 [eV]의 전자속도의 몇 배인가?

① 10　② 100
③ 1000　④ 10000

해설

전자속도 : $v = \sqrt{2eV/m}$ [m/s]

$\therefore v' = 10v$

【답】 ①

12 반지름이 5 [mm]인 구리선에 10 [A]의 전류가 단위 시간에 흐르고 있을 때 구리선의 단면을 통과하는 전자의 개수는 단위 시간당 얼마인가? 단, 전자의 전하량은 $e = 1.602 \times 10^{-19}$ [C]이다.

① 6.24×10^{18}　② 6.24×10^{19}
③ 1.28×10^{22}　④ 1.28×10^{23}

해설

동선 단면을 단위 시간에 통과하는 전하 : 10 [C]

$$\therefore N = \frac{10}{1.602 \times 10^{-19}} = 6.24 \times 10^{19} \ [\text{개}]$$

【답】 ②

13 지름 2 [mm]인 동선에 20 [A]의 전류가 흐를 때 단위 체적 내의 구리의 자유 전자 수가 8.38×10^{28}개라 하면, 이때 전자의 평균 속도[m/s]는?

① 2.37×10^{-4}　② 2.37×10^{-3}
③ 4.74×10^{-4}　④ 4.74×10^{-3}

해설

전류

$I = nevS$

$$i = \frac{I}{S} = \frac{20}{3.14 \times (1 \times 10^{-3})^2} = 6.36 \times 10^6 \ [\text{A/m}^2]$$
$$= 6.36 \ [\text{A/mm}^2]$$

평균 속도

$$v=\frac{I}{neS}=\frac{i}{ne}$$

$$=\frac{6.36\times10^{6}}{8.38\times10^{28}\times1.602\times10^{-19}}=4.74\times10^{-4}\ [\text{m/s}]$$

【답】 ③

14 평행판 극판에 전압 V가 인가되고 내부전계는 평등하다고 한다. 극판간의 간격을 d라 할 때 전하 Q가 속도 v로 움직인다면 회로에 흐르는 전류는 어떻게 표현되는가?

① $\frac{Qv}{2d}$ ② $\frac{Qv}{d}$

③ $\frac{2Qv}{d}$ ④ $\frac{Qv}{d^2}$

해설

$I=\frac{Q}{t}$[A]이며 $v=\frac{\Delta l}{\Delta t}=\frac{d}{t}$[m/sec] 이므로

$\therefore I=\frac{Q}{t}=\frac{Q}{\frac{d}{v}}=\frac{Qv}{d}$[A]

【답】 ②

15 원점 주위의 전류밀도가 $\boldsymbol{J}=\frac{2}{r}\boldsymbol{a}_r\,[\text{A/m}^2]$의 분포를 가질때 반지름 5[cm]의 구면을 지나는 전 전류는 몇 [A]인가?

① 0.1π ② 0.2π

③ 0.3π ④ 0.4π

해설

전류 : $I=\oint_s \boldsymbol{J}\cdot d\boldsymbol{s}=\oint_s \frac{2}{r}a_r\cdot a_r\,ds\ (a_r,\ a_r=1)$

$\therefore I=\frac{2}{r}\oint_s ds=\frac{2}{r}s=\frac{2}{r}4\pi r^2$

$=8\pi r=8\pi\times0.05=0.4\pi$[A]

【답】 ④

16 기전력 1.5[V]이고, 내부 저항 0.02[Ω]인 전지에 2[Ω]의 저항을 연결했을 때 저항에서의 소모 전력은 약 몇 [W]인가?

① 1.1 ② 5

③ 11 ④ 55

해설

$I=\frac{V}{R}=\frac{1.5}{2+0.02}\fallingdotseq0.743$ [A]

$\therefore P=I^2R=0.743^2\times2=1.103$ [W]

(회로도: I, 0.02[Ω], 2[Ω], 1.5[V])

【답】 ①

17 백열전구 P, Q를 전압 E[V] 전원에 접속할 때 각각 W_1[W], W_2[W]의 전력을 소비한다. 이를 직렬로 V[V]의 전원에 연결할 때 어느 전구가 더 밝은가? 단, $W_1>W_2$이고 밝기는 소비전력의 크기에 비례한다고 가정한다.

① P가 더 밝다. ② 똑같다.

③ Q가 더 밝다. ④ 수시로 변한다.

해설

백열전구 P의 저항 : $R_1=\frac{E^2}{W_1}$

백열전구 Q의 저항 : $R_2=\frac{E^2}{W_2}$이다.

$W_1>W_2$이면 $R_2>R_1$ 이므로 전구 Q가 P보다 밝다.

【답】 ③

18 다음 중 특성이 다른 것이 하나 있다. 그 것은?

① 톰슨 효과(Thomson effect)

② 스트레치 효과(Stretch effect)

③ 핀치 효과(Pinch effect)

④ 홀 효과(Hall effect)

【답】 ①

Chapter 7

진공중의 정자계

1. 정자계와 자하

1.1 자하

N극과 S극의 자석을 일정거리로 가까이 하면 흡인력이 작용한다. 이 현상을 자기현상이라 한다. N과 S극을 자극(magnetic pole)이라 하며, 이때 작용하는 힘을 자기력(magnetic force)이라 한다. 이러한 자기력이 미치는 공간을 정자계(static magnetic field)라 한다. 또, 영구자석의 자극을 띠게 하는 기본적인 요소를 자하(magnetic charge)라 한다. 자계는 전계와 유사하게 자기력선으로 자계를 표현한다.
자하는 단독으로 분리할 수 없으며, 자석을 이등분하여도 양쪽 끝에 각각 정·부의 자극을 갖는 자석이 만들어진다. 이들 자하 간에는 자기력이 발생하며, 자기력(magnetic force)은 같은 극성의 자극은 서로 반발하고, 반대 극성의 자극은 서로 흡인력이 작용을 한다. 또한 자하는 항상 N극과 S극이 같은 양으로 존재하며, 자속은 N극에서 S극으로 향하는 방향을 정방향으로 정의하고, 단위는 Weber [Wb]이다.
단위자하란 하나의 극만 존재하고 반대의 극에 영향을 받지 않는 것을 가정하여 존재하는 자하로서 그 크기를 1[Wb]로 하는 자하를 말한다.

1.2 자기유도 현상

칠편을 자계 내에 놓아두면 칠편이 자기적인 성질을 띠게 된다. 이러한 현상을 자기유도 현상이라 한다. 이를 자화라 한다.

2. 쿨롱의 법칙

2.1 쿨롱의 법칙

1785년 프랑스인 쿨롱(Coulomb)에 의해 두 자극(자하) 사이에 작용하는 힘의 크기

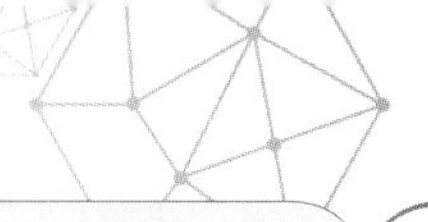

를 구하는 실험을 통해 뉴튼(Newton's laws)의 만유인력[14]의 법칙으로부터 쿨롱의 법칙(Coulomb's law)을 정립했다.

두 점자하 사이에 작용하는 힘은 두 자하의 곱에 비례하고, 두 자하의 거리의 제곱에 반비례한다. 또 동종의 자하 사이에는 반발력, 이종의 자하 사이에는 흡인력이 작용하며, 힘의 방향은 두 점자하를 연결하는 직선 방향으로 작용한다.

$$F = k\frac{m_1 m_2}{r^2}$$

여기서, k : 자하 주위의 매질과 단위의 표시법에 의해 결정되는 비례상수

$$k = 1/4\pi\mu_0$$

여기서, μ_0 : 진공의 투자율

$$F = \frac{1}{4\pi\mu_0}\frac{m_1 m_2}{r^2}\ [\mathrm{N}]$$

$$\mu_0 = \frac{1}{4\pi \times 6.33 \times 10^4} = 4\pi \times 10^{-7}$$ [15]

쿨롱의 법칙에 의한 힘 F는 벡터량 이므로 다음과 같이 표시할 수 있다.

$$\boldsymbol{F} = F\boldsymbol{r}_0 = \frac{1}{4\pi\mu_0}\frac{m_1 m_2}{r^2}\boldsymbol{r}_0\ [\mathrm{N}]$$

$$= \frac{1}{4\pi\mu_0}\frac{m_1 m_2}{r^2}\boldsymbol{r}\ \ [\mathrm{N}]$$

여기서, $\boldsymbol{r}_0$ 는 변위벡터 r 방향의 단위벡터이다.

---

14) 뉴턴은 태양과 행성 사이에서 작용하는 인력이 두 천체의 질량과 거리에 의해 결정되므로 어떤 특정한 천체에 국한되는 것이 아니라 질량이 있는 모든 물체 사이에 작용한다고 생각했다.

$$F = G\frac{m_1 m_2}{r^2}$$

위 식은 뉴턴의 만유인력의 법칙을 표현하고 있는 수식이다. 비례상수 G를 만유인력상수(常數)또는 중력상수라고 하며, 그 값은 $G = 6.67259 \times 10^{-11}\ \mathrm{N}^2 \cdot \mathrm{m} \cdot \mathrm{kg}^{-2}$으로, 1797년 영국의 물리학자인 H.캐번디시가 비틀림저울을 사용해서 최초로 측정하였다.

15) 빛의 속도 $C_o = \frac{1}{\sqrt{\epsilon_o \mu_o}} = 3 \times 10^3 [\mathrm{m/s}]$에서 ϵ_o를 구한다.

예제문제 01

공기 중에서 가상 접지극 m_1 [Wb]과 m_2 [Wb]를 r [m] 떼어 놓았을 때 두 자극간의 작용력이 F [N]이었다면 이 때의 거리 r [m]은?

① $\sqrt{\frac{m_1 m_2}{F}}$ ② $\frac{6.33\times10^4\times m_1 m_2}{F}$

③ $\sqrt{\frac{6.33\times10^4\times m_1 m_2}{F}}$ ④ $\sqrt{\frac{9\times10^9\times m_1 m_2}{F}}$

해설

쿨롱의 법칙 : $F=\frac{1}{4\pi\mu_0}\cdot\frac{m_1 m_2}{r^2}=6.33\times10^4\times\frac{m_1 m_2}{r^2}$ [N]에서 $r^2=\frac{6.33\times10^4\times m_1 m_2}{F}$

$\therefore r=\sqrt{\frac{6.33\times10^4\times m_1 m_2}{F}}$

답 : ③

예제문제 02

10^{-5} [Wb]와 1.2×10^{-5} [Wb]의 점자극을 공기 중에서 2 [cm] 거리에 놓았을 때 극간에 작용하는 힘은 몇 [N]인가?

① 1.9×10^{-2} ② 1.9×10^{-3} ③ 3.8×101^{-3} ④ 3.8×10^{-4}

해설

쿨롱의 법칙 : $F=\frac{1}{4\pi\mu_0}\frac{m_1 m_2}{r^2}=6.33\times10^4\times\frac{10^{-5}\times1.2\times10^{-5}}{0.02^2}\fallingdotseq1.9\times10^{-2}$ [N]

답 : ①

3. 자계와 자기력선

3.1 전기력선(electric field lines)

자기력선은 자계 내에서 단위자하 +1 [Wb]가 아무 저항없이 자기력에 따라 이동할 때 그려지는 가상의 선을 말하며 이 선을 이용하면 쉽게 자계를 해석할 수 있다.

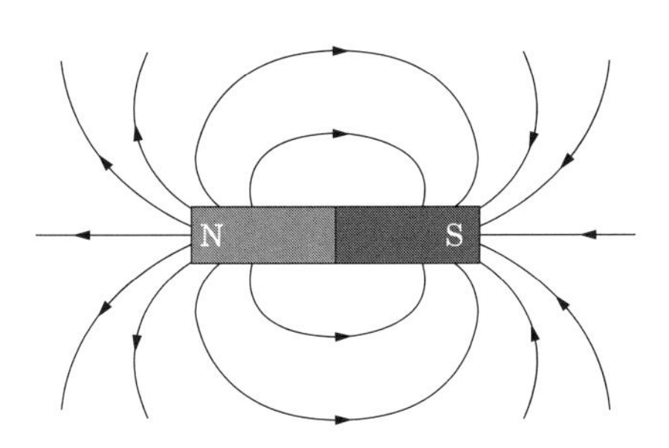

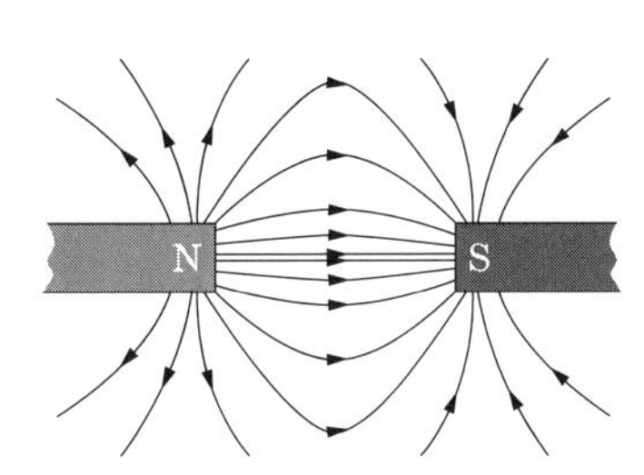

그림 1 자기력선

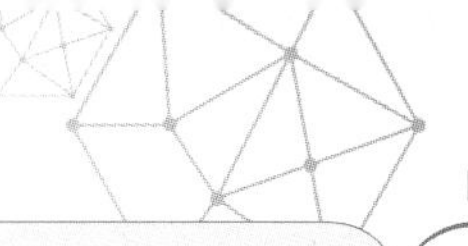

3.2 자계의 세기

(1) 자계의 세기의 정의

균일한 자계 내의 임의의 한점에서 자계의 세기 H는 면적 S에 수직인 그 점을 통과하는 단위면적당의 자기력선 수로 정의한다. 이것은 자기력선의 밀도와 같으며 자계의 세기 H와 자기력선 수 N은 다음과 같이 정의할 수 있다.

$$H[\mathrm{V/m}] = \frac{N}{S}[\mathrm{lines/m^2}]$$

자계의 세기가 H인 점에서 그 자계에 수직인 면적을 관통하는 자기력선의 총수 N을 구하면 다음과 같다.

$$N = H\,S[\mathrm{lines}]$$

(2) 점자하의 자계의 세기

자계의 세기는 자계 내의 임의의 한 점에 단위자하 $+1$[Wb]을 놓았을 때, 이에 작용하는 힘으로 정의한다. 이것은 자계 내의 한 점에 그 점의 자계를 변화시키지 않는 미량의 점자하 Δm[Wb]을 놓았을 경우 자하에 작용하는 힘을 ΔF[N]이라 하면, 그 점에서의 자계의 세기 H는 다음 식과 같이 표현할 수 있다. 방향은 단위 점자하가 받는 힘의 방향이 되며, 이것은 벡터량이 된다.

$$\boldsymbol{H} = \lim_{\Delta m \to 0} \frac{\Delta \boldsymbol{F}}{\Delta m}\ [\mathrm{N/Wb}]$$

$$\boldsymbol{F} = m\boldsymbol{H}\ [\mathrm{N}]$$

$$\boldsymbol{H} = \frac{\boldsymbol{F}}{m}\ [\mathrm{N/Wb}]$$

$$\boldsymbol{H} = \frac{1}{4\pi\mu_0}\frac{m \times 1}{r^2} = \frac{1}{4\pi\mu_0}\frac{m}{r^2}\ [\mathrm{AT/m}]$$

여기서, H : 자계의 세기[V/m], m : 자하[Wb]
r : 양 자하간의 거리[m], μ_o : 진공중의 투자율

자계의 세기 단위는 [N/Wb]이지만, 일반적으로 [AT/m]를 사용한다.

예제문제 03

1000 [AT/m]의 자계 중에 어떤 자극을 놓았을 때 3×10^2 [N]의 힘을 받았다고 한다. 자극의 세기[Wb]는?

① 0.1 ② 0.2 ③ 0.3 ④ 0.4

해설

$F=mH$에서 $m=\dfrac{F}{H}=\dfrac{3\times10^2}{1000}=\dfrac{300}{1000}\fallingdotseq 0.3$ [Wb]

답 : ③

예제문제 04

두 개의 자력선이 동일 방향으로 흐르면 자계 강도는?

① 더 약해진다.
② 주기적으로 약해졌다 강해졌다 한다.
③ 더 강해진다.
④ 강해졌다가 약해진다.

답 : ③

예제문제 05

합리화 MKS 단위계로 자계의 세기 단위는?

① [AT/m] ② [Wb/m²] ③ [Wb/m] ④ [AT/m²]

해설

자계의 세기(H)의 단위 : [AT/m], [N/Wb], [Oersted]

답 : ①

예제문제 06

그림과 같이 진공에서 6×10^{-3}[Wb]의 자극을 가진 길이 10 [cm] 되는 막대자석의 정자극(正磁極)으로부터 5 [cm] 떨어진 P점의 자계의 세기는?

① 13.3×10^4 [AT/m]
② 17.3×10^4 [AT/m]
③ 23.3×10^3 [AT/m]
④ 28.1×10^5 [AT/m]

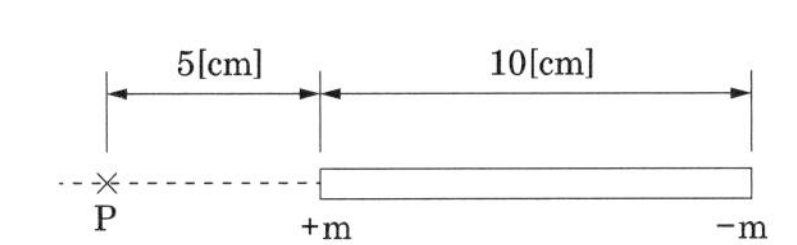

해설

$$H_P=H_{AP}-H_{BP}$$
$$=6.33\times10^4\times\left[\frac{6\times10^{-3}}{(5\times10^{-2})^2}-\frac{6\times10^{-3}}{(15\times10^{-2})^2}\right]$$
$$=13.3\times10^4\ [\text{AT/m}]$$

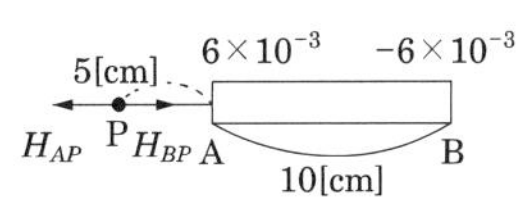

답 : ①

예제문제 07

자극의 크기 $m = 4$ [Wb]의 점자극으로부터 $r = 4$ [m] 떨어진 점의 자계의 세기[AT/m]를 구하면?

① 7.9×10^3　② 6.3×10^4　③ 1.6×10^4　④ 1.3×10^3

해설

$F = mH$에서 $H = \frac{F}{m} = \frac{m}{4\pi\mu_0 r^2} = 6.33 \times 10^4 \times \frac{m}{r^2} = 6.33 \times 10^4 \times \frac{4}{4^2} = 1.58 \times 10^4$ [AT/m]

답 : ③

3.3 자속과 자속밀도

자하에서 자기력선이 나온다. 이 자기력선은 매질(μ_o)에 따라 변하는 선속이 된다. 자계를 해석하는데 는 매질에 따라 변하지 않는 선속을 적용하는 경우가 많으며, 이것을 자속(magnetic flux)라 한다. 자속 또한 자기력선과 같은 가상의 선이다.
자속은 매질에 관계없이 일정한 선속으로 m[Wb]의 자하에서는 m개의 자속이 나온다고 본다. 즉, 자하량과 같은 수 만큼의 자속이 나오며 단위는 [Wb]이 된다.

$$\Psi = m \text{ [Wb]}$$

자속밀도는 단위면적당 자속의 수를 말하며 다음과 같다.

$$B = \frac{\Psi}{S} = \frac{m}{S} \text{[Wb/m}^2\text{]}$$

자속밀도의 단위는 [Wb/m^2]로 표시하며, tesla[T]와 같다. 진공 중에 점자하 m[Wb]가 있고 거리 r[m] 떨어진 구면상에서의 자속밀도 B와 자계의 세기 H의 관계는 다음과 같다.

$$H = \frac{m}{4\pi\mu_0 r^2} \text{[AT/m]} \qquad B = \frac{m}{4\pi r^2} \text{[C/m}^2\text{]}$$

두 식을 비교하면

$$B = \mu_0 H \text{[Wb/m}^2\text{]} \quad \text{또는} \quad H = \frac{B}{\mu_0} \text{[AT/m]}$$

가 된다. 자계와 자속밀도는 벡터량 이므로 다음과 같이 표현한다.

$$\boldsymbol{B} = \mu_0 \boldsymbol{H} \text{[Wb/m}^2\text{]} \quad \text{또는} \quad \boldsymbol{H} = \frac{\boldsymbol{B}}{\mu_0} \text{[AT/m]}$$

또 자계가 평등하지 않은 불균일한 계에서 미소면적 dS와 면적 S에 관통하는 자속은 다음과 같이 구할 수 있다.

$$d\phi = \boldsymbol{B} \cdot d\boldsymbol{S}$$

$$\therefore \phi = \int_S \boldsymbol{B} \cdot d\boldsymbol{S}$$

4. 자위와 자위차

자계 내에서 단위 자하를 무한원점에서 임의의 한 점까지 이동하는데 필요한 일을 그 점에서의 자위(magnetic potential)라 한다.

$$U = -\int_{\infty}^{P} \boldsymbol{H} \cdot dl \, [\mathrm{A}]$$

즉, 1 [Wb]의 정자극을 무한 원점에서 점 P까지 가져오는 데 필요한 일을 점 P의 자위라고 하며 스칼라량이다. 정자계에서도 정전계와 같이 자위는 이동 경로에 관계없이 점 P의 위치만으로 정하여지므로 보존장의 조건이 성립한다.
자계 중에서 m[Wb]의 점자극으로부터 거리 r[m] 떨어진 점의 자위 U는

$$U = -\int_{\infty}^{r} \boldsymbol{H} \cdot dl = \frac{m}{4\pi\mu_0 r} [\mathrm{A}]$$

가 된다. 자계 중의 두 점 A, B 사이의 자위차 다음과 같다.

$$U_{AB} = -\int_{B}^{A} \boldsymbol{H} \cdot dl \, [\mathrm{A}]$$

예제문제 08

자위의 단위[J/Wb]와 같은 것은?

① [A] ② [A/m] ③ [A·m] ④ [Wb]

해설

자위 : $U_m = -\int_{\infty}^{P} \boldsymbol{H} \cdot dl$ 에서 [A/m]·[m]=[A]

답 : ①

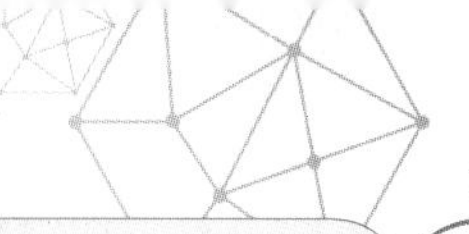

5. 자기 쌍극자

자석은 N극과 S극이 분리되지 않으므로 항상 자기 쌍극자 형태를 띤다. 이 자기 쌍극자는 매우 작은 소자석 즉, 자기쌍극자(magnetic dipole)로 볼 수 있다.

5.1 쌍극자 모먼트

양과 음의 점자하 $+m$, $-m$가 미소거리 d 만큼 떨어져 있을 때 이 한 쌍의 자하를 자기쌍극자(magnetic dipole)라 하며, 이 때 쌍극자 모먼트는 벡터량을 다음과 같이 정의 된다.

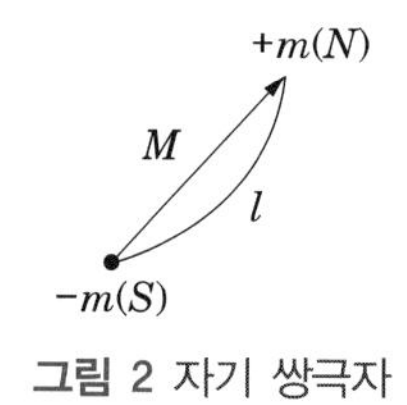

그림 2 자기 쌍극자

$$\boldsymbol{M} = ml[\mathrm{Wb \cdot m}]$$

5.2 쌍극자 자위와 자계의 세기

자기쌍극자에서 거리 r만큼 떨어진 임의의 한 점에서의 자위 U는

$$U = \frac{M\cos\theta}{4\pi\mu_0 r^2}[\mathrm{AT}]$$

그 점에서의 자계의 세기 H는

$$H_r = -\frac{\partial U}{\partial r} = \frac{M\cos\theta}{2\pi\mu_0 r^3}[\mathrm{AT/m}]$$

$$H_\theta = -\frac{\partial U}{r\partial\theta} = \frac{M\sin\theta}{4\pi\mu_0 r^3}[\mathrm{AT/m}]$$

$$\therefore H = \sqrt{{H_r}^2 + {H_\theta}^2} = \frac{M}{4\pi\mu_0 r^3}\sqrt{1+3\cos^2\theta}\,[\mathrm{AT/m}]$$

예제문제 09

자기 쌍극자에 의한 자위 U [A]에 해당되는 것은? 단, 자기 쌍극자의 자기 모멘트는 M [Wb·m], 쌍극자의 중심으로부터의 거리는 r [m], 쌍극자의 정방향과의 각도는 θ라 한다.

① $6.33\times10^4\times\dfrac{M\sin\theta}{r^3}$　　② $6.33\times10^4\times\dfrac{M\sin\theta}{r^2}$

③ $6.33\times10^4\times\dfrac{M\cos\theta}{r^3}$　　④ $6.33\times10^4\times\dfrac{M\cos\theta}{r^2}$

해설

자기 쌍극자에 의한 자위 : $U_m=\dfrac{M\cos\theta}{4\pi\mu_0 r^2}=6.33\times10^4\times\dfrac{M\cos\theta}{r^2}$ [A]

답 : ④

6. 자기 2중층(판자석)

얇은 판면에 무수한 자기쌍극자의 집합을 이루고 있는 판상의 자석을 판자석이라 한다.

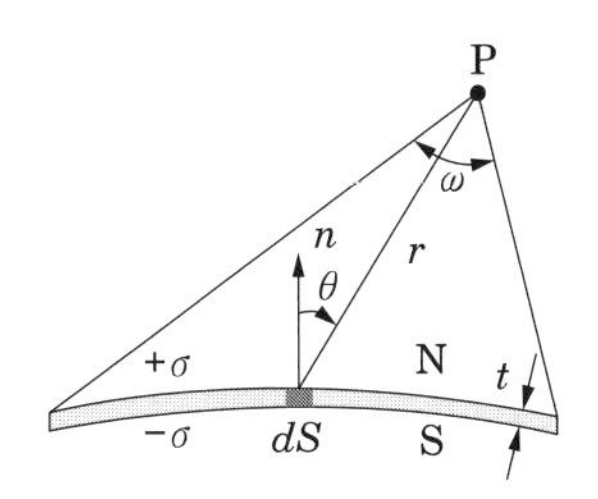

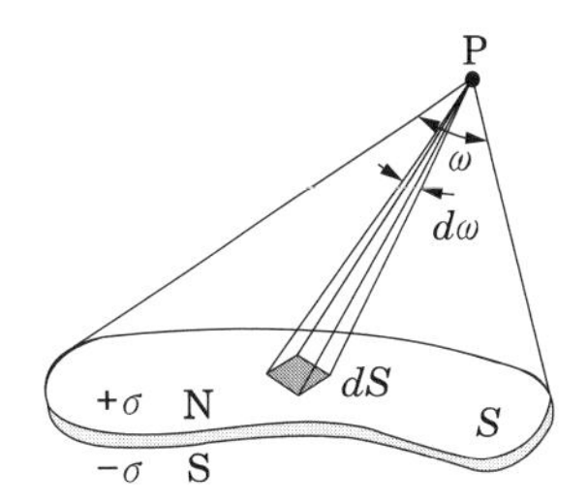

그림 3 자기이중층

그림 3에서 미소 면적 dS인 소자석에 의한 점 P의 자위는

$$dU=\frac{1}{4\pi\mu_0}\cdot\frac{mdS\cos\theta}{r^2}=\frac{m}{4\pi\mu_0}\cdot\frac{dS\cos\theta}{r^2}\ [\text{AT}]$$

따라서 판 전체에 의한 자위는

$$U=\frac{m}{4\pi\mu_0}\int_s\frac{dS\cos\theta}{r^2}$$

여기서, $\displaystyle\int_s\frac{dS\cos\theta}{r^2}$는 판 S가 점 P에 대하여 짓는 입체각 ω가 되므로

$$\therefore\ U=\frac{m}{4\pi\mu_0}\omega\ [\text{AT}]$$

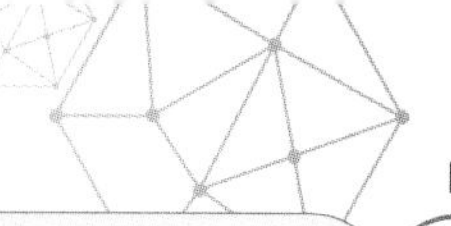

따라서 판자석의 자위는 다음과 같이 표현된다.

$$U_m = \pm \frac{m\omega}{4\pi\mu_0} \text{ [AT]}$$

$$M = \sigma t \text{ [Wb/m]}$$

여기서, m : 판자석의 세기[Wb/m], σ : 면자하 밀도[Wb/m^2]
t : 판의 두께[m], ω : 입체각($\omega = 2\pi$)[16]

예제문제 10

판자석의 표면 밀도를 $\pm\sigma$ [Wb/m^2]라고 하고 두께를 δ [m]라 할 때 이 판자석의 세기는?

① $\sigma\delta$ ② $\frac{1}{2}\sigma\delta$ ③ $\frac{1}{2}\sigma\delta^2$ ④ $\sigma\delta^2$

해설

판자석의 세기 : $M = \sigma\delta$ [Wb/m]

답 : ①

예제문제 11

자극의 세기가 m 인 판자석의 N극으로부터 r [m] 떨어진 점 P에서의 자위를 구하는 식은? 단, 점 P에서 판자석을 보는 입체각을 ω라 한다.

① $-\frac{m}{4\pi\mu_0}\omega$ ② $-\frac{m}{2\pi\mu_0}\omega$ ③ $\frac{m}{4\pi\mu_0}\omega$ ④ $\frac{m}{2\pi\mu_0}\omega$

해설

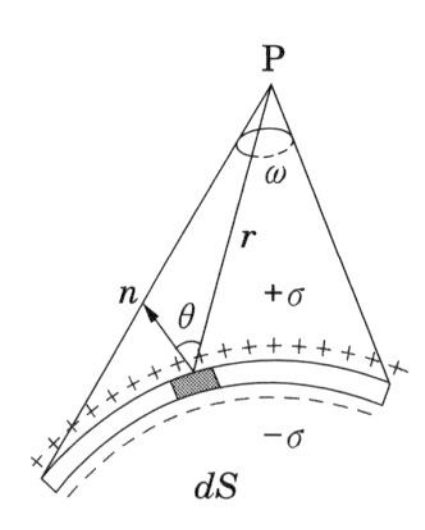

미소 면적 dS인 소자석에 의한 점 P의 자위 : $dU = \frac{1}{4\pi\mu_0} \cdot \frac{mdS\cos\theta}{r^2} = \frac{m}{4\pi\mu_0} \cdot \frac{dS\cos\theta}{r^2}$ [A]

∴ 판 전체에 의한 자위 : $U = \frac{m}{4\pi\mu_0}\int_s \frac{dS\cos\theta}{r^2}$

여기서, $\int_s \frac{dS\cos\theta}{r^2}$: 판 S가 점 P에 대하여 짓는 입체각 ω가 된다.

∴ $U = \frac{m}{4\pi\mu_0}\omega$ [A]

답 : ③

16) 점 P와 Q를 판자석의 양측에서 각 면에 무한히 접근시키면, 입체각의 크기 2π가 된다.

7. 자기 모멘트와 회전력

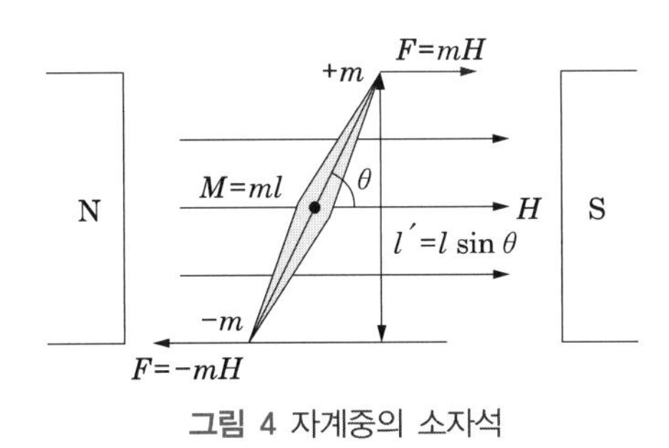

그림 4 자계중의 소자석

그림 4와 같이 평등자계 H 내에 길이 l, 자극의 세기 $\pm m$ 인 자석이 자계와 θ 의 각을 이루고 있을 때, 자석의 N극$(+m)$은 자계와 동일 방향, S극$(-m)$은 자계와 반대 방향으로 작용하여 자석에는 크기가 같고 방향은 반대인 회전력이 작용한다. 따라서 회전력 T는

$$T = Fl' = Fl\sin\theta = mHl\sin\theta \ [\mathrm{N \cdot m}]$$

가 된다. 이 식을 자기모멘트 $M = ml$과 자계의 세기 H를 이용하여 벡터적으로 표현하면 다음과 같이 구할 수 있다.

$$T = MH\sin\theta$$
$$\therefore \boldsymbol{T} = \boldsymbol{M} \times \boldsymbol{H} \ [\mathrm{N \cdot m}]$$

표 1 정전계와 정자계의 유사성

정전계		정자계	
전 속	$\Psi = Q[\mathrm{C}]$	자 속	$\phi = m\,[\mathrm{Wb}]$
전속밀도	$D = \frac{\Psi}{S} = \frac{Q}{S}\ [\mathrm{C/m^2}]$ $\therefore \Psi = DS[\mathrm{C}]$	자속밀도	$B = \frac{\phi}{S} = \frac{m}{S}\ [\mathrm{Wb/m^2}]$ $\therefore \phi = BS[\mathrm{Wb}]$
전기력선	$N = \frac{\Psi}{\epsilon_0} = \frac{Q}{\epsilon_0}\ [\mathrm{lines}]$	자기력선	$N = \frac{\phi}{\mu_0} = \frac{m}{\mu_0}\ [\mathrm{lines}]$
전계의 세기	$E = \frac{D}{\epsilon_0}\ [\mathrm{V/m}]$ $\therefore D = \epsilon_0 E$	자계의 세기	$H = \frac{B}{\mu_0}\ [\mathrm{AT/m}]$ $\therefore B = \mu_0 H$
전 하	$Q[\mathrm{C}]$	자 하	$m\,[\mathrm{Wb}]$
진공의 유전율	$\epsilon_0 = 8.85 \times 10^{-12}\,[\mathrm{F/m}]$	진공의 투자율	$\mu_0 = 4\pi \times 10^{-7}\,[\mathrm{H/m}]$

정전계		정자계	
쿨롱의 법칙 (전기력)	$F=\dfrac{Q_1Q_2}{4\pi\epsilon_0 r^2}$ [N]	쿨롱의 법칙 (자기력)	$F=\dfrac{m_1m_2}{4\pi\mu_0 r^2}$ [N]
전계의 세기	$E=\dfrac{Q}{4\pi\epsilon_0 r^2}$ [V/m]	자계의 세기	$H=\dfrac{m}{4\pi\mu_0 r^2}$ [AT/m]
힘과 전계	$F=QE$[N]	힘과 자계	$F=mH$[N]
전 위	$V=\dfrac{Q}{4\pi\epsilon_0 r}$ [V]	자 위	$U=\dfrac{m}{4\pi\mu_0 r}$ [AT]
전기쌍극자	$V=\dfrac{M\cos\theta}{4\pi\epsilon_0 r^2}$ [V]	소 자 석	$U=\dfrac{M\cos\theta}{4\pi\mu_0 r^2}$ [AT]
전기이중층	$V=\dfrac{M}{4\pi\epsilon_0}\omega$ [V]	판 자 석	$U=\dfrac{M}{4\pi\mu_0}\omega$ [AT]
전위경도	$\boldsymbol{E}=-\mathrm{grad}V$	자위경도	$\boldsymbol{H}=-\mathrm{grad}U$

예제문제 12

자극의 세기 4×10^{-6} [Wb], 길이 10 [cm]인 막대자석을 150 [AT/m]의 평등 자계 내에 자계와 60°의 각도로 놓았을 때 자석이 받는 회전력[N·m]은?

① $\sqrt{3}\times10^{-4}$ ② $3\sqrt{3}\times10^{-5}$ ③ 3×10^{-4} ④ 3×10

해설

회전력 : $T=mlH\sin\theta=4\times10^{-6}\times10\times10^{-2}\times150\times\sin60°$

$=3\sqrt{3}\times10^{-5}$ [N·m] $\left(\because \sin60°=\dfrac{\sqrt{3}}{2}\right)$

답 : ②

예제문제 13

그림 과 같이 균일한 자계의 세기 H [AT/m] 내에 자극의 세기가 $\pm m$ [Wb], 길이 l [m]인 막대자석을 그 중심 주위에 회전할 수 있도록 놓는다. 이때 자석과 자계의 방향이 이룬 각을 θ라 하면 자석이 받는 회전력[N·m]은?

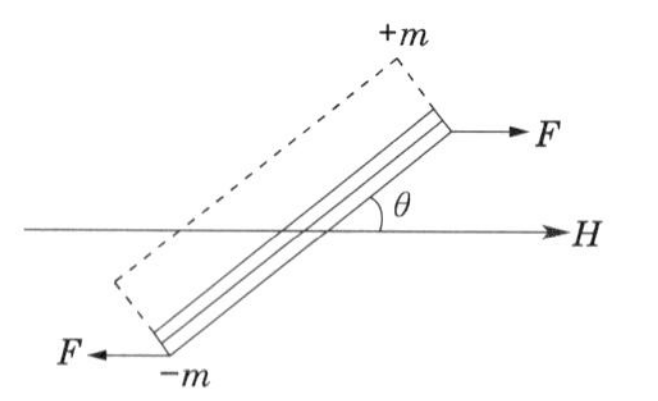

① $mHl\cos\theta$ ② $mHl\sin\theta$
③ $2mHl\sin\theta$ ④ $2mHl\tan\theta$

해설

자석의 축 방향에 직각인 수직 방향의 분력

$F'=F\sin\theta=mH\sin\theta$

$\therefore T=2F'\dfrac{l}{2}=mHl\sin\theta$

$=MH\sin\theta$ [N·m]

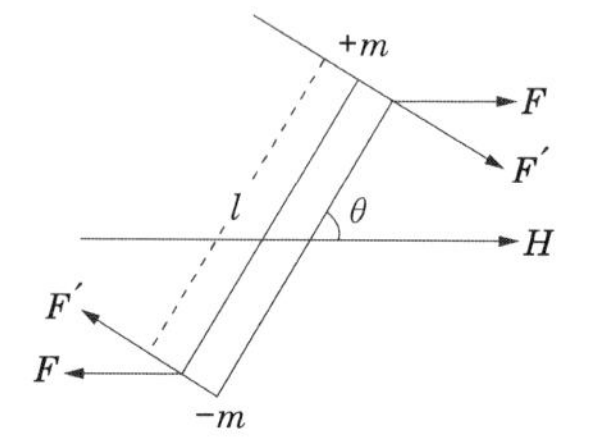

답 : ②

예제문제 14

평등 자장 H인 곳에 자기 모멘트 M을 자장과 수직 방향으로 놓았을 때 이 자석의 회전력은?

① M/H　　② H/M　　③ MH　　④ $1/MH$

해설

회전력 : $T = MH\sin\theta(\theta = 90°) = MH$ [N·m]

답 : ③

예제문제 15

그림에서 직선 도체 바로 아래 10 [cm] 위치에 자침이 나란히 있다고 하면 이때의 자침에 작용하는 회전력[N·m]은? 단, 도체의 전류는 10 [A], 자침의 자극의 세기는 10^{-6} [Wb]이고, 자침의 길이는 10 [cm]이다.

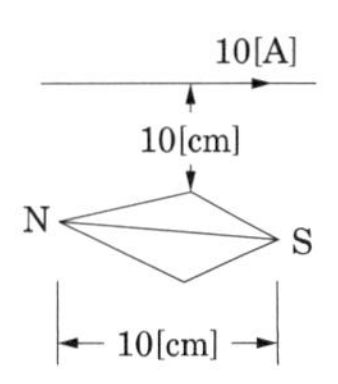

① 15.9×10^{-3}　　② 1.59×10^{-3}

③ 1.59×10^{-6}　　④ 15.9×10^{-6}

전류에 의한 자석 위치의 자계 : $H = \frac{I}{2\pi r} = \frac{10}{2\pi \times 0.1} = 15.92$ [A/m]

회전력 : $T = MH\sin\theta = MH = mlH$

$= 10^{-6} \times 0.1 \times 15.92 = 1.592 \times 10^{-6}$ [N·m]

답 : ③

핵심과년도문제

7·1

비투자율 μ_s, 자속 밀도 B인 자계 중에 있는 m [Wb]의 자극이 받는 힘은?

① $\dfrac{Bm}{\mu_0\mu_s}$　② $\dfrac{Bm}{\mu_0}$　③ $\dfrac{\mu_s\mu_0}{Bm}$　④ $\dfrac{Bm}{\mu_s}$

해설 자계 중의 자극이 받는 힘 : $F=mH$ [N]에서 $H=\dfrac{B}{\mu_0\mu_s}$ [A/m]이므로

$\therefore F=\dfrac{Bm}{\mu_0\mu_s}$ [N]

【답】 ①

7·2

거리 r [m]를 두고 m_1, m_2 [Wb]인 같은 부호의 자극이 놓여 있다. 두 자극을 잇는 선상의 어느 일점에서 자계의 세기가 0인 점은 m_1 [Wb]에서 몇 [m] 떨어져 있는가?

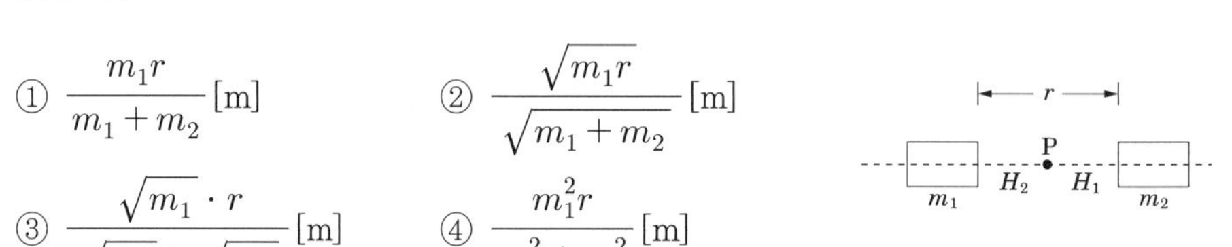

① $\dfrac{m_1 r}{m_1+m_2}$ [m]　② $\dfrac{\sqrt{m_1 r}}{\sqrt{m_1+m_2}}$ [m]

③ $\dfrac{\sqrt{m_1}\cdot r}{\sqrt{m_1}+\sqrt{m_2}}$ [m]　④ $\dfrac{m_1^2 r}{m_1^2+m_2^2}$ [m]

해설 m_1과 m_2의 부호가 같을 때는 두 자하 사이에 자계의 세기가 0인 점이 존재할 경우 $H_1=H_2$이며 방향은 반대가 된다. 자계가 0인 점을 P라 하고 m_1에서 P점까지의 거리를 x라 하면

$H_1=\dfrac{m_1}{4\pi\mu_0 x^2}$, $H_2=\dfrac{m_2}{4\pi\mu_0(r-x)^2}$가 된다.

$H_1=H_2$ 이므로

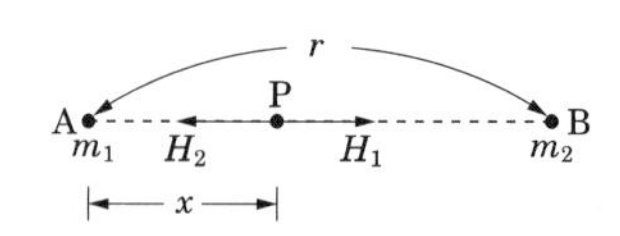

$\dfrac{m_1}{4\pi\mu_0 x^2}=\dfrac{m_2}{4\pi\mu_0(r-x)^2}$ 에서

$\dfrac{m_1}{x^2}=\dfrac{m_2}{(r-x)^2}$, $m_2 x^2=m_1(r-x)^2$

양변에 루트를 취하면

$\sqrt{m_2}\,x=\sqrt{m_1}(r-x)=\sqrt{m_1}\,r-\sqrt{m_1}\,x$, $x(\sqrt{m_1}+\sqrt{m_2})=\sqrt{m_1}\,r$

$\therefore x=\dfrac{\sqrt{m_1}\cdot r}{\sqrt{m_1}+\sqrt{m_2}}$ [m]

【답】 ③

7·3

자계의 세기를 표시하는 단위와 관계없는 것은? 단, A : 전류, N : 힘, Wb : 자속, H : 인덕턴스, m : 길이의 단위이다.

① [A/m] ② [N/Wb] ③ [Wb/h] ④ [Wb/Hm]

해설 자계의 세기단위

$$\left[\frac{N}{Wb}\right]=\left[\frac{N\cdot m}{Wb\cdot m}\right]=\left[\frac{J/Wb}{m}\right]=\left[\frac{A}{m}\right]=\left[\frac{Wb}{H\cdot m}\right]$$

【답】 ③

7·4

500 [g]의 질량에 작용하는 힘은?

① 9.8 [N] ② 4.9 [N]

③ 9.8×10^4 [dyne] ④ 4.9×10^4 [dyne]

해설 질량에 작용하는 힘 : $F=mg=500\times10^{-3}\times9.8=4.9$ [N]

【답】 ②

심화학습문제

01 그림과 같은 반지름 a [m]인 원형 코일에 I[A]가 흐르고 있다. 이 도체 중심축상 x [m]인 점 P의 자위[AT]는?

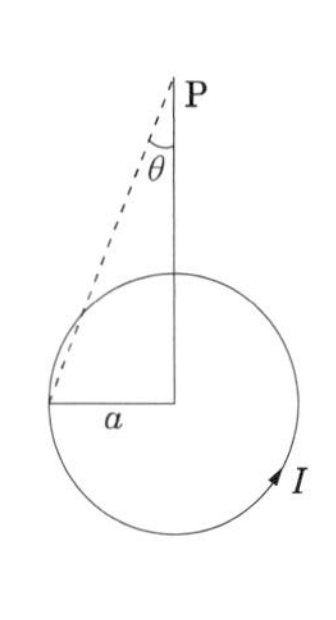

① $\frac{I}{2}\left(1-\frac{x}{\sqrt{a^2+x^2}}\right)$

② $\frac{I}{2}\left(1-\frac{a}{\sqrt{a^2+x^2}}\right)$

③ $\frac{I}{2}\left(1-\frac{x^2}{(a^2+x^2)^{3/2}}\right)$

④ $\frac{I}{2}\left(1-\frac{a^2}{(a^2+x^2)^{3/2}}\right)$

해설

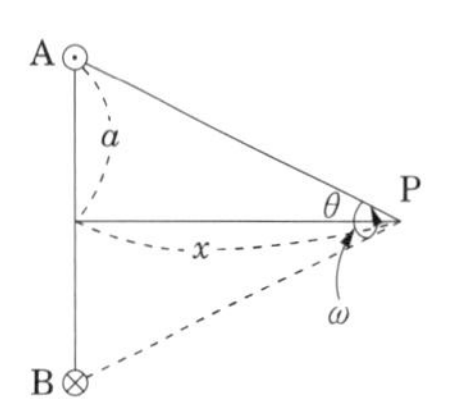

점 P에서 코일 AB를 바라보는 입체각

$\omega=2\pi(1-\cos\theta)$

∴ 자위

$$U_m=\frac{M\cos\theta}{4\pi r^2}=\frac{IS\cos\theta}{4\pi r^2}=\frac{I}{4\pi}\cdot\frac{S\cos\theta}{r^2}=\frac{I}{4\pi}\cdot\omega$$

$$\therefore\ U_m=\frac{I}{4\pi}\omega=\frac{I}{4\pi}\cdot 2\pi(1-\cos\theta)$$

$$=\frac{I}{2}\left(1-\frac{x}{\sqrt{a^2+x^2}}\right)\ [\text{AT}]$$

【답】①

02 반지름 a 인 원형 코일의 중심축상 r [m]의 거리에 있는 점 P의 자위는 몇 [A]인가? 단, 점 P 에 대한 원의 입체각을 ω, 전류를 I[A]라 한다.

① $\frac{\omega}{4\pi I}$　　② $4\pi\omega I$

③ $\frac{I}{4\pi\omega}$　　④ $\frac{\omega I}{4\pi}$

해설

원형코일 중심축상의 자위

$$u=\frac{M\cos\theta}{4\pi r^2}=\frac{IS\cos\theta}{4\pi r^2}=\frac{I}{4\pi}\cdot\frac{S\cos\theta}{r^2}=I\cdot\frac{\omega}{4\pi}\ [\text{A}]$$

【답】④

03 z축에 놓여 있는 무한장 직선도체에 10 [A]의 전류가 흐르고 있다. 점 (5, 0, 0) [m]에서 점 (10, 0, 0) [m]까지 단위 자하(자극)을 옮기는데 소요된 에너지는 몇 [J]인가?

① 0　　② $+\frac{5}{\pi}\ln 2$

③ $-\frac{5}{\pi}\ln 2$　　④ 10

해설

- 자위차 : 자계내에서 단위 자하를 옮기는데 필요한 일
- 무한장 직선전류에 의한 자계 : $H=\frac{I}{2\pi r}$ [A/m]
- 자위차 : $U=-\int_5^{10}\boldsymbol{H}\cdot dl=-\int_5^{10}Hdl\cos\theta$ [A]

여기서, θ는 자계와 움직이는 경로가 이루는 각을 말한다.

문제의 조건에서 x 방향으로만 옮겼으므로 $\theta=90°$로 전위차는 발생하지 않는다. 즉, 일은 없다.

【답】①

04 그림과 같이 모멘트가 각각 M, M'인 두 개의 소자석 A, B를 중앙에서 서로 직각으로 놓고 이것을 중심에서 수평으로 매달아 지자기 수평 분력 H_0 내에 놓았을 때 H_0와 이루는 각은?

① $\theta_A = \tan^{-1}\dfrac{M'}{M}$

② $\theta_A = \sin^{-1}\dfrac{M'}{M}$

③ $\theta_A = \cos^{-1}\dfrac{M'}{M}$

④ $\theta_A = \tan\dfrac{M'}{M}$

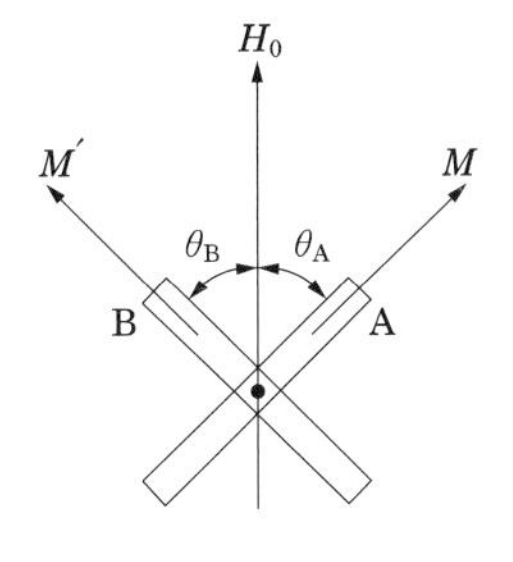

해설

자석 A의 회전력 : $T_A = MH_0\sin\theta_A$

자석 B의 회전력 : $T_B = M'H_0\sin\theta_B$

평형 조건은 $T_A = T_B$이고 $\theta_B = \dfrac{\pi}{2} - \theta_A$ 이다.

$$M\sin\theta_A = M'\sin\theta_B = M'\sin\left(\frac{\pi}{2} - \theta_A\right) = M'\cos\theta_A$$

$$\frac{\sin\theta_A}{\cos\theta_A} = \frac{M'}{M} \rightarrow \tan\theta_A = \frac{M'}{M}$$

$$\therefore \theta_A = \tan^{-1}\left(\frac{M'}{M}\right)$$

【답】 ①

05 1×10^{-6} [Wb·m]의 자기 모멘트를 가진 봉(棒) 자석을 자계의 수평 성분이 10 [AT/m]인 곳에서 자기 자오면으로부터 90° 회전하는 데 필요한 일은 몇 [J]인가?

① 3×10^{-5}　② 2.5×10^{-5}
③ 10^{-5}　④ 10^{-8}

해설

$$W = \int_0^\theta T d\theta = MH(1 - \cos\theta)$$
$$= 1 \times 10^{-6} \times 10 \times (1 - \cos 90°) = 10^{-5}\ [\text{J}]$$

【답】 ③

06 그림과 같이 길이 l_1 [m], 폭 l_2 [m]인 직사각형 코일이 자속 밀도 B [Wb/m^2]인 평등 자계 내에 코일면의 법선이 자계의 방향과 θ 각으로 놓여 있다. 코일에 흐르는 전류가 I [A]이면 코일에 작용하는 회전력은 얼마인가? 단, 코일의 권수는 n 이다.

① $nBIl_1l_2\sin\theta$ [N·m]
② $nBIl_1l_2\cos\theta$ [N·m]
③ $nBIl_1l_2\sin\theta$ [N/m]
④ $nBIl_1l_2\cos\theta$ [N/m]

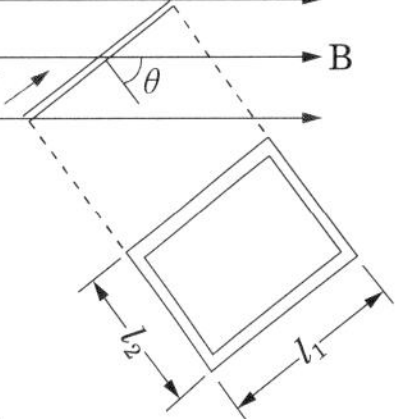

해설

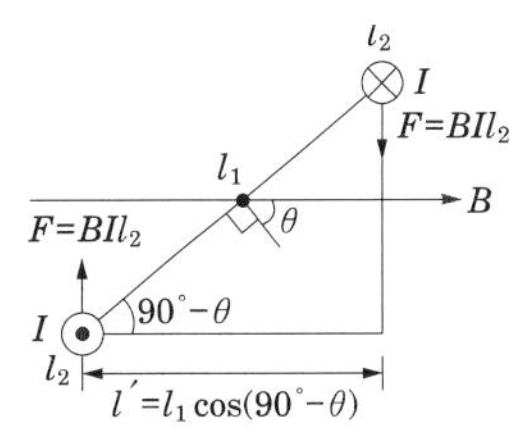

l_1의 두 코일변은 동일축상에서 힘의 크기는 같고, 방향은 서로 반대이므로 힘의 합성은 0이 되어 회전력은 0이 된다.

l_2의 두 코일변은 그림과 같은 힘 $F = BIl_2$가 작용하므로 직사각형 코일이 받는 회전력은

$T = Fl' = Fl_1\cos(90° - \theta) = BIl_2l_1\sin\theta$ [N·m]

코일의 권수 n이므로

∴ 회전력 $T = nBIl_1l_2\sin\theta$ [N·m]

【답】 ①

07 자기 모멘트 9.8×10^{-5} [Wb·m]의 막대 자석을 지구자계의 수평 성분 10.5 [AT/m]의 곳에서 지자기 자오면으로부터 90° 회전시키는데 필요한 일은 몇 [J]인가?

① 9.3×10^{-5}　② 9.3×10^{-3}
③ 1.03×10^{-4}　④ 1.03×10^{-3}

해설

지구 자계가 자석에 작용하는 회전력

$T = MH\sin\theta$

각 θ만큼 회전시키는데 필요한 일은

$$\therefore W = \int_0^\theta T \cdot d\theta = MH\int_0^\theta \sin\theta \cdot d\theta = MH(1-\cos\theta)$$

$$= 9.8\times10^{-5}\times10.5(1-0) \fallingdotseq 1.03\times10^{-3} \text{ [J]}$$

【답】 ④

08 다음 사항 중 옳은 것은?

① 텔레비전(TV)은 전자를 발생시키는 전자총과, 전계를 걸어 전자의 방향을 구부러지게 하는 편향코일과 전자가 면에 부디치면 특정한 색깔을 내는 금속이 칠해져 있는 브라운관을 구비하고 있다.

② 자석을 영어로 마그넷트(magnet)라고 하는 이유는 고대 희랍의 마그네시아라고 불리워지는 지방에서 철을 흡인하는 돌이 취해졌기 때문이다.

③ 모피(毛皮)로 호박(amber, 琥珀)을 마찰하면 그 에너지를 받아 모피에서 음전기를 띤 자유전자가 호박으로 옮겨져, 모피는 음(−)전기를 띠고 호박은 양전기(+)를 띤다.

④ 쿨롱은 전계와 자계의 세기 및 음극선의 구부러지는 정도에서 전자의 비전하(전하량/질량)를 계산하였다.

【답】 ②

전류에 의한 자기현상

1. 전류의 자기작용

전류가 흐르면 전류가 흐르는 도체의 주변에는 자기장이 일정한 방향으로 생긴다. 이러한 현상을 전류에 의한 자기현상이라 한다.

1.1 암페어의 오른나사법칙

도체에 오른나사가 진행하는 방향으로 전류가 흐를 때 나사를 돌리는 방향으로 자계가 발생한다. 이 법칙을 암페어의 오른나사 법칙이라 한다. 이 법칙은 전류에 의한 자계 방향의 관계를 정의한다.

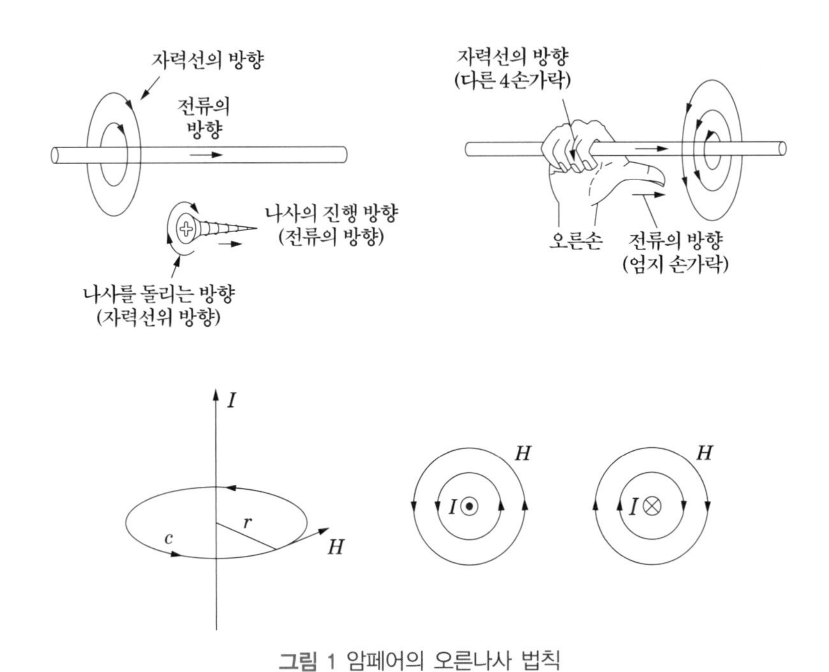

그림 1 암페어의 오른나사 법칙

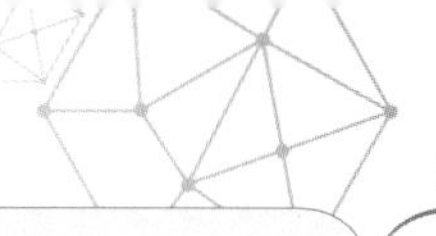

예제문제 01

전류에 의한 자계의 방향을 결정하는 법칙은?

① 렌츠의 법칙 ② 플레밍의 오른손 법칙
③ 플레밍의 왼손 법칙 ④ 암페어의 오른손 법칙

해설
전류에 의한 자계의 방향은 암페어의 오른 나사 법칙에 따르며 그림과 같은 방향이다.

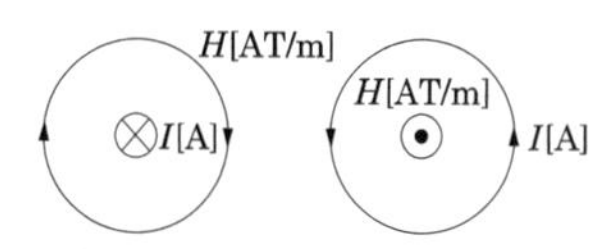

- 렌츠의 법칙 : 기전력 방향 결정
- 플레밍의 오른손 법칙 : 자계 중에서 도체가 운동할 때 유기 기전력의 방향 결정
- 플레밍의 왼손 법칙 : 자계 중에 있는 도체에 전류를 흘릴 때 도체의 운동 방향 결정
- 암페어의 오른손 법칙 : 전류에 의한 자계의 방향

답 : ④

예제문제 02

직선 전류에 의해서 그 주위에 생기는 환상의 자계 방향은?

① 전류의 방향 ② 전류와 반대 방향
③ 오른 나사의 진행 방향 ④ 오른 나사의 회전 방향

해설
전류에 의한 자계의 방향은 암페어의 오른 나사 법칙에 따르며 그림과 같은 방향이다.

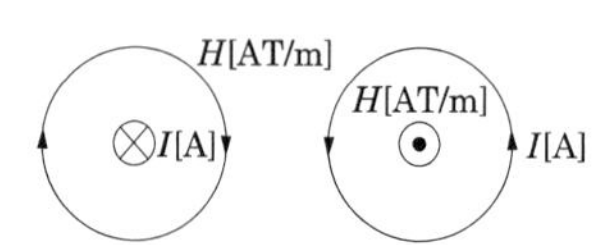

답 : ④

1.2 암페어의 주회적분법칙

임의의 폐곡선에 대한 자계의 선적분은 이 폐곡선을 관통하는 전류와 같다.

$$\oint_c \boldsymbol{H} \cdot dl = I$$

여기서, 전류의 방향은 선적분을 취하는 폐곡선 방향으로 오른나사가 진행하는 방향과 일치하며, 전류의 부호는 정(+), 반대 방향이면 부(−)가 된다.

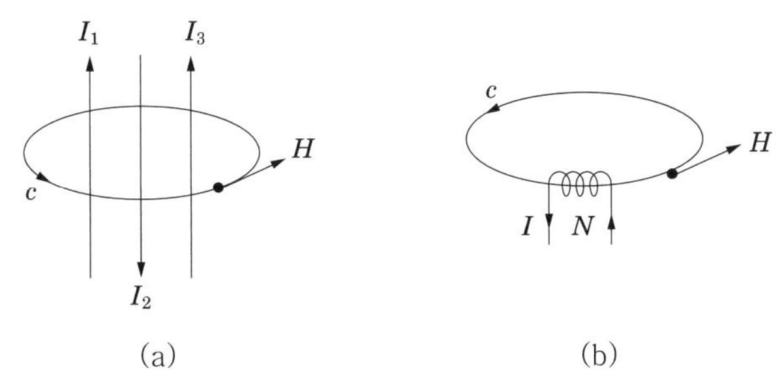

그림 2 전류와 적분경로의 쇄교

그림 2의(a)와 같이 적분로 c에 전류 I_1, I_2, I_3가 쇄교하고 있을 때(전류의 방향을 고려한다.)

$$\oint_c \boldsymbol{H} \cdot dl = I_1 - I_2 + I_3$$

또한 그림 2의(b)와 같이 적분로 c가 N회의 전류코일과 쇄교하는 경우에 발생하는 자계는 1회 전류코일의 N배가 되어 쇄교하는 전류는 NI가 된다.

$$\oint_c \boldsymbol{H} \cdot dl = NI \ \ [\text{AT/m}]$$

2. 전류에 의한 자계의 세기

2.1 무한 직선전류에 의한 자계의 세기

무한장의 직선 도체에 전류 I[A]가 흐를 때 거리 r[m] 떨어진 점에서의 자계의 세기는 암페어의 주회적분법칙에 의해 구할 수 있다.

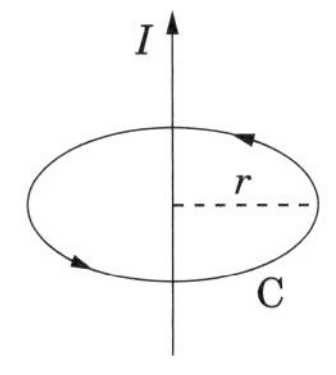

그림 3 무한직선

$$\oint_c \boldsymbol{H} \cdot dl = \oint_c Hdl = H\oint_c dl = 2\pi r H = I$$

자계의 세기 H는 다음과 같다.

$$H = \frac{I}{2\pi r}[\text{AT/m}]$$

예제문제 03

그림과 같이 전류 I[A]가 흐르고 있는 직선 도체로부터 r [m] 떨어진 P점의 자계의 세기 및 방향을 바르게 나타낸 것은? 단, ⊗은 지면으로 들어가는 방향, ⊙은 지면으로부터 나오는 방향이다.

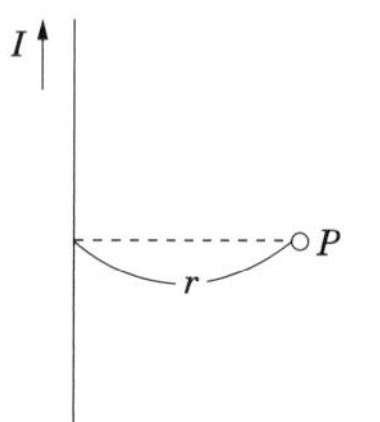

① $\frac{I}{2\pi r}$, ⊗　　② $\frac{I}{2\pi r}$, ⊙

③ $\frac{Idl}{4\pi r^2}$, ⊗　　④ $\frac{Idl}{4\pi r^2}$, ⊙

해설

직선전류에 의한 자계의 세기 : $H = \frac{I}{2\pi r}$[AT/m]

자계의 방향은 암페어의 오른나사 법칙을 적용한다. 따라서 자계 H 는 지면으로 들어가는 방향이다.

답 : ①

예제문제 04

무한 직선 전류에 의한 자계는 전류에서의 거리에 대하여 (　　)의 형태로 감소한다. (　　)에 알맞은 것은?

① 포물선　　② 원　　③ 타원　　④ 쌍곡선

해설

무한 직선 전류에 의한 자계는 $H = \frac{I}{2\pi r}$ 이므로 $H \propto \frac{I}{r}$

답 : ④

예제문제 05

그림과 같은 길이 $\sqrt{3}$ [m]인 유한장 직선 도선에 π [A]의 전류가 흐를 때 도선의 일단 B에서 수직하게 1 [m]되는 PP점의 자계의 세기[AT/m]는?

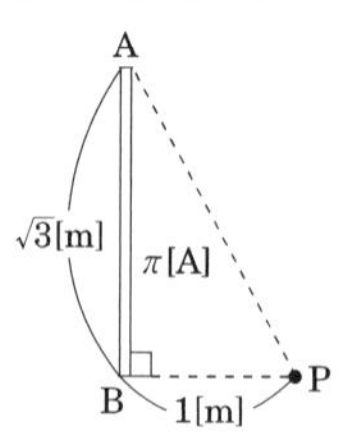

① $\sqrt{3}/8$　　② $\sqrt{3}/4$

③ $\sqrt{3}/2$　　④ $\sqrt{3}$

해설

유한 직선전류에 의한 자계의 세기

$$H_{AB} = \frac{I}{4\pi a}\sin\beta_1 = \frac{\pi}{4\pi \times 1} \times \frac{\sqrt{3}}{\sqrt{1^2 + (\sqrt{3})^2}} = \frac{1}{4} \times \frac{\sqrt{3}}{2} = \frac{\sqrt{3}}{8}[\text{AT/m}]$$

답 : ①

예제문제 06

그림과 같이 l_1 [m]에서 l_2 [m]까지 전류 i [A]가 흐르고 있는 직선 도체에서 수직 거리 a [m] 떨어진 점 P의 자계[AT/m]를 구하면?

① $\frac{i}{4\pi a}(\sin\theta_1 + \sin\theta_2)$

② $\frac{i}{4\pi a}(\cos\theta_1 + \cos\theta_2)$

③ $\frac{i}{2\pi a}(\sin\theta_1 + \sin\theta_2)$

④ $\frac{i}{2\pi a}(\cos\theta_1 + \cos\theta_2)$

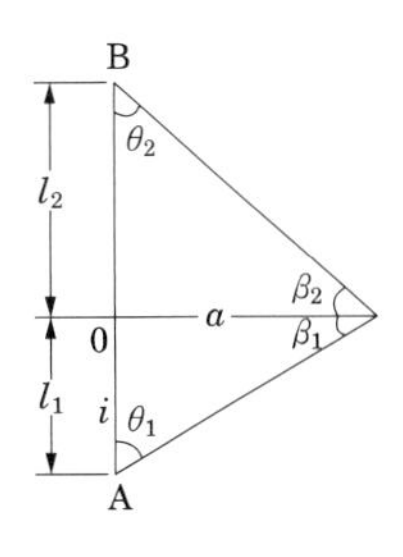

해설

유한 직선전류에 의한 자계의 세기 : $H = \frac{I}{4\pi a}(\sin\beta_1 + \sin\beta_2) = \frac{I}{4\pi a}(\cos\theta_1 + \cos\theta_2)$

답 : ②

예제문제 07

한 변의 길이가 10 [cm]인 철선으로 정사각형을 만들고 직류 5 [A]를 흘렸을 때 그 중심점의 자계의 세기[AT/m]는?

① 40　② 45　③ 160　④ 180

해설

정사각형 중심의 자계의 세기 : $H_0 = \frac{2\sqrt{2}\,I}{\pi l} = \frac{2\sqrt{2}\times 5}{\pi \times 10 \times 10^{-2}} = \frac{\sqrt{2}\times 10^2}{\pi} = 45$ [AT/m]

답 : ②

2.2 무한장 원통도체에 의한 자계의 세기

같이 반경 a[m]인 무한 길이의 원통 도체에 전류 I[A]가 흐르고 있을 때 원통 내부의 자계의 세기와 원통 외부의 자계의 세기를 구할 수 있다.

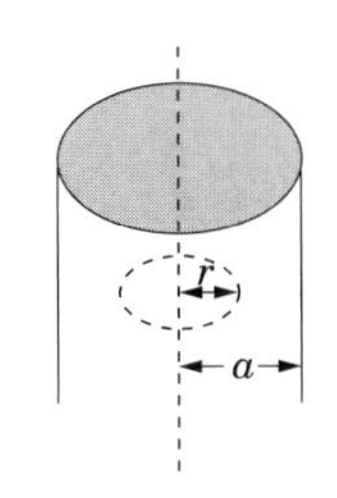

그림 4 무한장 원통 도체

(1) 내부$(r > a)$

$$\oint_c \boldsymbol{H} \cdot dl = \oint H\,dl = 2\pi r H = I'$$

$$\therefore\ H = \frac{I'}{2\pi r}[\mathrm{AT/m}]$$

여기서 I'는 도체 내부의 전류 분포는 균일하고 적분로 내부의 전류를 말한다.

분로 내의 전류 I'는 전류가 흐르는 원통 도체의 단면적에 비례하기 때문에 다음과 같이 된다.

$$I' = \frac{r^2}{a^2}I \qquad H = \frac{r}{2\pi a^2}I[\mathrm{AT/m}]$$

(2) 외부$(r < a)$

$$\oint_c \boldsymbol{H} \cdot dl = \oint H\,dl = 2\pi r H = I$$

$$\therefore H = \frac{I}{2\pi r}[\mathrm{AT/m}]$$

내부의 자계는 거리에 비례하며, 외부의 자계는 거리에 반비례하므로 무한장 원통도체에서의 자계분포는 그림 5와 같이 된다.

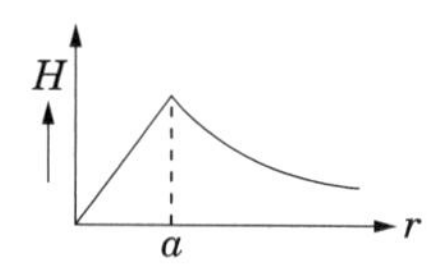

그림 5 무한장 원통도체에서의 자계분포

예제문제 08

반지름 25 [cm]의 원주형 도선에 π [A]의 전류가 흐를 때 도선의 중심축에서 50 [cm] 되는 점의 자계의 세기[AT/m]는? 단, 도선의 길이 l 은 매우 길다.

① 1　　② π　　③ $\frac{1}{2}\pi$　　④ $\frac{1}{4}\pi$

해설

원주형 도선의 자계의 세기 : $H = \frac{I}{2\pi r} = \frac{\pi}{2\pi \times 0.5} = 1$ [AT/m]

답 : ①

예제문제 09

반지름 $r=a$ [m]인 원통상 도선에 1 [A]의 전류가 균일하게 흐를 때 $r=0.2a$ [m]의 자계는 $r=2a$ [m]인 자계의 몇 배인가?

① 0.2　② 0.4　③ 2　④ 4

해설

원통상 도선의 자계

내부 : $r=0.2a \rightarrow H_1=\frac{rI}{2\pi a^2}=\frac{(0.2a)I}{2\pi a^2}=\frac{I}{10\pi a}$

외부 : $r=2a \rightarrow H_2=\frac{I}{2\pi r}=\frac{I}{2\pi(2a)}=\frac{I}{4\pi a}$

$\therefore \frac{H_1}{H_2}=\frac{4}{10}=0.4$

답 : ②

2.3 원형전류에 의한 자계의 세기

그림 6과 같이 반지름 a의 원형도체에 전류 I가 흐르면 원형전류의 중심에 자계가 형성되며, 이 부분의 자계의 세기는 중심의 자계의 세기와 중심으로부터 x만큼 떨어졌을 경우의 자계의 세기를 구할 수 있다.

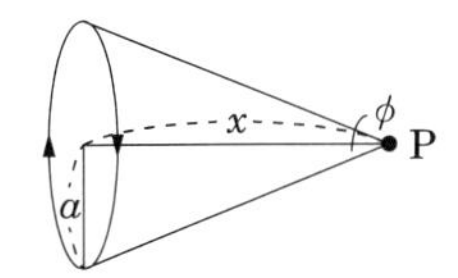

그림 6 원형전류의 자계의 세기

원형전류는 등가판자석으로 생각할 수 있으며 판자석의 자위는

$$U=\frac{M}{4\pi\mu_0}\omega\,[\mathrm{A}]$$

$$M=\mu_0 I\ ,$$

$$U=\frac{I}{4\pi}\omega\,[\mathrm{A}]$$

$\boldsymbol{H}=-\mathrm{grad}\mathbf{U}$에서 자계의 세기 H를 구하면

$$U=\frac{2\pi I(1-\cos\theta)}{4\pi}=\frac{I(1-\cos\theta)}{2}$$

여기서 입체각 $\omega=2\pi(1-\cos\theta)$

$$\therefore\ U = \frac{I}{2}\left(1 - \frac{x}{\sqrt{a^2 + x^2}}\right)$$

x 방향의 자계의 세기 H_x 는

$$H_x = -\frac{\partial U}{\partial x} = \frac{I}{2}\frac{a^2}{(a^2 + x^2)^{3/2}}[\mathrm{AT/m}]$$

원형코일의 중심부에서 자계의 세기 H는 $x = 0$ 이므로

$$H = \frac{I}{2a}[\mathrm{AT/m}]$$

가 되며, N회의 원형코일로 구성되어 있을 경우는 다음과 같다.

$$H = \frac{NI}{2a}[\mathrm{AT/m}]$$

예제문제 10

그림과 같이 권수 1이고 반지름 a [m]인 원형전류 I [A]가 만드는 자계의 세기는 몇 [AT/m]인가?

① $\dfrac{I}{a}$　② $\dfrac{I}{2a}$

③ $\dfrac{I}{3a}$　④ $\dfrac{I}{4a}$

I[A]
a[m]
0

해설

원형코일 중심의 자계의 세기 : $H = \dfrac{NI}{2a}[\mathrm{AT/m}] = \dfrac{1 \times I}{2a}$

답 : ②

예제문제 11

반지름 a [m]인 반원형 전류 I [A]에 의한 중심에서의 자계의 세기[AT/m]는?

① $\dfrac{I}{4a}$　② $\dfrac{I}{a}$　③ $\dfrac{I}{2a}$　④ $\dfrac{2I}{a}$

해설

원형코일 중심의 자계의 세기 : $H = \dfrac{1}{2} \times \dfrac{I}{2a} = \dfrac{I}{4a}$

답 : ①

예제문제 12

그림과 같이 반지름 a [m]의 원형 전류가 흐르고 있을 때 원형 전류의 중심 O에서 중심축상 x [m]인 점 P의 자계[AT/m]를 나타낸 식은?

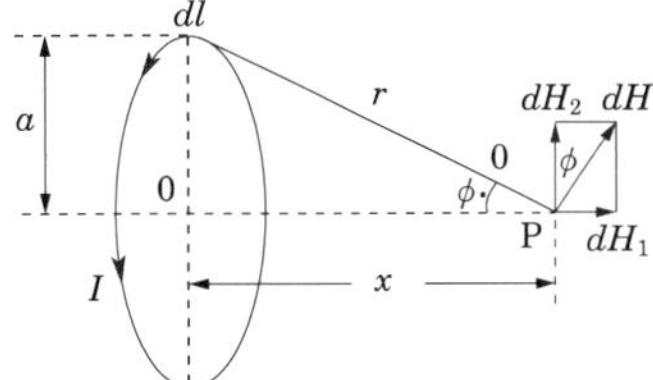

① $\dfrac{a^2 I}{2(a^2+x^2)}$ ② $\dfrac{a^2 I}{2(a^2+x^2)^{\frac{3}{2}}}$

③ $\dfrac{I}{2}\left(1-\dfrac{x}{\sqrt{a^2+x^2}}\right)$ ④ $\dfrac{xI}{2\sqrt{a^2+x^2}}$

해설

원형코일 축상의 자계의 세기 : $H_x=-\dfrac{\partial U}{\partial x}=\dfrac{I}{2}\dfrac{a^2}{(a^2+x^2)^{3/2}}$[AT/m]

원형코일 중심의 자계의 세기 : $H=\dfrac{NI}{2a}$[AT/m]이다(x가 0인 경우).

답 : ②

2.4 무한장 솔레노이드의 자계의 세기

원통 모양으로 도선를 감은 코일을 솔레노이드(solenoid)라 한다. 이 솔레노이드에 전류 I가 흐르는 경우 솔레노이드 외부와 내부의 자계의 세기 및 솔레노이드의 자계의 세기를 구할 수 있다.

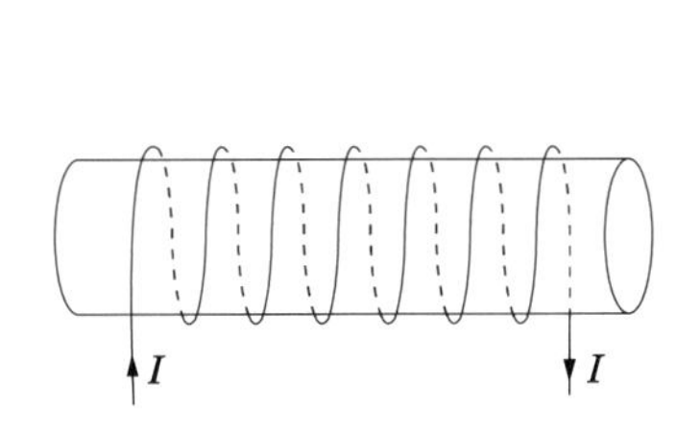

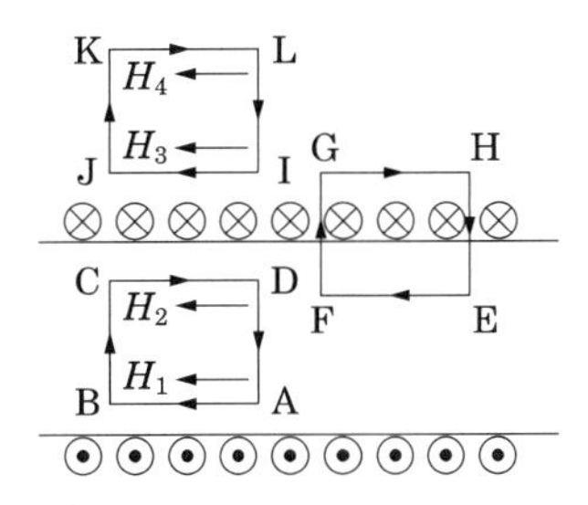

그림 7 무한 솔레노이드

(1) 내부

솔레노이드 폐곡선 ABCD를 가정하고 주회적분법칙에 의해 자계의 세기를 구할 수 있다. 길이가 l인 AB, CD 부분의 자계를 H_1, H_2라고 하면 ABCD내에는 전류가 없으므로

$$\oint \boldsymbol{H}\cdot dl=\int_{AB}\boldsymbol{H}_1\cdot dl+\int_{BC}\boldsymbol{H}\cdot dl$$

$$-\int_{CD}\boldsymbol{H}_2\cdot dl+\int_{DA}\boldsymbol{H}\cdot dl=0$$

BC와 DA의 선적분은 자계와 적분로가 수직이므로 0 이므로

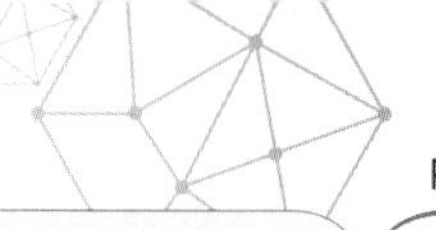

$$\oint \boldsymbol{H} \cdot dl = H_1 \cdot l - H_2 \cdot l = 0$$

$$\therefore H_1 = H_2$$

가 되어 내부는 평등자계가 된다.

(2) 외부

IJKL를 가정하고 구하면 내부와 같은 결과로 평등자계가 되나 외부는 자계의 세기가 0 이므로 솔레노이드 외부에서의 자계의 세기는 0된다.

(3) 솔레노이드

폐곡선 EFGH를 취하면 폐곡선 내부에는 전류 NI가 흐르므로 주회적분법칙을 적용하면

$$\oint \boldsymbol{H} \cdot dl = \int_{EF} \boldsymbol{H}_i \cdot dl + \int_{FG} \boldsymbol{H} \cdot dl$$

$$- \int_{GH} \boldsymbol{H} \cdot dl + \int_{HE} \boldsymbol{H} \cdot dl = NI$$

FG와 HE의 선적분은 자계와 적분로가 수직이므로 0, 외부자계는 0이므로 GH 부분의 선적분도 0이 된다.

$$\oint \boldsymbol{H}_i \cdot dl = H_i \cdot l = NI$$

$$H_i = nI \text{[AT/m]}$$

여기서, $N = nl$로 단위 길이당 권수를 말한다.

예제문제 13

단위 길이당 권수가 n 인 무한장 솔레노이드에 I[A]의 전류가 흐를 때 다음 설명 중 옳은 것은?

① 솔레노이드 내부는 평등 자계이다.
② 외부와 내부의 자계의 세기는 같다.
③ 외부 자계의 세기는 nI [AT/m]이다.
④ 내부 자계의 세기는 nI^2 [AT/m]이다.

해설
무한장 솔레노이드의 외부 자계 : 0
무한장 솔레노이드의 내부 자계 : $H = nI$ [AT/m], 거리에 관계없는 평등 자계

답 : ①

예제문제 14

1 [cm]마다 권수가 100인 무한장 솔레노이드에 20 [mA]의 전류를 유통시킬 때 솔레노이드 내부의 자계의 세기[AT/m]는?

① 10 ② 20 ③ 100 ④ 200

해설

무한장 솔레노이드의 내부 자계 : $H = n_0 I = 100 \times 100 \times 20 \times 10^{-3} = 200$ [AT/m]

답 : ④

2.5 환상솔레노이드(토로이드 코일, toroid coil)의 자계의 세기

그림 8과 같이 원형의 모양으로 끝이 없는 무단의 솔레노이드를 토로이드 코일이라 한다.(환상솔레노이드)

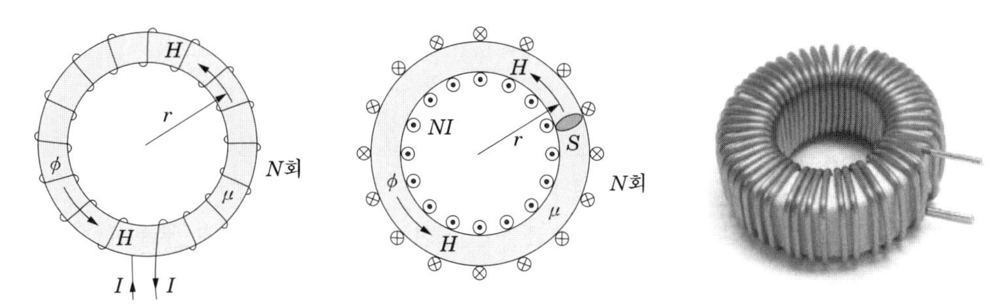

그림 8 환상 솔레노이드, 토로이드 코일(toroid coil)

투자율 μ인 자성체에 코일을 N회, 전류I[A]를 흘리는 경우 자계의 세기는 주회적분 법칙을 적용하면 다음과 같다.

$$\oint \boldsymbol{H} \cdot dl = 2\pi r H = NI$$

$$H = \frac{NI}{2\pi r} [\text{AT/m}]$$

예제문제 15

철심이 있는 평균 반지름 15 [cm]인 환상 솔레노이드의 코일에 5 [A]가 흐를 때 내부 자계의 세기가 1600 [AT/m]가 되려면 코일의 권수는 약 몇 회 정도 되는가?

① 150 ② 180 ③ 300 ④ 360

해설

환상 솔레노이드 내부 자계의 세기 : $H = \frac{NI}{2\pi r}$

$\therefore N = \frac{2\pi r H}{I} = \frac{1600 \times 2\pi \times 15 \times 10^{-2}}{5} = 301.44$ [회]

답 : ③

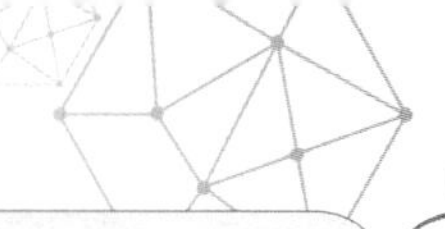

예제문제 16

환상 솔레노이드(solenoid) 내의 자계의 세기[AT/m]는? 단, N은 코일의 감긴 수, a는 환상 솔레노이드의 평균 반지름이다.

① $\dfrac{2\pi a}{NI}$　② $\dfrac{NI}{2\pi a}$

③ $\dfrac{NI}{\pi a}$　④ $\dfrac{NI}{4\pi a}$

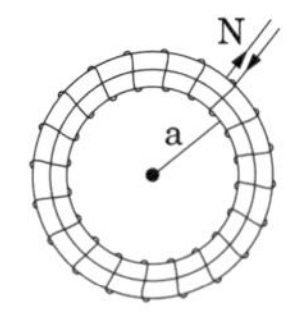

해설

암페어의 주회 적분 법칙 : $\oint_c \boldsymbol{H} \cdot dl = H \cdot 2\pi a = NI$

$\therefore H = \dfrac{NI}{2\pi a} = n_0 I$ [AT/m]

단, n_0는 단위 길이당 권수이다.

답 : ②

2.6 비오-사바르법칙

임의의 형상의 도선에 전류 I[A]가 흐를 때, 도선 상의 미소길이 $\boldsymbol{dl}$ 부분에 흐르는 전류에 의하여 거리 $\boldsymbol{r}$만큼 떨어진 점 P에서의 자계의 세기 $\boldsymbol{dH}$는

$$dH = \frac{Idl\sin\theta}{4\pi r^2}$$

여기서, θ는 $\boldsymbol{dl}$과 거리 $\boldsymbol{r}$이 이루는 각

점 P에서의 자계의 방향은 미소길이 dl과 거리 r이 이루는 면에 수직으로 오른나사 법칙을 따른다. 그러므로 지면에서 뒤로 들어가는 방향, 즉 ⊗방향이 된다. 따라서 전류 I가 흐르는 도선의 미소 부분 dl에 의한 자계 dH는

$$d\boldsymbol{H} = \frac{Idl \times \boldsymbol{r}_0}{4\pi r^2} = \frac{Idl \times \boldsymbol{r}}{4\pi r^3}$$

$$\therefore \boldsymbol{H} = \frac{I}{4\pi}\int \frac{dl \times \boldsymbol{r}_0}{r^2} = \frac{I}{4\pi}\int \frac{dl \times \boldsymbol{r}}{r^3}$$

로 주어진다. 이것을 비오-사바르 법칙이라 한다.

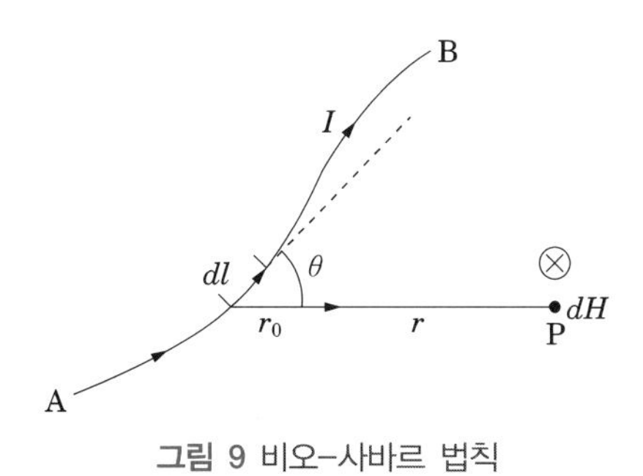

그림 9 비오-사바르 법칙

예제문제 17

비오-사바르의 법칙으로 구할 수 있는 것은?

① 자계의 세기 ② 전계의 세기
③ 전하 사이의 힘 ④ 자하 사이의 힘

해설

비오-사바르의 법칙 : 미소 전류와 자계에 관한 법칙 $dH = \frac{Idl\sin\theta}{4\pi r^2}$ [AT/m]

여기서 θ는 전류 방향과 거리가 이루는 각

답 : ①

3. Stokes의 정리

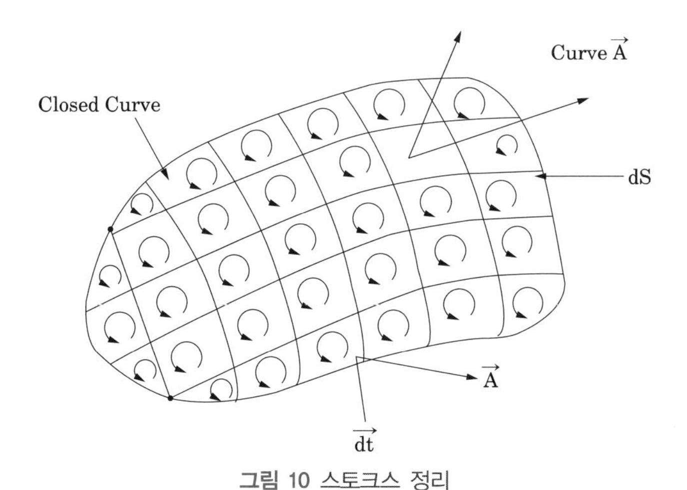

그림 10 스토크스 정리

자계의 세기 $\boldsymbol{H}$에 대해 미소 면적으로 나눈 경우 미소 면적의 회전(rot)의 값은

$$\int_s (\nabla \times \mathrm{H}) \cdot dS$$

이며, 각 미소면적의 경계면에서 서로 상쇄되므로 전체를 회전하면서 선적분한 값과

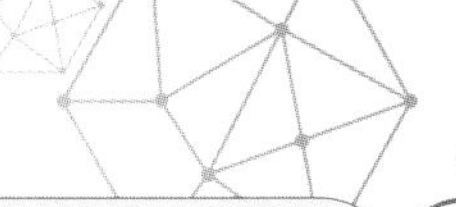

같게 된다.

$$\int_s (\text{rot}\mathbf{H}) \cdot dS = \oint_c \mathbf{H} \cdot dl$$

이것을 Stokes의 정리라 한다. 스토크스정리는 선적분을 면적적분으로 변환한다. (rot)[17]

4. 암페어의 주회적분 법칙의 미분형

스토크스의 정리식은

$$\oint \boldsymbol{H} \cdot dl = \int_S \text{rot}\boldsymbol{H} \cdot d\boldsymbol{S} = I$$

이 식은 암페어의 주회적분법칙의 적분형이다.
전류는

$$I = \int_S \boldsymbol{i} \cdot d\boldsymbol{S}$$

여기서, $\boldsymbol{i}$: 전류밀도

이며, 이를 대입하면

$$\int_S \text{rot}\boldsymbol{H} \cdot d\boldsymbol{S} = \int_S \boldsymbol{i} \cdot d\boldsymbol{S}$$

가 된다. 이것은

$$\text{rot}\boldsymbol{H} = \boldsymbol{i}$$

가 된다. 이것을 암페어의 주회적분의 미분형이라 한다.

17) 면적적분을 체적적분으로 변환하는 것을 발산정리라 한다(div).

5. 자계내의 전류에 작용하는 힘

5.1 플레밍의 왼손법칙(Fleming's left hand law)

자속밀도가 B [Wb/m^2]인 자계중에 길이를 l의 도체를 놓고 I [A]의 전류를 흘릴 경우 자계 내에서 도체가 받는 힘의 크기 F는 플레밍의 왼손법칙에 의해 다음과 같이 구한다.

$$F = BIl\sin\theta \ \text{[N]}$$

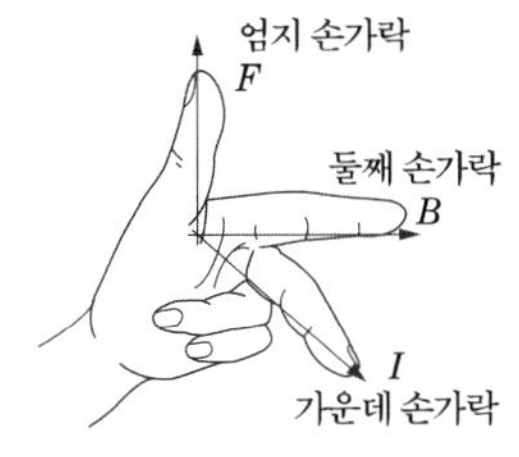

그림 11 플레밍의 왼손법칙

예제문제 18

1 [Wb/m^2]의 자속 밀도에 수직으로 놓인 10 [cm]의 도선에 10 [A]의 전류가 흐를 때 도선이 받는 힘은 몇 [N]인가?

① 0.5　　② 1　　③ 5　　④ 10

해설

플레밍의 왼손 법칙 : $F = IBl\sin\theta = 10\times1\times0.1\times\sin 90° = 1$ [N]

답 : ②

예제문제 19

평등 자장 내에 놓여 있는 직선 전류 도선이 받는 힘에 대한 설명 중 옳지 않은 것은?

① 힘은 전류에 비례한다.
② 힘은 자장의 세기에 비례한다.
③ 힘은 도선의 길이에 반비례한다.
④ 힘은 전류의 방향과 자장의 방향과의 사이각의 정현에 관계된다.

해설

플레밍의 왼손 법칙 : $F = IBl\sin\theta = \mu_0 HIl\sin\theta$ [N]

답 : ③

5.2 자계 내에서 운동전하가 받는 힘

단면적 S를 가진 도체 속에서 전하 q의 운동속도 v로 이동할 때 전류 I는

$$I = \rho S v$$
$$Il = \rho S v\, l = qv$$

이식을 플레밍의 왼손법칙의 식에 대입하면 q가 받는 힘은

$$F = BIl\sin\theta \text{ [N]}$$
$$F = Bqv\sin\theta \text{ [N]}$$
$$\boldsymbol{F} = q(\boldsymbol{v} \times \boldsymbol{B}) \text{ [N]}$$

여기서, 전하 q가 속도 v로 평등자계 내를 수직으로 진입하면 운동방향과 직각으로 힘을 받아 등속 원운동을 한다.
운동 전하 q에 전계 E와 자계 H가 동시에 작용하고 있으면

$$\boldsymbol{F} = q(\boldsymbol{E} + \boldsymbol{v} \times \boldsymbol{B}) \text{ [N]}$$

가 된다. 이것을 로렌쯔의 힘(Lorentz's force)이라고 한다.

예제문제 20

자계 안에 놓여 있는 전류 회로에 작용하는 힘 F에 대한 옳은 식은?

① $\boldsymbol{F} = \oint_c (Idl) \times \boldsymbol{B}$ [N]
② $\boldsymbol{F} = \oint_c I\boldsymbol{B} \cdot dl$ [N]
③ $\boldsymbol{F} = \oint_c (I\boldsymbol{B}) \times dl$ [N]
④ $\boldsymbol{F} = \oint_c I^2\boldsymbol{B} \cdot d\boldsymbol{B}$ [N]

해설
로렌쯔의 힘(Lorentz's force)

답 : ①

예제문제 21

자속 밀도 B [Wb/m²] 내에서 전류 I [A]가 흐르는 도선이 받는 힘[N]을 바르게 표시한 것은?

① $\boldsymbol{F} = Idl \times \boldsymbol{B}$
② $\boldsymbol{F} = I\boldsymbol{B} \times dl$
③ $\boldsymbol{F} = Idl / \boldsymbol{B}$
④ $\boldsymbol{F} = I\boldsymbol{B} / dl$

해설
자속 밀도 $\boldsymbol{B}$[Wb/m²]인 자계 내를 흐르는 전류 I [A]의 미소 길이 dl 의 부분에 작용하는 힘
로렌쯔의 힘(Lorentz's force) : $d\boldsymbol{F} = Idl \times \boldsymbol{B}$ [N]

답 : ①

예제문제 22

B [Wb/m^2]의 자계 내에서 -1 [C]의 점전하가 V [m/s] 속도로 이동할 때 받는 힘 F는 몇 [N]인가?

① $B \cdot v$　　② $\dfrac{B \cdot v}{2}$　　③ $B \times v$　　④ $2B \times v$

해설
자계 내에서 운동하는 전하가 q가 받는 힘 : $F = qvB\sin\theta = qv \times B$ [N]
$\theta = 90°$, $q = -1$ 를 대입하면 $F = -vB\sin 90 = -v \times B$ 가 된다.
∴ $-v \times B = B \times v$ 의 관계가 성립하므로 $F = B \times v$ 가 된다.

답 : ③

예제문제 23

0.2 [C]의 점전하가 전계 $\boldsymbol{E} = 5\boldsymbol{a}_y + \boldsymbol{a}_z$ [V/m] 및 자속 밀도 $\boldsymbol{B} = 2\boldsymbol{a}_y + 5\boldsymbol{a}_z$ [Wb/m^2] 내로 속도 $v = 2\boldsymbol{a}_x + 3\boldsymbol{a}_y$ [m/s]로 이동할 때 점전하에 작용하는 힘 $\boldsymbol{F}$ [N]는? 단, $\boldsymbol{a}_x$, $\boldsymbol{a}_y$, $\boldsymbol{a}_z$ 는 단위 벡터이다.

① $2\boldsymbol{a}_x - \boldsymbol{a}_y + 3\boldsymbol{a}_z$　　② $3\boldsymbol{a}_x - \boldsymbol{a}_y + \boldsymbol{a}_z$
③ $\boldsymbol{a}_x + \boldsymbol{a}_y - 2\boldsymbol{a}_z$　　④ $5\boldsymbol{a}_x + \boldsymbol{a}_y - 3\boldsymbol{a}_z$

해설

$$
\begin{aligned}
\boldsymbol{F} &= q(\boldsymbol{E} + v \times \boldsymbol{B}) \\
&= 0.2(5a_y + a_z) + 0.2(2a_x + 3a_y) \times (2a_y + 5a_z) \\
&= 0.2(5a_y + a_z) + 0.2\begin{vmatrix} a_x & a_y & a_z \\ 2 & 3 & 0 \\ 0 & 2 & 5 \end{vmatrix} \\
&= 0.2(5a_y + a_z) + 0.2(15a_x + 4a_z - 10a_y) \\
&= 0.2(15a_x - 5a_y + 5a_z) = 3a_x - a_y + a_z
\end{aligned}
$$

답 : ②

5.3 평행한 두 직선도체에 작용하는 힘

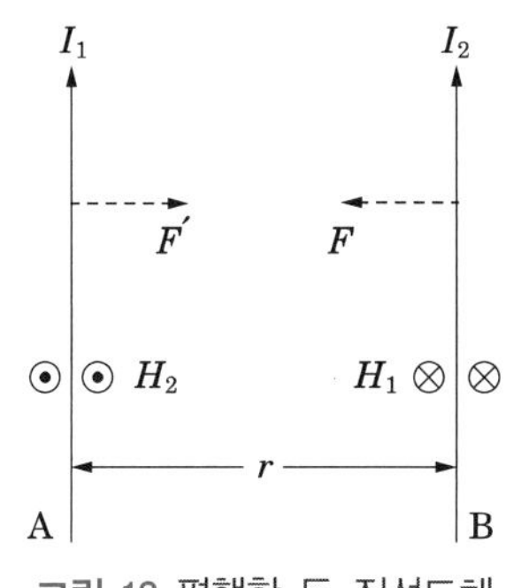

그림 12 평행한 두 직선도체

그림 12와 같이 거리 r [m] 떨어진 두 개의 평행도체 A, B에 전류가 I_1, I_2에 흐르고

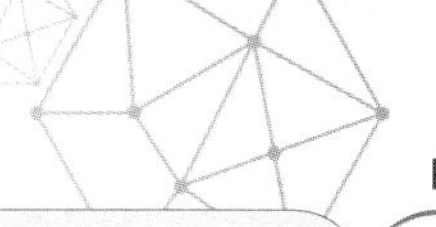

있을 때 도체 A에 의한 도체 B의 단위길이에 작용하는 힘 F는 자계의 세기 H_1에 의해 구해진다.

$$H_1 = \frac{I_1}{2\pi r} \text{ [AT/m]}$$

H_1의 자계 내에 전류 I_2가 놓여 있는 형태로 B도체가 힘을 받는다.
H_1과 I_2가 이루는 각은 90° 이므로

$$F = BIl\sin\theta \text{ 에서 } F = B_1 I_2 \text{ [N/m]}$$

여기서 $B_1 = \mu_0 H_1$ 이므로

$$F = \mu_0 H_1 I_2 = \frac{\mu_0 I_1 I_2}{2\pi r} \text{ [N/m]}$$

도체 B에 의한 도체 A가 받는 힘 F'은

$$F' = B_2 I_1 = \mu_0 H_2 I_1 = \frac{\mu_0 I_1 I_2}{2\pi r} \text{ [N/m]}$$

이며, $\boldsymbol{F = F'}$가 되어 전류 도체 A와 B가 받는 힘은 같은 크기가 된다.
도체에 작용하는 힘의 방향은 플레밍 왼손법칙에 의하여 두 도체의 전류가 동일 방향으로 흐를 때에는 흡인력, 반대 방향으로 흐를 때에는 반발력이 작용한다.

예제문제 24

서로 같은 방향으로 전류가 흐르고 있는 나란한 두 도선 사이에는 어떤 힘이 작용하는가?

① 서로 미는 힘
② 서로 당기는 힘
③ 하나는 밀고, 하나는 당기는 힘
④ 회전하는 힘

해설

평행도선 단위길이당 작용하는 힘 : $F = \frac{\mu_0 I_1 I_2}{2\pi r} = \frac{2 I_1 I_2}{r} \times 10^{-7}$ [N/m]
전류 I_1, I_2의 방향이 같으면 흡인력, 방향이 반대이면 반발력이 작용한다.

답 : ②

예제문제 25

진공 중에서 2 [m] 떨어진 2개의 무한 평행 도선에 단위 길이당 10^{-7} [N]의 반발력이 작용할 때 그 도선들에 흐르는 전류는?

① 각 도선에 2 [A]가 반대 방향으로 흐른다.
② 각 도선에 2 [A]가 같은 방향으로 흐른다.
③ 각 도선에 1 [A]가 반대 방향으로 흐른다.
④ 각 도선에 1 [A]가 같은 방향으로 흐른다.

해설

평행도선 단위길이당 작용하는 힘 : $F = \frac{\mu_0 I_1 I_2}{2\pi r} = \frac{2I_1 I_2}{r} \times 10^{-7}$ [N/m]

$\therefore 10^{-7} = \frac{2I^2 \times 10^{-7}}{2}$ $\quad \therefore I = 1$ [A]

반발력이므로 두 도선의 전류는 서로 반대 방향으로 흐른다.

답 : ③

예제문제 26

평행한 두 도선간의 전자력은? 단, 두 도선간의 거리는 r [m]라 한다.

① r^2에 반비례 ② r^2에 비례 ③ r에 반비례 ④ r에 비례

해설

평행도선 단위길이당 작용하는 힘 : $F = \frac{\mu_0 I_1 I_2}{2\pi r} = \frac{2I_1 I_2}{r} \times 10^{-7}$ [N/m]

전류 I_1, I_2의 방향이 같으면 흡인력, 방향이 반대이면 반발력이 작용한다.

답 : ③

5.4 핀치효과과 홀효과

(1) 핀치 효과

액체 도체에 전류를 흘리면 전류의 방향과 수직방향으로 원형 자계가 생겨서 전류가 흐르는 액체에는 구심력의 전자력이 작용한다. 그 결과 액체단면은 수축하여 저항이 커지기 때문에 전류의 흐름은 작게 된다.

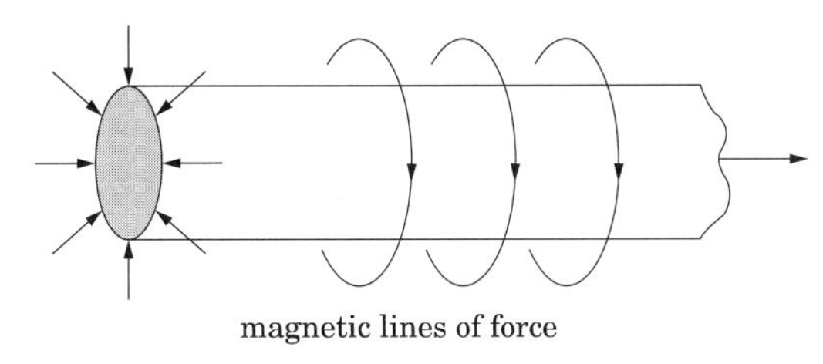

그림 13 핀치효과

전류의 흐름이 작게 되면 수축력이 감소하여 액체 단면은 원상태로 복귀하고, 다시 전류가 흐르게 되어 수축력이 작용한다. 이와 같은 현상을 핀치 효과(pinch effect)라 한다.

(2) 홀 효과

도체나 반도체의 물질에 전류를 흘리고 이것과 직각 방향으로 자계를 가하면, I와 B가 이루는 면에 직각 방향으로 기전력이 발생한다. 이 현상을 홀 효과(Hall effect)라 한다.

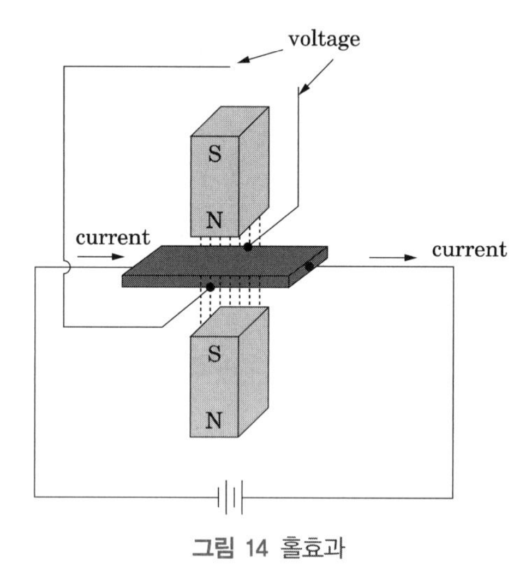

그림 14 홀효과

(3) 스트레치 효과

자유로이 구부릴 수 있는 가는 직사각형의 도선에 대전류를 흘리면, 평행 도선에서 전류가 반대로 흐를 때와 마찬가지로 도선 상호간에는 반발력이 작용하게 되어 최종적으로 도선이 원의 형태를 이루게 된다. 이와 같은 현상을 스트레치 효과(stretch effect)라 한다.

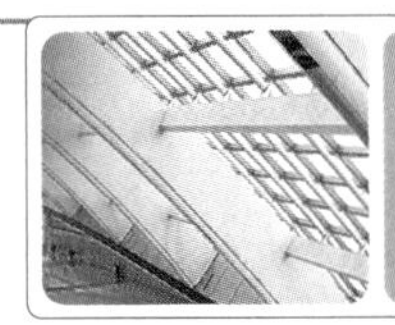

핵심과년도문제

8·1

전류 및 자계와 직접 관련이 없는 것은?

① 앙페르의 오른손 법칙　　② 플레밍의 왼손 법칙
③ 비오-사바르의 법칙　　④ 렌츠의 법칙

해설 ① 앙페르의 오른손 법칙 : 전류가 만드는 자계의 방향
② 플레밍의 왼손 법칙 : 자계내에 놓여진 전류도선이 받는 힘의 방향
③ 비오-사바르의 법칙 : 자계내 전류 도선이 만드는 자계의 세기
④ 렌츠의 법칙 : 자속의 변화에 따른 전자유도법칙

【답】④

8·2

전류 I[A]에 대한 P점의 자계 H[A/m]의 방향이 옳게 표시된 것은? 단, ⊙은 지면을 나오는 방향, ⊗은 지면으로 들어가는 방향 표시이다.

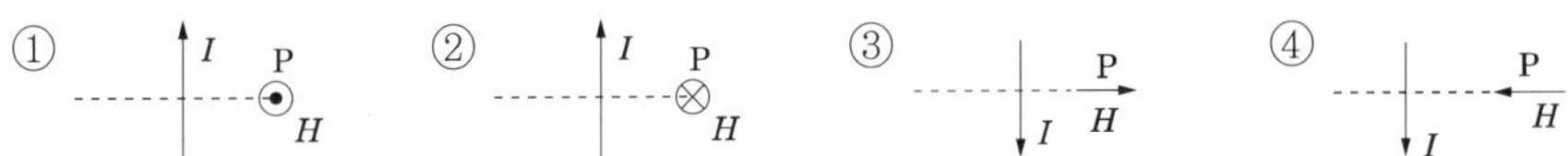

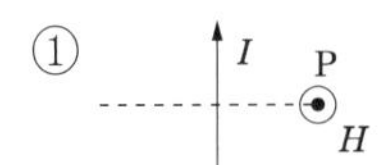

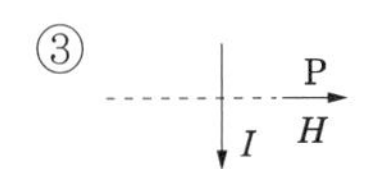

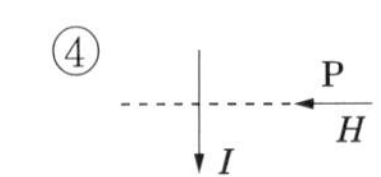

해설 전류에 의한 자계의 방향은 암페어의 오른 나사 법칙에 따르며 그림과 같은 방향이다.

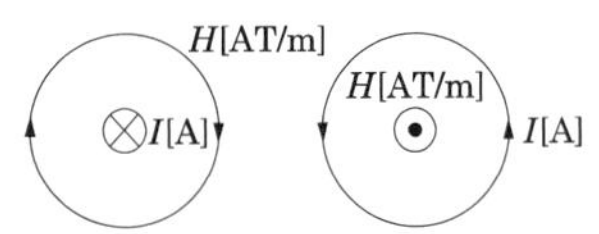

【답】②

8·3

그림과 같이 전류 I[A]가 흐르고 있는 직선 도체로부터 r[m] 떨어진 P점의 자계의 세기 및 방향을 바르게 나타낸 것은? 단, ⊗은 지면으로 들어가는 방향, ⊙은 지면으로부터 나오는 방향이다.

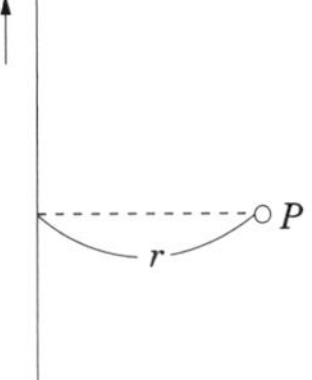

① $\frac{I}{2\pi r}$, ⊗　　② $\frac{I}{2\pi r}$, ⊙
③ $\frac{Idl}{4\pi r^2}$, ⊗　　④ $\frac{Idl}{4\pi r^2}$, ⊙

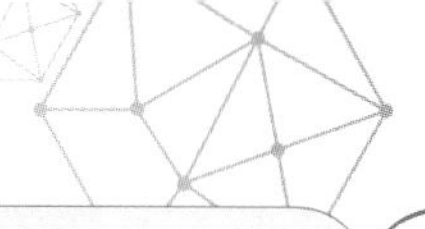

해설 전류에 의한 자계의 방향은 암페어의 오른 나사 법칙에 따르며 그림과 같은 방향이다.

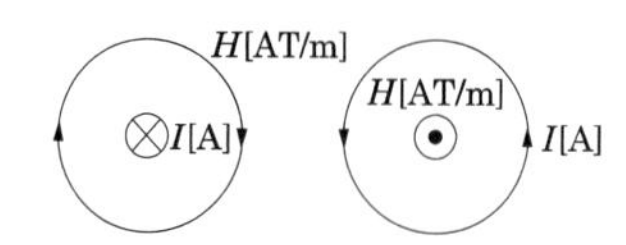

직선전류에 의한 자계의 세기 : $H = \frac{I}{2\pi r}$ [AT/m]

【답】 ①

8·4

전류 분포가 균일한 반지름 a [m]인 무한장 원주형 도선에 1 [A]의 전류를 흘렸더니 도선 중심에서 $a/2$ [m] 되는 점에서의 자계의 세기가 $\frac{1}{2\pi}$ [AT/m]였다. 이 도선의 반지름은 몇 [m]인가?

① 4 ② 2 ③ 1/2 ④ 1/4

해설 원주 내부 $r(<a)$ [m] 자계의 세기 : $H_i = \frac{Ir}{2\pi a^2}$ [AT/m]

$r = \frac{a}{2}$ [m]에서는 $H_i = \frac{I\left(\frac{a}{2}\right)}{2\pi a^2} = \frac{I}{4\pi a}$ [AT/m]

문제의 조건에서 $H_i = \frac{1}{2\pi}$ [AT/m] 이고 $I = 1$ [A]이므로

$\therefore \frac{1}{2\pi} = \frac{1}{4\pi a} \rightarrow a = \frac{1}{2}$ [m]

【답】 ③

8·5

반지름 a [m], 중심간 거리 d [m]인 두 개의 무한장 왕복 선로에 서로 반대 방향으로 전류 I [A]가 흐를 때, 한 도체에서 x [m] 거리인 A점의 자계의 세기는 몇 [AT/m]인가? (단, $d \gg a, x \gg a$ 라고 한다.)

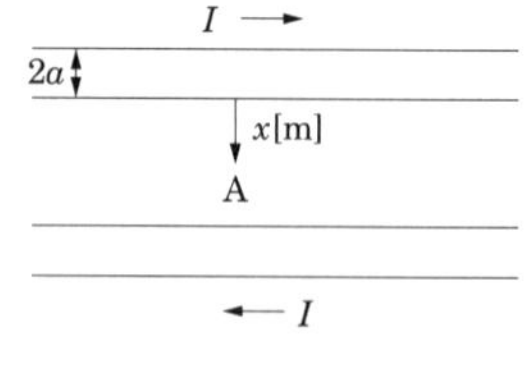

① $\frac{I}{2\pi}\left(\frac{1}{x} + \frac{1}{d-x}\right)$ ② $\frac{I}{2\pi}\left(\frac{1}{x} - \frac{1}{d-x}\right)$

③ $\frac{I}{4\pi}\left(\frac{1}{x} + \frac{1}{d-x}\right)$ ④ $\frac{I}{4\pi}\left(\frac{1}{x} - \frac{1}{d-x}\right)$

해설 A점에서 합성 자계는 방향은 같다.

$$H = H_A + H_B = \frac{I}{2\pi x} + \frac{I}{2\pi(d-x)} = \frac{I}{2\pi}\left(\frac{1}{x} + \frac{1}{d-x}\right) \text{ [AT/m]}$$

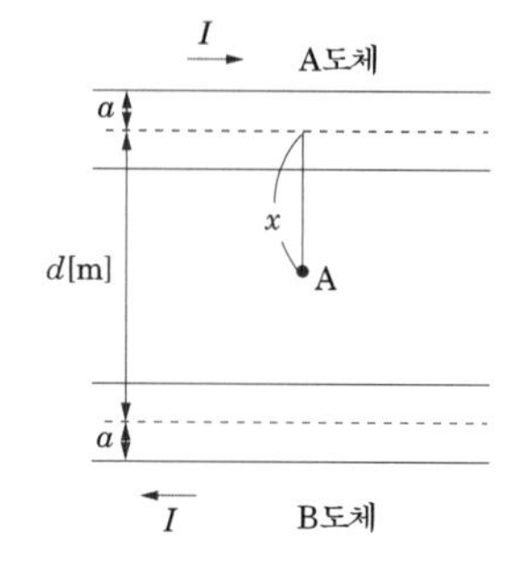

【답】 ①

8·6

반지름 1[m]의 원형 코일에 1[A]의 전류가 흐를 때 중심점의 자계의 세기 [AT/m]는?

① $\frac{1}{4}$　② $\frac{1}{2}$　③ 1　④ 2

해설 원형 코일 중심의 자계의 세기 : $H_0=\frac{I}{2a}=\frac{1}{2\times1}=\frac{1}{2}$[AT/m]　【답】 ②

8·7

반지름 a[m]인 원형 코일에 전류 I[A]가 흘렀을 때 코일 중심의 자계의 세기 [AT/m]는?

① $\frac{I}{2a}$　② $\frac{I}{4a}$　③ $\frac{I}{2\pi a}$　④ $\frac{I}{4\pi a}$

해설 ① 비오사바르 법칙 : $H_0=\oint dH=\int_0^{2\pi a}\frac{Idl\sin\theta}{4\pi a^2}=\int_0^{2\pi a}\frac{Idl}{4\pi a^2}=\frac{I}{4\pi a^2}\int_0^{2\pi a}dl=\frac{I}{2a}$[AT/m]

② 원형코일 중심 축상의 자계의 세기 $H_x=\frac{I}{2}\cdot\frac{a^2}{(a^2+x^2)^{3/2}}$에서 $x=0$이므로

$H_0=\frac{I}{2a}$[AT/m]　【답】 ①

8·8

전류의 세기가 I[A], 반지름 r[m]인 원형 선전류 중심에 m[Wb]인 가상 점자극을 둘 때 원형 선전류가 받는 힘은 몇 [N]인가?

① $\frac{mI}{2r}$　② $\frac{mI}{2\pi r}$　③ $\frac{mI^2}{2\pi r}$　④ $\frac{mI}{2r^2}$

해설 원형 선전류 중심의 자계의 세기 : $H_0=\frac{I}{2r}$[AT/m]

$\therefore F=mH=\frac{mI}{2r}$[N]　【답】 ①

8·9

무한장 원주형 도체에 전류가 표면에만 흐른다면 원주 내부의 자계의 세기는 몇 [AT/m]인가? 단, r[m]는 원주의 반지름이다.

① $\frac{I}{2\pi r}$　② $\frac{NI}{2\pi r}$　③ $\frac{I}{2r}$　④ 0

해설 원주형 도체의 전류가 표면에만 흐른다는 조건에 의해 내부 자계는 0이다.　【답】 ④

8·10

무단 솔레노이드의 자계를 나타내는 식은? (단, N은 코일 권선수, r은 평균 반지름, I는 코일에 흐르는 전류이다.)

① $\frac{NI}{2\pi}$ [AT/m]　② NI [AT/m]　③ $\frac{NI}{2\pi r}$ [AT/m]　④ $\frac{N}{r}$ [AT/m]

해설 무단(환상) 솔레노이드 자계 : $H=\frac{NI}{l}=\frac{NI}{2\pi r}$ [AT/m]

【답】 ③

8·11

그림과 같은 무단 환상 솔레노이드 내의 철심 중심의 자계의 세기는 몇 [AT/m]인가? 단, 환상 철심의 평균 반지름 R [m], 코일의 권수 N [회], 코일에 흐르는 전류 I [A]라 한다.

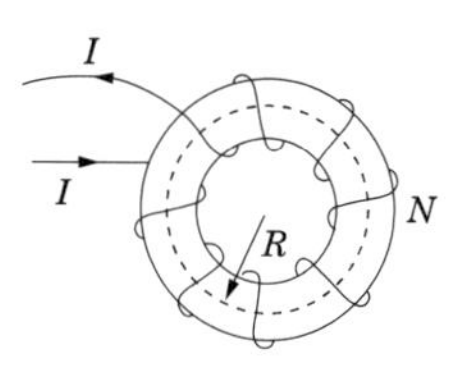

① $\frac{NI}{\pi R}$　② $\frac{NI}{2\pi R}$　③ $\frac{NI}{4\pi R}$　④ $\frac{NI}{2R}$

해설 환상 솔레노이드 중심의 자계의 세기는 암페어의 주회적분 법칙에 의해 구한다.

$$\oint_c H \cdot dl = H \cdot 2\pi R = NI$$

$$\therefore H=\frac{NI}{2\pi R}$$

【답】 ②

8·12

공심 환상철심에서 코일의 권회수 500회, 단면적 6 [m^2], 평균 반지름 15 [cm], 코일에 흐르는 전류 4 [A]라 하면 철심 중심에서의 자계의 세기는 약 몇 [AT/m]인가?

① 1520　② 1720　③ 1920　④ 2120

해설 환상 솔레노이드 중심의 자계의 세기 : $H=\frac{NI}{2\pi a}=\frac{500\times 4}{2\pi\times 0.15}=2122$ [AT/m]　【답】 ④

8·13

무한장 솔레노이드에 전류가 흐를 때 발생되는 자장에 관한 설명 중 옳은 것은?

① 내부 자장은 평등 자장이다.　② 외부와 내부 자장의 세기는 같다.
③ 외부 자장은 평등 자장이다.　④ 내부 자장의 세기는 0이다.

해설 무한장 솔레노이드 내부 자계의 세기는 평등하다. $H_i = n_0 I$ [AT/m]
외부 자계의 세기는 누설 자속이 있을 수 없다. $H_e = 0$ [AT/m] 【답】 ①

8·14

무한장 솔레노이드의 외부자계에 대한 설명 중 옳은 것은?

① 솔레노이드 내부의 자계와 같은 자계가 존재한다.
② $\frac{1}{2\pi}$의 배수가 되는 자계가 존재한다.
③ 솔레노이드 외부에는 자계가 존재하지 않는다.
④ 권회수에 비례하는 자계가 존재한다.

해설 무한장 솔레노이드 내부 자계의 세기는 평등하다. $H_i = n_0 I$ [AT/m],
외부 자계의 세기는 누설 자속이 있을 수 없다. $H_e = 0$ [AT/m] 【답】 ③

8·15

반지름 a [m], 단위 길이당 권수 n [회/m], 전류 I [A]인 무한장 솔레노이드의 내부 자계의 세기[AT/m]는?

① $\frac{nI}{2\pi a}$ ② $\frac{nI}{2a}$ ③ nI ④ $\frac{nI}{2\pi}$

해설 무한장 솔레노이드 내부 자계의 세기 : $H = \frac{B}{\mu} = \frac{1}{\mu} \cdot \frac{\phi}{S} = \frac{1}{\mu S} \cdot \frac{NI}{Rm} = \frac{N}{l} I = nI$ 【답】 ③

8·16

평행 도선에 같은 크기의 왕복 전류가 흐를 때 두 도선 사이에 작용하는 힘과 관계되는 것 중 옳은 것은?

① 간격의 제곱에 반비례
② 간격의 제곱에 반비례하고 투자율에 반비례
③ 전류의 제곱에 비례
④ 주위 매질의 투자율에 반비례

해설 평행 도선 사이에 작용하는 힘 : $F = IlB\sin\theta = Il \times \frac{\mu I}{2\pi r} = \frac{\mu I^2 l}{2\pi r}$ [N] 【답】 ③

8·17

평행 왕복 두 선의 전류 간의 전자력은? 단, 두 도선간의 거리를 r [m]라 한다.

① $\frac{1}{r}$에 비례, 반발력　　② r에 비례, 흡인력

③ $\frac{1}{r^2}$에 비례, 반발력　　④ r^2에 비례, 흡인력

해설 평행 도선 사이에 작용하는 힘 : $F = IlB\sin\theta = Il \times \frac{\mu I}{2\pi r} = \frac{\mu I^2 l}{2\pi r} = 2\times 10^{-7} \times \frac{I^2 l}{r} \propto \frac{1}{r}$ [N]

왕복 도선의 경우는 전류가 반대방향으로 흐르므로 반발력이 발생한다. 【답】 ①

8·18

2 [cm]의 간격을 가진 두 평행 도선에 1000 [A]의 전류가 흐를 때 도선 1 [m]마다 작용하는 힘[N/m]은?

① 5　② 10　③ 15　④ 20

해설 평행 도선 사이에 작용하는 힘 : $F = \frac{\mu_0 I_1 I_2}{2\pi r} = \frac{2\times 10^{-7} \times I^2}{r} = \frac{2\times 10^{-7} \times 1000^2}{2\times 10^{-2}} = 10$ [N/m]

【답】 ②

심화학습문제

01 길이 l [m]의 도체로 원형 코일을 만들어 일정 전류를 흘릴 때 M회 감았을 때의 중심 자계는 N회 감았을 때의 중심 자계의 몇 배인가?

① $\dfrac{M}{N}$　　② $\dfrac{M^2}{N^2}$

③ $\dfrac{N}{M}$　　④ $\dfrac{N^2}{M^2}$

해설

전체 길이 : $l = M(2\pi a_M) = N(2\pi a_N)$

$\therefore a_M = \dfrac{l}{2\pi M}$

$\therefore a_N = \dfrac{l}{2\pi N}$

원형코일 중심의 자계의 세기

$$H_M = \frac{M \cdot I}{2a_M} = \frac{M \cdot I}{2 \cdot \dfrac{l}{2\pi M}} = \frac{\pi M^2 I}{l}$$

$$H_N = \frac{N \cdot I}{2a_N} = \frac{N \cdot I}{2 \cdot \dfrac{l}{2\pi N}} = \frac{\pi N^2 I}{l}$$

$$\therefore \frac{H_M}{H_N} = \frac{\dfrac{\pi M^2 I}{l}}{\dfrac{\pi N^2 I}{l}} = \frac{M^2}{N^2}$$

【답】 ②

02 비투자율 μ_s, 길이 l 인 철심에 권수 N 인 환상 솔레노이드 코일이 있다. 이때, 철심에 길이 l_1인 미소 공극을 만들었을 때 공극 자계 세기 H_A와 철심 자계 세기 H_F의 비 H_F/H_A는?

① μ_s　　② $\dfrac{1}{\mu_s}$

③ $\dfrac{\mu_s(l-l_1)}{l_1}$　　④ $\dfrac{l_1}{\mu_s(l-l_1)}$

해설

철심 내부와 공극 부분의 자속 밀도가 같게 된다. (공극에 있어서 자속의 퍼짐이 없다)

철심의 자계의 세기 : $H_F = \dfrac{B}{\mu} = \dfrac{B}{\mu_0 \mu_s}$

공극의 자계의 세기 : $H_A = \dfrac{B}{\mu_0} = \mu_s H_F$

$\therefore \dfrac{H_F}{H_A} = \dfrac{1}{\mu_s}$

【답】 ②

03 반지름이 a 이고, $\pm z$에 원형 선조 루프들이 놓여 있다. 그림과 같은 방향으로 전류 I가 흐를 때 원점의 자계 세기 $\boldsymbol{H}$를 구하면? 단, $\boldsymbol{a_z}$, $\boldsymbol{a_\phi}$는 단위 벡터이다.

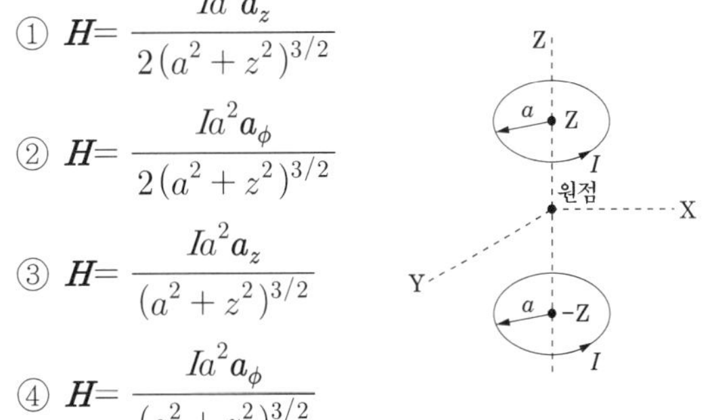

① $\boldsymbol{H} = \dfrac{Ia^2\boldsymbol{a_z}}{2(a^2+z^2)^{3/2}}$

② $\boldsymbol{H} = \dfrac{Ia^2\boldsymbol{a_\phi}}{2(a^2+z^2)^{3/2}}$

③ $\boldsymbol{H} = \dfrac{Ia^2\boldsymbol{a_z}}{(a^2+z^2)^{3/2}}$

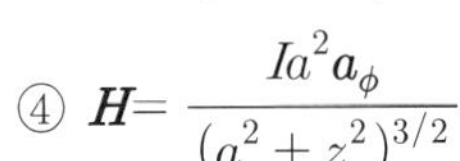

④ $\boldsymbol{H} = \dfrac{Ia^2\boldsymbol{a_\phi}}{(a^2+z^2)^{3/2}}$

해설

원형전류에 의한 중심축상의 자위

$$u = \frac{I}{4\pi}\omega = \frac{I}{2}\left(1 - \frac{z}{\sqrt{a^2+z^2}}\right) \text{ [AT]}$$

원형전류에 의한 중심축상의 자계의 세기

$$\boldsymbol{H_{1z}} = -\frac{\partial u}{\partial z}\boldsymbol{a_z} = \frac{a^2 I}{2(a^2+z^2)^{3/2}}\boldsymbol{a_z}$$

원형전류가 두 개이고 원점에서의 자계 방향도 같으므로 $\boldsymbol{H_{1z}}$의 2배가 된다.

$$\therefore \boldsymbol{H_z} = 2\boldsymbol{H_{1z}} = \frac{a^2 I}{(a^2+z^2)^{3/2}}\boldsymbol{a_z}$$

【답】 ③

04 각각 반지름이 a [m]인 두 개의 원형 코일이 그림과 같이 서로 $2a$ [m] 떨어져 있고 전류 I[A]가 표시된 방향으로 흐를 때 중심선상의 P점의 자계의 세기는 몇 [AT/m]인가?

① $\frac{I}{2a}(\sin^3\phi_1 + \sin^3\phi_2)$

② $\frac{I}{2a}(\sin^2\phi_1 + \sin^2\phi_2)$

③ $\frac{I}{2a}(\cos^3\phi_1 + \cos^3\phi_2)$

④ $\frac{I}{2a}(\cos^2\phi_1 + \cos^2\phi_2)$

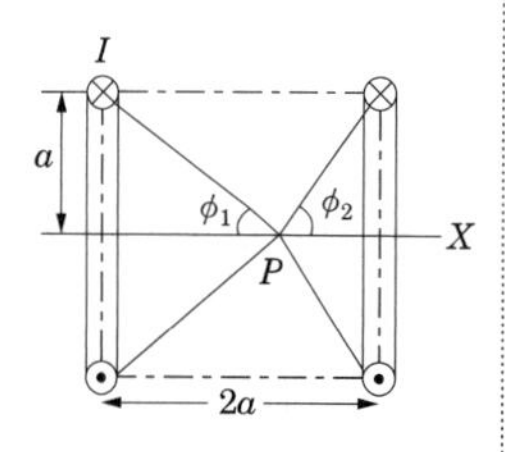

해설

원형 전류에 의한 자계의 세기

$$H_1 = \frac{a^2 I}{2(a^2+x_1^2)^{\frac{3}{2}}} = \frac{a^3 I}{2a(a^2+x_1^2)^{\frac{3}{2}}} = \frac{I}{2a}\sin^3\phi_1 \text{ [AT/m]}$$

$\therefore H_2 = \frac{I}{2a}\sin^3\phi_2$ [AT/m]

$\therefore H_p = H_1 + H_2 = \frac{I}{2a}(\sin^3\phi_1 + \sin^3\phi_2)$ [AT/m]

【답】①

05 반지름 a [m]인 원에 내접하는 정n변형의 회로에 I[A]가 흐를 때, 그 중심에서의 자계의 세기[AT/m]는?

① $\frac{nI\tan\frac{\pi}{n}}{2\pi a}$ ② $\frac{nI\sin\frac{\pi}{n}}{2\pi a}$

③ $\frac{nI\tan\frac{\pi}{n}}{\pi a}$ ④ $\frac{nI\sin\frac{\pi}{n}}{\pi a}$

해설

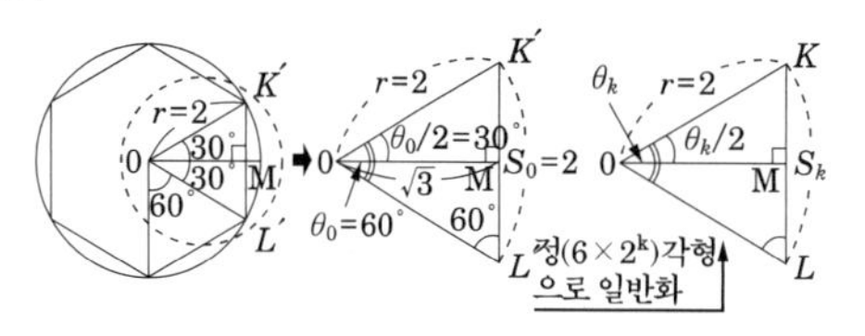

S_k는 정(6×2^n)각형의 한 변의 길이로서, 원의 반지름을 r 이라고 할 때 선분 $K'L'$ (또는 선분 KL)의 길이 S_k는 다음과 같이 삼각함수인 사인함수로 표현된 식표현 된다.

$S_k = 2r\sin\left(\frac{\theta_k}{2}\right)$, 선분 OM은 $r\cos\frac{\theta_k}{2}$, $\theta_k = \frac{2\pi}{n}$이므로

∴ 유한 직선전류에 의한 자계의 세기

$$H_{AB} = \frac{I}{4\pi a'}(\sin\frac{\pi}{n} + \sin\frac{\pi}{n}) = \frac{I}{4\pi a'}2\sin\frac{\pi}{n}$$

$$H_{AB} = \frac{I}{4\pi \cdot a\cos\frac{\pi}{n}}\left(2\sin\frac{\pi}{n}\right) = \frac{I}{2\pi a}\tan\frac{\pi}{n}$$

∴ 정 n변형 회로의 중심 자계의 세기는

$$H_0 = nH_{AB} = \frac{nI\tan\frac{\pi}{n}}{2\pi a} \text{ [AT/m]}$$

【답】①

06 그림과 같이 평행한 무한장 직선 도선에 I, $4I$인 전류가 흐른다. 두 선 사이의 점 P의 자계 세기가 0이다. a/b는?

① $\frac{a}{b} = 4$

② $\frac{a}{b} = 2$

③ $\frac{a}{b} = \frac{1}{2}$

④ $\frac{a}{b} = \frac{1}{4}$

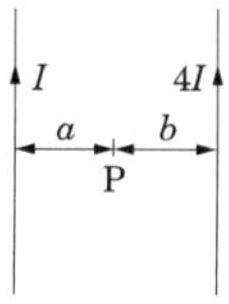

해설

문제의 조건에서 I와 $4I$ 도선에 의한 자계의 방향은 서로 반대이므로 크기가 같으면 $H=0$가 된다.

I 도선에 의한 자계 : $H_I = \frac{I}{2\pi a}$ [A/m]

$4I$ 도선에 의한 자계 : $H_{4I} = \frac{4I}{2\pi b}$ [A/m]

$H_I = H_{4I}$ 이므로 $\frac{I}{2\pi a} = \frac{4I}{2\pi b}$

$\therefore \frac{a}{b} = \frac{1}{4}$

【답】④

07 자유공간 중에서 $x=-2$, $y=4$ 를 통과하고, z 축과 평행인 무한장 직선 도체에 $+z$ 축 방향으로 직류 전류 I가 흐를 때 점 (2, 4, 0)에서의 자계 H [H/m]는 어떻게 표현되는가?

① $\frac{I}{4\pi}a_y$　② $-\frac{I}{4\pi}a_y$

③ $-\frac{I}{8\pi}a_y$　④ $\frac{I}{8\pi}a_y$

해설

무한장 직선도체에서 z 축 방향 전류이면 y 축 방향

자계이 세기 : $H=\frac{I}{2\pi R}$ [AT/m]

여기서 $R=4$이므로 ($x=-2$에서 $x=2$까지 거리)

$\therefore H=\frac{I}{8\pi}a_y$ 가 된다.

【답】 ④

08 그림과 같은 동축 원통의 왕복 전류 회로가 있다. 도체 단면에 고르게 퍼진 일정 크기의 전류가 내부 도체로 흘러 들어가고 외부 도체로 흘러 나올 때, 전류에 의하여 생기는 자계에 대하여 다음 중 옳지 않은 것은?

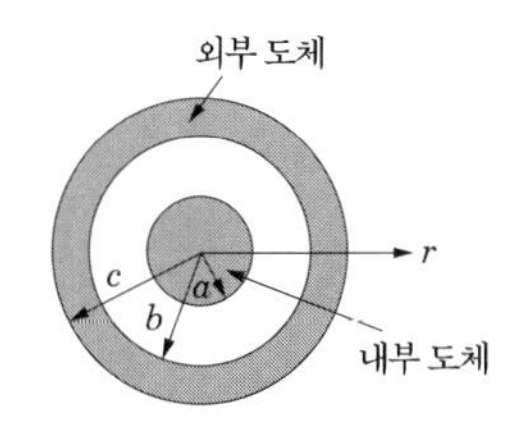

① 내부 도체 내($r<a$)에 생기는 자계의 크기는 중심으로부터의 거리에 비례한다.

② 두 도체 사이(내부 공간)($a<r<b$)에 생기는 자계의 크기는 중심으로부터의 거리에 반비례한다.

③ 외부 도체 내($b<r<c$)에 생기는 자계의 크기는 중심으로부터의 거리에 관계없이 일정하다.

④ 외부 공간($r>c$)의 자계는 영(0)이다.

해설

① 내부 도체에 있어서 $r<a$인 점의 자계를 H_1이라 하면 반지름 r 내를 흐르는 전류인 경우

쇄교하는 전류 : $I_r=\frac{\pi r^2}{\pi a^2}I=\frac{r^2}{a^2}I$

주회 적분의 법칙

$H_1 2\pi r=I_r \rightarrow H_1=\frac{I_r}{2\pi r}=\frac{1}{2\pi r}\frac{r^2}{a^2}I=\frac{rI}{2\pi a^2}$ [A/m]

② $a<r<b$일 때

주회 적분 법칙

$H_2 2\pi r=I \rightarrow H_2=\frac{I}{2\pi r}$ [A/m]

③ $b<r<c$일 때

주회 적분 법칙

$H_3 2\pi r=I-\frac{\pi r^2-\pi b^2}{\pi c^2-\pi b^2}I=\left(1-\frac{r^2-b^2}{c^2-b^2}\right)I$

$\rightarrow H_3=\frac{I}{2\pi r}\left(1-\frac{r^2-b^2}{c^2-b^2}\right)$ [A/m]

④ 외부 도체 외의 공간 $c<r$일 때

주회 적분 법칙

$H_4 2\pi r=I-I=0 \rightarrow H_4=0$

【답】 ③

09 무한장 직선도체가 있다. 이 도체로부터 수직으로 0.1 [m] 떨어진 점의 자계의 세기가 180 [AT/m]이다. 이 도체를 따라 수직으로 0.3 [m] 떨어진 점의 자계의 세기는 몇 [AT/m]인가?

① 20　② 60

③ 180　④ 540

해설

무한장 직선도체에 I [A]가 흐를 때 이 도체에 의한

자계 : $H=\frac{I}{2\pi r}$

∴ 자계의 세기는 거리에 반비례하므로

$H : H'=\frac{1}{0.1} : \frac{1}{0.3}$

$\therefore H'=\frac{0.1}{0.3}\times H=\frac{1}{3}H=\frac{1}{3}\times 180=60$ [AT/m]

【답】 ②

10 전하 q [C]가 진공 중의 자계 H [AT/m]에 수직 방향으로 v [m/sec]의 속도로 움직일 때 받는 힘은 몇 [N]인가?

① $\dfrac{qH}{\mu_0 v}$ ② qvH

③ $\dfrac{1}{\mu_0}qVH$ ④ $\mu_0 qvH$

해설

자계내에 놓여진 운동 전하가 받는 힘

$F = qvB\sin\theta = qv\mu_0 H\sin\theta$ [N]

여기서 $\theta = 90°$이므로 $F = qv\mu_0 H$ [N]이 된다.

【답】④

11 자속 밀도 $\boldsymbol{B} = \boldsymbol{a}_x + \boldsymbol{a}_y + \boldsymbol{a}_z$ [Wb/m^2]인 자계 내에서 2 [C]의 전하가 $v = 2\boldsymbol{a}_x + 4\boldsymbol{a}_y + 6\boldsymbol{a}_z$ [m/s]의 속도로 운동할 때의 작용력은 몇 [N]인가?

① $4\boldsymbol{a}_x - 8\boldsymbol{a}_y + 4\boldsymbol{a}_z$ ② $2\boldsymbol{a}_x - 4\boldsymbol{a}_y + 2\boldsymbol{a}_z$

③ $-4\boldsymbol{a}_x + 8\boldsymbol{a}_y - 4\boldsymbol{a}_z$ ④ $-2\boldsymbol{a}_x + 4\boldsymbol{a}_y + 2\boldsymbol{a}_z$

해설

전하 q [C]이 속도 v [m/s]로 자계 $\boldsymbol{B}$ [Wb/m^2] 내에서 운동할 때 받는 힘 : $\boldsymbol{F} = qvB\sin\theta = qv \times \boldsymbol{B}$

θ : 속도와 자계가 이루는 각 이라면

$$\therefore \boldsymbol{F} = qv \times \boldsymbol{B} = 2\begin{vmatrix} a_x & a_y & a_z \\ 2 & 4 & 6 \\ 1 & 1 & 1 \end{vmatrix}$$

$$= 2\{a_x(4-6) - a_y(2-6) + a_z(2-4)\}$$

$$= -4a_x + 8a_y - 4a_z$$

【답】③

12 2 [C]의 점전하가 전계 $\boldsymbol{E} = 2a_x + a_y - 3a_z$ [V/m] 및 자계 $\boldsymbol{B} = -2a_x + 2a_y - a_z$ [Wb/m^2] 내에서 속도 $\boldsymbol{V} = 4a_x - a_y - 2a_z$ [m/sec]로 운동하고 있을 때 점전하에 작용하는 힘 $\boldsymbol{F}$는 몇 [N]인가?

① $10\boldsymbol{a}_x + 18\boldsymbol{a}_y + 4\boldsymbol{a}_z$

② $14\boldsymbol{a}_x - 18\boldsymbol{a}_y - 4\boldsymbol{a}_z$

③ $-14\boldsymbol{a}_x + 18\boldsymbol{a}_y + 4\boldsymbol{a}_z$

④ $14\boldsymbol{a}_x + 18\boldsymbol{a}_y + 6\boldsymbol{a}_z$

해설

로렌츠의 힘 : $\boldsymbol{F} = q[\boldsymbol{E} + (v \times \boldsymbol{B})]$

$$(v \times \boldsymbol{B}) = \begin{vmatrix} a_x & a_y & a_z \\ 4 & -1 & -2 \\ -2 & 2 & -1 \end{vmatrix} = 5a_x + 8a_y + 6a_z$$

$$\therefore \boldsymbol{F} = 2(2a_x + a_y - 3a_z + 5a_x + 8a_y + 6a_z)$$

$$= 14a_x + 18a_y + 6a_z \text{ [N]}$$

【답】④

13 10 [A]가 흐르는 1 [m] 간격의 평행 도체 사이의 1 [m]당의 작용하는 힘은?

① 1 [N] ② 10^{-5} [N]

③ 2×10^{-5} [N] ④ 2×10^{-7} [N]

해설

평행 도선 사이에 작용하는 힘

$$F = \frac{\mu_0 I^2}{2\pi r} = \frac{2I^2}{r} \times 10^{-7}$$

$$= \frac{2 \times 10^2}{1} \times 10^{-7} = 2 \times 10^{-5} \text{ [N/m]}$$

【답】③

14 원형 궤도를 운동하는 전하 Q가 일정한 각속도 ω로 움직일 때의 등가 전류는?

① $\dfrac{\omega Q}{\pi}$ ② $\dfrac{\omega Q}{2\pi}$

③ $\dfrac{\omega Q}{4\pi}$ ④ $\dfrac{\omega^2 Q}{4\pi}$

해설

$$t = \frac{2\pi}{\omega}$$

$$\therefore I = \frac{Q}{t} = \frac{\omega Q}{2\pi} \text{ [A]}$$

【답】②

15 v [m/s]의 속도를 가진 전자가 B [Wb/m^2]의 평등 자계에 직각으로 들어가면 원운동을 한다. 이때 원운동의 주기[s]를 구하면? 단, 원의 반지름은 r, 전자의 전하를 e [C], 질량을 m [kg]이라 한다.

① $\frac{mv}{eB}$ ② $\frac{eB}{m}$
③ $\frac{2\pi m}{eB}$ ④ $\frac{eBr}{2\pi m}$

해설

자계 내의 운동 전하에 작용하는 힘은 $\boldsymbol{F}=q\boldsymbol{v}\times\boldsymbol{B}$, $\boldsymbol{B}=\mu_0\boldsymbol{H}$이며, 전자의 전하량을 e라 하면 다음과 같다.

벡터 : $\boldsymbol{F}=e(\boldsymbol{v}\times\mu_0\boldsymbol{H})$
스칼라 : $F=\mu_0 ev\boldsymbol{H}$

전자의 질량을 m, 궤도의 반지름을 r 라고 하면 F와 원심력과는 평형이므로

$$F=\mu_0 evH=\frac{mv^2}{r}$$

$$\therefore\ r=\frac{mv}{e\mu_0 H}=\frac{mv}{eB}\,[\text{m}]$$

주기 $T=\frac{2\pi r}{v}=\frac{2\pi m}{eB}$ [s]

【답】 ③

16 평등 자계 내에 수직으로 돌입한 전자의 궤적은?

① 원운동을 하는데, 원의 반지름은 자계의 세기에 비례한다.
② 구면 위에서 회전하고 반지름은 자계의 세기에 비례한다.
③ 원운동을 하고 반지름은 전자의 처음 속도에 비례한다.
④ 원운동을 하고, 반지름은 자계의 세기에 비례한다.

해설

플레밍의 왼손 법칙에 의해 전자가 받는 힘은 운동 방향에 수직하므로 전자는 원운동을 한다.

v [m/s]의 속도를 가진 전자가 B[Wb/m^2]인 평등 자계에 직각으로 돌입할 때 전자가 받는 힘 다음과 같다.

벡터 : $\boldsymbol{F}=e(\boldsymbol{v}\times\boldsymbol{B})$
스칼라 : $F=evB$

이때의 구심력 $F_0=\frac{mv^2}{r}$이고 $F_0=F$이므로

$$evB=\frac{mv^2}{r}$$

$$\therefore r=\frac{mv}{eB}\,[\text{m}]\propto v$$

【답】 ③

17 균일한 자계에 수직으로 입사한 수소 이온의 원운동의 주기는 $2\pi\times10^{-5}$ [sec]이다. 이 균일 자계의 자속 밀도는 몇 [Wb/m^2]인가? 단, 수소 이온의 전하와 질량의 비는 2×10^7 [C/kg]이다.

① 2×10^{-3} ② 3.5×10^{-3}
③ 5×10^{-3} ④ $2\pi\times10^{-3}$

해설

자계 내의 운동 전하에 작용하는 힘은 $\boldsymbol{F}=q\boldsymbol{v}\times\boldsymbol{B}$, $\boldsymbol{B}=\mu_0\boldsymbol{H}$이며, 전자의 전하량을 e라 하면 다음과 같다.

벡터 : $\boldsymbol{F}=e(\boldsymbol{v}\times\mu_0\boldsymbol{H})$
스칼라 : $F=\mu_0 ev\boldsymbol{H}$

전자의 질량을 m, 궤도의 반지름을 r라고 하면 F와 원심력과는 평형이므로

$$F=\mu_0 evH=\frac{mv^2}{r}$$

$$\therefore\ r=\frac{mv}{e\mu_0 H}=\frac{mv}{eB}\,[\text{m}]$$

주기 $T=\frac{2\pi r}{v}=\frac{2\pi m}{eB}$ [s]에서

$$B=\frac{2\pi m}{eT}=\frac{m}{e}\cdot\frac{2\pi}{T}=\frac{1}{2\times10^7}\times\frac{2\pi}{2\pi\times10^{-5}}=5\times10^{-3}$$

【답】 ③

자성체

1. 자화

1.1 자성체

철편을 자계 내에 놓으면 철편은 자기적 성질을 띤다. 이것을 자화되었다고 한다. 이렇게 자화되는 물질을 자성체(magnetic substance), 자화되지 않는 물질을 비자성체(non-magnetic substance)라고 하며 자성체에는 반자성체, 상자성체, 강자성체, 반강자성체로 구분 한다.

- 반자성체 : 영구자기 쌍극자는 없는 재질로 은(Ag), 구리(Cu), 비스무트(Bi), 물(H_2O)
- 상자성체 : 인접 영구자기 쌍극자의 방향이 규칙성이 없는 재질로 백금(Pt), 알루미늄(Al), 산소(O_2), 공기(H_2)
- 강자성체 : 인접 영구자기 쌍극자의 방향이 동일방향으로 배열하는 재질로 철(Fe), 니켈(Ni), 코발트(Co)
- 반강자성체(anti-ferromagnetism) : 인접 영구자기 쌍극자의 배열이 서로 반대인 재질로 산화니켈(NiO), 황화철(FeS), 염화코발트($CoCl_2$)

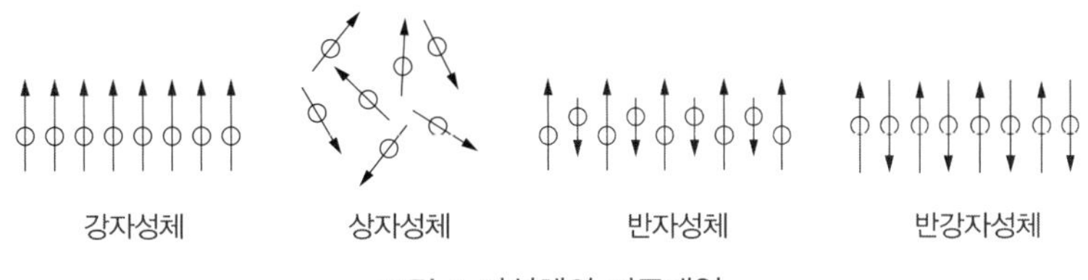

그림 1 자성체의 자구배열

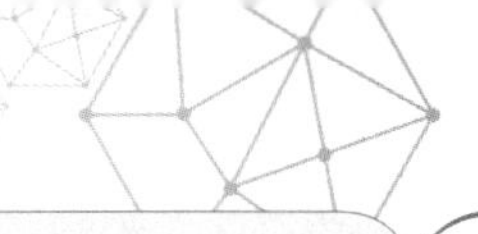

예제문제 01

다음 자성체 중 반자성체가 아닌 것은?

① 창연 ② 구리 ③ 금 ④ 알루미늄

해설
- 강자성체 : Fe, Ni, Co
- 상자성체 : Al, Mn, Pt, W, Sn, O_2, N_2
- 역자성체 : Bi, C, Si, Ag, Pb

답 : ④

예제문제 02

강자성체가 아닌 것은?

① 철 ② 니켈 ③ 백금 ④ 코발트

해설
- 강자성체 : Fe, Ni, Co
- 상자성체 : Al, Mn, Pt, W, Sn, O_2, N_2
- 역자성체 : Bi, C, Si, Ag, Pb

답 : ③

예제문제 03

아래 그림들은 전자의 자기 모멘트의 크기와 배열 상태를 그 차이에 따라서 배열한 것인데 강자성체에 속하는 것은?

① ②

③ ④

해설
인접 원자 사이에 작용하는 힘에 의해서 인접 원자의 자기 모멘트는 평행이 되지만 방향이 서로 반대가 되는 자성체를 반강자성체 또는 역강자성체라 한다.

답 : ③

예제문제 04

비투자율 μ_s는 역자성체(逆磁性體)에서 다음 어느 값을 갖는가?

① $\mu_s = 1$ ② $\mu_s < 1$ ③ $\mu_s > 1$ ④ $\mu_s = 0$

해설
비투자율 : $\mu_s = \dfrac{\mu}{\mu_0} = 1 + \dfrac{\chi_m}{\mu_0}$

상자성체 : $\mu_s > 1(\chi_m > 0)$ 역자성체 : $\mu_s < 1(\chi_m < 0)$

답 : ②

예제문제 05

인접 영구 자기 쌍극자가 크기는 같으나 방향이 서로 반대 방향으로 배열된 자성체를 어떤 자성체라 하는가?

① 반자성체 ② 상자성체 ③ 강자성체 ④ 반강자성체

해설
- 반자성체 : 영구자기 쌍극자는 없는 재질로 은(Ag), 구리(Cu), 비스무트(Bi), 물(H_2O)
- 상자성체 : 인접 영구자기 쌍극자의 방향이 규칙성이 없는 재질로 백금(Pt), 알루미늄(Al), 산소(O_2), 공기(H_2)
- 강자성체 : 인접 영구자기 쌍극자의 방향이 동일방향으로 배열하는 재질로 철(Fe), 니켈(Ni), 코발트(Co)
- 반강자성체 (anti-ferromagnetism) : 인접 영구자기 쌍극자의 배열이 서로 반대인 재질로 산화니켈(NiO), 황화철(FeS), 염화코발트($CoCl_2$)

답 : ④

1.2 자화의 세기

자성체에서 단위 면적당 발생하는 자기량(자화된 자기량)을 자화의 세기라 한다. 즉 그림 2와 같이 자성체의 단면적을 $S[m^2]$, 자화된 자기량을 m[Wb]이라 할 때 자화의 세기 J는

$$J=\frac{m}{S}[Wb/m^2]$$

로 나타낼 수 있다. 이 식은

$$J=\frac{ml}{Sl}=\frac{M}{V}[Wb/m^2]$$

여기서, V는 자성체의 체적, M은 자기모멘트

로 되며 체적당 자기 모멘트 값으로 정의할 수 있다.

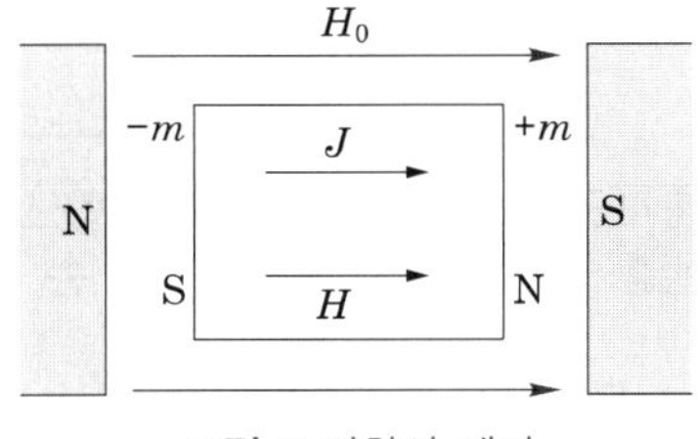

그림 2 자화의 세기

자화의 세기는 자계의 세기와 비례하며 자성체의 성질에 따라 자화율이 비례상수가 된다.

$$J = \chi H$$

여기서 χ는 자화율

$$\chi = \mu - \mu_0 = \mu_0(\mu_s - 1) = \mu_0 \chi_s$$

여기서 χ_s는 비자화율

따라서 다음과 같이 된다.

$$\chi_s = \frac{\chi}{\mu_0} = \mu_s - 1$$

자화의 세기 J는 다음과 같다.

$$J = \chi H = (\mu - \mu_0)H = \mu_0(\mu_s - 1)H$$

$$J = \mu H - \mu_0 H = B - \mu_0 H$$

$$B = \mu H$$

$$\therefore B = \mu_0 H + J$$

여기서, 상자성체에서 $\chi > 0$, 반자성체는 $\chi < 0$,
상자성체에서 $\mu_s > 1$, 반자성체 $\mu_s < 1$

표 1 자화의 세기와 분극의 세기의 대응

분극의 세기(유전체 내부현상)	자화의 세기(자성체 내부현상)
$P = \chi E$	$J = \chi H$
$\chi = \epsilon - \epsilon_0 = \epsilon_0(\epsilon_s - 1)$	$\chi = \mu - \mu_0 = \mu_0(\mu_s - 1)$
$P = (\epsilon - \epsilon_0)E$ $= \epsilon E - \epsilon_0 E\ (D = \epsilon E) = D - \epsilon_0 E$	$J = (\mu - \mu_0)H$ $= \mu H - \mu_0 H\ (B = \mu H) = B - \mu_0 H$
$\therefore D = \epsilon_0 E + P$	$\therefore B = \mu_0 H + J$

예제문제 06

길이 20 [cm], 단면적의 반지름 10 [cm]인 원통이 길이 방향으로 균일하게 자화되어 자화의 세기가 200 [Wb/m²]인 경우 원통 양단에서의 전자극의 세기는 몇 [Wb]인가?

① π　　② 2π　　③ 3π　　④ 4π

해설

자화의 세기 : $J = \frac{m}{S} = \frac{m}{\pi r^2}$ [Wb/m²]　　$\therefore m = J \cdot \pi r^2 = 200 \times \pi \times (10 \times 10^{-2})^2 = 2\pi$ [Wb]

답 : ②

예제문제 07

길이 l [m], 단면적의 지름 d [m]인 원통이 길이 방향으로 균일하게 자하되어 자화의 세기가 J [Wb/m²]인 경우 원통 양단에서의 전자극의 세기는 몇 [Wb]인가?

① $\pi d^2 J$　② πdJ　③ $\dfrac{4J}{\pi d^2}$　④ $\dfrac{\pi d^2 J}{4}$

해설

자화의 세기 : $J=\dfrac{m}{s}$ [Wb/m²]　$\therefore m=J\cdot s=J\cdot\dfrac{\pi d^2}{4}$ [Wb]

답 : ④

예제문제 08

다음의 관계식 중 성립할 수 없는 것은? 단, μ는 투자율, χ는 자화율, μ_0는 진공의 투자율, J는 자화의 세기이다.

① $\mu=\mu_0+\chi$　② $B=\mu H$　③ $\mu_s=1+\dfrac{\chi}{\mu_0}$　④ $J=\chi B$

해설

자화의 세기 : $J=\chi H$ [Wb/m²]

자속밀 밀도 : $B=\mu_0 H+J=\mu_0 H+\chi H=(\mu_0+\chi)H=\mu_0\mu_s H$ [Wb/m²]

투자율 : $\mu=\mu_0+\chi$ [H/m]

비투자율 : $\mu_s=\mu/\mu_0=1+\chi$

$\therefore B=\mu H$ [Wb/m²]　$\therefore \mu_s=\dfrac{\mu}{\mu_0}=\dfrac{\mu_0+\chi}{\mu_0}=1+\dfrac{\chi}{\mu_0}$

답 : ④

예제문제 09

비투자율이 50인 자성체의 자속 밀도가 0.05 [Wb/m²]일 때 자성체의 자화의 세기는?

① 0.049 [Wb/m²]　② 0.05 [Wb/m²]　③ 0.055 [Wb/m²]　④ 0.06 [Wb/m²]

해설

자화의 세기 : $J=\chi_m H=\dfrac{\chi_m B}{\mu}=\dfrac{\mu_0(\mu_s-1)B}{\mu_0\mu_s}=(\mu_s-1)\dfrac{B}{\mu_s}=(50-1)\times\dfrac{0.05}{50}=0.049$ [Wb/m²]

답 : ①

예제문제 10

비투자율이 400인 환상 철심 중의 평균 자계의 세기가 300 [AT/m]일 때, 자화의 세기는 몇 [Wb/m²]인가?

① 0.1　② 0.15　③ 0.2　④ 0.25

해설

자화의 세기 : $J=\mu_0(\mu_s-1)H=4\pi\times10^{-7}(400-1)\times300=0.15$ [Wb/m²]

답 : ②

1.3 감자력

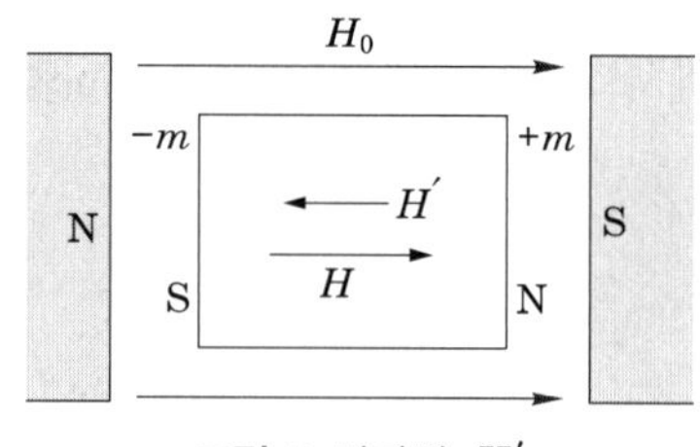

그림 3 감자력 H'

그림 3과 같이 자성체가 자가 되면 $-m$과 $+m$의 자극을 자성체가 갖게 된다. 이때 자화된 자성체는 내부에 ← H'의 자속이 만들어지며 이것을 감자력이라 한다.

$$H = H_0 - H'$$

여기서, H'는 감자력, H : 자성체 내부의 자계의 세기, H_o : 자성체 외부의 자계의 세기

N을 감자율이라 하면 $J = \chi H$ 이므로

$$H' = \frac{N}{\mu_0} J$$

$$H' = \frac{\chi N}{\mu_0} H$$

자계의 세기는 다음과 같다.

$$H = H_0 - H' = H_0 - \frac{\chi N}{\mu_0} H$$

예제문제 11

자기 감자력(self demagnetizing force)이 평등 자화되는 자성체에서의 관계가 옳은 것은?

① 투자율에 비례한다.
② 자화의 세기에 비례한다.
③ 감자율에 반비례한다.
④ 자계에 반비례한다.

해설

감자력 : $H' = \frac{N}{\mu_0} J \propto J$

답 : ②

1.4 자기차폐

투자율이 큰 강자성체를 사용하여 둘러싸면 외부자계의 영향을 작게 하는 자기적인 차단을 할 수 있다. 이것을 자기 차폐(magnetic shielding)라 한다.
정전계의 정전 차폐는 도체를 사용하여 외부 전계의 영향을 완전히 막을 수 있지만, 자계에서는 투자율이 ∞인 자성체가 존재하지 않기 때문에 완전히 차단하는 것은 불가능하다. 따라서 자기 차폐는 비투자율이 큰 자성체인 중공의 철구를 겹겹이 포위하여 감싸놓으면 효과적으로 차폐할 수 있다.

예제문제 12

내부 장치 또는 공간을 물질로 포위시켜 외부 자계의 영향을 차폐시키는 방식을 자기 차폐라 한다. 자기 차폐에 좋은 물질은?

① 강자성체 중에서 비투자율이 큰 물질
② 강자성체 중에서 비투자율이 작은 물질
③ 비투자율이 1보다 작은 역자성체
④ 비투자율에 관계없이 물질의 두께에만 관계되므로 되도록 두꺼운 물질

해설
자기차폐 : 투자율이 큰 자성체의 중공구를 평등 자계 안에 놓으면 대부분의 자속은 자성체 내부로만 통과하므로 내부 공간의 자계는 외부 자계에 비하여 대단히 작게 되는 현상을 말한다.

답 : ①

예제문제 13

정전 차폐와 자기 차폐를 비교하면?

① 정전 차폐가 자기 차폐에 비교하여 완전하다.
② 정전 차폐가 자기 차폐에 비교하여 불완전하다.
③ 두 차폐 방법은 모두 완전하다.
④ 두 차폐 방법은 모두 불완전하다.

해설
- 정전차폐 : 완전하다. → 정전계에서 전기력선은 도체를 통과할 수 없다.
- 자기차폐 : 불완전 하다. → 자성체로 주위의 자기력선을 끌어 모으나 완전히는 모을 수 없다.

답 : ①

1.5 히스테리시스 곡선

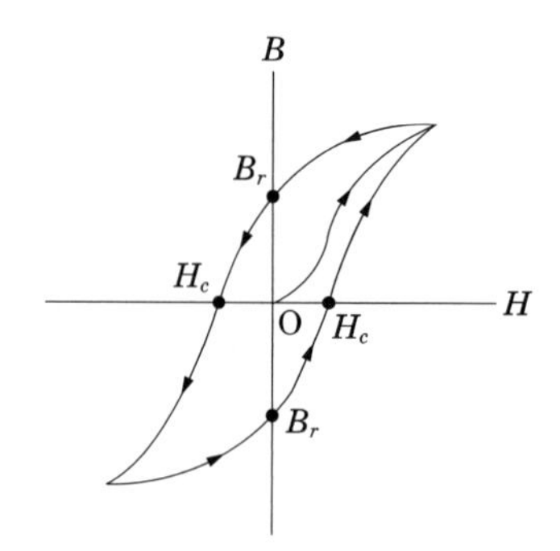

그림 4 히스테리시스 곡선

자화곡선은 자속밀도와 자계의세기의 관계를 나타낸 곡선으로 강자성체의 자화과정을 나타낸 곡선을 말한다. 강자성체가 자화될 때 자화력의 증가후 감소할 경우 자속밀도가 남게 되는데 이를 잔류자기라 한다. 계속하여 자계의 세기를 음으로 강제적으로 자속밀도를 0으로 낮추게 되는데 이때 필요한 자계의 세기를 보자력이라 한다. 이러한 잔류자기와 보자력에 의해 그림 4와 같은 곡선이 만들어지는데 이것을 히스테리시스 곡선이라 한다.

이 히스테리시스곡선의 면적이 히스테리시스 손실이 된다.

$$P_h = \eta f\, B_m^{\ 1.6}$$

영구자석재료로 사용하는 자성체의 경우 히스테리시스 곡선에서 잔류자기와 보자력이 큰 것이 좋으며, 전자석으로 사용하는 자성체의 경우는 히스테리시스곡선의 면적과 보자력이 적은 것을 사용하는 것이 좋다.

예제문제 14

강자성체의 히스테리시스 루프의 면적은?

① 강자성체의 단위 체적당의 필요한 에너지이다.
② 강자성체의 단위 면적당의 필요한 에너지이다.
③ 강자성체의 단위 길이당의 필요한 에너지이다.
④ 강자성체의 전체 체적의 필요한 에너지이다.

해설

히스테리시스 루프의 면적은 체적당 에너지 밀도에 해당된다.

답 : ①

예제문제 15

히스테리시스 곡선에서 횡축과 만나는 것은 다음 중 어느 것인가?

① 투자율　② 잔류 자기　③ 자력선　④ 보자력

해설
- 종축과 만나는 점 : 잔류 자기(잔류 자속 밀도(B_r))
- 횡축과 만나는 점 : 보자력(H_e)

답 : ④

예제문제 16

히스테리시스손은 최대 자속 밀도의 몇 승에 비례하는가?

① 1　② 1.6　③ 2　④ 2.6

해설
단위 체적당 히스테리시스손은 주파수와 히스테리시스손 곡선의 면적에 비례한다.
스타인메쯔의 실험식 : $P_h = \eta \cdot B_m^{1.6}$ [J/m^3]

답 : ②

예제문제 17

영구 자석의 재료로 사용되는 철에 요구되는 사항은?

① 잔류 자기 및 보자력이 작은 것　② 잔류 자기가 크고 보자력이 작은 것
③ 잔류 자기는 작고 보자력이 큰 것　④ 잔류 자기 및 보자력이 큰 것

해설
영구 자석 재료 : 외부 자계에 대하여 잔류 자속이 쉽게 없어지면 안 된다. 따라서 잔류 자기와 보자력이 커야 하며 텅스텐강, 코발트강 등이 쓰인다.

답 : ④

1.6 소자법

강자성체에 한번 자계를 가하면 자화되어 잔류자기의 형태로 항상 자성을 갖게 된다. 이 자화에 의한 자성을 제거하는 것을 소자법이라고 한다.

(1) 직류법

처음 가한 자계와 같은 정도의 직류자계를 반대 방향으로 가하여 소거하는 방법을 직류법이라 한다.

(2) 교류법

자화할 때와 같은 정도의 교류자계를 가하여 소거하는 방법을 교류법이라 한다.

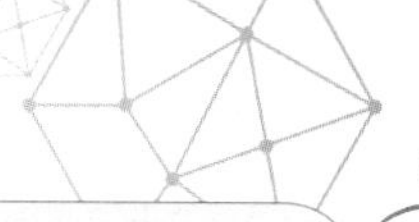

(3) 가열법

강자성체를 가열하여 온도를 퀴리점 이상이 될 때까지 상승하면 자성을 잃어버리게 된다. 이것을 가열법이라 한다. 철의 경우 약 770 [℃]에서 강자성을 잃어버리는데, 이 온도를 퀴리온도, 퀴리점(Curie point)이라 한다.

그림 5 퀴리온도의 실험

예제문제 18

자화된 철의 온도를 높일 때 자화가 서서히 감소하다가 급격히 강자성이 상자성으로 변하면서 강자성을 잃어 버리는 온도는?

① 켈빈(Kelvin) 온도　② 연화 온도(Transition)
③ 전이 온도　④ 퀴리(Curie) 온도

해설
퀴리점(퀴리온도) : 자화된 철의 온도를 높이면 자화가 서서히 감소하다가 690 ~870 [℃](순철에서는 790 [℃])에서 급속히 강자성이 상자성으로 변하면서 강자성을 잃어버리는 온도를 말한다.

답 : ④

예제문제 19

자계의 세기에 관계없이 급격히 자성을 잃는 점을 자기 임계 온도 또는 퀴리점(Curie point)이라고 한다. 다음 중에서 철의 임계 온도는?

① 약 0 [℃]　② 약 370 [℃]
③ 약 570 [℃]　④ 약 770 [℃]

해설
퀴리점(퀴리온도) : 자화된 철의 온도를 높이면 자화가 서서히 감소하다가 690 ~870 [℃](순철에서는 790 [℃])에서 급속히 강자성이 상자성으로 변하면서 강자성을 잃어버리는 온도를 말한다.

답 : ④

예제문제 20

강자성체를 소자시키는 방법으로 부적당한 것은?

① 처음에 준 자계와 같은 정도의 직류 자계를 반대 방향으로 가하는 조작을 반복한다(직류법).
② 처음에 준 자계와 같은 방향의 강한 자계를 준 후 급랭한다(급랭법).
③ 자화할 때와 같은 정도의 교류 자계를 가하고 그 값이 0이 될 때까지 점차로 감소시켜 간다(교류법).
④ 강자성체의 온도를 퀴리점 이상이 될 때까지 상승시킨다(가열법).

해설
• 소자 : 자성체의 자화를 0으로 만드는 것을 말한다.
• 소자방법
① 가열법 : 퀴리온도 이상으로 가열하여 외부 자장을 0으로 한 상태에서 냉각하는 방법
② 교류법 : 정자장이 없는 장소에서 강한 교류자장을 작용시켜 그 진폭을 0으로 점차 감소시키는 방법
③ 직류법 : 처음 자화시킨 방향의 반대 방향으로 자계를 인가하는 방법

답 : ②

2. 자성체의 경계조건

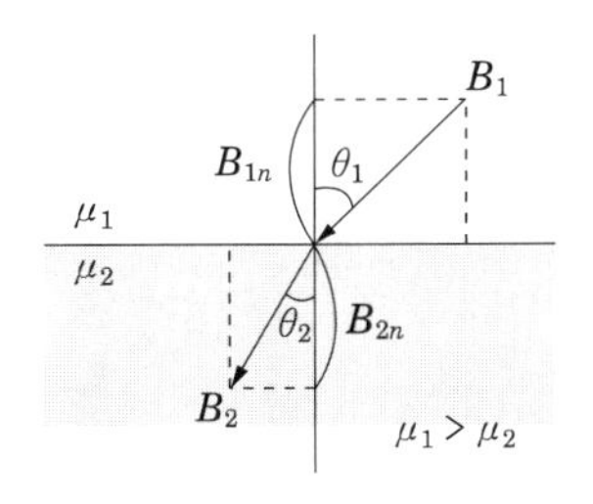

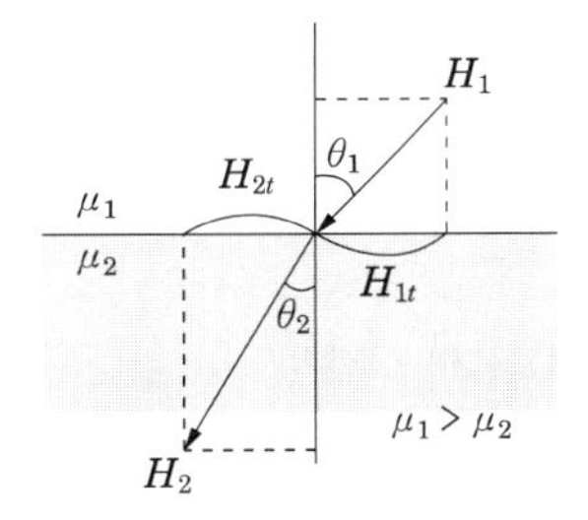

그림 6 자계의 경계조건

투자율 μ_1, μ_2인 두 매질이 접한 경계면에서의 경계조건은 정전계의 기본식과 대응하여 생각하면 쉽게 구할 수 있다.

자속밀도는 경계면에서 법선성분이 같다($B_{1n} = B_{2n}$).

$$B_1 \cos\theta_1 = B_2 \cos\theta_2 \ (B_1 = \mu_1 H_1 , \ B_2 = \mu_2 H_2)$$

자계의 세기는 경계면에서 접선성분이 같다($H_{1t} = H_{2t}$).

$$H_1 \sin\theta_1 = H_2 \sin\theta_2$$

자성체의 굴절의 법칙은 다음과 같다.

$$\frac{\tan\theta_1}{\tan\theta_2} = \frac{\mu_1}{\mu_2}$$

예제문제 21

두 자성체의 경계면에서 경계 조건을 설명한 것 중 옳은 것은?

① 자계의 성분은 서로 같다.
② 자계의 법선 성분은 서로 같다.
③ 자속 밀도의 법선 성분은 서로 같다.
④ 자속 밀도의 접선 성분은 서로 같다.

해설

① 자계의 세기는 접선 성분의 연속이다. $H_1\sin\theta_1 = H_2\sin\theta_2$

② 자속 밀도는 법선 성분의 연속이다. $B_1\cos\theta_1 = B_2\cos\theta_2$

③ 경계조건 : $\frac{\tan\theta_1}{\tan\theta_2} = \frac{\mu_1}{\mu_2}$

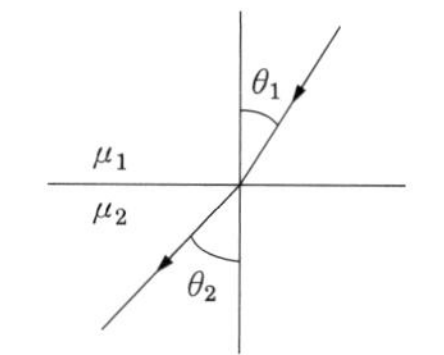

답 : ③

예제문제 22

투자율이 다른 두 자성체의 경계면에서의 굴절각은?

① 투자율에 비례한다.
② 투자율에 반비례한다.
③ 자속에 비례한다.
④ 투자율에 관계없이 일정하다.

해설

경계 조건 : $\frac{\mu_2}{\mu_1} = \frac{\tan\theta_2}{\tan\theta_1}$

∴ 굴절각은 투자율에 비례한다.

답 : ①

3. 자계에너지

자속밀도 B와 자계의 세기 H에 의해 단위체적당의 자계에너지는

$$w_m = \frac{1}{2}B \cdot H$$

이며 $B = \mu H$를 대입하면

$$w_m = \frac{1}{2}BH = \frac{1}{2}\mu H^2 = \frac{B^2}{2\mu}[\mathrm{J/m^3}]$$

정전계와 비교하여 보자.

$$w_e = \frac{1}{2}DE = \frac{1}{2}\epsilon E^2 = \frac{D^2}{2\epsilon} \ \ [\mathrm{J/m^3}]$$

단위 면적당 작용하는 힘은 그림 7의 N극의 강자성체를 $\triangle x$ 움직일 때의 에너지의 증가 $\triangle W$는 가상변위의 원리에 의해 구하면 다음과 같다.

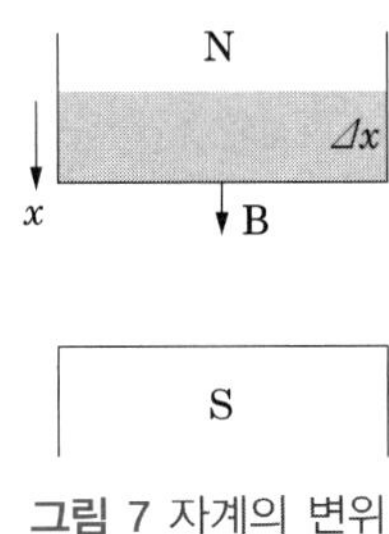

그림 7 자계의 변위

$$\triangle W = \frac{1}{2\mu}B^2 \triangle x S - \frac{1}{2\mu_0}B^2 \triangle x S$$

$$F_x = -\frac{\triangle W}{\triangle x} = \left(\frac{B^2}{2\mu_0} - \frac{B^2}{2\mu}\right) S \ [\mathrm{N}]$$

위의 식에서 $\frac{B^2}{2\mu_0} \gg \frac{B^2}{2\mu}$이다($\because$ 강자성체에서는 $\mu_0 \ll \mu$). 따라서

$$\therefore F_x = \frac{B^2}{2\mu_0}S \ \ [\mathrm{N}] \ \ (\text{흡인력})$$

또, S극의 강자성체에도 같은 크기의 흡인력이 작용한다.

$$f = \frac{1}{2}BH = \frac{1}{2}\mu H^2 = \frac{B^2}{2\mu}[\mathrm{N/m^2}]$$

예제문제 23

두 개의 자극판이 놓여 있다. 이때의 자극판 사이의 자속 밀도 B[Wb/m^2], 자계의 세기 H[AT/m], 투자율 μ라 하는 곳의 자계의 에너지 밀도[J/m^3]는?

① $\frac{1}{2}HB^2$　　② HB

③ $\frac{1}{2\mu}H^2$　　④ $\frac{1}{2\mu}B^2$

해설

자계 내에 저장되는 단위 체적당의 자기 에너지 : $w_m = \int_0^B \boldsymbol{H} \cdot d\boldsymbol{B}$ [J/m^3]

$\boldsymbol{B} = \mu \boldsymbol{H}$ [Wb/m^2]에서 μ=일정(const.)인 경우 : $w_m = \int_0^B \boldsymbol{H} \cdot d\boldsymbol{B} = \int_0^B \frac{B}{\mu} dB = \frac{B^2}{2\mu} = \frac{1}{2}BH$ [J/m^3]

답 : ④

예제문제 24

전자석의 흡인력은 자속 밀도를 B 라 할 때 어떻게 되는가?

① B 에 비례
② $B^{\frac{3}{2}}$ 에 비례
③ $B^{1.6}$ 에 비례
④ B^2 에 비례

해설

그림의 N극의 강자성체를 Δx 움직일 때의 에너지의 증가 ΔW

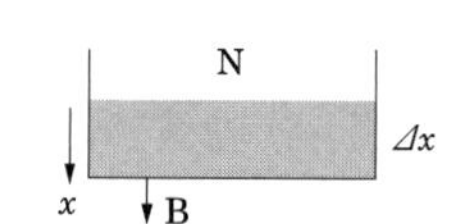

$\Delta W = \frac{1}{2\mu} B^2 \Delta x S - \frac{1}{2\mu_0} B^2 \Delta x S$

$F_x = -\frac{\Delta W}{\Delta x} = \left(\frac{B^2}{2\mu_0} - \frac{B^2}{2\mu} \right) S$ [N]

위의 식에서 $\frac{B^2}{2\mu_0} \gg \frac{B^2}{2\mu}$ 이다($\because$ 강자성체에서는 $\mu_0 \ll \mu$).

$\therefore F_x = \frac{B^2}{2\mu_0} S$ [N] (흡인력)

답 : ④

예제문제 25

그림과 같이 진공 중에 자극 면적이 2 [cm^2], 간격이 0.1 [cm]인 자성체 내에서 포화 자속 밀도가 2 [Wb/m^2]일 때 두 자극면 사이에 작용하는 힘의 크기[N]는?

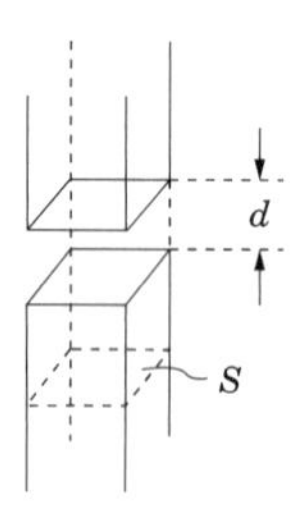

① 0.318
② 3.18
③ 31.8
④ 318

해설

전자석의 흡인력 : $F = \frac{B^2 S}{2\mu_0} = \frac{2^2 \times 2 \times 10^{-4}}{2 \times 4\pi \times 10^{-7}} = 318.47$ [N]

답 : ④

4. 자기회로

4.1 자기옴의 법칙

자속이 흐르는 회로(통로)를 자기회로(magnetic circuit)라 한다. 자기회로는 자속의 흐름을 방해하는 성분이 자기저항이 존재하며, 자속을 흐르게 하는 기자력이 존재한다. 이것은 전기회로의 전류, 전기저항, 전압과 같은 역할을 한다. 따라서 자기회로 에도 옴의 법칙이 성립하는데 이것을 자기옴의 법칙이라 한다.

표 2 전기회로와 자기회로의 대응

전기회로		자기회로	
기 전 력	E [V]	기 자 력	F_m [AT]
전 류	I [A]	자 속	ϕ[Wb]
전 계	E [V/m]	자 계	H [AT/m]
전기저항	R[Ω]	자기저항	R_m [AT/Wb]
도 전 율	σ[S/m]	투 자 율	μ[H/m]
옴의 법칙	$E = IR$ [V]	옴의 법칙	$F_m = \phi R_m$ [AT]

그림 8과 같은 자기회로에서 자속 ϕ가 흐르는 경우 자기저항은 자기회로가 가지고 있는 투자율μ와 단면적 S, 자로의 길이 l에 의해 결정된다.

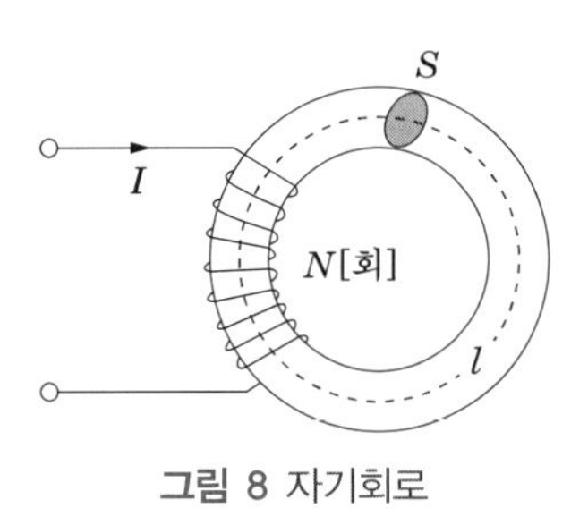

그림 8 자기회로

$$R_m = \frac{l}{\mu S}[\text{AT/Wb}]$$

기자력은 자속을 만드는 능력을 나타내는 것으로서 권선수와 전류의 곱에 비례한다.

$$F_m = NI[\text{AT}]$$

$$\phi = BS = \mu HS$$

$$\oint \boldsymbol{H} \cdot dl = H\oint dl = Hl = \frac{\phi l}{\mu S} = \phi R_m$$

주회적분 법칙에 의해

$$NI = \phi R_m$$

$$\therefore \phi = \frac{NI}{R_m}[\text{Wb}]$$

이것이 자기 옴의 법칙이 된다. 또 자기 저항이 역수를 퍼미언스(permeance)라 한다.

예제문제 26

전기 회로에서 도전도[℧/m]에 대응하는 것은 자기 회로에서 무엇인가?

① 자속 ② 기자력 ③ 투자율 ④ 자기 저항

해설

자기 회로와 전기 회로의 대응

자기 회로	전기 회로
자속 ϕ [Wb]	전류 I [A]
자계 H [A/m]	전계 E [V/m]
기자력 F [AT]	기전력 U [V]
자속 밀도 B [Wb/m^2]	전류 밀도 i [A/m^2]
투자율 μ [H/m]	도전율 k [℧/m]
자기 저항 R_m [AT/Wb]	전기 저항 R [Ω]

답 : ③

예제문제 27

자기 저항의 역수를 무엇이라 하는가?

① conductance ② permeance ③ elastance ④ impedance

해설

- 퍼미언스 : 자기저항의 역수
- 콘덕턴스 : 전기저항의 역수
- 엘라스턴스 : 정전용량의 역수

답 : ②

예제문제 28

자기 회로와 전기 회로의 대응 관계를 표시하였다. 잘못된 것은?

① 자속-전속 ② 자계-전계 ③ 기자력-기전력 ④ 투자율-도전율

해설

자속 ϕ [Wb]은 전류 I [A]에 대응한다.

답 : ①

예제문제 29

기자력의 단위는?

① V　② Wb　③ AT　④ N

해설

기자력 : $F = NI$ [AT]

답 : ③

예제문제 30

자기 회로의 퍼미언스(permeance)에 대응하는 전기 회로의 요소는?

① 도전율　② 컨덕턴스(conductance)
③ 정전 용량　④ 일래스턴스(elastance)

해설

자기 저항의 역수는 퍼미언스 이며, 전기 회로의 컨덕턴스에 대응한다.

답 : ②

예제문제 31

자기 회로의 자기 저항에 대한 설명으로 옳은 것은?

① 자기 회로의 길이에 반비례한다.
② 자기 회로의 단면적에 비례한다.
③ 비투자율에 반비례한다.
④ 길이의 제곱에 비례하고, 단면적에 반비례한다.

해설

자기 저항 : $R = \dfrac{l}{\mu_0 \mu_s S}$

$\therefore R \propto \dfrac{1}{\mu}$ (자기 저항은 투자율에 반비례한다)

답 : ③

예제문제 32

철심이 든 환상 솔레노이드에서 1000 [AT]의 기자력에 의하여 철심 내에 5×10^{-5} [Wb]의 자속이 통하면 이 철심 내의 자기 저항은 몇 [AT/Wb]가 되겠는가?

① 5×10^{2}　② 2×10^{7}　③ 5×10^{-2}　④ 2×10^{-7}

해설

자기저항 : $R = \dfrac{F}{\phi} = \dfrac{NI}{\phi} = \dfrac{1000}{5 \times 10^{-5}} = 200 \times 10^{5} = 2 \times 10^{7}$ [AT/Wb]

답 : ②

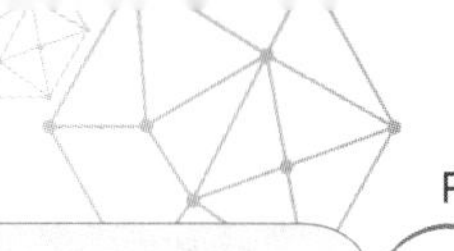

4.2 공극이 있는 자기회로

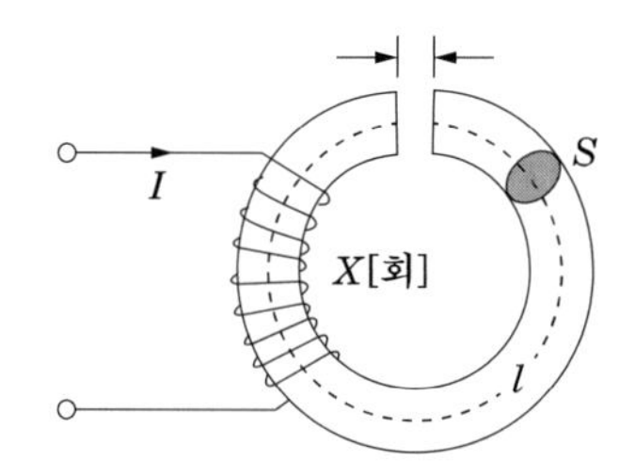

그림 9 공극이 있는 자기회로

그림 9와 같이 공극이 있는 자기회로는 철심 내부의 자기저항과 공극의 자기저항의 직렬연결로 보고 자기저항을 구할 수 있다.
철심내부 자기저항은

$$R_i = \frac{l_i}{\mu S}$$

이며, 공극의 자기저항은

$$R_g = \frac{l_g}{\mu_0 S}$$

가 된다. 이 두저항을 합하면

$$R_m = R_i + R_g = \frac{l_i}{\mu S} + \frac{l_g}{\mu_0 S} = \frac{l_i}{\mu S}\left(1 + \frac{l_g}{l_i}\mu_s\right)$$

가 된다. 공극이 없는 경우의 자기저항은

$$R = \frac{l_i}{\mu S}\left(1 + \frac{l_g}{l_i}\right) = \frac{l_i + l_g}{\mu S} = \frac{l}{\mu S}$$

이며, 공극이 없는 경우에 대한 공극이 있는 경우의 자기저항의 비는 다음과 같다.

$$\frac{R_m}{R} = \frac{1 + \frac{l_g}{l_i}\mu_s}{1 + \frac{l_g}{l_i}}$$

예제문제 33

비투자율 $\mu_s = 500$, 자로의 길이 l의 환상 철심 자기 회로에 $l_g = \dfrac{l}{500}$의 공극을 내면 자속은 공극이 없을 때의 대략 몇 배가 되는가? 단, 기자력은 같다.

① 1 ② $\dfrac{1}{2}$ ③ 5 ④ $\dfrac{1}{499}$

해설

투자율 μ인 자기 저항 : $R_\mu = \dfrac{l}{\mu A}$

여기서 A는 철심의 단면적, 미소 공극은 l_g이므로 철심의 길이는 $l-l_g \fallingdotseq l$인 경우 자기 저항 R_m은

$$R_m = R_1 + R_2 = \frac{l_g}{\mu_0 A} + \frac{l}{\mu A}$$

$$\therefore \frac{R_m}{R_\mu} = 1 + \frac{\mu l_g}{\mu_0 l} = 1 + \frac{l_g}{l}\mu_s$$

∴ 자기 저항은 $1+\dfrac{l/500}{l}\times 500 = 2$배 이므로 $\phi = \dfrac{F}{R}$에서 ϕ는 $\dfrac{F}{2R}$이므로 $\dfrac{1}{2}$배가 된다.

답 : ②

예제문제 34

공극을 가진 환형 자기 회로에서 공극 부분의 길이와 투자율은 철심 부분의 것에 각각 0.01배와 0.001배이다. 공극의 자기 저항은 철심 부분의 자기 저항의 몇 배인가? 단, 자기 회로의 단면적은 같다고 본다.

① 9배 ② 10배 ③ 11배 ④ 18.18배

해설

철심 부분의 자기 저항 : $R_c = \dfrac{l_c}{\mu S}$

공극 부분의 자기 저항 : $R_g = \dfrac{0.01 l_c}{0.001\mu S} = 10\dfrac{l_c}{\mu S} = 10R_c$

답 : ②

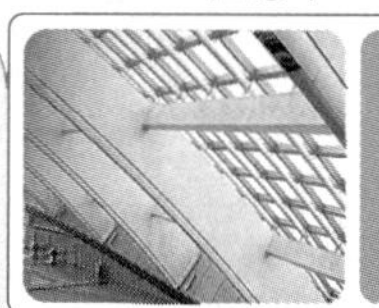

핵심과년도문제

9·1

$B=\mu_0 H+J$인 관계를 사용할 때 자기 모멘트의 단위는? 단, J는 자화의 세기이다.

① [Wb·m] ② [Wb·A] ③ [AT/Wb] ④ [Wb/m²]

해설 자기 모멘트 : $M=J \cdot v$에서 $[\text{Wb/m}^2] \cdot [\text{m}^3]=[\text{Wb} \cdot \text{m}]$ 【답】①

9·2

길이 10 [cm], 단면의 반지름 $a=1$ [cm]인 원통형 자성체가 길이의 방향으로 균일하게 자화되어 있을 때 자화의 세기가 $J=0.5$ [Wb/m²]이라면 이 자성체의 자기 모멘트[Wb·m]는?

① 1.57×10^{-4} ② 1.57×10^{-5}
③ 15.7×10^{-4} ④ 15.7×10^{-5}

해설 자기 모먼트 : $M=ml=\pi a^2 J \cdot l=3.14 \times (0.01)^2 \times 0.5 \times 0.1=1.57 \times 10^{-5}$ [Wb·m] 【답】②

9·3

자계의 세기 1500 [AT/m] 되는 점의 자속 밀도가 2.8 [Wb/m²]이다. 이 공간의 비투자율은?

① 1.86×10^{-3} ② 18.6×10^{-3} ③ 1480 ④ 148

해설 자속밀도 : $B=\mu_0 \mu_s H$

$$\therefore \mu_s=\frac{B}{\mu_0 H}=\frac{2.8}{4\pi \times 10^{-7} \times 1500}=1486.2 \text{ [H/m]}$$ 【답】③

9·4

물질의 자화 현상은?

① 전자의 이동 ② 전자의 공전
③ 전자의 자전 ④ 분자의 운동

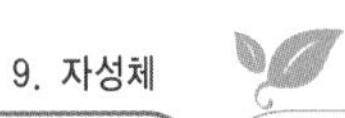

해설 철편을 자계 내에 놓으면 철편은 자기적 성질을 띤다. 이것을 자화되었다고 한다. 이것은 핵 주위를 회전하는 전자의 궤도운동과 궤도전자 및 핵의 자전운동(spin)에 해당한 미소전류 루프의 자기 쌍극자 모멘트 방향이 외부자계에 의한 회전력에 의하여 일정방향으로 배열됨으로 형성된다. 【답】 ③

9·5

히스테리시스 곡선이 종축과 만나는 좌표는?

① 잔류 자기 ② 보자력
③ 기자력 ④ 포화 자속

해설 곡선과 종축이 만나는 점 : 잔류 자기(잔류 자속 밀도 B_r)
곡선과 횡축이 만나는 점 : 보자력(H_c) 【답】 ①

9·6

강자성체의 세 가지 특성이 아닌 것은?

① 와전류 특성 ② 히스테리시스 특성
③ 고투자율 특성 ④ 포화 특성

해설 강자성체 특징
① 자구가 존재한다. ② 히스테리시스 현상이 있다.
③ 고투자율 이다. ④ 자기포화 특성이 있다. 【답】 ①

9·7

다음 중 감자율이 0인 것은?

① 가늘고 짧은 막대 자성체 ② 굵고 짧은 막대 자성체
③ 가늘고 긴 막대 자성체 ④ 환상 솔레노이드

해설 감자력은 자화의 세기에 비례할 때 비례 상수를 감자율이라 한다.
감자율이 0이 되려면 잘려진 극이 존재하지 않아야 한다. 환상 솔레노이드(toroid)가 무단(無端) 철심이므로 이에 해당한다. 또 가늘고 긴 막대 자성체가 자계와 평행으로 놓여 있을 때 감자율이 거의 0에 가깝다. 그러나 가늘고 긴 막대 자성체가 자계와 직각으로 놓여 있을 때는 감자율이 거의 1로 가장 크다.
구(球)인 경우 감자율은 $N=\frac{1}{3}$이다. 【답】 ④

9·8

그림과 같이 자극의 면적 $S=100\,[cm^2]$의 전자석에 자속 밀도 $B=0.5\,[Wb/m^2]$의 자속이 생기고 있을 때 철편을 흡인하는 힘은 약 몇 [N]인가?

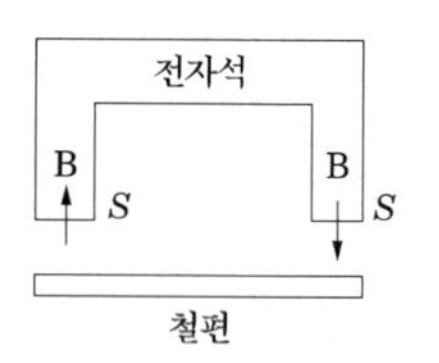

① 1000　② 2000
③ 3000　④ 4000

해설 전자석의 흡인력 : $F=\dfrac{B^2S}{2\mu_0}$ [N]

2S 인 경우 전체에 작용하는 힘 : $F=f\cdot 2S=\dfrac{B^2 2S}{2\mu_0}=\dfrac{0.5^2\times2\times100\times10^{-4}}{2\times4\pi\times10^{-7}}\fallingdotseq 2000$ [N]

【답】 ②

9·9

100회 감은 코일에 2.5 [A]의 전류가 흐른다면 기자력은 몇 [AT]이겠는가?

① 250　② 500　③ 1000　④ 2000

해설 기자력 : $F=NI$ [AT] = 100 × 2.5 [A] = 250 [AT]

【답】 ①

9·10

어떤 막대 철심이 있다. 단면적이 0.4 $[m^2]$이고, 길이가 0.8 [m], 비투자율이 20이다. 이 철심의 자기 저항은 몇 [AT/Wb]인가?

① 3.86×10^4　② 7.96×10^4　③ 3.86×10^5　④ 7.96×10^5

해설 자기저항 : $R_m=\dfrac{l}{\mu_0\mu_s S}=\dfrac{0.8}{4\pi\times10^{-7}\times20\times0.4}=7.96\times10^4$ [AT/Wb]

【답】 ②

9·11

그림과 같은 지름 0.01 [m]의 원형 단면적을 가진 평균 반지름 0.1 [m]의 환상 솔레노이드의 권수는 500회, 이 코일에 흐르는 전류는 2 [A]라고 할 때 전체 자속은 몇 [Wb]인가? (단, 환상 철심의 비투자율은 1,000으로 하고 누설 자속은 없는 것으로 한다.)

① 1.56×10^{-4}
② 5.0×10^{-3}
③ 2.74×10^{2}
④ 1

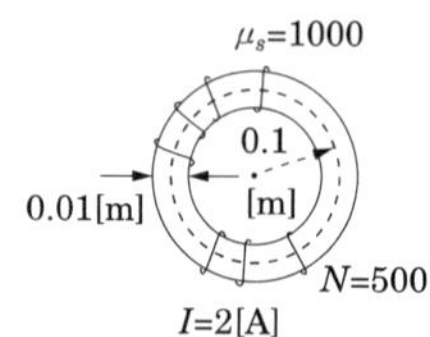

해설 자속 : $\phi=\frac{F}{R}=\frac{NI}{R}=\frac{\mu_0\mu_s SNI}{l}=\frac{\mu_0\mu_s\cdot\pi a^2 NI}{2\pi r}$

$=\frac{4\pi\times10^{-7}\times1000\times\pi\times\left(\frac{0.01}{2}\right)^2\times500\times2}{2\pi\times0.1}=1.57\times10^{-4}\text{ [Wb]}$ 【답】 ①

9·12

단면적 2 [cm^2]의 철심에 5×10^{-4} [Wb]의 자속을 통하게 하려면 2000 [AT/m]의 자계가 필요하다. 철심의 비투자율은 약 얼마인가?

① 332 ② 663 ③ 995 ④ 1990

해설 자속 : $\phi=BS=\mu_0\mu_s HS$

$\therefore \mu_S=\frac{\phi}{\mu_0 HS}=\frac{5\times10^{-4}}{4\pi\times10^{-7}\times2{,}000\times2\times10^{-4}}\fallingdotseq995$ 【답】 ③

9·13

투자율이 다른 두 자성체가 평면으로 접하고 있는 경계면에서 전류 밀도가 0일 때 성립하는 경계 조건은?

① $\mu_2\tan\theta_1=\mu_1\tan\theta_2$ ② $\mu_1\cos\theta_1=\mu_2\cos\theta_2$
③ $B_1\sin\theta_1=B_2\cos\theta_2$ ④ $\mu_1\tan\theta_1=\mu_2\tan\theta_2$

해설 경계조건 : $\frac{\tan\theta_1}{\tan\theta_2}=\frac{\mu_1}{\mu_2}$

$\therefore \mu_2\tan\theta_1=\mu_1\tan\theta_2$ 【답】 ①

9·14

비투자율이 2000인 철심의 자속 밀도가 5 [Wb/m^2]일 때 이 철심에 축적되는 에너지 밀도는 몇 [J/m^3]인가?

① 2540 ② 3074 ③ 3954 ④ 4976

해설 자성체 단위 체적당 축적되는 에너지 밀도[J/m^3]

$w=\frac{B^2}{2\mu}=\frac{B^2}{2\mu_0\mu_s}=\frac{5^2}{2\times4\pi\times10^{-7}\times2000}\fallingdotseq4976\text{ [J/m}^3\text{]}$ 【답】 ④

9·15

자계의 세기 H[AT/m], 자속 밀도 B[Wb/m^2], 투자율 μ[H/m]인 곳의 자계의 에너지 밀도[J/m^3]는?

① BH ② $\frac{1}{2\mu}H^2$ ③ $\frac{1}{2}\mu H$ ④ $\frac{1}{2}BH$

해설 자성체 단위 체적당 축적되는 에너지 밀도[J/m^3]

$$w = \frac{BH}{2} = \frac{B^2}{2\mu} = \frac{1}{2}\mu H^2 \text{ [J/m}^3\text{]}$$

【답】 ④

심화학습문제

01 감자력은?

① 자계에 반비례한다.
② 자극의 세기에 반비례한다.
③ 자화의 세기에 비례한다.
④ 자속에 반비례한다.

해설

감자력 : $H' = \dfrac{N}{\mu_0} J \propto J$

【답】③

02 감자력이 0인 것은?

① 가늘고 긴 막대 자성체
② 구(球) 자성체
③ 굵고 짧은 막대 자성체
④ 환상 철심

해설

감자력은 자화의 세기에 비례할 때 비례 상수를 감자율이라 한다.
감자율이 0이 되려면 잘려진 극이 존재하지 않아야 한다. 환상 솔레노이드(toroid)가 무단(無端) 철심이므로 이에 해당한다. 또 가늘고 긴 막대 자성체가 자계와 평행으로 놓여 있을 때 감자율이 거의 0에 가깝다. 그러나 가늘고 긴 막대 자성체가 자계와 직각으로 놓여 있을 때는 감자율이 거의 1로 가장 크다.
구(球)인 경우 감자율은 $N = \dfrac{1}{3}$이다.

【답】④

03 강자성체의 자속 밀도 B의 크기와 자화의 세기 J의 크기 사이에는 어떤 관계가 있는가?

① J는 B와 같다.
② J는 B보다 약간 작다.
③ J는 B보다 대단히 크다.
④ J는 B보다 약간 크다.

해설

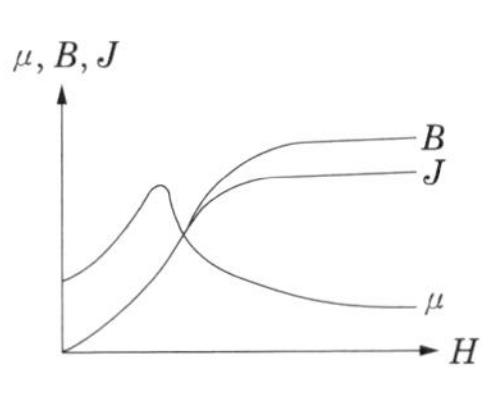

(강자성체 자화곡선)

강자성체는 $\mu_s \gg 1$

$\therefore J = \dfrac{\mu_s - 1}{\mu_s} B$에서 $\dfrac{\mu_s - 1}{\mu_s}$은 1보다 약간 작다.

$\therefore J$도 B보다 약간 작다.

【답】②

04 강자성체의 자화의 세기 J와 자화력 H 사이의 관계는?

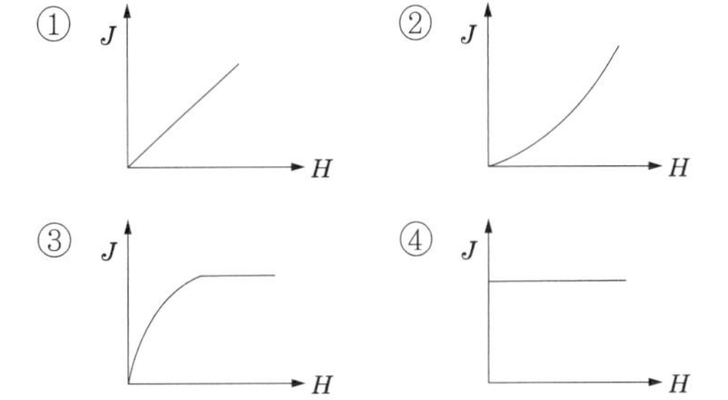

해설

강자성체의 자화는 천천히 증가한다. 그러나 한계를 넘으면 자기 포화를 일으켜 H가 증가해도 J는 일정하게 된다.

【답】③

05 반지름 3 [cm]의 원형 단면을 가진 환상의 연철심(비투자율 400)에 코일을 감고 이것에 전류를 흘린 결과 철심 중의 자계가 400 [AT/m]로 되었다. 자화의 세기[Wb/m^2]는?

① 약 0.5 ② 약 0.2
③ 약 2×10^{-4} ④ 약 5×10^{-4}

해설

자화율

$$\chi_m = \mu - \mu_0 = \mu_0(\mu_s - 1) = 4\pi\times10^{-7}(400-1) = 5\times10^{-4}\ [H/m]$$

자화의 세기

$$J = \chi_m H = 5\times10^{-4}\times400 = 0.2\ [Wb/m^2]$$

【답】②

06 평균 길이 1 [m]인 환상 철심이 있다. 이 철심에 500회의 코일을 감고 2 [A]의 전류를 흘려 철 중의 자속 밀도를 1.5 [Wb/m^2]으로 할 때의 철심에 대한 자화의 세기[Wb/m^2]를 구하면?

① 2.0 ② 1.5
③ 1.0 ④ 0.5

해설

기자력 : $NI = \oint_c H dl = H\oint_c dl = H\cdot l_c = \dfrac{B}{\mu_0\mu_s} l_c$

$$\therefore \mu_s = \frac{Bl_c}{\mu_0 NI} = \frac{1.5\times1}{4\pi\times10^{-7}\times500\times2} = 1193$$

자화율

$$\chi_m = \mu - \mu_0 = \mu_0(\mu_s - 1) = 4\pi\times10^{-7}\times(1193-1) = 4\times3.14\times10^{-7}\times1192 = 1.5\times10^{-3}\ [H/m]$$

자화의 세기

$$J = \chi_m H = \frac{\chi_m B}{\mu} = \frac{\chi_m B}{\mu_0\mu_s} = \frac{1.5\times10^{-3}\times1.5}{4\pi\times10^{-7}\times1193} = 1.5\ [Wb/m^2]$$

【답】②

07 투자율이 μ이고, 감자율 N인 자성체를 외부 자계 H_0 중에 놓았을 때의 자성체의 자화 세기 J를 구하면?

① $\dfrac{\mu_0(\mu_s+1)}{1+N(\mu_s+1)}H_0$ ② $\dfrac{\mu_0\mu_s}{1+N(\mu_s+1)}H_0$

③ $\dfrac{\mu_0\mu_s}{1+N(\mu_s-1)}H_0$ ④ $\dfrac{\mu_0(\mu_s-1)}{1+N(\mu_s-1)}H_0$

해설

감자력 : $H' = \dfrac{NJ}{\mu_0}$

자성체의 내부 자계의 세기

$$H = H_0 - H' = H_0 - \frac{NJ}{\mu_0}\ [A/m]$$

자화의 세기 : $J = \chi_m H$, $\chi_m = \mu_0(\mu_s - 1)$ [Wb/m^2]

$$\therefore J = \frac{\chi_m}{1+\dfrac{\chi_m N}{\mu_0}}H_0 = \frac{\mu_0(\mu_s-1)}{1+N(\mu_s-1)}H_0\ [Wb/m^2]$$

【답】④

08 균등 자계 H 중에 놓여진 투자율 μ인 자성체의 자화의 세기는? 단, 자성체의 감자율은 N이다.

① $J = \dfrac{\mu_0(\mu-\mu_0)}{\mu_0+N(\mu-\mu_0)}H_0$

② $J = \dfrac{\mu(\mu_0-\mu)}{\mu+N(\mu_0-\mu)}H_0$

③ $J = \dfrac{\mu_0(\mu-\mu_0)}{\mu+N(\mu-\mu_0)}H_0$

④ $J = \dfrac{\mu(\mu-\mu_0)}{\mu_0+N(\mu_0-\mu)}H_0$

해설

자화의 세기

$$J = \frac{\chi_m}{1+\dfrac{\chi_m N}{\mu_0}}H_0 = \frac{\mu_0(\mu_s-1)}{1+\dfrac{\mu_0(\mu_s-1)N}{\mu_0}}H_0 = \frac{\mu_0^2(\mu_2-1)}{\mu_0+\mu_0(\mu_s-1)N}H_0 = \frac{\mu_0(\mu-\mu_0)}{\mu_0+(\mu-\mu_0)N}H_0$$

【답】①

09 비자화율 $\frac{\chi_m}{\mu_0}$이 49이며 자속 밀도가 0.05 [Wb/m^2]인 자성체에서 자계의 세기는 몇 [AT/m]인가?

① $10^4\pi$ ② $5\times10^4\pi$

③ $\frac{6\times10^4}{2\pi}$ ④ $\frac{10^4}{4\pi}$

해설

자화의 세기 : $J=\chi_m H$

비자화율 : $\chi_s=\frac{\chi_m}{\mu_0}$

자속 밀도 : $B=\mu_0 H+J=\mu_0 H+\chi_m H=(\mu_0+\chi_m)H$
$=(\mu_0+\mu_0\chi_s)H=(1+\chi_s)\mu_0 H$

$\therefore H=\frac{B}{(1+\chi_s)\mu_0}=\frac{0.05}{50\times4\pi\times10^{-7}}=\frac{10^4}{4\pi}$

【답】 ④

10 반지름이 3 [cm]인 원형 단면을 가지고 있는 환상 연철심에 감은 코일에 전류를 흘려서 철심 중의 자계의 세기가 400 [AT/m] 되도록 여자할 때 철심 중의 자속 밀도는 얼마인가? 단, 철심의 비투자율은 400이라고 한다.

① 0.2 [Wb/m^2] ② 2.0 [Wb/m^2]

③ 0.02 [Wb/m^2] ④ 2.2 [Wb/m^2]

해설

자속밀도

$B=\mu H=\mu_0\mu_s H$
$=4\pi\times10^{-7}\times400\times400=0.2$ [Wb/m^2]

【답】 ①

11 무한히 긴 직선 도체에 전류 I[A]를 흘릴 때 이 전류로부터 d [m] 되는 점의 자속 밀도는 몇 [Wb/m^2]인가?

① $\frac{\mu_0 I}{4\pi d}$ ② $\frac{I}{2\pi\mu_0 d}$

③ $\frac{1}{2\pi d}$ ④ $\frac{\mu_0 I}{2\pi d}$

해설

무한장 직선 전류로부터 d [m] 떨어진 점의 자계의 세기 : $H=\frac{I}{2\pi d}$ [A/m]

자속밀도 : $B=\mu H$

$\therefore B=\mu H=\frac{\mu_0 I}{2\pi d}$ [Wb/m^2]

【답】 ④

12 공극(air gap)이 δ [m]인 강자성체로 된 환상 영구 자석에서 성립하는 식은? 단, l [m]은 영구 자석의 길이이며 $l\gg\delta$이고, 자속 밀도와 자계의 세기를 각각 B [Wb/m^2], H [AT/m]라 한다.

① $\frac{B}{H}=\frac{-\delta\mu_0}{l}$ ② $\frac{B}{H}=\frac{-l\mu_0}{\delta}$

③ $\frac{B}{H}=\frac{\delta\mu_0}{l}$ ④ $\frac{B}{H}=\frac{l\mu_0}{\delta}$

해설

영구자석의 외부 기자력 : $F=0$

$\therefore F=0=\frac{B}{\mu_0}\delta+Hl$

$\therefore \frac{B}{H}=-\frac{l\mu_0}{\delta}$

【답】 ②

13 자계의 세기가 800 [AT/m]이고, 자속 밀도가 0.2 [Wb/m^2]인 재질의 투자율은 몇 [H/m]인가?

① 2.5×10^{-3} ② 4×10^{-3}

③ 2.5×10^{-4} ④ 4×10^{-4}

해설

자속밀도 : $B=\mu H$

$\therefore \mu=\frac{B}{H}=\frac{0.2}{800}=2.5\times10^{-4}$ [H/m]

【답】 ③

14 영구 자석에 관한 설명 중 옳지 않은 것은?

① 히스테리시스 현상을 가진 재료만이 영구 자석이 될 수 있다.
② 보자력이 클수록 자계가 강한 영구 자석이 된다.
③ 잔류 자속 밀도가 높을수록 자계가 강한 영구 자석이 된다.
④ 자석 재료로 폐회로를 만들면 강한 영구 자석이 된다.

해설

외부에서 큰 자계를 가하여 자화되어야 영구자석이 된다.

【답】 ④

15 영구자석 재료로서 적당한 것은?

① 잔류 자속 밀도가 크고 보자력이 작아야 한다.
② 잔류 자속 밀도와 보자력이 모두 작아야 한다.
③ 잔류 자속 밀도와 보자력이 모두 커야 한다.
④ 잔류 자속 밀도가 작고 보자력이 커야 한다.

해설

영구자석 재료는 보자력 및 잔류 자속 밀도가 다 커야 한다.

【답】 ③

16 그림과 같이 Gap의 단면적 $S\,[\mathrm{m}^2]$의 전자석에 자속 밀도 $B\,[\mathrm{Wb/m^2}]$의 자속이 발생될 때 철편을 흡입하는 힘은 몇 [N]인가?

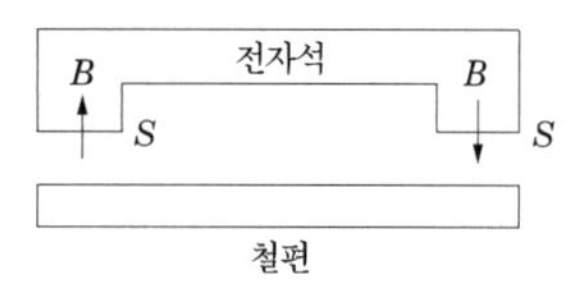

① $\dfrac{B^2S}{2\mu_0}$　② $\dfrac{B^2S}{\mu_0}$

③ $\dfrac{B^2S^2}{\mu_0}$　④ $\dfrac{2B^2S^2}{\mu_0}$

해설

전자석의 흡인력 : $F=\dfrac{B^2S}{2\mu_0}$ [N]

2S 인 경우 전체에 작용하는 힘

$$F=f\cdot 2S=\frac{B^2 2S}{2\mu_0}=\frac{B^2S}{\mu_0}\ [\mathrm{N}]$$

【답】 ②

17 자화율 x와 비투자율 μ_r의 관계에서 상자성체로 판단할 수 있는 것은?

① $x>0,\quad \mu_r>1$
② $x<0,\quad \mu_r>1$
③ $x>0,\quad \mu_r<1$
④ $x<0,\quad \mu_r<1$

해설

상자성체 : 자화율 $x>0$, 비투자율 $\mu_r>1$

【답】 ①

18 전기 회로와 비교할 때 자기 회로의 특징이 아닌 것은?

① 기자력과 자속은 변화가 비직선성이다.
② 공기에 대한 누설 자속이 많다.
③ 자기 회로는 정전 용량과 같은 회로 요소는 없다.
④ 자속의 변화에 따른 자기 저항 내의 줄 손실이 생긴다.

해설

전기 회로에서는 전류가 흐르므로 I^2R의 줄열이 발생하여 줄 손실(동손)이 생기긴다.
자기 회로에서는 자속이 흐르므로 자속에 의한 손실은 발생하지 않고 철손이 생긴다.

【답】 ④

19 환상 철심에 감은 코일에 5 [A]의 전류를 흘리면 2000 [AT]의 기자력이 생기는 것으로 한다면 코일의 권수는 얼마로 하여야 하는가?

① 10^4 ② 5×10^2
③ 4×10^2 ④ 2.5×10^2

해설

기자력 : $F=NI$ 에서

$\therefore N=\dfrac{F}{I}=\dfrac{2000}{5}=400$ [회]

【답】 ③

20 막대 철심의 단면적이 0.5 [m^2], 길이가 1.6 [m], 비투자율이 20이다. 이 철심의 자기 저항은 몇 [AT/Wb]인가?

① 7.8×10^4 ② 1.3×10^5
③ 3.8×10^4 ④ 9.7×10^5

해설

자기저항

$$R_m=\frac{l}{\mu_0\mu_s s}$$

$$=\frac{1.6}{4\pi\times10^{-7}\times20\times0.5}=1.27\times10^5 \text{ [AT/Wb]}$$

【답】 ②

21 그림과 같은 자기 회로에서 R_1, R_2, R_3는 각 회로의 자기 저항 ϕ_1, ϕ_2, ϕ_3는 각각 R_1, R_2, R_3에 투과되는 자속이라 하면 ϕ_3의 값은? 단, $R_1\rightarrow\overline{\text{acdb}}$, $R_2\rightarrow\overline{\text{aefb}}$, $R_3\rightarrow\overline{\text{ab}}$ 이다.

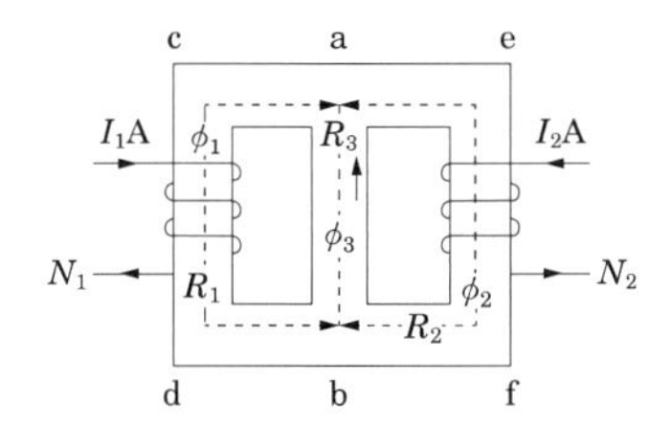

① $\dfrac{N_2I_2-N_1I_1}{R_1+R_2+R_3}$

② $\dfrac{(N_2I_2-N_1I_1)R_3}{R_1R_2R_3}$

③ $\dfrac{(N_2I_2-N_1I_1)R_1R_2R_3}{R_3}$

④ $\dfrac{R_1N_2I_2-R_2N_1I_1}{R_1R_2+R_1R_3+R_2R_3}$

해설

자기회로를 전기회로로 등가변환하면

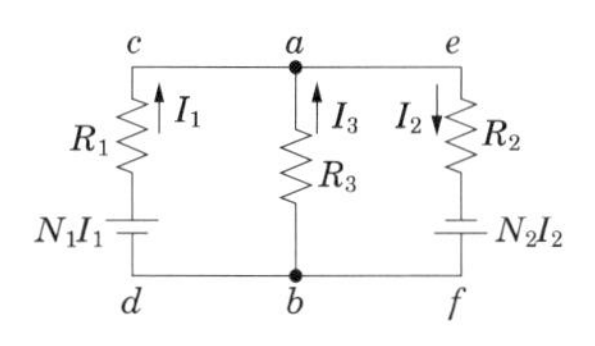

밀만 정리를 적용하여 전위를 구한다.

$$V_{ab}=\frac{\sum\frac{E}{R}}{\sum\frac{1}{R}}=\frac{-\frac{N_1I_1}{R_1}+\frac{0}{R_3}+\frac{N_2I_2}{R_2}}{\frac{1}{R_1}+\frac{1}{R_2}+\frac{1}{R_3}}$$

$$=\frac{-R_2R_3N_1I_1+R_1R_3N_2I_2}{R_2R_3+R_1R_3+R_1R_2}$$

$$\therefore\phi_3=\frac{V_{ba}}{R_3}=\frac{-R_2N_1I_1+R_1N_3I_2}{R_2R_3+R_1R_3+R_1R_2}$$

【답】 ④

22 투자율 $500\mu_0$, 길이 100 [mm], 폭 50 [mm]이며, 높이가 30 [mm]인 어떤 막대 철심의 자기 저항은 몇 [AT/Wb]인가?

① 1.06×10^5 ② 2.54×10^5
③ 1.06×10^{-5} ④ 2.54×10^{-5}

해설

자기저항

$$R_m=\frac{l}{\mu s}=\frac{100\times10^{-3}}{500\times4\pi\times10^{-7}\times50\times10^{-3}\times30\times10^{-3}}$$

$$=1.061\times10^5 \text{ [AT/Wb]}$$

【답】 ①

23 코일로 감겨진 자기 회로에서 철심의 투자율을 μ라 하고 회로의 길이를 l 이라 할 때 그 회로의 일부에 미소 공극 lg를 만들면 회로의 자기 저항은 처음의 몇 배가 되는가? 단, $l \gg l_g$, 즉 $l-l_g \fallingdotseq l$ 이다.

① $1+\dfrac{\mu l}{\mu_0 l_g}$　② $1+\dfrac{\mu_0 l_g}{\mu l}$

③ $1+\dfrac{\mu_0 l}{\mu l_g}$　④ $1+\dfrac{\mu l_g}{\mu_0 l}$

해설

투자율 μ인 자기 저항 : $R_\mu = \dfrac{l}{\mu A}$

여기서 A는 철심의 단면적, 미소 공극은 l_g이므로 철심의 길이는 $l-l_g \fallingdotseq l$ 인 경우 자기 저항 R_m은

$$R_m = R_1 + R_2 = \frac{l_g}{\mu_0 A} + \frac{l}{\mu A}$$

$$\therefore \frac{R_m}{R_\mu} = 1+\frac{\mu l_g}{\mu_0 l} = 1+\frac{l_g}{l}\mu_s$$

【답】 ④

24 길이 1[m]의 철심($\mu_r = 1000$) 자기 회로에 1[mm]의 공극이 생겼다면 전체의 자기 저항은 약 몇 배로 증가되는가? 단, 각부의 단면적은 일정하다.

① 1.5　② 2

③ 2.5　④ 3

해설

투자율 μ인 자기 저항 : $R_\mu = \dfrac{l}{\mu A}$

여기서 A는 철심의 단면적, 미소 공극은 l_g이므로 철심의 길이는 $l-l_g \fallingdotseq l$ 인 경우 자기 저항 R_m은

$$R_m = R_1 + R_2 = \frac{l_g}{\mu_0 A} + \frac{l}{\mu A}$$

$$\therefore \frac{R_m}{R_\mu} = 1+\frac{\mu l_g}{\mu_0 l} = 1+\frac{l_g}{l}\mu_s = 1+\frac{1000\times 1\times 10^{-3}}{1} = 2$$

【답】 ②

25 공극(air gap)을 가진 환상 솔레노이드에서 총 권수 N[회], 철심의 투자율 μ[H/m], 단면적 S[m^2], 길이 l[m]이고 공극의 길이 δ 일 때 공극부에 자속 밀도 B[Wb/m^2]를 얻기 위해서는 몇 [A]의 전류를 흘려야 하는가?

① $\dfrac{N}{B}\left(\dfrac{l}{\mu}+\dfrac{\delta}{\mu_0}\right)$　② $\dfrac{N}{B}\left(\dfrac{l}{\mu_0}+\dfrac{\delta}{\mu}\right)$

③ $\dfrac{B}{N}\left(\dfrac{l}{\mu}+\dfrac{\delta}{\mu_0}\right)$　④ $\dfrac{B}{N}\left(\dfrac{l}{\mu_0}+\dfrac{\delta}{\mu}\right)$

해설

자속 : $\phi = \dfrac{NI}{\dfrac{\delta}{\mu_0 S}+\dfrac{l}{\mu S}} = BS$

$$\therefore I = \frac{BS}{N}\left(\frac{\delta}{\mu_0 S}+\frac{l}{\mu S}\right) = \frac{B}{N}\left(\frac{\delta}{\mu_0}+\frac{l}{\mu}\right)$$

【답】 ③

26 투자율 $1000\mu_0$ [H/m]인 철심에 코일을 감고 일정한 전류 15[A]를 흘리고 있다. 지금 회로의 길이를 l=1[m]라 할 때 자기 저항이 R_1 [AT/Wb]이다. 만일 이 회로에 미소 공극 1[mm]를 만들어 자기 저항이 R_2가 되었다면 미소 공극을 만듦으로써 자기 저항은 처음의 몇 배가 되었는가?

① 변화 없음　② 2

③ $\dfrac{1}{2}$　④ 10

해설

투자율 μ인 자기 저항 : $R_\mu = \dfrac{l}{\mu A}$

여기서 A는 철심의 단면적, 미소 공극은 l_g이므로 철심의 길이는 $l-l_g \fallingdotseq l$ 인 경우 자기 저항 R_m은

$$R_m = R_1 + R_2 = \frac{l_g}{\mu_0 A} + \frac{l}{\mu A}$$

$$\therefore \frac{R_m}{R_\mu} = 1+\frac{\mu l_g}{\mu_0 l} = 1+\frac{l_g}{l}\mu_s$$

공극이 자료의 길이에 1/1000 이므로

$$\therefore \frac{R_m}{R_\mu} = 1+\frac{1000 l_g}{l} = 1+\frac{1000\times 1\times 10^{-3}}{1} = 2$$

【답】 ②

27 공심 환상 솔레노이드의 단면적이 10 [cm^2], 평균 자로 길이가 20 [cm], 코일의 권수가 500회, 코일에 흐르는 전류가 2 [A]일 때 솔레노이드의 내부 자속[Wb]은 약 얼마인가?

① $4\pi \times 10^{-4}$ ② $4\pi \times 10^{-6}$
③ $2\pi \times 10^{-4}$ ④ $2\pi \times 10^{-6}$

해설

자속

$$\phi = \frac{NI}{R_m} = \frac{NI}{\frac{l}{\mu_0 S}} = \frac{\mu_0 SNI}{l}$$

$$= \frac{4\pi \times 10^{-7} \times 10 \times 10^{-4} \times 500 \times 2}{0.2} = 2\pi \times 10^{-6} \text{ [Wb]}$$

【답】④

28 그림 (a)와 같은 비투자율 1000, 평균 길이 l 인 균일한 단면을 갖는 환상 철심에 N 회의 코일을 감아 I [A]의 전류를 흘렸을 때 철심 내를 통하는 자속이 ϕ [Wb]이었다. 이 철심에 그림 (b)와 같이 간격 l /1,000인 공극을 만들었을 때, 동일 전류로 같은 자속을 얻자면 코일의 권수를 얼마로 하면 되는가?

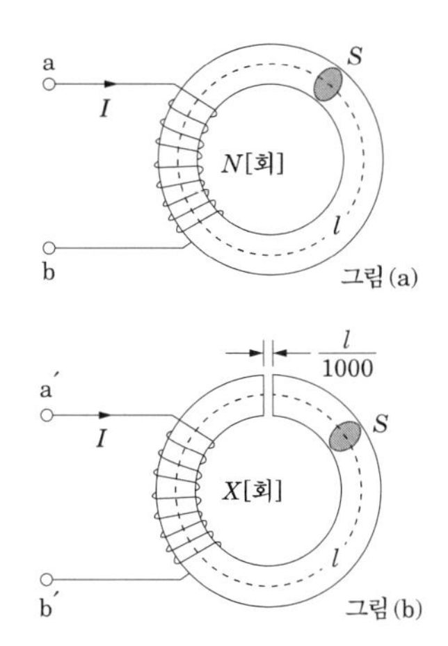

① N [회] ② 1.2 N [회]
③ 1.5 N [회] ④ 2 N [회]

해설

투자율 μ 인 자기 저항 : $R_\mu = \frac{l}{\mu A}$

여기서 A는 철심의 단면적, 미소 공극은 l_g 이므로 철심의 길이는 $l - l_g \fallingdotseq l$ 인 경우 자기 저항 R_m 은

$$R_m = R_1 + R_2 = \frac{l_g}{\mu_0 A} + \frac{l}{\mu A}$$

$$\therefore \frac{R_m}{R_\mu} = 1 + \frac{\mu l_g}{\mu_0 l} = 1 + \frac{l_g}{l}\mu_s$$

공극이 자료의 길이에 1/1000 이므로

$$\therefore \frac{R_m}{R_\mu} = 1 + \frac{1000 l_g}{l} = 1 + \frac{1000 \times 1 \times 10^{-3}}{1} = 2$$

$\therefore \frac{l}{1,000}$ 만큼 공극을 만들었을 때 자기 저항이 2배로 증가한다.

$\therefore F = NI = R_m \cdot \phi$ 에서 $R_m \propto N$ 하므로 $2N$ 해야 한다.

【답】④

29 그림과 같이 구형의 자성체가 병렬로 접속된 경우 전체의 자기저항 R_T 는 몇 [AT/Wb]가 되겠는가? (단, 가로방향 즉, 200 [mm] 방향임)

① $R_T = 2.7 \times 10^4$
② $R_T = 5.3 \times 10^4$
③ $R_T = 1.1 \times 10^{-6}$
④ $R_T = 1.9 \times 10^{-6}$

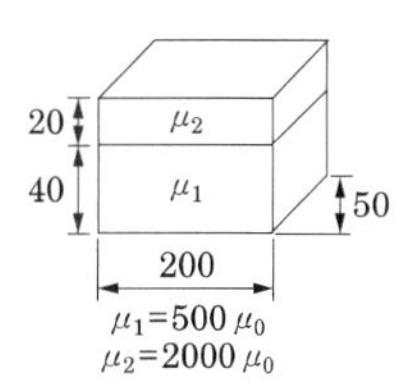

해설

$$R_{m1} = \frac{l}{\mu S} = \frac{l}{\mu_0 \mu_s S}$$

$$= \frac{200 \times 10^{-3}}{4\pi \times 10^{-7} \times 500 \times 40 \times 10^{-3} \times 50 \times 10^{-3}} \fallingdotseq 160 \times 10^3$$

$$R_{m2} = \frac{l}{\mu S} = \frac{l}{\mu_0 \mu_s S}$$

$$= \frac{200 \times 10^{-3}}{4\pi \times 10^{-7} \times 2000 \times 20 \times 10^{-3} \times 50 \times 10^{-3}} \fallingdotseq 80 \times 10^3$$

$\frac{1}{R} = \sum_{i=1}^{n} \frac{1}{R_{mi}}$ 이므로

$$R = \frac{1}{\frac{1}{160 \times 10^3} + \frac{1}{80 \times 10^3}} = 5.33 \times 10^4 \text{ [AT/Wb]}$$

【답】②

30 비투자율 1000의 철심이 든 환상 솔레노이드의 권수는 600회, 평균 지름은 20 [cm], 철심의 단면적은 10 [cm^2]이다. 이 솔레노이드에 2 [A]의 전류를 흘릴 때 철심 내의 자속은 몇 [Wb]가 되는가?

① 2.4×10^{-5}　② 2.4×10^{-3}
③ 1.2×10^{-5}　④ 1.2×10^{-3}

해설

자속 : $\phi = BS = \mu HS = \mu_0\mu_s\dfrac{NI}{\pi D}S$

$= \dfrac{4\pi\times10^{-7}\times1000\times600\times2\times10\times10^{-4}}{20\pi\times10^{-2}}$

$= 2.4\times10^{-3}$ [Wb]

【답】 ②

31 자성체 경계면에 전류가 없을 때의 경계조건으로 틀린 것은?

① 자계 $\boldsymbol{H}$의 접선 성분 $H_{1T} = H_{2T}$
② 자속 밀도 $\boldsymbol{B}$의 법선 성분 $B_{1N} = B_{2N}$
③ 전속 밀도 $\boldsymbol{D}$의 법선 성분 $D_{1N} = D_{2N} = \dfrac{\mu_2}{\mu_1}$
④ 경계면에서의 자력선의 굴절 $\dfrac{\tan\theta_1}{\tan\theta_2} = \dfrac{\mu_1}{\mu_2}$

해설

자계 세기의 접선 성분의 연속성
$H_1\sin\theta_1 = H_2\sin\theta_2\ (H_{1t} = H_{2t})$
자속 밀도의 법선 성분의 연속성
$B_1\cos\theta_1 = B_2\cos\theta_2\ (B_{1n} = B_{2n})$
경계조건 : $\dfrac{\tan\theta_1}{\tan\theta_2} = \dfrac{\mu_1}{\mu_2}$
전속 밀도의 법선 성분의 연속성
$D_1\cos\theta_1 = D_2\cos\theta_2\ (D_{1n} = D_{2n})$

【답】 ③

32 두 자성체 경계면에서 정자계가 만족하는 것은?

① 양측 경계면상의 두 점간의 자위차가 같다.
② 자속은 투자율이 작은 자성체에 모인다.
③ 자계의 법선성분이 같다.
④ 자속밀도의 접선성분이 같다.

【답】 ①

33 그림과 같은 모양의 자화곡선을 나타내는 자성체 막대를 충분히 강한 평등자계 중에서 매분 3000회 회전시킬 때 자성체는 단위 체적당 약 몇 [kcal/sec]의 열이 발생하는가? 단, $B_r = 2$ [Wb/m^2], $H_L = 500$ [AT/m], $B = \mu H$ 에서 $\mu \neq$ 일정.

① 11.7
② 47.8
③ 70.2
④ 200

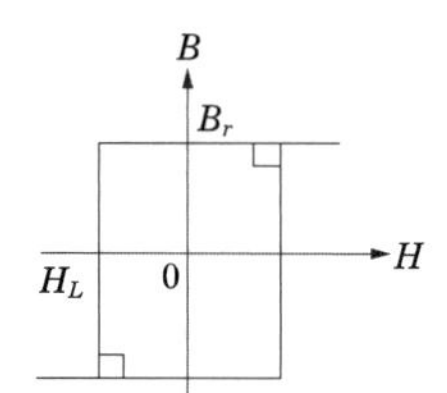

해설

히스테리시스 곡선의 면적(체적당 에너지 밀도로 손실에 해당한다)

$4B_rH_L = 4\times2\times500 = 4000$ [W/m^3]

$H = 0.24\times4000\times\dfrac{3000}{60}\times10^{-3} = 48$ [kcal/sec]

【답】 ②

34 그림과 같은 히스테리시스 루프를 가진 철심이 강한 평등자계에 의해 매초 60 [Hz]로 자화할 경우 히스테리스 손실은 몇 [W]인가? (단, 철심의 체적은 20 [cm^3], $B_r = 5$ [Wb/m^2], $H_c = 2$ [AT/m])

① 1.2×10^{-2}
② 2.4×10^{-2}
③ 3.6×10^{-2}
④ 4.8×10^{-2}

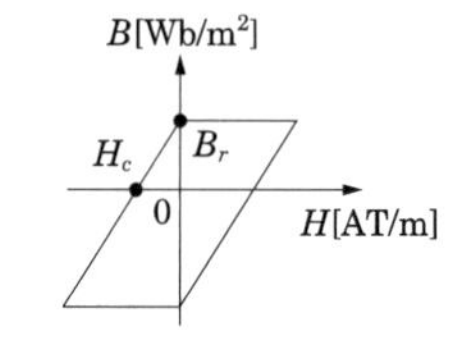

해설

히스테리시스 곡선의 면적(체적당 에너지 밀도로 손실에 해당한다)

$P_h = 4fv H_c B_r$
$= 4\times60\times20\times10^{-6}\times2\times5 = 4.8\times10^{-2}$ [W]

【답】 ④

Chapter 10 전자유도

1. 전자유도법칙

발전기의 기전력을 유도한다던지, 코일의 양단에 걸리는 전압을 구하는 경우 등에 적용되는 법칙이 전자유도법칙이다. 이 법칙은 다음과 같은 의미를 갖는다.
"유도 기전력의 크기는 폐회로에 쇄교하는 자속의 시간적 변화율에 비례한다."
이것을 패러데이 법칙(Faraday's law) 또는 노이만 법칙(Neumann's law)이라 한다.
유도 기전력을 정량적으로 나타내면 다음과 같다.

$$e = -\frac{d\Phi}{dt}\ [V]$$

여기서, $d\Phi$: 총쇄교 자속수, dt : 시간의 변화량

여기서 (−)는 기전력의 방향이 쇄교 자속의 변화를 방해하는 방향으로 발생하는 것을 의미하며 렌쯔의 법칙을 적용한 것이다.

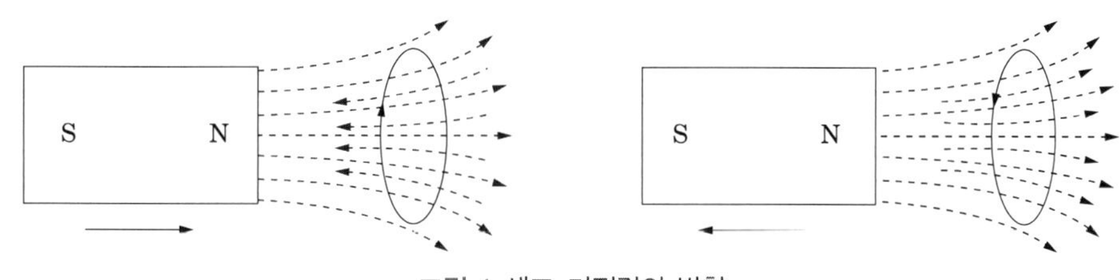

그림 1 쇄교 기전력의 방향

자속 ϕ가 N회의 코일을 통과할 때 유도 기전력은 식

$$e = -\frac{d\Phi}{dt} = -N\frac{d\phi}{dt}\ [V]$$

가 얻어진다. 단, $\Phi = N\phi$ 를 쇄교 자속수라고 한다. 전자유도 현상은 일정한 자계 속에서 코일을 회전시키면 기전력이 발생하는 발전기의 기본 원리와 철심에 감은 1, 2차

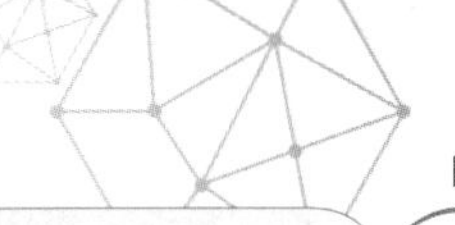

코일의 1차 코일에 교번자속을 주면 두 코일의 권수비에 비례하는 전압이 2차 코일에 유도되는 변압기, 그 외 적산전력계 등에 응용된다.

예제문제 01

$\phi = \phi_m \sin\omega t$ [Wb]인 정현파로 변화하는 자속이 권수 N인 코일과 쇄교할 때의 유기 기전력의 위상은 자속에 비해 어떠한가?

① $\frac{\pi}{2}$만큼 빠르다. ② $\frac{\pi}{2}$만큼 늦다. ③ π만큼 빠르다. ④ 동위상이다.

해설

전자유도법칙 : $e = -N\frac{d\phi}{dt} = -N\frac{d}{dt}(\phi_m \sin\omega t) = -N\phi_m \omega \cos\omega t = N\phi_m \omega \sin\left(\omega t - \frac{\pi}{2}\right)$ [V]

∴ 자속보다 $\frac{\pi}{2}$만큼 늦다.

답 : ②

예제문제 02

권수 1회의 코일에 5 [Wb]의 자속이 쇄교하고 있을 때 10^{-1} [s] 사이에 이 자속이 0으로 변하였다면 이때 코일에 유도되는 기전력[V]은?

① 500 ② 100 ③ 50 ④ 10

해설

전자유도법칙 : $e = -N\frac{d\phi}{dt} = -1 \times \frac{(-5)}{10^{-1}} = 50$ [V]

답 : ③

예제문제 03

자기 인덕턴스 0.5 [H]의 코일에 1/200 [s] 동안에 전류가 25 [A]로부터 20 [A]로 줄었다. 이 코일에 유기된 기전력의 크기 및 방향은?

① 50 [V], 전류와 같은 방향 ② 50 [V], 전류와 반대 방향
③ 500 [V], 전류와 같은 방향 ④ 500 [V], 전류와 반대 방향

해설

전자유도법칙 : $e = -L\frac{\Delta i}{\Delta t}$

$L = 0.5$ [H], $\Delta i = 20 - 25 = -5$ [A], $\Delta t = \frac{1}{200}$ [s]

$\therefore e = -0.5 \times \frac{(-5)}{\frac{1}{200}} = 2.5 \times 200 = 500$ [V]

방향은 렌츠의 법칙에 따르며 회로 전류가 증가할 때는 전류와 반대 방향의 기전력이 유기된다.

답 : ③

2. 전자유도법칙의 미분형

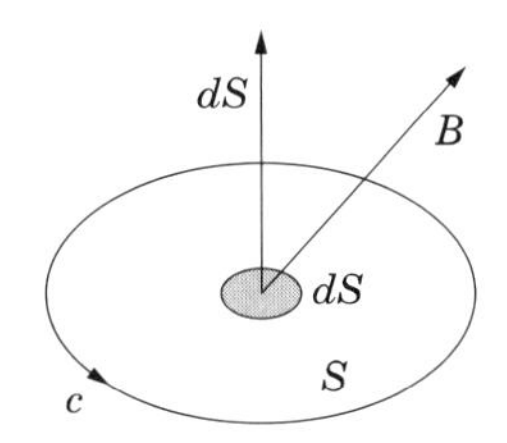

그림 2 자속밀도의 변화

고정된 폐회로 c를 경계로 하는 임의의 폐곡면 S를 가정하고 미소면적 dS에서 자속밀도 B를 취하면 $N=1$인 경우 자속ϕ는

$$\phi = \int_s \boldsymbol{B} \cdot d\boldsymbol{s}$$

가 된다. 따라서 c에 유도되는 기전력은

$$e = -\frac{d\phi}{dt} = -\frac{d}{dt}\int_S \boldsymbol{B} \cdot d\boldsymbol{S}$$

$$\therefore\ e = -\int_S \frac{\partial \boldsymbol{B}}{\partial t} \cdot d\boldsymbol{S}$$

가 된다. 전위의 정의 $e = \oint_c \boldsymbol{E} \cdot dl$ 에 의해서

$$\oint_c \boldsymbol{E} \cdot dl = -\int_S \frac{\partial \boldsymbol{B}}{\partial t} \cdot d\boldsymbol{S}$$

가 성립한다. 스토크스 정리에 의해

$$\int_S \mathrm{rot}\boldsymbol{E} \cdot d\boldsymbol{S} = -\int_S \frac{\partial \boldsymbol{B}}{\partial t} \cdot d\boldsymbol{S} \text{ 이므로}$$

$$\mathrm{rot}\boldsymbol{E} = -\frac{\partial \boldsymbol{B}}{\partial t}$$

이며, 이를 패러데이 법칙의 미분형이라 한다.

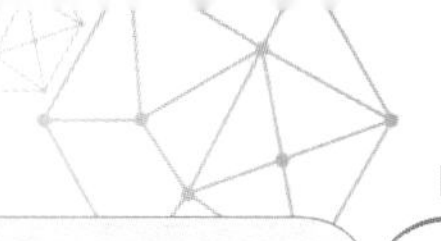

예제문제 04

다음 중 표피 효과와 관계 있는 식은?

① $\nabla \cdot i = -\dfrac{\partial \rho}{\partial t}$　　② $\nabla \cdot \boldsymbol{B} = 0$

③ $\nabla \times \boldsymbol{E} = -\dfrac{\partial \boldsymbol{B}}{\partial t}$　　④ $\nabla \cdot \boldsymbol{D} = \rho$

해설

표피 효과 : 전자 유도 현상에 의하여 발생한다.

전자 유도법칙의 미분형 : $\nabla \times \boldsymbol{E} = -\dfrac{\partial \boldsymbol{B}}{\partial t}$

답 : ③

3. 운동기전력

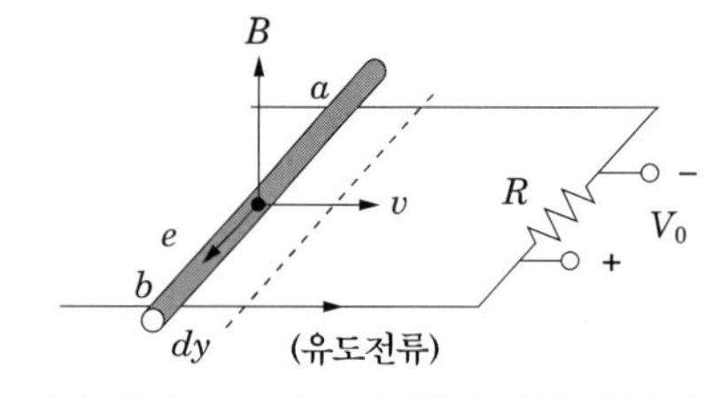

그림 3 플레밍의 오른손법칙에 의한 운동기전력

그림 3과 같이 평등자계 B에 수직으로 놓인 구형 코일에서 길이 l인 도체ab가 속도 v로 dt 동안에 dy 만큼 이동하였다면, 이 때 자속의 감소는

$$d\phi = BdS = Bl\,dy \text{ [Wb]}$$

가 된다. 즉, 유기기전력 e는

$$e = \frac{d\phi}{dt} = Bl\frac{dy}{dt} = Blv \text{ [V]}$$

$$e = Blv\sin\theta \text{ [V]} \text{ (플레밍의 오른손법칙)}$$

벡터로 표현하면 다음과 같다.

$$e = (\boldsymbol{v} \times \boldsymbol{B}) \cdot \boldsymbol{l} \text{ [V]}$$

여기서 정(+)의 값은 자속의 감소를 방해하는 방향으로 기전력이 유도되는 것을 의미한다.

예제문제 05

자속 밀도 10 [Wb/m^2]의 자계중에 10 [cm]의 도체를 자계와 30도의 각도로 30 [m/s]로 움직일 때 도체에 유기되는 기전력은 몇 [V]인가?

① 15　② $15\sqrt{3}$　③ 1500　④ $1500\sqrt{3}$

해설

운동 기전력 : $e = vBl\sin\theta = 30 \times 10 \times 0.1 \times \sin 30° = 15$ [V]

답 : ①

예제문제 06

자계 중에 이것과 직각으로 놓인 도체에 I [A]의 전류를 흘릴 때 f [N]의 힘이 작용하였다. 이 도체를 v [m/s]의 속도로 자계와 직각으로 운동시킬 때의 기전력 e [V]는?

① $\dfrac{fv}{I_2}$　② $\dfrac{fv}{I}$　③ $\dfrac{fv^2}{I}$　④ $\dfrac{fv}{2I}$

해설

도체가 받는 힘 : $f = IBl$ [N]에서 $Bl = \dfrac{f}{I}$

∴ 운동 기전력 $e = vBl = \dfrac{vf}{I}$ [V]

답 : ②

4. 표피효과

전류의 주파수가 증가할수록 도체내부의 전류밀도가 지수 함수적으로 감소되는 현상을 표피효과라 한다.

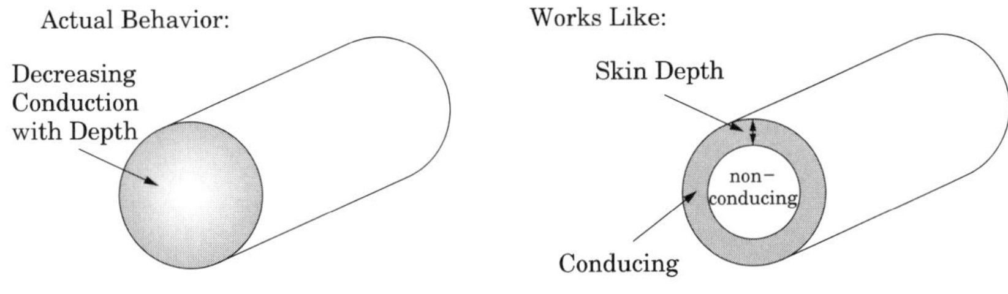

그림 4 표피효과의 표피층

$$\delta = \sqrt{\frac{2}{\omega\sigma\mu}} = \sqrt{\frac{1}{\pi f \sigma\mu}} \text{ [m]}$$

여기서, $\sigma = \frac{1}{2 \times 10^{-8}}$ [℧/m] : 도전율

$\mu = 4\pi \times 10^{-7}$ [H/m] : 투자율

δ : 표피두께(skin depth) 또는 침투깊이

따라서 주파수가 높을수록, 도전율이 높을수록, 투자율이 높을수록 표피 두께 δ가 감소하므로 표피효과는 증대되어 도체의 실효저항이 증가한다.

예제문제 07

도전율 σ, 투자율 μ인 도체에 교류 전류가 흐를 때의 표피 효과의 관계로 옳은 것은?

① 주파수가 높을수록 작아진다.　② μ_0가 클수록 작아진다.
③ σ가 클수록 커진다.　④ μ_s가 클수록 작아진다.

해설

표피 효과 깊이 : $\delta = \sqrt{\frac{2}{\omega\sigma\mu}} = \sqrt{\frac{1}{\pi f\sigma\mu}}$ [m]

f(주파수), σ(도전율), μ(투자율) 가 클수록 δ가 작게 되어 표피 효과가 커진다.

답 : ③

예제문제 08

표피 효과의 영향에 대한 설명이다. 부적합한 것은?

① 전기 저항을 증가시킨다.　② 상호 유도 계수를 증가시킨다.
③ 주파수가 높을수록 크다.　④ 도전율이 높을수록 크다.

해설

표피 효과 깊이 : $\delta = \sqrt{\frac{2}{\omega\sigma\mu}} = \sqrt{\frac{1}{\pi f\sigma\mu}}$ [m]

f(주파수), σ(도전율), μ(투자율) 가 클수록 δ가 작게 되어 표피 효과가 커진다.

답 : ②

핵심과년도문제

10·1

자속 ϕ [Wb]가 주파수 f [Hz]로 정현파 모양의 변화를 할 때, 즉 $\phi = \phi_m \sin 2\pi ft$ [Wb]일 때, 이 자속과 쇄교하는 회로에 발생하는 기전력은 몇 [V]인가? 단, N은 코일의 권회수이다.

① $-\pi f N \phi_m \cos 2\pi ft$　　② $-2\pi f N \phi_m \cos 2\pi ft$

③ $-\pi f N \phi_m \sin 2\pi ft$　　④ $-2\pi f N \phi_m \sin 2\pi ft$

해설 전자유도법칙 : $e = -N\dfrac{d\phi}{dt} = -N\dfrac{d}{dt}(\phi_m \sin 2\pi ft) = -2\pi f N \phi_m \cos 2\pi ft$ [V]　【답】 ②

10·2

100회 감은 코일과 쇄교하는 자속이 $\dfrac{1}{10}$초 동안에 0.5 [Wb]에서 0.3 [Wb]로 감소했다. 이때 유기되는 기전력은 몇 [V]인가?

① 20　　② 200

③ 80　　④ 800

해설 전자유도법칙 : $e = -N\dfrac{d\phi}{dt} = -100 \times \dfrac{(-0.2)}{\dfrac{1}{10}} = 200$ [V]　【답】 ②

10·3

그림 (a)의 인덕턴스에 전류가 그림 (b)와 같이 흐를 때 2초에서 6초 사이의 인덕턴스 전압 V_L [V]은?

① 0　　② 5

③ 10　　④ -5
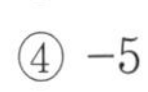

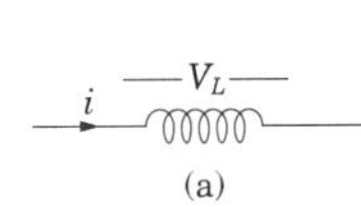

(a)

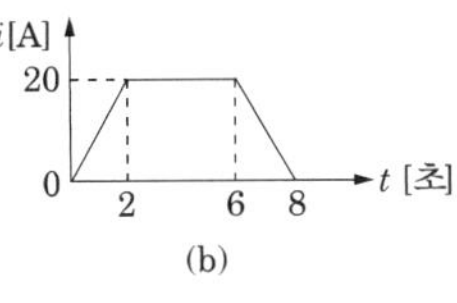

(b)

해설 $2 \leq t \leq 6$인 구간에서는 전류의 변화가 없으므로 전자유도법칙에 의해 $V_L = 0$이 된다.

【답】 ①

10·4

전자 유도에 의하여 회로에 발생되는 기전력은 자속 쇄교수의 시간에 대한 감소 비율에 비례한다는 ①법칙에 따르고, 특히 유도된 기전력의 방향은 ②법칙에 따른다. ①, ②에 알맞은 것은?

① ① 패러데이, ② 플레밍의 왼손　　② ① 패러데이, ② 렌쯔
③ ① 렌쯔, ② 패러데이　　④ ① 플레밍의 왼손, ② 패러데이

해설 패러데이 법칙 : 자속이 시간적으로 변화하면 기전력이 발생한다.
렌쯔의 법칙 : 기전력의 방향은 자속의 증감을 방해하는 방향이다. 【답】 ②

10·5

전자 유도 법칙과 관계없는 것은?

① 노이만(Neumann)의 법칙　　② 렌츠(Lentz)의 법칙
③ 비오사바르(Biot Savart)의 법칙　　④ 가우스(Gauss)의 법칙

【답】 ④

10·6

[ohm·sec]와 같은 단위는?

① [farad]　　② [farad/m]
③ [henry]　　④ [henry/m]

해설 전자유도법칙 : $e = -N\frac{d\phi}{dt} = -N\frac{d\phi}{di}\cdot\frac{di}{dt} = -L\frac{di}{dt}$

$[\text{volt}] = [\text{henry}]\cdot\left[\frac{\text{ampere}}{\text{sec}}\right] \rightarrow \left[\frac{\text{volt}}{\text{ampere}}\cdot\text{sec}\right] = [\text{henry}]$, $[\text{ohm}\cdot\text{sec}] = [\text{henry}]$ 【답】 ③

10·7

0.2 $[\text{Wb/m}^2]$의 평등 자계 속에 자계와 직각 방향으로 놓인 길이 30 [cm]의 도선을 자계와 30° 각의 방향으로 30 [m/s]의 속도로 이동시킬 때 도체 양단에 유기되는 기전력은 몇 [V]인가?

① $0.9\sqrt{3}$　　② 0.9　　③ 1.8　　④ 90

해설 운동 기전력 : $e = Blv\sin\theta = 0.2\times0.3\times30\times\sin30° = 0.9$ [V] 【답】 ②

10·8

자계 중에 한 코일이 있다. 이 코일에 전류 $I=2$ [A]가 흐르면 $F=2$ [N]의 힘이 작용한다. 또 이 코일을 $v=5$ [m/s]로 운동시키면 e [V]의 기전력이 발생한다. 최대 기전력[V]은?

① 3　　② 5
③ 7　　④ 9

해설 플레밍에 왼손법칙 : $F=IBl\sin\theta$ [N]

$\therefore Bl\sin\theta=\frac{F}{I}$이므로 유기 기전력 $e=Blv\sin\theta=\frac{Fv}{I}=\frac{2\times5}{2}=5$ [V]　【답】 ②

10·9

철도 궤도간 거리가 1.5 [m]이며 궤도는 서로 절연되어 있다. 열차가 매시 60 [km]의 속도로 달리면서 차축이 지구 자계의 수직 분력 $B=0.15\times10^{-4}$ [Wb/m^2]을 절단할 때 두 궤도 사이에 발생하는 기전력은 몇 [V]인가?

① 1.75×10^{-4}　　② 2.75×10^{-4}
③ 3.75×10^{-4}　　④ 4.75×10^{-4}

해설 속도 : $v=\frac{60\times10^3}{3600}=16.7$ [m/s], $\theta=90°$

운동 기전력 : $e=vBl\sin\theta=16.7\times0.15\times10^{-4}\times1.5\times\sin90°=3.75\times10^{-4}$ [V]　【답】 ③

10·10

도전율이 σ, 투자율이 μ인 도체에 교류 전류가 흐를 때의 표피 효과에 대한 설명으로 옳은 것은?

① 도전율이 클수록 크다.
② 도전율과 투자율에는 관계가 없다.
③ 교류 전류의 주파수가 높을수록 작다.
④ 투자율이 클수록 작다.

해설 표피 효과 깊이 : $\delta=\sqrt{\frac{2}{\omega\sigma\mu}}=\sqrt{\frac{1}{\pi f\sigma\mu}}$ [m]

f(주파수), σ(도전율), μ(투자율)가 클수록 δ가 작게 되어 표피 효과가 커진다.　【답】 ①

10 · 11

도전율 σ, 투자율 μ인 도체에 교류 전류가 흐를 때 표피 효과에 의한 침투 깊이 δ는 σ와 μ, 그리고 주파수 f 에 어떤 관계가 있는가?

① 주파수 f 와 무관하다.
② σ 가 클수록 작다.
③ σ 와 μ 에 비례한다.
④ μ 가 클수록 크다.

해설 표피 효과 깊이 : $\delta=\sqrt{\dfrac{2}{\omega\sigma\mu}}=\sqrt{\dfrac{1}{\pi f\sigma\mu}}$ [m]

f(주파수), σ(도전율), μ(투자율) 가 클수록 δ가 작게 되어 표피 효과가 커진다. 【답】 ②

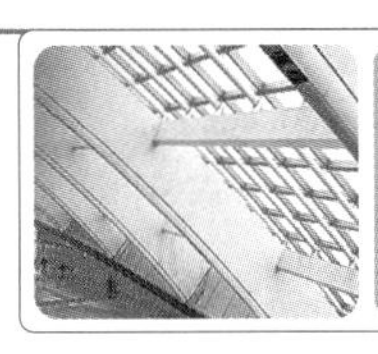

심화학습문제

01 패러데이의 법칙에서 회로와 쇄교하는 전자속수를 ϕ [Wb], 회로의 권회수를 N이라 할 때 유도 기전력 V는 얼마인가?

① $2\pi u N\phi$ ② $4\pi u N\phi$

③ $-N\dfrac{d\phi}{dt}$ ④ $-\dfrac{1}{N}\dfrac{d\phi}{dt}$

해설

전자유도법칙 : $V=-\dfrac{d\phi}{dt}$ (쇄교 자속 ϕ [Wb]가 시간적으로 변화하는 비율과 같다)

∴ 권수 N의 경우 $V=-N\dfrac{d\phi}{dt}$

【답】 ③

02 자기 인덕턴스가 50 [mH]인 코일에 흐르는 전류가 0.01 [s] 사이에 5 [A]에서 3 [A]로 감소하였다. 이 코일에 유기된 기전력은?

① 25 [V], 본래 전류와 같은 방향
② 25 [V], 본래 전류와 반대 방향
③ 10 [V], 본래 전류와 같은 방향
④ 10 [V], 본래 전류와 반대 방향

해설

전자유도법칙

$$e=-L\frac{di}{dt}=-50\times10^{-3}\times\frac{(3-5)}{10^{-2}}=+10\ [\text{V}]$$

【답】 ③

03 그림과 같은 균일한 자계 B [Wb/m^2] 내에서 길이 l [m]인 도선 AB가 속도 v [m/sec]로 움직일 때 ABCD 내에 유도되는 기전력 e [V]는?

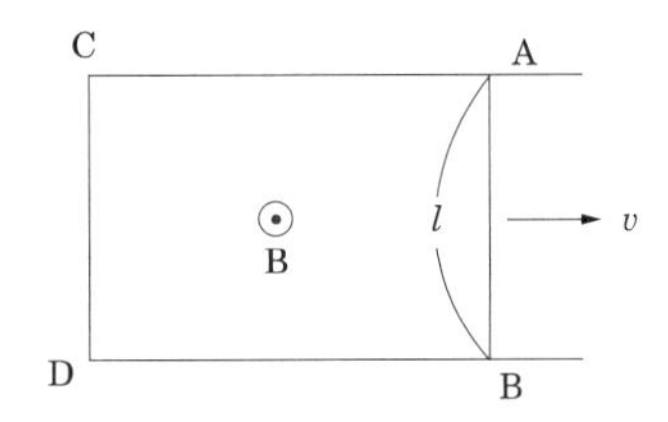

① 시계방향으로 Blv 이다.
② 반 시계방향으로 Blv 이다.
③ 시계방향으로 Blv^2 이다.
④ 반 시계방향으로 Blv^2 이다.

해설

플레밍의 오른손 법칙에 의해 시계 방향이며 기전력은 Blv가 된다.

【답】 ①

04 와전류의 방향은?

① 일정치 않다.
② 자력선 방향과 동일
③ 자계와 평행되는 면을 관통
④ 자속에 수직되는 면을 회전

해설

와전류는 도체내에 국부적으로 흐르는 맴돌이 전류로 $\left(\text{rot}\,i=-K\dfrac{\partial B}{\partial t}\right)$ 자속의 변화를 방해하기 위한 역자속을 만드는 전류이다. 이 전류는 자속의 수직되는 면을 회전한다.

【답】 ④

05 정현파 자속의 주파수를 4배로 높이면 유기 기전력은?

① 4배로 감소한다. ② 4배로 증가한다.
③ 2배로 감소한다. ④ 2배로 증가한다.

해설

유기 기전력 : $e = -N\phi_m 2\pi f \cos 2\pi f \propto f$

【답】 ②

06 N 회의 권선에 최대값 1 [V], 주파수 f [Hz]인 기전력을 유기시키기 위한 쇄교 자속의 최대값[Wb]은?

① $\dfrac{f}{2\pi N}$ ② $\dfrac{2N}{\pi f}$
③ $\dfrac{1}{2\pi f N}$ ④ $\dfrac{N}{2\pi f}$

해설

최대 유기기전력 : $E_m = \omega N\phi_m = 2\pi f N\phi_m$ [V]에서

$\phi_m = \dfrac{E_m}{2\pi f N} = \dfrac{1}{2\pi f N}$ [Wb]

【답】 ③

07 자속 밀도 $B\,[\text{Wb/m}^2]$가 도체 중에서 f [Hz]로 변화할 때 도체 중에 유기되는 기전력 e 는 무엇에 비례하는가?

① $e \propto \dfrac{B}{f}$ ② $e \propto \dfrac{B^2}{f}$
③ $e \propto \dfrac{f}{B}$ ④ $e \propto Bf$

해설

최대 유기기전력

$E_m = \omega N\phi_m = 2\pi f N\phi_m = 2\pi f N B_m S$ [V]

$\therefore\ \omega = 2\pi f$ 이므로 $e \propto f \cdot B$

【답】 ④

08 저항 24 [Ω]의 코일을 지나는 자속이 0.3 cos 800t [Wb]일 때 코일에 흐르는 전류의 최대값은?

① 10 [A] ② 20 [A]
③ 30 [A] ④ 40 [A]

해설

최대 유기기전력 : $E_m = \dfrac{d\phi_m}{dt} = 0.3 \times 800 = 240$ [V]에서 $I_m = \dfrac{E_m}{R} = \dfrac{240}{24} = 10$ [A]

【답】 ①

09 그림과 같이 $B = B_0 \sin\omega t$ 인 자장에 의해서 면적 S 인 고정된 구형 환선에 유도되는 전압은?

① $-B_0 \omega S \cos\omega t \sin\theta$
② $-B_0 \omega S \cos\theta \cos\omega t$
③ $-B_0 \omega \sin\theta \sin\omega t$
④ $-B_0 \omega S \cos\theta \sin\omega t$

해설

θ 위치에 회전했을 때 코일과 쇄교하는 자속

$\phi = BS\cos\theta = (B_0 \sin\omega t) S\cos\theta = B_0 S\cos\theta \sin\omega t$ [Wb]

$\therefore\ e = -\dfrac{d\phi}{dt} = -B_0 S\cos\theta \dfrac{d}{dt}(\sin\omega t)$

$= -B_0 \omega S\cos\theta \cos\omega t$ [V]

【답】 ②

10 $l_1 = \infty$ [m], $l_2 = 1$ [m]의 두 직선 도선을 $d = 50$ [cm]의 간격으로 평행하게 놓고 l_1을 중심축으로 하여 l_2를 속도 100 [m/sec]로 회전시키면 l_2에 유기되는 전압은 몇 [V]인가? 단, l_1에 흐르는 전류 $I_1 = 50$ [mA]이다.

① 0 ② 5
③ 2×10^{-6} ④ 3×10^{-6}

해설

자계내 운동 도체에 유기되는 기전력

$e = lvB\sin\theta = lv\mu_0 H\sin\theta$ [V]

l_1에 흐르는 전류에 의한 l_2점에 자계

$H_1 = \dfrac{I_1}{2\pi d}$ [A/m]

l_2가 원운동시 자계와 속도가 이루는 각은 $\theta = 0°$ 아니면 $\theta = 180°$가 되므로 $\sin\theta = 0$로 $e = 0$로 전압은 유기되지 않는다.

【답】 ①

11 그림과 같은 자속 밀도 B의 평등 자계 내에 한 변이 a인 정방향 회로가 자계와 직각인 중심 둘레를 매분 N회 회전하고 있을 때 이 회로의 유기 기전력은 몇 [V]인가?

① $\dfrac{2\pi N}{60}a^2B\cos\dfrac{2\pi N}{60}t$

② $\dfrac{2\pi N}{60}a^2B\sin\dfrac{2\pi N}{60}t$

③ $\dfrac{2\pi N}{60}aB\cos\dfrac{2\pi N}{60}t$

④  $\dfrac{2\pi N}{60}\cdot\omega aB\sin\dfrac{2\pi N}{60}\cdot t$

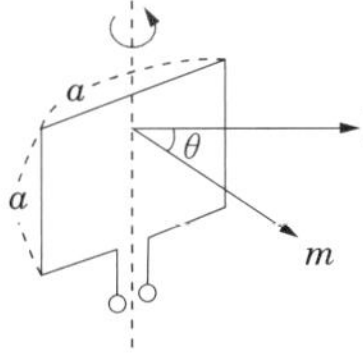

해설

전자유도법칙

$e = -\dfrac{d\phi}{dt} = -\dfrac{d}{dt}a^2B\cos\omega t = \omega a^2 B\sin\omega t$

$= \dfrac{2\pi N}{60}a^2B\sin\dfrac{2\pi N}{60}t$ [V]

【답】 ②

12 자속 밀도 B[Wb/m^2]의 평등 자계와 평행한 축 둘레에 각속도 ω[rad/s]로 회전하는 반지름 a[m]의 도체 원판에 그림과 같이 브러시를 접촉시킬 때 저항 R[Ω]에 흐르는 전류[A]는?

① 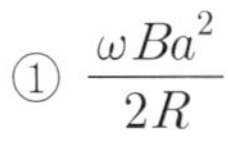 $\dfrac{\omega Ba^2}{2R}$

② 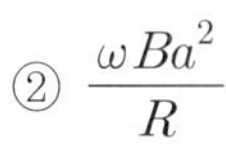 $\dfrac{\omega Ba^2}{R}$

③ 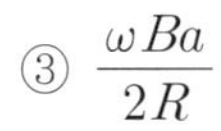 $\dfrac{\omega Ba}{2R}$

④ 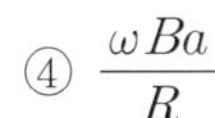 $\dfrac{\omega Ba}{R}$

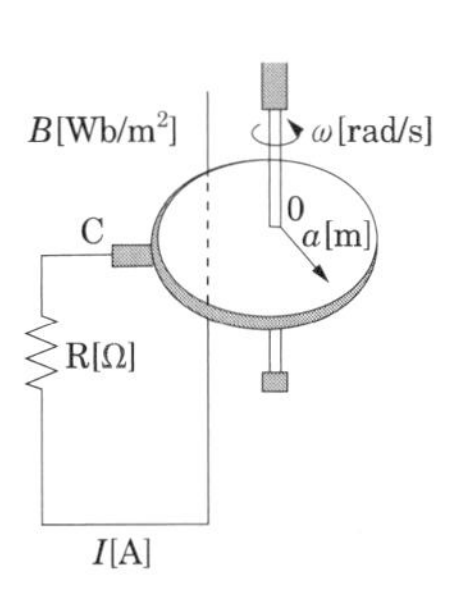

해설

도체의 중심에서 r[m] 거리에 있는 반지름의 미소 길이 dr[m]의 속도는 ωr[m/s]이므로 이 부분에 발생하는 기전력[V] : $de = vBdr = \omega rBdr$ [V]

∴ 그림의 OC간에 발생하는 기전력

$e = \int_0^a de = \omega B\int_0^a rdr = \omega B\left[\dfrac{r^2}{2}\right]_0^a = \dfrac{\omega Ba^2}{2}$ [V]

∴ $I = \dfrac{e}{R} = \dfrac{\omega Ba^2}{2R}$ [A]

【답】 ①

13 그림에서 면적 bb에는 평등 자계가 그 면과 직각으로 작용하고 있는데, 그 자계의 세기는 H[AT/m]이다. 그리고 면적 bb 이외의 자계의 세기는 0이다. 지금 한 변이 a인 정방형 코일이 그림과 같이 속도 v[m/s]로 x 방향으로 움직일 때 코일에 유기되는 기전력[V]은? 단, $a < b$라고 하고 시간은 $\dfrac{b}{v} < t < \dfrac{a+b}{v}$ 범위이다.

① $\mu_0 Ha^2v$

② $\mu_0 Hbv$

③ 0

④ $\mu_0 Hav$

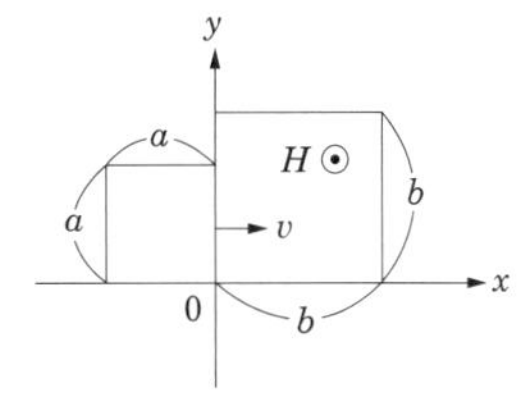

해설

그림의 정방형 코일의 이동에 따른 각 위치 x에 대한 시간 t로 이동상태를 나타낸다.

t는 코일도체 우변이 각 위치에 도달한 시간을 나타낸다.

$v = \dfrac{x}{t}$

$\therefore t = \dfrac{x}{v}$

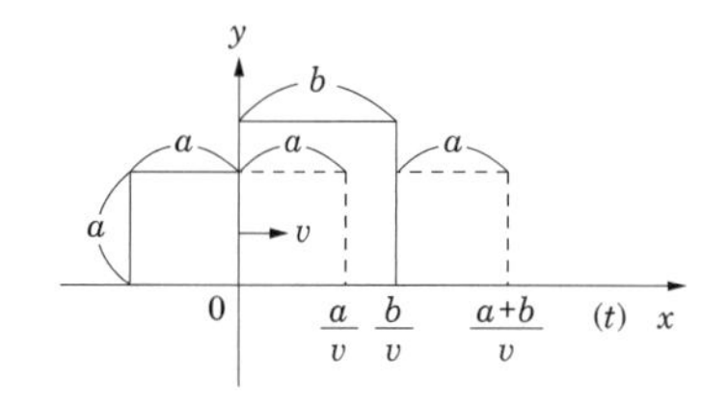

정방형 코일의 이동시간 t 에 대한 유기기전력

$0 \leq t < \frac{a}{v}$: $e = Bav = \mu_0 Hav$[V] (시계방향)

$\frac{a}{v} \leq t < \frac{b}{v}$: $e = 0$

(쇄교자속 일정, 시간적 변화 없음)

$\frac{b}{v} \leq t < \frac{a+b}{v}$: $e = Bav = \mu_0 Hav$[V] (반시계방향)

$t \geq \frac{a+b}{v}$: $e = 0$ (외부자계 $H = 0$)

$\therefore \frac{b}{v} < t < \frac{a+b}{v}$ 범위의 유기기전력 $e = \mu_0 Hav$ 가 된다.

【답】④

14 10 [A]를 흘리고 있는 도체가 20 [Wb/s]의 자속을 끊었을 때 이 기계의 전력[W]은?

① 2 ② 200
③ 2000 ④ 4000

해설

전자유도법칙 : $e = \frac{d\phi}{dt} = \frac{20}{1} = 20$ [V]

$P = ei = 20 \times 10 = 200$ [W]

【답】②

15 그림과 같이 자계의 방향이 z축 방향인 균일 자계(자속 밀도 B이다) 내에 이와 수직한 xy 면 내에 놓인 구형 도선 코일 C를 y 방향으로 v 인 속도로 이동시킬 때 이 도선 회로에 유도되는 기전력은?

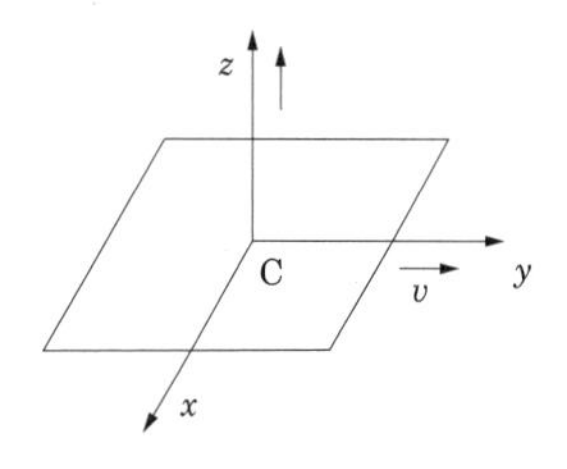

① vB 에 비례한다. ② v^2B^2에 비례한다.
③ v/B 에 비례한다. ④ 영(0)이다.

해설

전자유도에 의해 발생하는 유도기전력

$e = -n\frac{d\phi}{dt}$

구형 코일 내의 쇄교자속은 시간적 변화가 없이 항상 일정하므로 $\left(\frac{d\phi}{dt} = 0\right)$ 유기기전력 $e = 0$ 이다.

【답】④

16 그림과 같이 자속 밀도 60 [Wb/m²]의 평등 자계와 평행인 축 주위를 1000 [rpm]의 등각 속도로 회전하는 반지름 10 [m]의 원판에 브러시를 접촉시키고 그 사이에 2 [Ω]의 외부 저항을 연결하였을 때 2 [Ω]에 흐르는 전류는? 단, 원판 저항은 무시한다.

① $\pi \times 10^5$ [A]
② $\frac{\pi}{2} \times 10^5$ [A]
③ 10^5 [A]
④ $2\pi \times 10^5$ [A]

2[Ω]

해설

$$e = \frac{\omega Ba^2}{2} = \frac{\left(\frac{2\pi N}{60}\right)Ba^2}{2} = \frac{2\pi \times 1000 \times 10^2}{2} = \pi \times 10^5$$

$$I = \frac{e}{R} = \frac{\pi \times 10^5}{2} = \frac{\pi}{2} \times 10^5 \text{ [A]}$$

【답】②

17 패러데이의 법칙 중 옳지 않은 것은?

① $V = \frac{d\phi_m}{dt}$ ② $V = -N\frac{d\phi_m}{dt}$
③ $V = \int_s \frac{\partial \boldsymbol{B}}{\partial t} \cdot d\boldsymbol{S}$ ④ $V = -\frac{1}{N}\frac{d\phi_m}{dt}$

해설

패러데이 법칙의 적분형

$\phi = \int B \cdot ds$이므로 $\int_s \frac{dB}{dt} \cdot ds = \frac{d\phi}{dt}$

【답】 ④

18 그림과 같이 반지름이 20 [cm]인 도체 원판이 그 축에 평행이고, 세기가 2.4×10^3 [AT/m]인 균일 자계 내에서 1분간에 1200회의 회전 운동을 하고 있다. 이 원판의 축과 원판 주위 사이에 2 [Ω]의 저항체를 접속시킬 때, 이 저항에 흐르는 전류는 몇 [mA]인가? 단, 원판의 저항은 무시하고, 원판의 투자율은 공기의 그것과 같다고 가정한다.

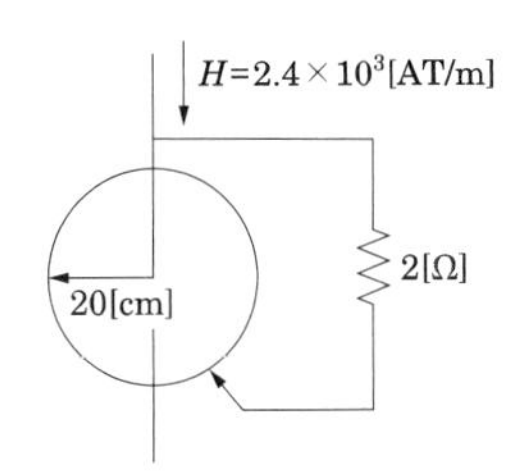

① 3.8 [mA] ② 1.9 [mA]
③ 7.6 [mA] ④ 10.5 [mA]

해설

$$e = \frac{\omega B a^2}{2} = \frac{\omega \mu_0 H a^2}{2} = \frac{\left(\frac{2\pi N}{60}\right)\mu_0 H a^2}{2} = \frac{\pi N \mu_0 H a^2}{60}$$

$$= \frac{\pi \times 1200 \times 4\pi \times 10^{-7} \times 2.4 \times 10^3 \times (20 \times 10^{-2})^2}{60}$$

$$= 7.6 \times 10^{-3}\ [\text{V}] = 7.6\ [\text{mA}]$$

$$\therefore I = \frac{e}{R} = \frac{7.6}{2} = 3.8\ [\text{mA}]$$

【답】 ①

19 그림과 같이 영구자석에 의한 자속 ϕ[Wb]가 코일과 쇄교하고 있다. 자석을 없앴을 때 저항 R [Ω]을 통과하는 전 전하량은 몇 [C]인가?

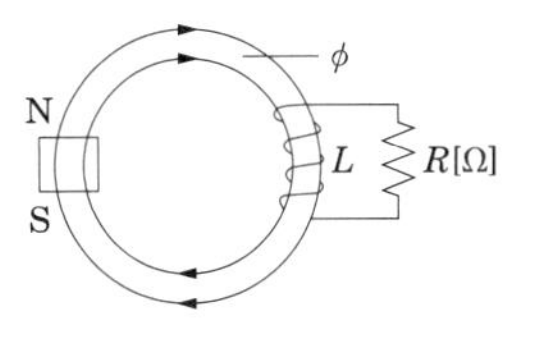

① ϕR ② $\frac{\phi}{R}$
③ ϕ ④ 0

해설

코일과의 교차 자속수 ϕ를 0으로 하면 유기 기전력

: $e = -\frac{d\phi}{dt}$ [V]

$\therefore i = \frac{e}{R} = -\frac{1}{R}\frac{d\phi}{dt}$ [A]

저항 R [Ω]을 통과하는 전기량

$$Q = \int i dt = -\frac{1}{R}\int_\phi^0 d\phi = -\frac{\phi}{R}\text{[C]}$$

【답】 ②

Chapter 11

인덕턴스

인덕턴스의 계산방법은

$$W=\frac{1}{2}LI^2 \text{에서 } L=\frac{2W}{I^2}$$

$$W=\frac{1}{2}\int_v BHdv=\frac{1}{2}\int_v A\cdot idv$$

여기서 A는 자속 벡터 포텐셜, i 전류밀도

두 식에 의해

$$\therefore L=\frac{\int_v B\cdot Hdv}{I^2}=\frac{\int_v A\cdot idv}{I^2}$$

$$\therefore L=\frac{N\phi}{I}=\frac{1}{I}\oint_c A\cdot dl=\frac{1}{I^2}\int_v \mathbf{B}\cdot\mathbf{H}dv=\frac{1}{I^2}\int_v \mathbf{A}\cdot\mathbf{i}dv$$

인덕턴스의 계산방법은 다음 세 가지 식으로 정리할 수 있다.

① $L=\frac{N\phi}{I}$ ② $L=\frac{1}{I^2}\int_v \mathbf{B}\cdot\mathbf{H}dv$ ③ $L=\frac{1}{I^2}\int_v \mathbf{A}\cdot\mathbf{i}dv$

예제문제 01

자기 유도 계수 L 을 구하는 식이 아닌 것은?

① $\frac{\int_v \mathbf{A}\cdot\mathbf{i}dv}{I^2}$ ② $\frac{\int_v \mathbf{B}\cdot\mathbf{H}dv}{I^2}$ ③ $\frac{N\phi}{I}$ ④ $\frac{N\oint_c \mathbf{A}\cdot dl}{I^2}$

해설

자계 에너지에 의한 자기인덕턴스 L

$w=\frac{1}{2}LI^2$에서 $L=\frac{2w}{I^2}$ $w=\frac{1}{2}\int_v \mathbf{B}\mathbf{H}dv=\frac{1}{2}\int_v \mathbf{A}\cdot\mathbf{i}dv$

두식에 의해

$\therefore L=\frac{\int_v \mathbf{B}\cdot\mathbf{H}dv}{I^2}=\frac{\int_v \mathbf{A}\cdot\mathbf{i}dv}{I^2}$ 또, $LI=N\Phi$에서 $\frac{N\Phi}{I}$

답 : ④

예제문제 02

자기 인덕턴스를 계산하는 공식이 아닌 것은? 단, A는 벡터 퍼텐셜[Wb/m]이고, J는 전류 밀도[A/m³]이다.

① $L=\dfrac{N\phi}{I}$ ② $L=\dfrac{1}{I^2}\displaystyle\int_v \boldsymbol{B}\cdot\boldsymbol{H}dv$

③ $L=\dfrac{1}{I^2}\displaystyle\oint_c \boldsymbol{A}\cdot dl$ ④ $L=\dfrac{1}{I^2}\displaystyle\int_v \boldsymbol{A}\cdot\boldsymbol{J}dv$

해설

자계 에너지에 의한 자기인덕턴스 L

$w=\dfrac{1}{2}LI^2$에서 $L=\dfrac{2w}{I^2}$ $w=\dfrac{1}{2}\displaystyle\int_v \boldsymbol{BH}dv=\dfrac{1}{2}\int_v \boldsymbol{A}\cdot idv$

두식에 의해

$\therefore L=\dfrac{\displaystyle\int_v \boldsymbol{B}\cdot\boldsymbol{H}dv}{I^2}=\dfrac{\displaystyle\int_v \boldsymbol{A}\cdot idv}{I^2}$ 또, $LI=N\Phi$ 에서 $\dfrac{N\Phi}{I}$

$\therefore L=\dfrac{N\phi}{I}=\dfrac{1}{I^2}\displaystyle\int_v \boldsymbol{B}\cdot\boldsymbol{H}dv=\dfrac{1}{I}\oint_c \boldsymbol{A}\cdot dl=\dfrac{1}{I^2}\int_v \boldsymbol{A}\cdot\boldsymbol{J}dv$ [H]로 나타낼 수 있다.

답 : ③

1. 인덕턴스의 계산

1.1 환상솔레노이드

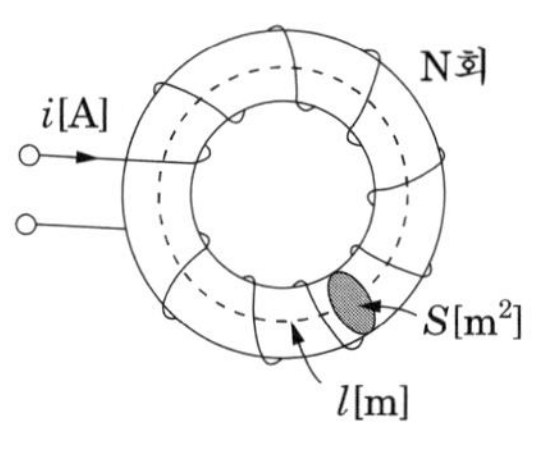

그림 1 환상솔레노이드

철심을 통하는 자속은

$$\phi=BS=\mu HS=\mu\frac{NI}{l}S=\frac{\mu SNI}{l}\text{[Wb]}$$

이므로

$$N\phi=LI \text{ 에서 } L=\frac{\mu SN^2}{l}\text{[H]}$$

가 된다.

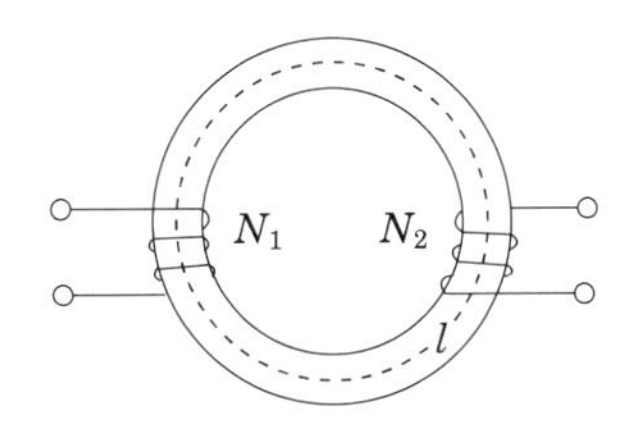

그림 2 상호유도

그림 2와 같이 단면적 $S\,[\text{m}^2]$, 평균 자로 길이 $l\,[\text{m}]$, 투자율 $\mu\,[\text{H/m}]$인 철심에 N_1, N_2 권선을 감은 무단(無端) 솔레노이드의 누설 자속을 무시할 때 권선의 상호 인덕턴스를 구하면 다음과 같다.

$$M_{21} = M_{12} = M = \frac{N_2\phi_{21}}{I_1} = \frac{N_1\phi_{12}}{I_2} = \frac{N_1N_2}{R_m} = \frac{\mu S N_1 N_2}{l}\ [\text{H}]$$

또한 자기인덕턴스는

$$L_1 = \frac{N_1\phi_1}{I_1} = \frac{N_1^2}{R_m} = \frac{\mu S N_1^2}{l}\ [\text{H}]$$

$$L_2 = \frac{N_2\phi_2}{I_2} = \frac{N_2^2}{R_m} = \frac{\mu S N_2^2}{l}\ [\text{H}]$$

가 된다. 이때 자기인덕턴스와 상호인덕턴스 사이에는 다음과 같은 관계가 성립한다.

$$M^2 = L_1 L_2$$

$$\therefore M = \sqrt{L_1 L_2}$$

자기회로에서는 누설자속이 있기 때문에 결합계수(coupling factor)는 존재한다.

$$k = \frac{M}{\sqrt{L_1 L_2}} \quad \text{또는} \quad M = k\sqrt{L_1 L_2}$$

예제문제 03

1000회의 코일을 감은 환상 철심 솔레노이드의 단면적이 3 [cm²], 평균 길이 4π [cm]이고, 철심의 비투자율이 500일 때, 자기 인덕턴스[H]는?

① 1.5　　② 15　　③ $\frac{15}{4\pi}\times 10^6$　　④ $\frac{15}{4\pi}\times 10^{-5}$

해설

환상 철심의 자기 인덕턴스 : $L = \frac{N^2}{R_m} = \frac{N^2}{\frac{l}{\mu S}} = \frac{\mu_0\mu_s S N^2}{l} = \frac{4\pi\times10^{-7}\times500\times3\times10^{-4}\times1000^2}{4\pi\times10^{-2}} = 1.5\ [\text{H}]$

답 : ①

예제문제 04

그림과 같이 환상의 철심에 일정한 권선이 감겨진 권수 N회, 단면적 S[m^2], 평균 자로의 길이 l [m]인 환상 솔레노이드에 전류 i [A]를 흘렸을 때 이 환상 솔레노이드의 자기 인덕턴스를 옳게 표현한 식은?

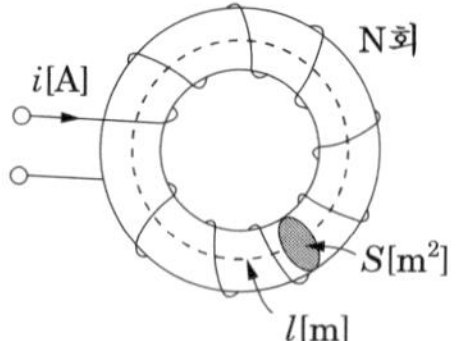

① $\dfrac{\mu^2 SN}{l}$　② $\dfrac{\mu S^2 N}{l}$

③ $\dfrac{\mu SN}{l}$　④ $\dfrac{\mu SN^2}{l}$

해설

환상 철심의 자기 인덕턴스 : $L=\dfrac{N\phi}{I}=\dfrac{N^2}{R_m}=\dfrac{\mu SN^2}{l}$[H]

답 : ④

예제문제 05

단면적 S, 평균 반지름 r, 권선수 N인 토로이드 코일에 누설 자속이 없는 경우 자기 인덕턴스의 크기는?

① 권선수의 제곱에 비례하고 단면적에 반비례한다.
② 권선수 및 단면적에 비례한다.
③ 권선수의 제곱 및 단면적에 비례한다.
④ 권선수의 제곱 및 평균 반지름에 비례한다.

해설

환상 철심의 자기인덕턴스 : $L=\dfrac{\mu SN^2}{l}$

답 : ③

예제문제 06

단면적 100 [cm^2], 비투자율 1000인 철심에 500회의 코일을 감고 여기에 1 [A]의 전류를 흘릴 때 자계가 1.28 [AT/m]였다면 자기 인덕턴스[mH]는?

① 8.04　② 0.16　③ 0.81　④ 16.08

해설

자기 인덕턴스 : $L=\dfrac{N\phi}{I}=\dfrac{N\mu_0\mu_s HS}{I}=\dfrac{500\times4\pi\times10^{-7}\times1000\times1.28\times100\times10^{-4}}{1}$

$=8.04\times10^{-3}$ [H]=8.04 [mH]

답 : ①

1.2 직선 솔레노이드

길이 l에 코일의 권수가 N회 감겨 있는 길이가 반지름 a보다 충분히 큰 솔레노이드에서 내부의 자계의 세기 H는

$$H = nI = \frac{NI}{l}\,[\mathrm{AT/m}]$$

솔레노이드의 내부 자속은

$$\phi = BS = \mu HS = \frac{\mu SNI}{l}\,[\mathrm{Wb}]$$

이므로

$$N\phi = LI \text{ 에서 } L = \frac{\mu SN^2}{l}\,[\mathrm{H}]$$

가 된다.

예제문제 07

솔레노이드의 자기 인덕턴스는 권수를 N이라 하면 어떻게 되는가?

① N에 비례 ② $\sqrt{N}$에 비례 ③ N^2에 비례 ④ $\frac{1}{N^2}$에 비례

해설

솔레노이드의 자기인덕턴스 : $L = \frac{N\phi}{I} = \frac{N\phi}{\frac{Hl}{N}} = \frac{N^2\phi}{Hl} = \frac{N^2\mu HS}{Hl} = \frac{\mu SN^2}{l} \propto N^2$

답 : ③

1.3 원형코일

반지름 a, 권수 N회인 원형 코일 중심부의 자계의 세기 H는

$$H = \frac{NI}{2a}\,[\mathrm{AT/m}]$$

$$\phi = BS = \mu HS = \frac{\mu NI}{2a}\pi a^2 = \frac{\pi a \mu NI}{2}\,[\mathrm{Wb}]$$

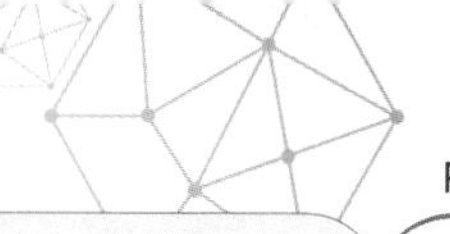

$$L = \frac{\pi a \mu N^2}{2} [\text{H}]$$

가 된다.

1.4 동축케이블 내부의 인덕턴스

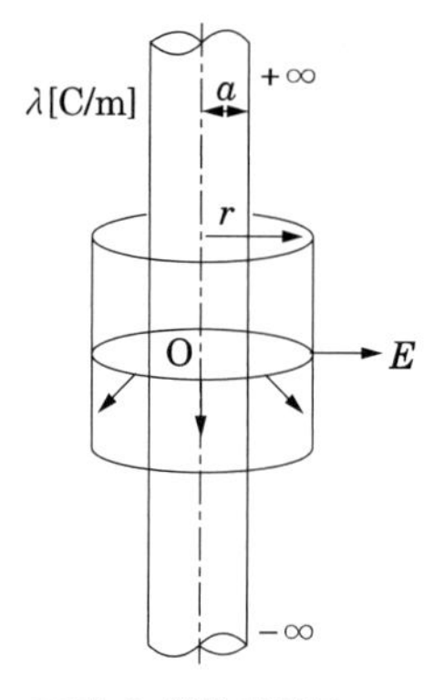

그림 3 동축케이블

도체 내부의 중심에서 r [m] 지점의 자계의 세기는

$$H = \frac{r}{2\pi a^2} I [\text{AT/m}]$$

이다. 도체의 투자율을 μ라 하고, 단위길이에 대한 자계 에너지 W는

$$\begin{aligned} W &= \frac{1}{2}\int_v BH\,dv = \frac{1}{2}\int_v \mu H^2\,dv = \frac{1}{2}\int_v \mu H^2\,dv \\ &= \frac{1}{2}\int_0^a \mu \left(\frac{r}{2\pi a^2} I\right)^2 2\pi r\,dr = \frac{\mu I^2}{16\pi} [\text{J/m}] \end{aligned}$$

이다. 그러므로 단위길이당의 내부 인덕턴스 L_i는

$$W = \frac{1}{2} L I^2 \text{ 에서 } \quad L = \frac{2W}{I^2}$$

이므로

$$\therefore L_i = \frac{2W}{I^2} = \frac{2}{I^2} \times \frac{\mu I^2}{16\pi} = \frac{\mu}{8\pi} [\text{H/m}]$$

가 된다.

예제문제 08

반지름 2 [mm], 길이 25 [m]인 동선의 내부 인덕턴스[μH]는?

① 25　② 5.0　③ 2.5　④ 1.25

해설

$L_i = \frac{\mu}{8\pi} l$ [H]

동선의 경우는 $\mu \fallingdotseq \mu_0$ 이므로

$\therefore L_i = \frac{4\pi \times 10^{-7}}{8\pi} \times 25 = 12.5 \times 10^{-7}$ [H]=1.25 [μH]

답 : ④

예제문제 09

무한히 긴 원주 도체의 내부 인덕턴스의 크기는 어떻게 결정되는가?

① 도체의 인덕턴스는 0이다.
② 도체의 기하학적 모양에 따라 결정된다.
③ 주위의 자계의 세기에 따라 결정된다.
④ 도체의 재질에 따라 결정된다.

해설

원주 도체의 내부 인덕턴스는 단위 길이당 인덕턴스 : $L_i = \frac{\mu}{8\pi}$ [H/m]

인덕턴스는 도체의 재질(투자율)에 따라 결정된다.

답 : ④

1.5 동축 케이블 외부 인덕턴스

도체의 중심에서 거리 $r(a < r < b)$인 점에서의 자계의 세기는 식

$$H = \frac{I}{2\pi r} [\mathrm{AT/m}]$$

이다. 도체 단면의 반경을 a, 도체 외부의 a 와 b 사이에 있는 자속 ϕ는

$$\phi = \int_S \boldsymbol{B} \cdot d\boldsymbol{S} = \int_a^b \mu_0 \frac{I}{2\pi r} dr = \frac{\mu_0 I}{2\pi} \ln \frac{b}{a} [\mathrm{Wb/m}]$$

가 된다. 따라서 외부 인덕턴스 L_e 는

$$L_e = \frac{\phi}{I} = \frac{\mu_0}{2\pi} \ln \frac{b}{a} [\mathrm{H/m}]$$

가 된다.

예제문제 10

내도체의 반지름이 a [m]이고, 외도체의 내반지름이 b [m], 외반지름이 c [m]인 동축 케이블의 단위 길이당 자기 인덕턴스는 몇 [H/m]인가?

① $\frac{\mu_0}{2\pi}ln\frac{b}{a}$ ② $\frac{\mu_0}{\pi}ln\frac{b}{a}$ ③ $\frac{2\pi}{\mu_0}ln\frac{b}{a}$ ④ $\frac{\pi}{\mu_0}ln\frac{b}{a}$

해설

$$H=\frac{I}{2\pi r}$$

$$d\phi=B\cdot dr=\frac{\mu_0 I}{2\pi r}dr$$

$$\phi=\int_a^b d\phi=\frac{\mu_0 I}{2\pi}\int_a^b\frac{1}{r}\cdot dr=\frac{\mu_0 I}{2\pi}ln\frac{b}{a}$$

$$\therefore L=\frac{\phi}{I}=\frac{\mu_0}{2\pi}\ln\frac{b}{a}\ \text{[H/m]}$$

답 : ①

예제문제 11

동축 케이블의 단위 길이당 자기 인덕턴스는? 단, 동축선 자체의 내부 인덕턴스는 무시하는 것으로 한다.

① 두 원통의 반지름의 비에 정비례한다.
② 동축선의 투자율에 비례한다.
③ 유전체의 투자율에 비례한다.
④ 전류의 세기에 비례한다.

해설

$L=\frac{\mu_0}{2\pi}\ln\frac{R_2}{R_1}$ [H/m]이므로 유전체의 투자율에 비례한다.

답 : ③

1.6 환상철심

$$L=\frac{N^2}{R_m}=\frac{N^2}{\frac{l}{\mu S}}=\frac{\mu_0\mu_s SN^2}{l}$$

1.7 무한 솔레노이드

전류 I가 흐를 때 자계는 식 $H=nI$에서 자속 ϕ는

$$\phi=\int B\,dS=\mu H\pi a^2=\mu nI\pi a^2$$

$$\therefore L=\frac{n\phi}{I}=\mu\pi a^2n^2=\mu Sn^2\ \text{[H/m]}$$

예제문제 12

그림과 같은 1 [m]당 권선수 n, 반지름 a [m]의 무한장 솔레노이드가 자기 인덕턴스[H/m]는 n 과 a 사이에 어떠한 관계가 있는가?

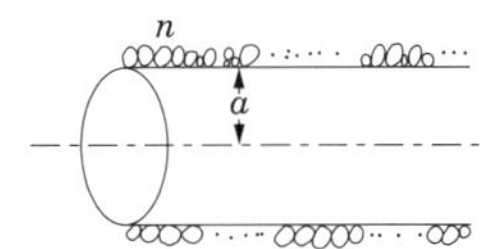

① a와는 상관없고 n^2에 비례한다.

② a와 n의 곱에 비례한다.

③ a^2과 n^2의 곱에 비례한다.

④ a^2에 반비례하고 n^2에 비례한다.

해설

전류 I가 흐를 때 자계는 식 $H=nI$에서 자속 ϕ는

$\phi=\int BdS=\mu H\pi a^2=\mu nI\pi a^2$

$\therefore L=\dfrac{n\phi}{I}=\mu\pi a^2n^2=\mu Sn^2$ [H/m]

답 : ③

예제문제 13

단면적 S [m^2], 단위 길이에 대한 권수가 n_0 [회/m]인 무한히 긴 솔레노이드의 단위 길이당의 자기 인덕턴스[H/m]를 구하면?

① μSn_0 ② μSn_0^2 ③ $\mu S^2n_0^2$ ④ μS^2n_0

해설

전류 I가 흐를 때 자계는 식 $H=nI$에서 자속 ϕ는

$\phi=\int BdS=\mu H\pi a^2=\mu nI\pi a^2$

$\therefore L=\dfrac{n\phi}{I}=\mu\pi a^2n^2=\mu Sn^2$ [H/m]

답 : ②

2. 유도결합회로

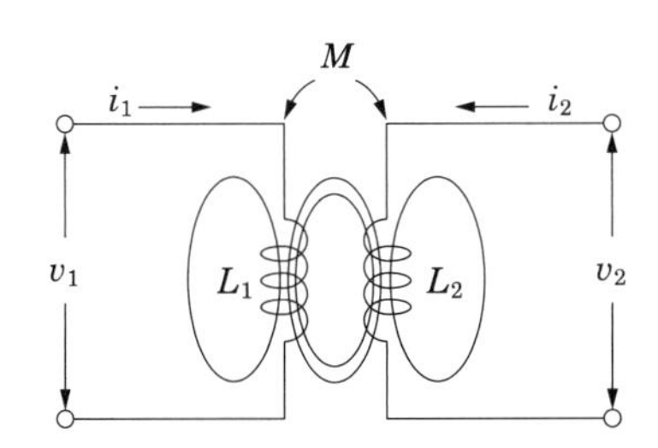

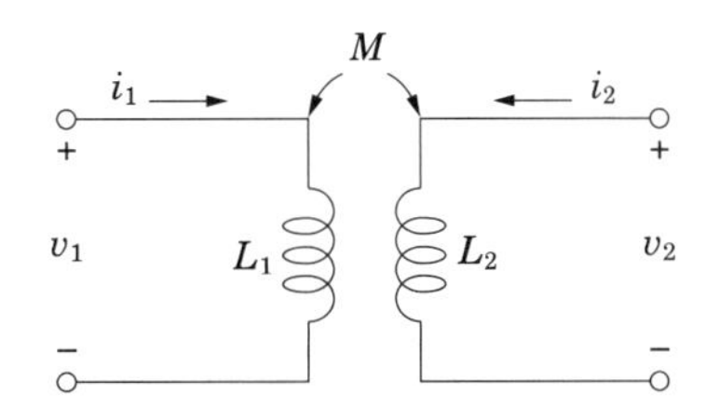

그림 4 유도결합회로

그림 4와 같이 1차 코일에 i_1의 전류가 흐르면 자속이 발생된다. 발생된 자속은 1차 코일에서 자기유도를 일으킨다. 또 2차 코일에 상호유도를 일으킨다. 이때 v_1은 자기

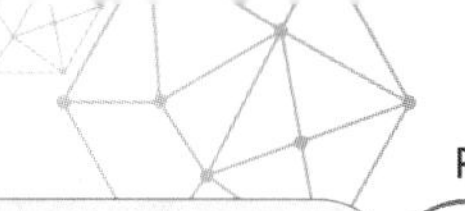

유도에 의한 전압과 상호유도에 의한 전압의 합이 된다.

$$v_1 = L_1 \frac{di_1}{dt} \pm M \frac{di_2}{dt}$$

반대로 2차 코일에 i_2의 전류가 흐르면 자속이 발생된다. 발생된 자속은 2차 코일에서 자기유도를 일으킨다. 또 1차 코일에 상호유도를 일으킨다. 이때 v_2는 자기유도에 의한 전압과 상호유도에 의한 전압의 합이 된다.

$$v_2 = L_2 \frac{di_2}{dt} \pm M \frac{di_1}{dt}$$

여기서, $L_1 \frac{di_1}{dt}$와 $L_2 \frac{di_2}{dt}$를 자기유도전압이라 하고, $\pm M \frac{di_2}{dt}$와 $\pm M \frac{di_1}{dt}$를 상호유도 전압이라 한다.

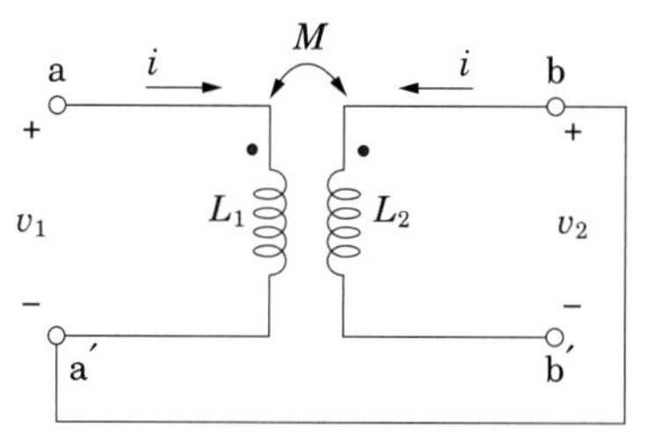

그림 5 유도결합회로

그림 5와 같이 유도결합된회로의 1차와 2차를 연결하게 되면 a와 b' 사이에 걸리는 전압은 다음과 같다.

$$\begin{aligned} v_{ab'} &= L_1 \frac{di_1}{dt} + M \frac{di_2}{dt} + L_2 \frac{di_2}{dt} + M \frac{di_1}{dt} \\ &= (L_1 + L_2 + 2M) \frac{di}{dt} \end{aligned}$$

그러므로 합성인덕턴스는 다음과 같다.

$$L_1 + L_2 + 2M$$

여기서, L_1 : 1차 코일의 자기인덕턴스, L_2 : 2차 코일의 자기인덕턴스, M : 상호인덕턴스

여기서 상호인덕턴스의 부호가 (+)가 되는 것을 가동결합 또는 화동결합이라 한다. 차동결합의 경우는 코일의 방향을 반대로 감아 자속의 방향을 반대로 하거나 그림 6과 같이 연결하는 경우이며 이 경우 상호인덕턴스의 부호는 (−)가 된다.

이러한 결합회로를 차동결합회로라 한다.

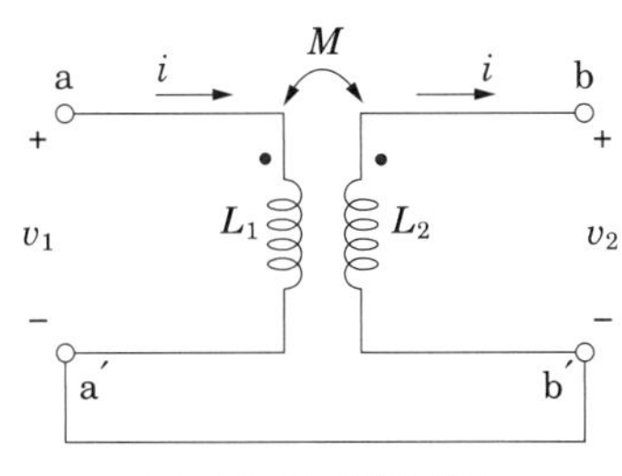

그림 6 차동결합회로

예제문제 14

그림과 같이 단면적 $S\,[\text{m}^2]$, 평균 자로 길이 $l\,[\text{m}]$, 투자율 $\mu\,[\text{H/m}]$인 철심에 N_1, N_2 권선을 감은 무단(無端) 솔레노이드가 있다. 누설 자속을 무시할 때 권선의 상호 인덕턴스는?

① $\dfrac{\mu N_1 N_2 S}{l^2}\,[\text{H}]$　② $\dfrac{\mu N_1 N_2 S}{l}\,[\text{H}]$

③ $\dfrac{\mu N_1 N_2^2 S}{l}\,[\text{H}]$　④ $\dfrac{\mu N_1 N_2 S^2}{l}\,[\text{H}]$

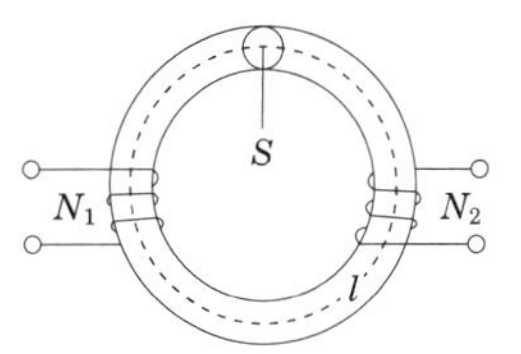

해설

상호 인덕턴스 : $M_{21} = M_{12} = M = \dfrac{N_2\phi_{21}}{I_1} = \dfrac{N_1\phi_{12}}{I_2} = \dfrac{N_1N_2}{R_m} = \dfrac{\mu S N_1 N_2}{l}\,[\text{H}]$

$L_1 = \dfrac{N_1\phi_1}{I_1} = \dfrac{N_1^2}{R_m} = \dfrac{\mu S N_1^2}{l}\,[\text{H}]$

$L_2 = \dfrac{N_2\phi_2}{I_2} = \dfrac{N_2^2}{R_m} = \dfrac{\mu S N_2^2}{l}\,[\text{H}]$

답 : ②

예제문제 15

자기 인덕턴스가 각각 L_1, L_2인 A, B 두 개의 코일이 있다. 이때, 상호 인덕턴스 $M = \sqrt{L_1 L_2}$ 라면 다음 중 옳지 않은 것은?

① A 코일이 만든 자속은 전부 B 코일과 쇄교된다.
② 두 코일이 만드는 자속은 항상 같은 방향이다.
③ A 코일에 1초 동안에 1 [A]의 전류 변화를 주면 B 코일에는 1 [V]가 유기된다.
④ L_1, L_2는 (−)값을 가질 수 없다.

해설

$M = \sqrt{L_1 L_2}$: 결합 계수 $k=1$을 의미한다.
$L_1 > 0$, $L_2 > 0$은 $M > 0$을 의미한다.

답 : ③

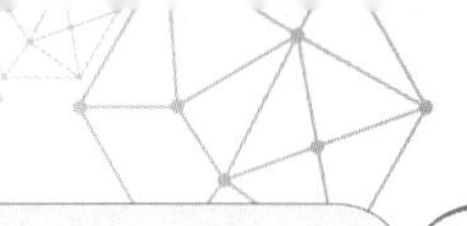

예제문제 16

자기 인덕턴스 L_1, L_2와 상호 인덕턴스 M과의 결합 계수는 어떻게 표시되는가?

① $\sqrt{L_1L_2}/M$　　② $M/\sqrt{L_1L_2}$

③ M/L_1L_2　　④ L_1L_2/M

해설

결합 계수 : $k=\dfrac{M}{\sqrt{L_1L_2}}$

답 : ②

예제문제 17

그림과 같이 단면적이 균일한 환상 철심에 권수 N_1인 A코일과 권수 N_2인 B 코일이 있을 때 A 코일의 자기 인덕턴스가 L_1 [H]라면 두 코일의 상호 인덕턴스 M[H]는? 단, 누설 자속은 0이다.

① $\dfrac{L_1H_1}{N_2}$　　② $\dfrac{N_2}{L_1N_1}$

③ $\dfrac{N_1}{L_1N_2}$　　④ $\dfrac{L_1N_2}{N_1}$

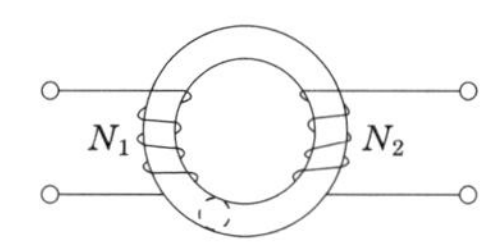

해설

자기저항 : $R=\dfrac{N_1^2}{L_1}=\dfrac{N_1N_2}{M}$

자기 인덕턴스 : $L_1=\dfrac{N_1^2}{R}$[H]

상호 인덕턴스 : $M=\dfrac{N_1N_2}{R}$[H]

$\therefore M=\dfrac{L_1N_2}{N_1}$ [H]

답 : ④

예제문제 18

두 개의 코일이 있다. 각각의 자기 인덕턴스가 0.4 [H], 0.9 [H]이고, 상호 인덕턴스가 0.36 [H]일 때 결합 계수는?

① 0.5　　② 0.6　　③ 0.7　　④ 0.8

해설

결합계수 : $k=\dfrac{M}{\sqrt{L_1L_2}}=\dfrac{0.36}{\sqrt{0.4\times0.9}}=0.6$

답 : ②

예제문제 19

자기 인덕턴스 L_1 [H], L_2 [H] 상호 인덕턴스가 M [H]인 두 코일을 연결하였을 경우 합성 인덕턴스는?

① $L_1 + L_2 \pm 2M$
② $\sqrt{L_1 + L_2} \pm 2M$
③ $L_1 + L_2 \pm 2\sqrt{M}$
④ $\sqrt{L_1 + L_2} \pm 2\sqrt{M}$

해설

합성 인덕턴스 : $L = L_1 + L_2 \pm 2M$

답 : ①

핵심과년도문제

11·1

어느 코일에 흐르는 전류가 0.01 [s] 동안에 1 [A] 변화하여 60 [V]의 기전력이 유기되었다. 이 코일의 자기 인덕턴스[H]는?

① 0.4
② 0.6
③ 1.0
④ 1.2

해설 전자유도법칙 : $e = L\frac{di}{dt}$ 에서 $L = e\frac{dt}{di} = 60 \times \frac{0.01}{1} = 0.6$ [H]

【답】 ②

11·2

어느 코일의 전류가 0.04 [sec] 사이에 4 [A] 변화하여 기전력 2.5 [V]를 유기하였다고 하면 이 회로의 자기 인덕턴스는 몇 [mH]인가?

① 25
② 42
③ 58
④ 62

해설 전자유도법칙 : $e = L\frac{di}{dt}$ 에서 $L = \frac{e \cdot dt}{di} = \frac{2.5 \times 0.04}{4} = 0.025 = 25$ [mH]

【답】 ①

11·3

N회 감긴 환상 코일의 단면적이 S [m^2]이고 평균 길이가 l [m]이다. 이 코일의 권수를 반으로 줄이고 인덕턴스를 일정하게 하려면?

① 길이를 $\frac{1}{4}$배로 한다.
② 단면적을 2배로 한다.
③ 전류의 세기를 2배로 한다.
④ 전류의 세기를 4배로 한다.

해설 환상 코일의 자기 인덕턴스 : $L = \frac{\mu S N^2}{l}$ [H]에서 N을 $\frac{1}{2}$로 하면 L은 $\left(\frac{1}{2}\right)^2 = \frac{1}{4}$배

$\therefore$ S를 4배 또는 l을 $\frac{1}{4}$배로 하면 L은 일정하게 된다.

【답】 ①

11·4

길이 10 [cm], 반지름 1 [cm]인 원형 단면을 갖는 공심 솔레노이드의 자기 인덕턴스를 1 [mH]로 하기 위해서는 솔레노이드의 권선수를 몇 회 정도로 하여야 하는가? 단, $\mu_s = 1$이다.

① 250 ② 500 ③ 750 ④ 900

해설 인덕턴스 : $L = \frac{\mu S N^2}{l}$ [H]에서 $N = \sqrt{\frac{L \cdot l}{\mu S}} = \sqrt{\frac{1\times10^{-3}\times0.1}{4\pi\times10^{-7}\times\pi\times(1\times10^{-2})^2}} = 500$ 【답】 ②

11·5

균일 분포 전류 I [A]가 반지름 a [m]인 비자성 원형 도체에 흐를 때 단위 길이당 도체 내부 인덕턴스의 크기는? 단, 도체의 투자율을 μ_0로 가정한다.

① $\frac{\mu_0}{2\pi}$ [H/m] ② $\frac{\mu_0}{4\pi}$ [H/m] ③ $\frac{\mu_0}{6\pi}$ [H/m] ④ $\frac{\mu_0}{8\pi}$ [H/m]

해설 도체의 투자율 $\mu \doteq \mu_0$로 가정하면 도체 내부 인덕턴스 : $L = \frac{\mu}{8\pi} = \frac{\mu_0}{8\pi}$ [H/m] 【답】 ④

11·6

반지름 a [m]이고 단위 길이에 대한 권수가 n 인 무한장 솔레노이드의 단위 길이당의 자기 인덕턴스는 몇 [H/m]인가?

① $\mu\pi a^2 n^2$ ② $\mu\pi a n$ ③ $\frac{an}{2\mu\pi}$ ④ $4\mu\pi a^2 n^2$

해설 무한장 솔레노이드의 인덕턴스 : $L = \frac{N^2}{R_m} = \frac{\mu s n^2 l^2}{l} = \mu s n^2 l$ [H]

∴ 단위 길이당 자기 인덕턴스 $L_0 = \mu s n^2 = \mu\pi a^2 n^2$ [H/m] 【답】 ①

11·7

권수가 N 인 철심이 든 환상 솔레노이드가 있다. 철심의 투자율이 일정하다고 하면, 이 솔레노이드의 자기 인덕턴스 L 은? 단, 여기서 R_m 은 철심의 자기 저항이고 솔레노이드에 흐르는 전류를 I 라 한다.

① $L = \frac{R_m}{N^2}$ ② $L = \frac{N^2}{R_m}$ ③ $L = R_m N^2$ ④ $L = \frac{N}{R_m}$

해설 환상 솔레노이드의 인덕턴스 $L = \frac{N\phi}{I} = \frac{N\frac{NI}{R_m}}{I} = \frac{N^2}{R_m} = \frac{\mu S N^2}{l}$ [H] 【답】 ②

11·8

코일에 있어서 자기 인덕턴스는 다음의 어떤 매질 상수에 비례하는가?

① 저항률 ② 유전율 ③ 투자율 ④ 도전율

해설 자기인덕턴스 : $L=\frac{\mu SN^2}{l}\propto\mu$

∴ 인덕턴스는 도체의 재질(투자율)에 따라 결정된다. 【답】 ③

11·9

다음 중 자기 인덕턴스의 성질을 옳게 표현한 것은?

① 항상 부(負)이다.
② 항상 정(正)이다.
③ 항상 0이다.
④ 유도되는 기전력에 따라 정(正)도 되고 부(負)도 된다.

해설 ① 자기 인덕턴스 : 자신의 회로에 단위 전류가 흐를 때의 자속 쇄교수를 말하며 항상 정(+)의 값을 갖는다.

②상호 인덕턴스 : 두 회로 사이의 관계로 두 코일에 흐르는 전류가 만드는 자속이 같은 방향이면 정(+)의 값을, 반대 방향이면 부(−)의 값을 갖는다. 【답】 ②

11·10

환상 철심에 권수 N_A인 A코일과 권수 N_B인 B코일이 있을 때 코일 A의 자기 인덕턴스가 L_A [H]라면 두 코일간의 상호 인덕턴스는 몇 [H/m]인가? 단, A코일과 B코일 간의 누설 자속은 없는 것으로 한다.

① $\frac{N_A L_B}{N_B}$ ② $\frac{N_B L_A}{N_A}$ ③ $\frac{N_A^2 L_B}{N_B}$ ④ $\frac{N_B^2 L_B}{N_A}$

해설 $R=\frac{{N_A}^2}{L_A}=\frac{N_A N_B}{M}$ 이므로

자기 인덕턴스 : $L_A=\frac{{N_A}^2}{R}$ [H]

상호 인덕턴스 : $M=\frac{N_A N_B}{R}=\frac{N_A N_B}{\frac{{N_A}^2}{L_A}}=\frac{N_B L_A}{N_A}$ [H/m] 【답】 ②

11 · 11

환상 철심에 권수 20의 A 코일과 권수 80의 B 코일이 있을 때 A 코일의 자기 인덕턴스가 5 [mH]라면 두 코일의 상호 인덕턴스는 몇 [mH]인가?

① 20 ② 1.25 ③ 0.8 ④ 0.05

해설 상호 인덕턴스 : $M = \frac{L_1 N_2}{N_1} = \frac{5\times 80}{20} = 20$ [mH] 【답】①

11 · 12

길이 l, 단면 반지름 $a(1 \gg a)$, 권수 N_1인 단층 원통형 1차 솔레노이드의 중앙 부근에 권수 N_2인 2차 코일을 밀착되게 감았을 경우 상호 인덕턴스는?

① $\frac{\mu\pi a^2}{l}N_1N_2$ ② $\frac{\mu\pi a^2}{l}N_1^2N_2^2$

③ $\frac{\mu l}{\pi a^2}N_1N_2$ ④ $\frac{\mu l}{\pi a^2}N_1^2N_2^2$

해설 $M_{21} = \frac{N_2\phi_{21}}{I_1} = \frac{N_1\phi_{21}}{\frac{R\phi_{21}}{N_1}} = \frac{N_1N_2}{R} = \frac{\mu SN_1N_2}{l}$

$M_{12} = \frac{N_1\phi_{12}}{I_2} = \frac{N_1\phi_{12}}{\frac{R\phi_{12}}{N_2}} = \frac{N_1N_2}{R} = \frac{\mu SN_1N_2}{l}$

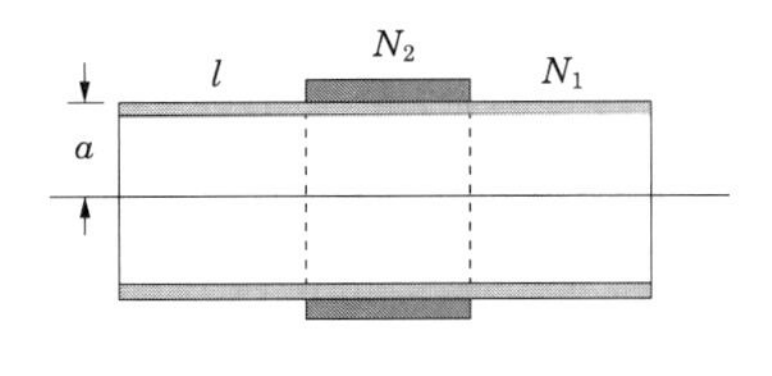

∴ 상호 인덕턴스 $M = M_{12} = M_{21} = \frac{\mu SN_1N_2}{l} = \frac{\mu\pi a^2 N_1N_2}{l}$ [H] 【답】①

11 · 13

두 자기 인덕턴스를 직렬로 하여 합성 인덕턴스를 측정하였더니 75 [mH]가 되었다. 이때 한 쪽 인덕턴스를 반대로 접속하여 측정하니 25 [mH]가 되었다면 두 코일의 상호 인덕턴스[mH]는 얼마인가?

① 12.5 ② 20.5 ③ 25 ④ 30

해설 가동결합 : $L_+ = L_1 + L_2 + 2M = 75$ [mH]

차동결합 : $L_- = L_1 + L_2 - 2M = 25$ [mH]

$\therefore M = \frac{L_+ - L_-}{4} = \frac{75-25}{4} = \frac{50}{4} = 12.5$ [mH] 【답】①

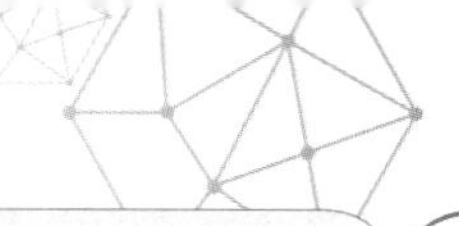

11 · 14

그림과 같이 각 코일의 자기 인덕턴스가 각각 $L_1 = 6$ [H], $L_2 = 2$ [H]이고, 1, 2 코일 사이에 상호 유도에 의한 상호 인덕턴스 $M = 3$ [H]일 때 전 코일에 저축되는 자기 에너지[J]는? 단, $I = 10$ [A]이다.

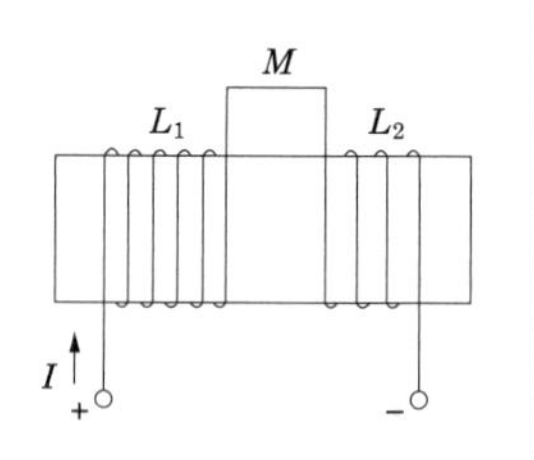

① 60　② 100
③ 600　④ 700

해설 두 코일이 반대방향 이므로 차동결합이 된다.

$\therefore L = L_1 + L_2 - 2M = 6 + 2 - 2 \times 3 = 2$ [H]

$\therefore W = \frac{1}{2}LI^2 = \frac{1}{2} \times 2 \times 10^2 = 100$ [J]

【답】 ②

11 · 15

비투자율 1000, 단면적 10 [cm^2], 자로의 길이 100 [cm], 권수 1000회인 철심 환상 솔레노이드에 10 [A]의 전류가 흐를 때 저축되는 자기 에너지는 몇 [J]인가?

① 62.8　② 6.28　③ 31.4　④ 3.14

해설 환상 솔레노이드의 자기인덕턴스 : $L = \frac{\mu_0 \mu_s S N^2}{l}$

$\therefore W = \frac{1}{2}LI^2 = \frac{1}{2}\frac{\mu_0 \mu_s S N^2}{l}I^2 = \frac{1}{2} \times \frac{4\pi \times 10^{-7} \times 1{,}000 \times 10 \times 10^{-4} \times 1{,}000^2}{100 \times 10^{-2}} \times 10^2 = 62.8$ [J]

【답】 ①

11 · 16

자기 인덕턴스 L_1, L_2인 두 회로의 상호 인덕턴스가 M일 때 각각 회로에 I_1, I_2의 전류가 흐르면 이 전류계에 저장하는 자계의 에너지는?

① $\frac{1}{2}L_1 I_1^2 + \frac{1}{2}L_2 I_2^2 + \frac{1}{2}MI_1 I_2$　② $\frac{1}{2}L_1 I_1^2 + \frac{1}{2}L_2 I_2^2 + MI_1 I_2$
③ $L_1 I_1^2 + L_2 I_2^2 + MI_1 I_2$　④ $L_1 I_1^2 + L_2 I_2^2 + 2MI_1 I_1$

해설 자계 에너지$= \frac{1}{2}LI^2 = \frac{1}{2L}\lambda^2$이고 $\lambda = N\pi = LI = MI$이므로

전체 에너지$= W_1 + W_2 + 2 \times W_{12} = \frac{1}{2}L_1 I_1^2 + \frac{1}{2}L_2 I_2^2 + MI_1 I_2$

【답】 ②

심화학습문제

01 인덕턴스의 단위 [H]와 같은 단위는?

① [F] ② [V/m]
③ [A/m] ④ [Ω·s]

해설

전자유도법칙

$v = L\frac{di}{dt}$ 에서 $L = \frac{dt}{di}v$,

$H = \left[\frac{\sec \cdot V}{A}\right] = \left[\sec \cdot \frac{V}{A}\right] = [\sec \cdot \Omega]$

【답】 ④

02 환상 철심에 A, B 코일이 감겨 있다. A 코일에 전류가 150 [A/s]로 변화할 때 코일 A에 45 [V], B에 30 [V]의 기전력이 유기될 때의 B 코일의 자기 인덕턴스[mH]는? 단, 결합 계수 $k=1$이다.

① 133 ② 200
③ 275 ④ 300

해설

$e = L\frac{di}{dt}$ 에서

$L_A = \frac{dI_A}{dt} = V_A$, $L_A \times 150 = 45$

$\therefore L_A = \frac{45}{150} = 0.3$ [H]=300 [mH]

$M\frac{dI_A}{dt} = V_B$, $M \times 150 = 30$

$\therefore M = \frac{30}{150} = 0.2$ [H]=200 [mH]

$M = k\sqrt{L_A L_B}$, $M^2 = k^2 L_A L_B$ 이므로

$L_B = \frac{M^2}{k^2 L_A} = \frac{0.2^2}{1^2 \times 0.3} = 0.133$ [H]=133 [mH]

【답】 ①

03 환상 솔레노이드 코일에 있어서 코일에 흐르는 전류가 2 [A]일 때 자로의 자속이 1×10^{-2} [Wb] 되었다고 한다. 코일의 권수를 500회라 할 때 이 코일의 자기 인덕턴스 [H]는? 단, 코일의 전류와 자로의 자속과의 관계는 정비례하는 것으로 하여 계산하여라.

① 2.5 ② 3.5
③ 4.5 ④ 5.5

해설

자기 인덕턴스 : $L = \frac{N\phi}{I} = \frac{500 \times 1 \times 10^{-2}}{2} = 2.5$ [H]

【답】 ①

04 권수 200회이고, 자기 인덕턴스 20 [mH]의 코일에 2 [A]의 전류를 흘리면, 쇄교 자속수[Wb·T]는?

① 0.04 ② 0.01
③ 4×10^{-4} ④ 2×10^{-4}

해설

쇄교 자속수

$\Phi = N\phi = LI = 20 \times 10^{-3} \times 2 = 40 \times 10^{-3}$ [Wb·T]

【답】 ①

05 권수 600, 자기인덕턴스 1 [mH]인 코일에 3 [A]의 전류가 흐를 때 이 코일면을 지나는 자속은 몇 [Wb]인가?

① 2×10^{-6} ② 3×10^{-6}
③ 5×10^{-6} ④ 9×10^{-6}

해설

자속 : $\phi = \frac{LI}{N} = \frac{1 \times 10^{-3} \times 3}{600} = 5 \times 10^{-6}$ [Wb]

【답】 ③

06 코일의 권수를 2배로 하면 인덕턴스의 값은 몇 배가 되는가?

① $\frac{1}{2}$배　② $\frac{1}{4}$배
③ 2배　④ 4배

해설

자기 인덕턴스 : $L = \frac{\mu S N^2}{l}$ [H]에서 $L \propto N^2$이므로 코일의 권수를 2배로 하면 인덕턴스는 4배로 된다.

【답】 ④

07 자기 회로의 자기 저항이 일정할 때 코일의 권수를 1/2로 줄이면 자기 인덕턴스는 원래의 몇 배가 되는가?

① $\frac{1}{\sqrt{2}}$배　② $\frac{1}{2}$배
③ $\frac{1}{4}$배　④ $\frac{1}{8}$배

해설

환상 코일의 자기 인덕턴스 : $L = \frac{\mu S N^2}{l}$ [H]에서 N을 $\frac{1}{2}$로 하면 L은 $\left(\frac{1}{2}\right)^2 = \frac{1}{4}$배가 된다.

【답】 ③

08 평균 반지름이 a [m], 단면적 S [m^2]인 원환 철심(투자율 μ)에 권선수 N인 코일을 감았을 때 자기 인덕턴스는?

① $\mu N^2 Sa$ [H]　② $\frac{\mu N^2 S}{\pi a^2}$ [H]
③ $\frac{\mu N^2 S}{2\pi a}$ [H]　④ $2\pi a \mu N^2 S$ [H]

해설

자기 인덕턴스 : $L = \frac{\mu N^2 S}{l} = \frac{\mu N^2 S}{2\pi a}$ [H]

【답】 ③

09 철심에 25회의 권선을 감고 1 [A]의 전류를 통했을 때 0.01 [Wb]의 자속이 발생하였다. 같은 철심을 사용하기 자기 인덕턴스를 1 [H]로 하려면 도선의 권수는?

① 25　② 50
③ 75　④ 100

해설

자기 인덕턴스 : $L = \frac{\mu S N^2}{l}$ [H]에서 $L \propto N^2$이므로

$L_1 = \frac{N\phi}{I} = \frac{25 \times 0.01}{1} = 0.25$ [H]에서

$0.25 : 25^2 = 1 : N'^2$

$\therefore N' = \sqrt{\frac{25^2}{0.25}} = 50$

【답】 ②

10 단면적 S [m^2], 자로의 길이 l [m], 투자율 μ [H/m]의 환상 철심에 1 [m]당 N회 균등하게 코일을 감았을 때 자기 인덕턴스[H]는?

① $\mu N^2 l S$　② $\frac{\mu N^2 l}{S}$
③ $\mu N l S$　④ $\frac{\mu N^2 S}{l}$

해설

자기 인덕턴스 : $L = \frac{\mu S (Nl)^2}{l} = \mu N^2 l S$ [H]

【답】 ①

11 반지름 a [m], 선간 거리 d [m]의 평행 왕복 도선간의 자기 인덕턴스는 다음 중 어떤 값에 비례하는가?

① $\dfrac{\pi\mu_0}{\ln\dfrac{d}{a}}$ ② $\dfrac{\pi\mu_0}{\ln\dfrac{a}{d}}$

③ $\dfrac{\mu_0}{2\pi}\ln\dfrac{\text{a}}{\text{d}}$ ④ $\dfrac{\mu_0}{\pi}\ln\dfrac{\text{d}}{\text{a}}$

해설

평행 왕복 선로의 자기 인덕턴스

$$L=\frac{\mu_0}{4\pi}\left(4\ln\frac{d}{a}+\mu\right)[\text{H}]\ (d\gg a)$$

내부 인덕턴스를 무시하면 $L=\dfrac{\mu_0}{\pi}\ln\dfrac{\text{d}}{\text{a}}$가 된다.

【답】 ④

12 2개의 회로 C_1, C_2 가 있을 때 각 회로상에 취한 미소 부분을 dl_1, dl_2, 두 미소 부분 간의 거리를 r 이라 하면 C_1, C_2 회로간의 상호 인덕턴스[H]는 어떻게 표시되는가? 단, μ는 투자율이다.

① $\dfrac{\mu}{4\pi}\oint_{c2}\oint_{c1}\dfrac{dl_1\cdot dl_2}{r}$

② $\dfrac{\mu}{2\pi}\oint_{c1}\oint_{c2}\dfrac{dl_1\times dl_2}{r}$

③ $\dfrac{\mu\epsilon}{4\pi}\oint_{c2}\oint_{c1}dl_1 dl_2$

④ $\oint_{c2}\oint_{c1}\log r dl_1\cdot dl_2$

해설

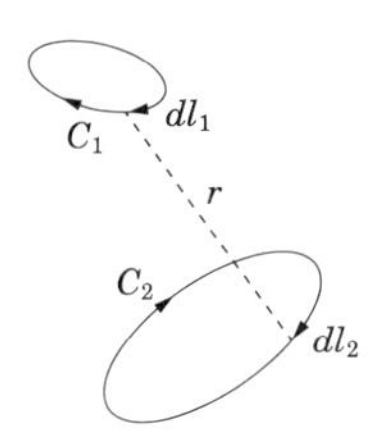

그림과 같이 두 개의 전기 회로 C_1과 C_2와의 상호 인덕턴스 M_{21}을 구하는 방법으로 노이만의 공식을 적용한다.

C_1에 전류 I_1이 흐를 때 dl_2 부분에 생기는 벡터 퍼텐셜 $\boldsymbol{A}_1$은

$$\boldsymbol{A}_1=\frac{\mu}{4\pi}\oint_{c1}\frac{I_1}{r}dl_1$$

C_2와 쇄교하는 자속 ϕ_{21}은

$$\phi_{21}=\oint_{c2}\boldsymbol{A}_1\cdot dl_2=\frac{\mu I_1}{4\pi}\oint_{c2}\oint_{c1}\frac{I}{r}dl_1\cdot dl_2$$

$$M_{21}=\frac{\mu}{4\pi}\oint_{c2}\oint_{c1}\frac{dl_1\cdot dl_2}{r}$$

dl_1과 dl_2와의 각을 θ라 하면 노이만의 공식에 의해

$$\therefore M_{21}=\frac{\mu}{4\pi}\oint_{c2}\oint_{c1}\frac{\cos\theta\, dl_1 dl_2}{r}=\frac{\mu}{4\pi}\oint_{c2}\oint_{c1}\frac{dl_1\cdot dl_2}{r}$$

【답】 ①

13 두 코일이 있다. 한 코일의 전류가 매초 120 [A]의 비율로 변화할 때 다른 코일에는 15 [V]의 기전력이 발생하였다면 두 코일의 상호 인덕턴스[H]는?

① 0.125 ② 0.255
③ 0.515 ④ 0.615

해설

전자유도법칙 : $e=M\dfrac{di}{dt}$

$$\therefore M=e\frac{dt}{di}=15\times\frac{1}{120}=0.125\ [\text{H}]$$

【답】 ①

14 원형 단면을 가진 비자성 재료에 균일하게 감긴 권수 $N_1=1000$회인 환상 솔레노이드의 자기 인덕턴스가 $L_1=2$ [mH]이다. 그 위에 $N_2=1200$회의 코일을 감으면 상호 인덕턴스[mH]는? 단, 누설 자속은 없는 것으로 본다.

① 2.0 ② 2.4
③ 3.6 ④ 4.5

해설

환상 철심의 자기 인덕턴스

$$L=\frac{N^2}{R_m}=\frac{N^2}{\frac{l}{\mu S}}=\frac{\mu_0\mu_s SN^2}{l}$$

$L\propto N^2$이므로

$$L_2=L_1\left(\frac{N_2}{N_1}\right)^2=2\times10^{-3}\times\left(\frac{1200}{1000}\right)^2=2.88\ [\text{mH}]$$

누설 자속은 없으므로 $k=1$로 해서

$$\therefore M=k\sqrt{L_1L_2}=1\times\sqrt{2\times2.88\times10^{-6}}=2.4\ [\text{mH}]$$

【답】 ②

15 원형 단면의 비자성 재료에 권수 $N_1=1000$의 코일이 균일하게 감긴 환상 솔레노이드의 자기 인덕턴스가 $L_1=1$ [mH]이다. 그 위에 권수 $N_2=1200$의 코일이 감겨져 있다면 이때의 상호 인덕턴스[mH]는 얼마인가? 단, 결합 계수 $k\fallingdotseq1$이다.

① 1.2 ② 1.44
③ 1.62 ④ 1.82

해설

자기 저항 : R_m

자기 인덕턴스 : $L_1=\frac{N_1^2}{R_m}$, $L_2=\frac{N_2^2}{R_m}$

상호 인덕턴스

$$M=\frac{N_1\cdot N_2}{R_m}=\frac{N_2}{N_1}L_1=\frac{1200}{1000}\times1=1.2\ [\text{mH}]$$

【답】 ①

16 환상 철심에 권수 100회인 A 코일과 권수 200회인 B 코일이 있을 때 A의 자기 인덕턴스가 4 [H]라면 두 코일의 상호 인덕턴스는 몇 [H]인가?

① 2 ② 4
③ 6 ④ 8

해설

$R=\frac{{N_A}^2}{L_A}=\frac{N_AN_B}{M}$ 이므로

자기 인덕턴스 : $L_A=\frac{{N_A}^2}{R}$ [H]

상호 인덕턴스

$$M=\frac{N_AN_B}{R}=\frac{N_AN_B}{\frac{{N_A}^2}{L_A}}=\frac{N_BL_A}{N_A}=\frac{4\times200}{100}=8\ [\text{H}]$$

【답】 ④

17 자기 인덕턴스가 L_1, L_2이고 상호 인덕턴스가 M인 두 회로의 결합 계수가 1이면 다음 중 옳은 것은?

① $L_1L_2=M$ ② $L_1L_2<M^2$
③ $L_1L_2>M^2$ ④ $L_1L_2=M^2$

해설

$M=k\sqrt{L_1L_2}$

$k=1$인 경우 $M^2=L_1L_2$

【답】 ④

18 철심이 들어있는 환상코일에서 1차 코일의 권수가 100회일 때 자기 인덕턴스는 0.01 [H]이었다. 이 철심에 2차 코일을 200회 감았을 때 2차 코일의 자기 인덕턴스와 상호 인덕턴스는 각각 몇 [H]인가?

① 자기 인덕턴스 : 0.02, 상호 인덕턴스 : 0.01
② 자기 인덕턴스 : 0.01, 상호 인덕턴스 : 0.02
③ 자기 인덕턴스 : 0.04, 상호 인덕턴스 : 0.02
④ 자기 인덕턴스 : 0.02, 상호 인덕턴스 : 0.04

해설

$R=\frac{{N_A}^2}{L_A}=\frac{N_AN_B}{M}$ 이므로 자기 인덕턴스

$$L_A=\frac{{N_A}^2}{R}\ [\text{H}]$$

상호 인덕턴스

$$M=\frac{N_A N_B}{R}=\frac{N_A N_B}{\frac{N_A{}^2}{L_A}}=\frac{N_B L_A}{N_A}=0.01\times\frac{200}{100}=0.02\ [H]$$

$$L_B=L_A\left(\frac{N_B}{N_A}\right)^2 \text{에서}\quad L_2=0.01\times\left(\frac{200}{100}\right)^2=0.04[H]$$

【답】 ③

19 두 개의 인덕턴스 L_1, L_2를 병렬로 접속하였을 때의 합성 인덕턴스 L은 몇 [H]인가? 단, L_1과 L_2의 단위는 [H]로 모두 같음

① $L=L_1+L_2-2M$
② $L=L_1+L_2+2M$
③ $L=\frac{L_1L_2}{L_1+L_2}$
④ $L=L_1+L_2$

해설

병렬 접속의 경우 합성인덕턴스

가동접속 : $L=\frac{L_1L_2-M^2}{L_1+L_2-2M}$

차동접속 : $L=\frac{L_1L_2-M^2}{L_1+L_2+2M}$

$M=0$이면 $L=\frac{L_1L_2}{L_1+L_2}$

【답】 ③

20 자기 인덕턴스가 20 [mH]인 코일에 전류를 흘려 주었을 때 코일과의 쇄교 자속수가 0.2 [Wb]였다. 이때 코일에 저축되는 자기 에너지[J]는?

① 0.5　② 1
③ 2　④ 4

해설

$N\phi=LI$에서 $I=\frac{N\phi}{L}=\frac{0.2}{20\times10^{-3}}=10\ [A]$

$\therefore W=\frac{1}{2}LI^2=\frac{1}{2}\times20\times10^{-3}\times10^2=1\ [J]$

【답】 ②

21 두 코일간의 결합 계수가 1이다. 자기 인덕턴스가 L_2인 코일은 단락하고 L_1인 코일은 저항 R과 직렬로 연결하여 직류 전압 V를 인가해서 전류 I_1을 흘릴 때 두 코일이 갖는 자기 에너지는? 단, 두 코일이 갖는 자기 에너지의 초기값은 0이다.

① 0　② $\frac{1}{2}L_1I_1^2$
③ $L_1I_1^2$　④ $2L_1I_1^2$

해설

코일 1에만 전류가 흐른다.

$\therefore W=\frac{1}{2}L_1I_1^2$

【답】 ②

22 자기 인덕턴스가 10 [H]인 코일에 3 [A]의 전류가 흐를 때 코일에 축적된 자계 에너지는 몇 [J]인가?

① 30　② 45
③ 60　④ 90

해설

자계 에너지 : $W=\frac{1}{2}LI^2=\frac{1}{2}\times10\times3^2=45\ [J]$

【답】 ②

23 $L_1=5$ [mH], $L_2=80$ [mH], 결합 계수 $k=0.5$인 두 개의 코일을 그림같이 접속하고 $I=0.5$ [A]의 전류를 흘릴 때 이 합성 코일에 축적되는 에너지는?

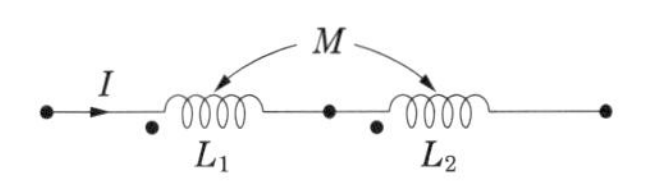

① 13.13×10^{-3} [J]　② 26.26×10^{-3} [J]
③ 8.13×10^{-3} [J]　④ 16.26×10^{-3} [J]

해설

가동접속이므로 $L_+ = L_1 + L_2 + 2M$

$M = k\sqrt{L_1 L_2} = 0.5\sqrt{5\times10^{-3}\times80\times10^{-3}} = 10$ [mH]

$\therefore W = \frac{1}{2}(L_1 + L_2 + 2M)I^2$

$= \frac{1}{2}(5+80+2\times10)\times10^{-3}\times0.5^2$

$= 13.125\times10^{-3}$ [J]

【답】 ①

24 하나의 철심 위에 인덕턴스가 10 [H]인 두 코일을 같은 방향으로 감아서 직렬 연결한 후에 5 [A]의 전류를 흘리면 여기에 축적되는 에너지는 몇 [J]인가? 단, 두 코일의 결합계수는 0.8이다.

① 50 ② 350
③ 450 ④ 2,250

해설

가동접속이므로 $L_+ = L_1 + L_2 + 2M$

$W = \frac{1}{2}LI^2 = \frac{1}{2}(L_1 + L_2 + 2k\sqrt{L_1 L_2})I^2$

$= \frac{1}{2}(10+10+2\times0.8\sqrt{10\times10})\times5^2 = 450$ [J]

【답】 ③

25 반지름 a인 원주 도체의 단위 길이당 내부 인덕턴스[H/m]는?

① $\frac{\mu}{4\pi}$ ② $\frac{\mu}{8\pi}$
③ $4\pi\mu$ ④ $8\pi\mu$

해설

원주 도체의 내부 인덕턴스는 단위 길이당 인덕턴스

: $L_i = \frac{\mu}{8\pi}$ [H/m]

【답】 ②

26 반지름 r 의 직선상 도체에 전류 I가 고르게 흐를 때 도체 내의 전자 에너지와 관계없는 것은?

① 투자율 ② 도체의 단면적
③ 도체의 길이 ④ 전류의 크기

해설

원주 도체의 내부 단위 길이당 인덕턴스

: $L_i = \frac{\mu}{8\pi}$ [H/m]

도체 내부의 전자 에너지

$W_i = \frac{1}{2}L_i l I^2 = \frac{1}{2}\cdot\frac{\mu l}{8\pi}I^2 = \frac{\mu l}{16}I^2$ [J]

∴ 반지름 r과는 무관하므로 도체의 단면적과도 관계없다.

【답】 ②

Chapter 12 전자장

1. 변위전류(displacement current)

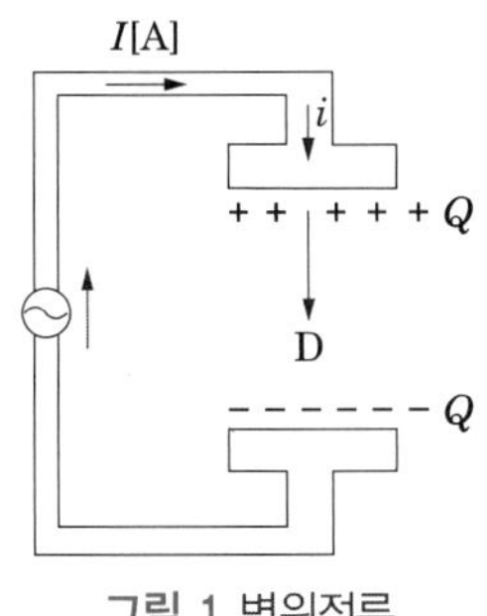

그림 1 변위전류

콘덴서와 같은 유전체에 흐르는 전류는 지금까지 해석한 전도전류로는 해석이 불가능하기 때문에 맥스웰이 이를 해석하기 위해 변위전류의 개념을 정립하였다. 변위 전류 및 변위 전류 밀도는 시간적으로 변화하는 전속 밀도에 의한 전류를 말한다.
그림 1과 같은 평행판 콘덴서에 표면전하밀도를 σ라 하면 전속밀도는

$$D=\sigma$$

가 된다. 극판의 전하 Q는

$$Q=\sigma S=DS$$

가 된다. 전류의 정의에 의해

$$I_d=\frac{dQ}{dt}=S\frac{\partial D}{\partial t}[\mathrm{A}]$$

$$i_d=\frac{\partial D}{\partial t}[\mathrm{A/m^2}]$$

$$\boldsymbol{i}_d=\frac{\partial \boldsymbol{D}}{\partial t}[\mathrm{A/m^2}]$$

가 된다. 이것은 시간적으로 변화하는 전속밀도를 의미하며 이것을 변위전류라 한다.

유전체 중에서의 변위전류밀도는 $\boldsymbol{D}=\epsilon\boldsymbol{E}=\epsilon_0\boldsymbol{E}+\boldsymbol{P}$의 관계식에서

$$\boldsymbol{i}_d=\frac{\partial\boldsymbol{D}}{\partial t}=\epsilon\frac{\partial\boldsymbol{E}}{\partial t}=\epsilon_0\frac{\partial\boldsymbol{E}}{\partial t}+\frac{\partial\boldsymbol{P}}{\partial t}\ [\mathrm{A/m^2}]$$

로 표시할 수 있다.

따라서, 유전체 중의 변위 전류는 진공 중의 전계 변화에 의한 변위 전류와 구속 전자의 변위에 의한 분극 전류와의 합이 된다.

전극 사이의 매질이 유전율 ε과 도전율 σ인 물질이라면(완전 유전체가 아니라면) 전도전류와 변위전류가 합이 되어 흐르게 된다.

$$\boldsymbol{i}=\boldsymbol{i}_c+\boldsymbol{i}_d=\sigma\boldsymbol{E}+\frac{\partial\boldsymbol{D}}{\partial t}$$

$$=\sigma\boldsymbol{E}+\epsilon\frac{\partial\boldsymbol{E}}{\partial t}$$

$$=\sigma\boldsymbol{E}+\epsilon_0\frac{\partial\boldsymbol{E}}{\partial t}+\frac{\partial\boldsymbol{P}}{\partial t}[\mathrm{A/m^2}]$$

콘덴서(유전율과 도전율이 ε, σ)에 흐르는 전류를 변위전류의 개념으로 해석하면 다음과 같다. 콘덴서(유전체)에 $v=V_m\sin\omega t\,[\mathrm{V}]$ 를 가했을 때 변위전류밀도(displacement current density)는

$$E=\frac{v}{d}=\frac{V_m}{d}\sin\omega t$$
$$D=\epsilon E=\frac{\epsilon V_m}{d}\sin\omega t$$
$$i_c=\sigma E=\frac{\sigma}{d}V_m\sin\omega t$$

$$i_d=\frac{\partial D}{\partial t}=\frac{\epsilon V_m}{d}\frac{\partial}{\partial t}\sin\omega t=\frac{\omega\epsilon}{d}V_m\cos\omega t$$

$$=\frac{\omega\epsilon}{d}V_m\sin\left(\omega t+\frac{\pi}{2}\right)[\mathrm{A/m^2}]$$
$$=\frac{\omega\epsilon}{d}V_m\cos\omega t=\omega\epsilon E\cos\omega t[\mathrm{A/m^2}]$$

위 식으로부터 변위전류밀도와 각속도와의 관계는

$$|i_d|=\omega\epsilon E,\ \omega=\frac{|i_d|}{\epsilon E}$$

가 된다. 또 전도전류와 변위전류는 다음과 같다.

$$I_c = \sigma E S = \frac{\sigma S}{d} V_m \sin\omega t = \frac{V_m}{R} \sin\omega t[\mathrm{A}]$$

$$I_d = \frac{\partial D}{\partial t} S = \frac{\omega \epsilon S}{d} V_m \cos\omega t = \omega C V_m \cos\omega t[\mathrm{A}]$$

가 된다.

예제문제 01

변위 전류 밀도를 나타내는 식은? 단, D는 전속 밀도, B는 자속 밀도, Φ는 자속, $N\Phi$는 자속쇄교수이다.

① $\frac{\partial(N\Phi)}{\partial t}$　② $\frac{\partial \Phi}{\partial t}$　③ $\frac{\partial \boldsymbol{B}}{\partial t}$　④ $\frac{\partial \boldsymbol{D}}{\partial t}$

해설

변위 전류는 전속 밀도의 시간적 변화에 의해서 발생한다.

$i_d = \frac{\partial D}{\partial t}$

답 : ④

예제문제 02

간격 d[m]인 2개의 평행판 전극 사이에 유전율 ϵ의 유전체가 있다. 전극 사이에 전압 $v = V_m \cos\omega t$ [V]를 가했을 때 변위 전류 밀도[A/m^2]는?

① $\frac{\epsilon}{d} V_m \cos\omega t$　② $-\frac{\epsilon}{d}\omega V_m \sin\omega t$

③ $\frac{\epsilon}{d}\omega V_m \cos\omega t$　④ $\frac{\epsilon}{d} V_m \sin\omega t$

해설

변위 전류 밀도 : $i_d = \frac{\partial D}{\partial t} = \frac{\partial(\epsilon E)}{\partial t} = \frac{\partial}{\partial t}\epsilon\left(\frac{v}{d}\right) = \frac{\epsilon}{d} V_m \frac{\partial}{\partial t}\cos\omega t = -\frac{\omega\epsilon}{d} V_m \sin\omega t$ [A/m^2]

답 : ②

예제문제 03

변위 전류와 가장 관계가 깊은 것은?

① 반도체　② 유전체　③ 자성체　④ 도체

해설

$i_D = \frac{I_D}{S} = \epsilon\frac{\partial E}{\partial t}$

i_D : 변위전류밀도 [A/m^2], I_D : 변위전류 [A], ϵ : 유전율 [F/m]

E : 전계의 세기 [V/m], D : 전속밀도 [C/m^2]

답 : ②

예제문제 04

맥스웰은 전극간의 유도체를 통하여 흐르는 전류를 (ㄱ) 전류라 하고 이것도 (ㄴ)를 발생한다고 가정하였다. (　)안에 알맞은 것은?

① (ㄱ) 전도 (ㄴ) 자계　② (ㄱ) 변위 (ㄴ) 자계
③ (ㄱ) 전도 (ㄴ) 전계　④ (ㄱ) 변위 (ㄴ) 전계

해설
- 전도 전류 : 도체에 전장(기전력)을 가할 때 흐르는 전류 $J_c = \sigma E$
- 변위 전류 : 유전체(공기)에 전속 밀도의 시간적 변화에 의한 전류 $J_d = \frac{dD}{dt}$

∴ 전도, 변위 전류도 자장을 발생시킨다.

답 : ②

2. 맥스웰의 전계와 자계에 대한 방정식

2.1 맥스웰 전자방정식

(1) 암페어의 주회적분 법칙의 미분형

전도전류를 I_c, 변위전류를 I_d라 하면 암페어의 주회적분의 법칙은

$$\oint \boldsymbol{H} \cdot dl = \sum I = I_c + I_d = \int_s \left(i_c + \frac{\partial \boldsymbol{D}}{\partial t} \right) \cdot \boldsymbol{n} dS$$

인데 $\oint \boldsymbol{H} \cdot dl$을 Stokes 정리로 변환하고 위 식을 다시 쓰면

$$\oint \boldsymbol{H} \cdot dl = \int \mathrm{rot} \boldsymbol{H} \cdot \boldsymbol{n} dS = \int \left(i_c + \frac{\partial \boldsymbol{D}}{\partial t} \right) \cdot \boldsymbol{n} dS$$

양변을 미분하면

$$\mathrm{rot}\ \boldsymbol{H} = \nabla \times \boldsymbol{H} = i_c + \frac{\partial \boldsymbol{D}}{\partial t}$$

이 식이 맥스웰의 전자 방정식 중 첫째 식으로 암페어의 주회 적분 법칙에서 유도한 식이다.

(2) 패러데이 전자유도법칙

패러데이의 전자 유도 법칙에서 유도한 식으로

$$e = -\frac{d\phi}{dt} = -\int \frac{\partial \boldsymbol{B}}{\partial t} \cdot \boldsymbol{n} dS \text{ [V]}$$

$e = \oint \boldsymbol{E} \cdot dl$을 Stokes의 정리로 변환하고 위 식을 쓰면

$$e = \oint \boldsymbol{E} \cdot dl = \int \text{rot}\boldsymbol{E} \cdot \boldsymbol{n} dS = -\int \frac{\partial \boldsymbol{B}}{\partial t} \cdot \boldsymbol{n} dS$$

가 된다. 양변을 미분하면

$$\text{rot}\boldsymbol{E} = \nabla \times \boldsymbol{E} = -\frac{\partial \boldsymbol{B}}{\partial t}$$

이다.

(3) 가우스법칙의 미분형

$$\text{rot}\boldsymbol{H} = \nabla \times \boldsymbol{H} = \boldsymbol{i} + \frac{\partial \boldsymbol{D}}{\partial t}$$

양변에 div의 연산을 취하면, 회전의 발산 $\nabla \cdot (\nabla \times \boldsymbol{H}) = 0$이 되어

$$\nabla \cdot \left(\boldsymbol{i} + \frac{\partial \boldsymbol{D}}{\partial t} \right) = 0 \quad \text{즉,} \quad \nabla \cdot \boldsymbol{i} = -\frac{\partial}{\partial t} \nabla \cdot \boldsymbol{D}$$

가 되고, 이것을 전하의 연속방정식 이라 한다.

$$\nabla \cdot \boldsymbol{i} = -\frac{\partial \rho}{\partial t}$$

와 비교하면 가우스법칙의 미분형과 가우스법칙이 유도된다.

$$\nabla \cdot \boldsymbol{D} = \rho, \quad \oint_S \boldsymbol{D} \cdot d\boldsymbol{S} = Q$$

(4) 가우스 법칙의 미분형

$$\mathrm{rot}\boldsymbol{E} = \nabla \times \boldsymbol{E} = -\frac{\partial \boldsymbol{B}}{\partial t}$$

양변에 div의 연산을 취하면 $\nabla \cdot \nabla \times \boldsymbol{E} = 0$이므로 다음과 같이 된다.

$$\frac{\partial}{\partial t}(\nabla \cdot \boldsymbol{B}) = 0 \qquad \therefore \nabla \cdot \boldsymbol{B} = 0 \text{ (독립된 자극은 존재하지 않음)}$$

자속선의 발산의 원천은 존재하지 않고, 항상 연속을 의미한다. (독립된 자극은 존재하지 않고 항상 N, S 극이 동시에 존재함을 의미)
정리하면 다음 표와 같다. 이것을 맥스웰의 전자방정식이라 한다.

표 1 전자계에서 성립하는 기본 방정식

맥스웰 전자방정식		의미
미분형	적분형	
$\mathrm{rot}\ \boldsymbol{E} = -\frac{\partial \boldsymbol{B}}{\partial t}$	$\oint_c \boldsymbol{E} \cdot dl = -\int_S \frac{\partial \boldsymbol{B}}{\partial t} \cdot d\boldsymbol{S}$	패러데이 법칙
$\mathrm{rot}\ \boldsymbol{H} = i_c + \frac{\partial \boldsymbol{D}}{\partial t}$	$\oint_c \boldsymbol{H} \cdot dl = I + \int_S \frac{\partial \boldsymbol{D}}{\partial t} \cdot d\boldsymbol{S}$	암페어 주회적분 법칙
$\mathrm{div}\boldsymbol{D} = \rho$	$\oint_S \boldsymbol{D} \cdot d\boldsymbol{S} = \int_v \rho\, dv = Q$	가우스 법칙
$\mathrm{div}\boldsymbol{B} = 0$	$\oint_S \boldsymbol{B} \cdot d\boldsymbol{S} = 0$	가우스 법칙

예제문제 05

다음 방정식에서 전자계의 기초 방정식이 아닌 것은?

① $\mathrm{div}\boldsymbol{B} = \boldsymbol{i} + \frac{\partial \boldsymbol{D}}{\partial t}$
② $\mathrm{rot}\boldsymbol{H} = \boldsymbol{i} + \frac{\partial \boldsymbol{D}}{\partial t}$
③ $\mathrm{rot}\boldsymbol{E} = -\frac{\partial \boldsymbol{B}}{\partial t}$
④ $\mathrm{rot}\boldsymbol{E} = -\mu\frac{\partial \boldsymbol{H}}{\partial t}$

해설
가우스법칙 : $\mathrm{div}\boldsymbol{B} = 0$

답 : ①

예제문제 06

다음 중 미분 방정식 형태로 나타낸 맥스웰의 전자계 기초 방정식은?

① $\mathrm{rot}\boldsymbol{E} = -\dfrac{\partial \boldsymbol{B}}{\partial t}$, $\mathrm{rot}\boldsymbol{H} = \boldsymbol{i} + \dfrac{\partial \boldsymbol{D}}{\partial t}$, $\mathrm{div}\boldsymbol{D} = 0$, $\mathrm{div}\boldsymbol{B} = 0$

② $\mathrm{rot}\boldsymbol{E} = -\dfrac{\partial \boldsymbol{B}}{\partial t}$, $\mathrm{rot}\boldsymbol{H} = \boldsymbol{i} + \dfrac{\partial \boldsymbol{D}}{\partial t}$, $\mathrm{div}\boldsymbol{D} = \rho$, $\mathrm{div}\boldsymbol{B} = \boldsymbol{H}$

③ $\mathrm{rot}\boldsymbol{E} = -\dfrac{\partial \boldsymbol{B}}{\partial t}$, $\mathrm{rot}\boldsymbol{H} = \boldsymbol{i} + \dfrac{\partial \boldsymbol{D}}{\partial t}$, $\mathrm{div}\boldsymbol{D} = \rho$, $\mathrm{div}\boldsymbol{B} = 0$

④ $\mathrm{rot}\boldsymbol{E} = -\dfrac{\partial \boldsymbol{B}}{\partial t}$, $\mathrm{rot}\boldsymbol{H} = \boldsymbol{i}$, $\mathrm{div}\boldsymbol{D} = 0$, $\mathrm{div}\boldsymbol{B} = 0$

해설

맥스웰 전자방정식의 미분형

① $\mathrm{rot}\ \boldsymbol{E} = -\dfrac{\partial \boldsymbol{B}}{\partial t}$: Faraday 법칙

② $\mathrm{rot}\ \boldsymbol{H} = i + \dfrac{\partial \boldsymbol{D}}{\partial t}$: 암페어의 주회적분 법칙

③ $\mathrm{div}\ \boldsymbol{D} = \rho$: 가우스의 법칙

④ $\mathrm{div}\,\boldsymbol{B} = 0$: 고립된 자하는 없다.

답 : ③

예제문제 07

공간 도체 내의 한 점에 있어서 자속이 시간적으로 변화하는 경우에 성립하는 식은?

① $\mathrm{Curl}\boldsymbol{E} = \dfrac{\partial \boldsymbol{H}}{\partial t}$ ② $\mathrm{Curl}\boldsymbol{E} = -\dfrac{\partial \boldsymbol{H}}{\partial t}$ ③ $\mathrm{Curl}\boldsymbol{E} = \dfrac{\partial \boldsymbol{B}}{\partial t}$ ④ $\mathrm{Curl}\boldsymbol{E} = -\dfrac{\partial \boldsymbol{B}}{\partial t}$

해설

패러데이법칙 : $\mathrm{rot}\boldsymbol{E} = \nabla \times \boldsymbol{E} = -\dfrac{\partial B}{\partial t}$

답 : ④

예제문제 08

Maxwell의 전자기파 방정식이 아닌 것은?

① $\oint_c H \cdot dl = nI$

② $\oint_c E \cdot dl = -\int_s \dfrac{\partial B}{\partial t} ds$

③ $\oint_s D \cdot ds = \int_v \rho dv$

④ $\oint_s B \cdot ds = 0$

해설

암페어의 주회적분법칙 : $\oint_c \boldsymbol{H} \cdot dl = I + \int_s \dfrac{\partial \boldsymbol{D}}{\partial t} ds$

답 : ①

예제문제 09

맥스웰(Maxwell)의 전자계에 관한 제1기본 방정식은?

① $\mathrm{rot}\boldsymbol{D} = \boldsymbol{i} + \dfrac{\partial \boldsymbol{H}}{\partial t}$

② $\mathrm{rot}\boldsymbol{H} = \boldsymbol{i} + \dfrac{\partial \boldsymbol{D}}{\partial t}$

③ $\mathrm{rot}\boldsymbol{i} = \boldsymbol{H} + \dfrac{\partial \boldsymbol{D}}{\partial t}$

④ $\mathrm{rot}\left(\boldsymbol{i} + \dfrac{\partial \boldsymbol{D}}{\partial t}\right) = \boldsymbol{H}$

해설

첫째 식은

암페어의 주회적분의 법칙 $\oint \boldsymbol{H} \cdot dl = \sum \boldsymbol{I} = I_c + I_D = \int_s \left(i + \frac{\partial \boldsymbol{D}}{\partial t}\right) \cdot ndS$

$\oint \boldsymbol{H} \cdot dl$을 Stokes 정리로 변환하면

$\oint \boldsymbol{H} \cdot dl = \int \mathrm{rot}\boldsymbol{H} \cdot ndS = \int \left(i + \frac{\partial \boldsymbol{D}}{\partial t}\right) \cdot ndS$

양변을 미분하면 $\mathrm{rot}\boldsymbol{H} = \nabla \times \boldsymbol{H} = i \times \frac{\partial \boldsymbol{D}}{\partial t}$

맥스웰의 전자 방정식 중 첫째 식으로 암페어의 주회 적분 법칙에 의해 유도된다.

둘째 식은

패러데이의 전자 유도 법칙에서 유도 $e = -\frac{d\phi}{dt} = -\int \frac{\partial \boldsymbol{B}}{\partial t} \cdot ndS$ [V]에서

$e = \oint \boldsymbol{E} \cdot dl$을 Stokes의 정리로 변환하고 윗 식을 쓰면

$e = \oint \boldsymbol{E} \cdot dl = \int \mathrm{rot}\boldsymbol{E} \cdot ndS = -\int \frac{\partial \boldsymbol{B}}{\partial t} \cdot ndS$

양변을 미분하면 $\mathrm{rot}\boldsymbol{E} = \nabla \times \boldsymbol{E} = -\frac{\partial \boldsymbol{B}}{\partial t}$

답 : ②

3. 전자계의 파동방정식

3.1 전자파 파동방정식

매질 정수 ϵ, μ, σ가 어느 곳이나 일정하고, 전하를 포함하지 않는 공간(자유공간,free space 라고 한다) 즉 진공 또는 완전 유전체와 같은 공간의 비도전성 균질 매질(ϵ, μ, $\sigma = 0$, $i = 0$, $\rho = 0$)에서 성립하는 맥스웰의 전자 방정식은 식으로부터 $\boldsymbol{E}$와 H로 구성된 1계 미분방정식은 다음과 같다.

전자방정식의 다음 식에서

$$\nabla \times \boldsymbol{E} = -\frac{\partial \boldsymbol{B}}{\partial t} = -\mu \frac{\partial \boldsymbol{H}}{\partial t}$$

$$\nabla \times \boldsymbol{H} = \frac{\partial \boldsymbol{D}}{\partial t} = \epsilon \frac{\partial \boldsymbol{E}}{\partial t}$$

양변을 rot을 취하면

$$\nabla\times\nabla\times\boldsymbol{H}=\nabla\times\left(\epsilon\frac{\partial\boldsymbol{E}}{\partial t}\right)$$

좌변은 전자방정식에서 div$\boldsymbol{B}=0$ 에서 div$\boldsymbol{H}$는 항상 0이므로 벡터방정식에 의해

$$\nabla\times\nabla\times\boldsymbol{H}=\text{grad}(\text{div }\boldsymbol{H})-\nabla^2\boldsymbol{H}=-\nabla^2\boldsymbol{H}$$

가 된다.
우변은

$$\nabla\times\left(\epsilon\frac{\partial\boldsymbol{E}}{\partial t}\right)=\epsilon\frac{\partial}{\partial t}(\nabla\times\boldsymbol{E})=\epsilon\frac{\partial}{\partial t}\left(-\mu\frac{\partial\boldsymbol{H}}{\partial t}\right)=-\epsilon\mu\frac{\partial^2\boldsymbol{H}}{\partial t^2}$$

따라서

$$\nabla^2\boldsymbol{H}=\epsilon\mu\frac{\partial^2\boldsymbol{H}}{\partial t^2}$$

이것을 자계에 대한 파동장방식이며, 동일한 방법에 의해 전계에 대한 파동방정식을 구하면 다음과 같다.

$$\nabla^2\boldsymbol{E}=\epsilon\mu\frac{\partial^2\boldsymbol{E}}{\partial t^2}$$

의 식이 적용된다.

예제문제 10

매질이 완전 절연체인 경우의 전자(電磁) 파동방정식을 표시하는 것은?

① $\nabla^2\boldsymbol{E}=\epsilon\mu\frac{\partial\boldsymbol{E}}{\partial t}$, $\nabla^2\boldsymbol{H}=\epsilon\mu\frac{\partial\boldsymbol{H}}{\partial t}$
② $\nabla^2\boldsymbol{E}=-\epsilon\mu\frac{\partial^2\boldsymbol{E}}{\partial t^2}$, $\nabla^2\boldsymbol{H}=-\epsilon\mu\frac{\partial^2\boldsymbol{H}}{\partial t^2}$
③ $\nabla^2\boldsymbol{E}=\epsilon\mu\frac{\partial^2\boldsymbol{E}}{\partial t^2}$, $\nabla^2\boldsymbol{H}=\epsilon\mu\frac{\partial^2\boldsymbol{H}}{\partial t^2}$
④ $\nabla^2\boldsymbol{E}=-\epsilon\mu\frac{\partial\boldsymbol{E}}{\partial t}$, $\nabla^2\boldsymbol{H}=\epsilon\mu\frac{\partial\boldsymbol{H}}{\partial t^2}$

답 : ③

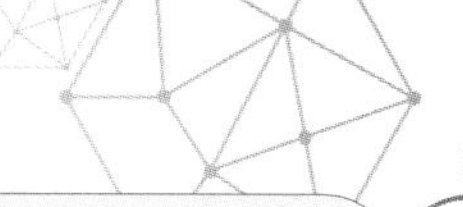

예제문제 11

도전성(導電性)이 없고 유전율과 투자율이 일정하며, 전하 분포가 없는 균질 완전 절연체 내에서 전계 및 자계가 만족하는 미분 방정식의 형태는? 단, $\alpha = \sqrt{\epsilon\mu}$, $v = \dfrac{1}{\sqrt{\epsilon\mu}}$

① $\nabla^2 E = \boldsymbol{D}$

② $\nabla^2 E = \dfrac{1}{\alpha^2} \cdot \dfrac{\partial E}{\partial t}$

③ $\nabla^2 E = \dfrac{1}{v^2} \cdot \dfrac{\partial^2 E}{\partial t^2}$

④ $\nabla^2 E = \dfrac{1}{\alpha^2} \cdot \dfrac{\partial E}{\partial t} + \dfrac{1}{v^2} \cdot \dfrac{\partial^2 E}{\partial t^2}$

해설

$\nabla \times E = -\dfrac{\partial B}{\partial t} = -\mu_0 \dfrac{\partial H}{\partial t}$

$\nabla \times H = \dfrac{\partial D}{\partial t} = \epsilon_0 \dfrac{\partial E}{\partial t}$ 에서 curl을 취하면 $\nabla \times \nabla \times H = \nabla \times \left(\epsilon_0 \dfrac{\partial E}{\partial t}\right)$

좌변 : $\nabla \times \nabla \times H = \text{grad}(\text{div}\,\text{H}) - \nabla^2 H = -\nabla^2 H$ ($\because$ div H는 항상 0이므로)

우변 : $\nabla \times \left(\epsilon_0 \dfrac{\partial E}{\partial t}\right) = \epsilon_0 \dfrac{\partial}{\partial t}(\nabla \times E) = \epsilon_0 \dfrac{\partial}{\partial t}\left(-\mu_0 \dfrac{\partial H}{\partial t}\right) = -\epsilon_0\mu_0 \dfrac{\partial^2 H}{\partial t^2}$

좌변=우변이므로 $\nabla^2 H = \epsilon_0\mu_0 \dfrac{\partial^2 H}{\partial t^2}$ 이고 $v = \dfrac{1}{\sqrt{\epsilon_0\mu_0}}$ 관계 적용하면

$\nabla^2 H = \dfrac{1}{v^2} \dfrac{\partial^2 H}{\partial t^2}$

답 : ③

3.2 고유임피던스

맥스웰 방정식으로부터 전파와 자파의 방정식을 구하면 다음과 같다.

$$E_x = E_{m1} e^{j\omega t - j\omega \sqrt{\epsilon\mu}\, z} = E_{m1} \cos(\omega t - \omega \sqrt{\epsilon\mu}\, z)$$

$$H_y = \sqrt{\frac{\epsilon}{\mu}}\, E_{m1} e^{j\omega t - j\omega \sqrt{\epsilon\mu}\, z} = \sqrt{\frac{\epsilon}{\mu}}\, E_{m1} \cos(\omega t - \omega \sqrt{\epsilon\mu}\, z)$$

이 식으로부터 전계 $\boldsymbol{E_x}$ (전파, electric wave)와 자계 $\boldsymbol{H_y}$ (자파, magnetic wave)는 서로 90° 로써 직교하며, 같은 위상(동상)으로 진행하고 있는 것을 알 수 있다. 즉, 전계는 $\boldsymbol{E} = E_x \boldsymbol{i}$ (x축), 자계는 $\boldsymbol{H} = H_y \boldsymbol{j}$ (y축) 이므로 $\boldsymbol{E} \times \boldsymbol{H}$ 의 방향이 전자파의 진행 방향이 된다.(z축 방향) $+z$축의 횡방향 성분만 진동하므로 횡전자파(TEM파, tr−ansverse electromagnetic wave)라 한다.

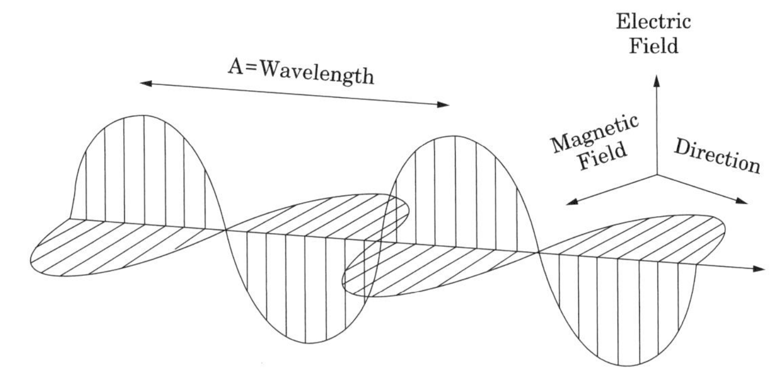

그림 2 전파와 자파

이 식으로부터 전계와 자계의 비를 구하면

$$\frac{E_x}{H_y} = \sqrt{\frac{\mu}{\epsilon}} \ \left[\frac{\text{V/m}}{\text{A/m}}\right]$$

가 된다. 단위가 옴[Ω]이 되므로 이것을 고유 임피던스라 한다.

$$\eta = \frac{E}{H} = \sqrt{\frac{\mu}{\epsilon}} \ [\Omega]$$

진공의 고유 임피던스는 다음과 같다.

$$\eta_0 = \frac{E}{H} = \sqrt{\frac{\mu_0}{\epsilon_0}} = 377 \ [\Omega]$$

이것은 전파가 자파보다 377배 큰 것을 의미하며, 전자파가 전파(electric wave)로 불리는 이유가 된다.

예제문제 12

자유 공간의 특성 임피던스는? 단, ϵ_0는 유전율, μ_0는 투자율이다.

① $\sqrt{\frac{\epsilon_0}{\mu_0}}$ ② $\sqrt{\frac{\mu_0}{\epsilon_0}}$ ③ $\sqrt{\epsilon_0 \mu_0}$ ④ $\sqrt{\frac{1}{\epsilon_0 \mu_0}}$

해설

고유 임피던스 : $Z_0 = \frac{E}{H} = \sqrt{\frac{\mu}{\epsilon}}$

답 : ②

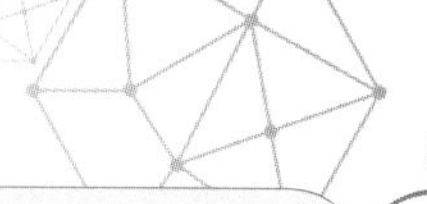

예제문제 13

자유 공간의 고유 임피던스 $\sqrt{\dfrac{\mu_0}{\epsilon_0}}$ 의 값은 몇 [Ω]인가?

① 10π　② 80π　③ 100π　④ 120π

해설

고유 임피던스 : $Z_0 = \dfrac{E}{H} = \sqrt{\dfrac{\mu_0}{\epsilon_0}} = \sqrt{\dfrac{4\pi\times 10^{-7}}{\dfrac{1}{36\pi\times 10^9}}} = \sqrt{144\pi^2\times 100} = 120\pi$

답 : ④

예제문제 14

순수한 물($\epsilon_s \fallingdotseq 80, \mu_s \fallingdotseq 1$) 중에 있어서의 고유 임피던스는 몇 [Ω]인가?

① 38.2　② 42.2　③ 46.2　④ 50.2

해설

고유 임피던스 : $Z_0 = \dfrac{E}{H} = \sqrt{\dfrac{\mu}{\epsilon}} = \sqrt{\dfrac{\mu_0}{\epsilon_0}}\cdot\sqrt{\dfrac{\mu_s}{\epsilon_s}} = \sqrt{\dfrac{4\pi\times 10^{-7}}{8.855\times 10^{-12}}}\cdot\sqrt{\dfrac{\mu_s}{\epsilon_s}}$

$= 377\sqrt{\dfrac{\mu_s}{\epsilon_s}} = 377\sqrt{\dfrac{1}{80}} = 42.15\ [\Omega]$

답 : ②

예제문제 15

공기 중에서 전계의 진행파 진폭이 10 [mV/m]일 때 자계의 진행파 진폭은 몇 [mAT/m]인가?

① 26.5×10^{-1}　② 26.5×10^{-3}　③ 26.5×10^{-5}　④ 26.5×10^{-6}

해설

$H_e = \sqrt{\dfrac{\epsilon_0}{\mu_0}}\,E_e = \sqrt{\dfrac{8.854\times 10^{-12}}{4\pi\times 10^{-7}}}\,E_e = 2.65\times 10^{-3}E_e$

$E_e = 10\ [\text{mV/m}]$

$\therefore\ H_e = 26.5\times 10^{-3}\ [\text{mAT/m}]$

답 : ②

3.3 전자파의 특징

① 전계와 자계는 공존하면서 상호 직각 방향으로 진동을 한다.

② 진공 또는 완전유전체에서 전계와 자계의 파동의 위상차는 없다.

③ 전자파 전달 방향은 $E\times H$ 방향이다.

④ 전자파 전달 방향의 E, H 성분은 없다.

⑤ 전계 E와 자계 H의 비는 $\frac{E_x}{H_y} = \sqrt{\frac{\mu}{\epsilon}}$

⑥ 자유공간인 경우 동일 전원에서 나오는 전파는 자파보다 377배($E=377H$)로 매우 크기 때문에 전자파를 간단히 전파(electric wave)라고도 한다.

3.4 전파속도

매질 중 전파의 파장을 λ[m], 주파수를 f [Hz]라 할 때, 전파속도 v는

$$v = f\lambda = \frac{1}{\sqrt{\epsilon\mu}} \text{ [m/s]}$$

이고, 주파수에 무관한 매질의 특성(ϵ, μ)에 의해 결정된다.
이 값은 진공 중에서

$$v_0 = \frac{1}{\sqrt{\epsilon_0\mu_0}} = 3\times10^8 = c \text{ [m/s] (광속)}$$

이 되고, 광속과 일치하는 값을 가진다. 따라서 광속과 전자파는 같은 성질을 가지고 있는 것을 알 수 있다.

예제문제 16

유전율 ϵ, 투자율 μ의 공간을 전파하는 전자파의 전파 속도 v는?

① $v = \sqrt{\epsilon\mu}$ ② $v = \sqrt{\frac{\epsilon}{\mu}}$ ③ $v = \sqrt{\frac{\mu}{\epsilon}}$ ④ $v = \frac{1}{\sqrt{\epsilon\mu}}$

해설

전자파의 속도 : $v^2 = \frac{1}{\epsilon\mu}$

$$\therefore v = \frac{1}{\sqrt{\epsilon\mu}} = \frac{1}{\sqrt{\epsilon_0\mu_0}} \cdot \frac{1}{\sqrt{\epsilon_s\mu_S}} = c\frac{1}{\sqrt{\epsilon_s\mu_s}} = \frac{3\times10^8}{\sqrt{\epsilon_s\mu_s}} \text{ [m/s]}$$

답 : ④

예제문제 17

유전율 ϵ, 투자율 μ인 매질 내에서 전자파의 속도는?

① $\sqrt{\dfrac{\mu}{\epsilon}}$ [m/s]　② $\sqrt{\mu\epsilon}$ [m/s]　③ $\sqrt{\dfrac{\epsilon}{\mu}}$ [m/s]　④ $\dfrac{3\times10^8}{\sqrt{\mu_s\epsilon_s}}$ [m/s]

해설

전자파의 속도 : $v=\dfrac{1}{\sqrt{\epsilon\mu}}=\dfrac{3\times10^8}{\sqrt{\epsilon_s\mu_s}}$ [m/s]

답 : ④

예제문제 18

어떤 공간의 비투자율 및 비유전율이 $\mu_s=0.99$, $\epsilon_s=80.7$ 이라 한다. 이 공간에서의 전자파의 진행 속도는 몇 [m/s]인가?

① 1.5×10^7　② 1.5×10^8　③ 3.3×10^7　④ 3.3×10^8

해설

전자파의 속도 : $v=\dfrac{1}{\sqrt{\epsilon\mu}}=\dfrac{1}{\sqrt{\epsilon_0\mu_0}}\cdot\dfrac{1}{\sqrt{\epsilon_s\mu_s}}=\dfrac{C_0}{\sqrt{\epsilon_s\mu_s}}=\dfrac{3\times10^8}{\sqrt{0.99\times80.7}}\fallingdotseq3.3\times10^7$ [m/s]

답 : ③

예제문제 19

MKS 합리화 단위계에서 진공 중의 유전율 값으로 틀린 것은? 단, c [m/sec]는 진공중 전자파 속도이다.

① $\dfrac{1}{120\pi c}$　② $\dfrac{10^7}{4\pi c^2}$　③ $\dfrac{1}{36\pi\times10^9}$　④ $\dfrac{10^7}{14\pi c}$

해설

전파속도 : $v=\dfrac{1}{\sqrt{\mu\epsilon}}$ [m/s]

진공 중 유전율은 $\epsilon_0=\dfrac{1}{\mu_0c^2}=\dfrac{10^7}{4\pi c^2}=\dfrac{1}{120\pi c}=\dfrac{1}{36\pi\times10^9}$ [F/m]로 표현된다.

답 : ④

4. 정자계 에너지와 포인팅 벡터

4.1 포인팅 정리

전자계 내의 한 점을 통과하는 에너지 흐름의 단위 면적당 전력 또는 전력 밀도를 표시하는 벡터를 포인팅 벡터라 한다.

전계와 자계의 단위체적당 에너지 즉, 에너지 밀도는

$$w_e = \frac{1}{2}\boldsymbol{D}\cdot\boldsymbol{E} = \frac{1}{2}\epsilon\boldsymbol{E}^2[\mathrm{J/m^3}]$$

$$w_m = \frac{1}{2}\boldsymbol{B}\cdot\boldsymbol{H} = \frac{1}{2}\mu\boldsymbol{H}^2[\mathrm{J/m^3}]$$

이며, 전계와 자계가 함께 존재하는 경우 에너지 밀도 두 에너지 밀도의 합이 되므로

$$w = \frac{1}{2}(\epsilon E^2 + \mu H^2)\ [\mathrm{J/m^3}]$$

가 되는데 $H = \sqrt{\frac{\epsilon}{\mu}}E$, $E = \sqrt{\frac{\mu}{\epsilon}}H$이므로 이를 윗 식에 대입하면

$$w = \frac{1}{2}\left(\epsilon\sqrt{\frac{\mu}{\epsilon}}EH + \mu\sqrt{\frac{\epsilon}{\mu}}EH\right) = \sqrt{\epsilon\mu}\,EH\ [\mathrm{J/m^3}]$$

가 된다. 이것이 평면 전자파가 갖는 에너지 밀도[J/m^3]가 되는데 평면 전자파는 전계와 자계의 진동 방향에 대하여 수직인 방향으로 속도 $v = \frac{1}{\sqrt{\epsilon\mu}}$[m/s]로 전파되기 때문에 진행 방향에 수직인 단위 면적을 단위 시간에 통과하는 에너지는

$$P = w\cdot v = \sqrt{\epsilon\mu}\,EH \times \frac{1}{\sqrt{\epsilon\mu}} = EH\ [\mathrm{J/s\cdot m^2}] = EH\ [\mathrm{W/m^2}]$$

평면 전자파는 E와 H가 수직이므로 이것을 벡터로 표시하면

$$P = E \times H\ [\mathrm{W/m^2}]$$

가 되고 이 벡터를 포인팅벡터(Pointing vector), 또는 방사벡터(radiation vector)라 하며 이 방향은 진행 방향과 평행이다. 전력밀도를 가자고 방사전력을 구하면

$$P = \int_S P\cdot dS = \int_S (E\times H)\cdot dS[\mathrm{W}]$$

가 된다. 이것을 포인팅 정리(Poynting's theorem)라 한다.

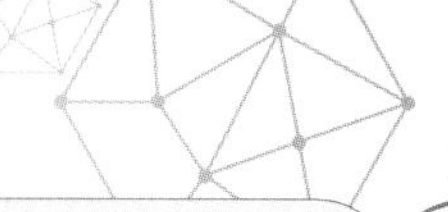

예제문제 20

전계 E[V/m] 및 자계 H[AT/m]인 전자파가 자유 공간 중을 빛의 속도로 전파될 때, 단위 시간에 단위 면적을 지나는 에너지는 몇 [W/m²]인가? (단, C는 빛의 속도를 나타낸다.)

① EH　　② EH^2　　③ E^2H　　④ $\frac{1}{2}CE^2H^2$

해설

진행 방향에 수직되는 단위 면적을 단위 시간에 통과하는 에너지를 포인팅(Poynting) 벡터 또는 방사 벡터라 한다.

$\boldsymbol{P}=\boldsymbol{E}\times\boldsymbol{H}=EH\sin\theta$ [W/m²]

E와 H가 수직이므로 $\boldsymbol{P}=\boldsymbol{EH}$ [W/m²] 이다.

답 : ①

예제문제 21

전계 E[V/m] 및 자계 H[AT/m]의 에너지가 자유 공간 중을 c[m/s]의 속도로 전파될 때 단위 시간당 단위 면적을 지나가는 에너지[W/m²]는?

① $\sqrt{\epsilon\mu}\,EH$　　② EH　　③ $\frac{EH}{\sqrt{\epsilon\mu}}$　　④ $\frac{1}{2}(\epsilon E^2+\mu H^2)$

해설

전계와 자계가 함께 존재하는 경우 에너지 밀도 : $w=\frac{1}{2}(\epsilon E^2+\mu H^2)$ [J/m³]

$H=\sqrt{\frac{\epsilon}{\mu}}E$, $E=\sqrt{\frac{\mu}{\epsilon}}H$ 이므로

$w=\frac{1}{2}\left(\epsilon\sqrt{\frac{\mu}{\epsilon}}EH+\mu\sqrt{\frac{\epsilon}{\mu}}EH\right)=\sqrt{\epsilon\mu}\,EH$ [J/m³]

이것은 평면 전자파가 갖는 에너지 밀도[J/m³]가 되는데 평면 전자파는 전계와 자계의 진동 방향에 대하여 수직인 방향으로 속도 $v=\frac{1}{\sqrt{\epsilon\mu}}$ [m/s]로 전파되기 때문에 진행 방향에 수직인 단위 면적을 단위 시간에 통과하는 에너지는 $P=w\cdot v=\sqrt{\epsilon\mu}\,EH\times\frac{1}{\sqrt{\epsilon\mu}}=EH$ [J/s·m²] $=EH$ [W/m²]가 된다.

평면 전자파는 E와 H가 수직이므로 이것을 벡터로 표시하면 $P=E\times H$ [W/m²]가 되고 이 벡터를 포인팅(Pointing) 벡터, 또는 방사(radiation) 벡터라 하며 이 방향은 진행 방향과 평행이다.

답 : ②

예제문제 22

전계 E[V/m], 자계 H[AT/m]의 전자계가 평면파를 이루고, 자유 공간으로 전파될 때 단위 시간에 단위 면적당 에너지[W/m²]는?

① $\frac{1}{2}EH$　　② $\frac{1}{2}EH^2$　　EH^2　　④ EH

답 : ④

예제문제 23

자계 실효값이 1 [mA/m]인 평면 전자파가 공기 중에서 이에 수직되는 수직 단면적 10 [m^2]을 통과하는 전력[W]은?

① 3.77×10^{-3} ② 3.77×10^{-4}

③ 3.77×10^{-5} ④ 3.77×10^{-6}

해설

$$W = PS = EHS = \sqrt{\frac{\mu_0}{\epsilon_0}}\,H^2 S = 377 \times (10^{-3})^2 \times 10 = 3.77 \times 10^{-3}\ [\mathrm{W}]$$

답 : ①

예제문제 24

100 [kW]의 전력을 전자파의 형태로 사방에 균일하게 방사하는 전원이 있다. 전원에서 10 [km] 거리인 곳에서의 전계의 세기[V/m]는?

① 2.73×10^{-2} ② 1.73×10^{-1} ③ 6.53×10^{-4} ④ 2×10^{-4}

해설

$$P = \frac{100 \times 10^3}{4 \times 3.14 \times (10 \times 10^3)^2} = 0.0796 \times 10^{-3}\ [\mathrm{W/m^2}]$$

$$H_e = \sqrt{\frac{\epsilon_0}{\mu_0}}\,E_e = \sqrt{\frac{8.855 \times 10^{-12}}{4\pi \times 10^{-7}}}\,E_e = 2.654 \times 10^{-3} E_e\ [\mathrm{A/m}]$$

$P = H_e E_e$ 에서 $2.654 \times 10^{-3} E_e^2 = 0.0796 \times 10^{-3}$

$E_e^2 = 0.03$

$\therefore E_e = \sqrt{0.03} = 1.732 \times 10^{-1}\ [\mathrm{V/m}]$

답 : ②

핵심과년도문제

12 · 1

변위 전류에 의하여 전자파가 발생되었을 때 전자파의 위상은?

① 변위 전류보다 90° 빠르다.
② 변위 전류보다 90° 늦다.
③ 변위 전류보다 30° 빠르다.
④ 변위 전류보다 30° 늦다.

해설 전계와 자계는 90° 위상차를 이루고 전자파가 90° 늦다.

【답】 ②

12 · 2

간격 d[m]인 두 개의 평행판 전극 사이에 유전율 ϵ의 유전체가 있을 때 전극 사이에 전압 $v = V_m \sin\omega t$ 를 가하면 변위 전류 밀도[A/m²]는?

① $\frac{\epsilon}{d} V_m \cos\omega t$
② $\frac{\epsilon}{d}\omega V_m \cos\omega t$
③ $\frac{\epsilon}{d}\omega V_m \sin\omega t$
④ $-\frac{\epsilon}{d} V_m \cos\omega t$

해설 변위전류밀도 : $i_d = \frac{\partial D}{\partial t} = \frac{\partial}{\partial t}\epsilon\left(\frac{v}{d}\right) = \frac{\epsilon}{d} V_m \frac{\partial}{\partial t}\sin\omega t = \frac{\omega\epsilon}{d} V_m \cos\omega t$ [A/m²]

【답】 ②

12 · 3

전력용 유입 커패시터가 있다. 유(기름)의 비유전율 $\epsilon_s = 2$이고 인가된 전계 $\boldsymbol{E} = 200\sin\omega t \boldsymbol{a}_x$ [V/m]일 때 커패시터 내부에서 변위 전류 밀도를 구하여라.

① $\boldsymbol{J}_d = 400\omega\epsilon_o \cos\omega t \boldsymbol{a}_x$ [A/m²]
② $\boldsymbol{J}_d = 400\omega\epsilon_o \sin\omega t \boldsymbol{a}_x$ [A/m²]
③ $\boldsymbol{J}_d = 200\omega\epsilon_o \cos\omega t \boldsymbol{a}_x$ [A/m²]
④ $\boldsymbol{J}_d = 200\omega\epsilon_o \sin\omega t \boldsymbol{a}_x$ [A/m²]

해설 변위전류밀도

$$\boldsymbol{J}_d = \frac{\partial \boldsymbol{D}}{\partial t} = \frac{\partial(\epsilon \boldsymbol{E})}{\partial t} = \epsilon\frac{\partial}{\partial t}\boldsymbol{E} = \epsilon\frac{\partial}{\partial t}(200\sin\omega t \boldsymbol{a}_x) = 400\omega\epsilon_o \cos\omega t \boldsymbol{a}_x \text{ [A/m}^2\text{]}$$

【답】 ①

12·4

다음 중 전계와 자계와의 관계는?

① $\sqrt{\mu}H = \sqrt{\epsilon}E$
② $\sqrt{\mu\epsilon} = EH$
③ $\sqrt{\epsilon}H = \sqrt{\mu}E$
④ $\mu^8 = EH$

해설 고유 임피던스 : $Z_0 = \frac{E}{H} = \sqrt{\frac{\mu}{\epsilon}} = \sqrt{\frac{\mu_0}{\epsilon_0}}\sqrt{\frac{\mu_s}{\epsilon_s}}$ 【답】 ①

12·5

비유전율 $\epsilon_s = 9$, 비투자율 $\mu_s = 1$인 공간에서의 특성 임피던스는 몇 $[\Omega]$인가?

① 40π
② 100π
③ 120π
④ 150π

해설 특성 임피던스 : $Z_0 = \frac{E}{H} = \sqrt{\frac{\mu}{\epsilon}} = \sqrt{\frac{\mu_0}{\epsilon_0}}\sqrt{\frac{\mu_s}{\epsilon_s}} = 120\pi\sqrt{\frac{\mu_s}{\epsilon_s}} = 120\pi\sqrt{\frac{1}{9}} = 40\pi$ 【답】 ①

12·6

전자파의 진행 방향은?

① 전계 $\boldsymbol{E}$의 방향과 같다.
② 자계 $\boldsymbol{H}$의 방향과 같다.
③ $\boldsymbol{E} \times \boldsymbol{H}$의 방향과 같다.
④ $\boldsymbol{H} \times \boldsymbol{E}$의 방향과 같다.

해설 전계와 자계가 함께 존재하는 경우 에너지 밀도 : $w = \frac{1}{2}(\epsilon E^2 + \mu H^2)$ [J/m³]

$H = \sqrt{\frac{\epsilon}{\mu}}E$, $E = \sqrt{\frac{\mu}{\epsilon}}H$ 이므로

$w = \frac{1}{2}\left(\epsilon\sqrt{\frac{\mu}{\epsilon}}EH + \mu\sqrt{\frac{\epsilon}{\mu}}EH\right) = \sqrt{\epsilon\mu}EH$ [J/m³]

이것은 평면 전자파가 갖는 에너지 밀도[J/m³]가 되는데 평면 전자파는 전계와 자계의 진동 방향에 대하여 수직인 방향으로 속도 $v = \frac{1}{\sqrt{\epsilon\mu}}$ [m/s]로 전파되기 때문에 진행 방향에 수직인 단위 면적을 단위 시간에 통과하는 에너지는

$P = w \cdot v = \sqrt{\epsilon\mu}EH \times \frac{1}{\sqrt{\epsilon\mu}} = EH$ [J/s·m²] $= EH$ [W/m²]가 된다.

평면 전자파는 $\boldsymbol{E}$와 $\boldsymbol{H}$가 수직이므로 이것을 벡터로 표시하면 $\boldsymbol{P} = \boldsymbol{E} \times \boldsymbol{H}$ [W/m²]가 되고 이 벡터를 포인팅(Pointing) 벡터, 또는 방사(radiation) 벡터라 하며 이 방향은 진행 방향과 평행이다. 【답】 ③

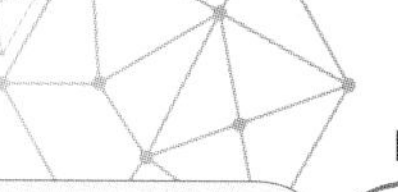

12·7

전계 E[V/m] 및 자계 H[AT/m]가 평면파를 이루고 c[m/sec]의 속도로 자유 공간에 전파된다면 진행 방향에 수직되는 단위 면적을 단위 시간에 통과하는 에너지는 몇 [W/m^2]인가?

① $\frac{1}{2}EH$　② EH　③ EH^2　④ E^2H

해설 전계와 자계가 함께 존재하는 경우 에너지 밀도 : $w=\frac{1}{2}(\epsilon E^2+\mu H^2)$ [J/m^3]

$H=\sqrt{\frac{\epsilon}{\mu}}E$, $E=\sqrt{\frac{\mu}{\epsilon}}H$ 이므로

$$w=\frac{1}{2}\left(\epsilon\sqrt{\frac{\mu}{\epsilon}}EH+\mu\sqrt{\frac{\epsilon}{\mu}}EH\right)=\sqrt{\epsilon\mu}EH\,[\mathrm{J/m^3}]$$

이것은 평면 전자파가 갖는 에너지 밀도[J/m^3]가 되는데 평면 전자파는 전계와 자계의 진동 방향에 대하여 수직인 방향으로 속도 $v=\frac{1}{\sqrt{\epsilon\mu}}$[m/s]로 전파되기 때문에 진행 방향에 수직인 단위 면적을 단위 시간에 통과하는 에너지는

$P=w\cdot v=\sqrt{\epsilon\mu}EH\times\frac{1}{\sqrt{\epsilon\mu}}=EH\,[\mathrm{J/s\cdot m^2}]=EH\,[\mathrm{W/m^2}]$가 된다.

평면 전자파는 $\boldsymbol{E}$와 $\boldsymbol{H}$가 수직이므로 이것을 벡터로 표시하면 $\boldsymbol{P}=\boldsymbol{E}\times\boldsymbol{H}$[W/m^2]가 되고 이 벡터를 포인팅(Pointing) 벡터, 또는 방사(radiation) 벡터라 하며 이 방향은 진행 방향과 평행이다.

【답】②

12·8

비유전율 4, 비투자율 1인 공간에서 전자파의 전파 속도는 몇 [m/sec]인가?

① 0.5×10^8　② 1.0×10^8　③ 1.5×10^8　④ 2.0×10^8

해설 전자파의 속도 : $v=\frac{3\times10^8}{\sqrt{\epsilon_s\mu_s}}=\frac{3\times10^8}{\sqrt{4\times1}}=1.5\times10^8$ [m/s]

【답】③

12·9

비유전률이 2.75인 기름 속의 전자파의 속도는 약 몇 [m/s]인가? (단, 기름의 비투자율은 1이다.)

① 1.2×10^8　② 1.5×10^8　③ 1.8×10^8　④ 2.1×10^8

해설 전자파의 속도

$$v=\frac{1}{\sqrt{\epsilon\mu}}=\frac{1}{\sqrt{\epsilon_0\mu_0}}\frac{1}{\sqrt{\epsilon_s\mu_s}}=\frac{3\times10^8}{\sqrt{\epsilon_s\mu_s}}=\frac{3\times10^8}{\sqrt{2.75\times1}}=1.8\times10^8\ [\mathrm{m/s}]$$

【답】③

12 · 10

$\dfrac{1}{\sqrt{\mu\epsilon}}$ 의 단위는?

① [m/sec] ② [C/H] ③ [Ω] ④ [℧]

해설 전자파의 속도 : $v=\dfrac{1}{\sqrt{\epsilon\mu}}=\dfrac{1}{\sqrt{\epsilon_0\mu_0}}\dfrac{1}{\sqrt{\epsilon_s\mu_s}}=\dfrac{3\times10^8}{\sqrt{\epsilon_s\mu_s}}$ [m/s] 【답】 ①

12 · 11

맥스웰의 전자방정식 중 패러데이 법칙에 유도된 식은? (단, D : 전속밀도, ρv : 공간 전하밀도, B : 자속밀도, E : 전계의 세기, J : 전류밀도, H : 자계의 세기)

① $\text{div}D=\rho$ ② $\text{div B}=0$ ③ $\nabla\times H=J+\dfrac{\partial D}{\partial t}$ ④ $\nabla\times E=-\dfrac{\partial B}{\partial t}$

해설 패러데이의 전자 유도 법칙에서 유도 $e=-\dfrac{d\phi}{dt}=-\int\dfrac{\partial \boldsymbol{B}}{\partial t}\cdot ndS$ [V]에서

$e=\oint\boldsymbol{E}\cdot dl$을 Stokes의 정리로 변환하고 윗식을 쓰면

$e=\oint\boldsymbol{E}\cdot dl=\int\text{rot}\boldsymbol{E}\cdot ndS=-\int\dfrac{\partial\boldsymbol{B}}{\partial t}\cdot ndS$

양변을 미분하면 $\text{rot}\boldsymbol{E}=\nabla\times\boldsymbol{E}=-\dfrac{\partial\boldsymbol{B}}{\partial t}$ 【답】 ④

12 · 12

공간 도체 내에서 자속이 시간적으로 변할 때 성립되는 식은 다음 중 어느 것인가? 단, $\boldsymbol{E}$는 전계, $\boldsymbol{H}$는 자계, $\boldsymbol{B}$는 자속이다.

① $\text{rot}\boldsymbol{E}=\dfrac{\partial\boldsymbol{H}}{\partial t}$ ② $\text{rot}\boldsymbol{E}=-\dfrac{\partial\boldsymbol{B}}{\partial t}$

③ $\text{div}\boldsymbol{E}=\dfrac{\partial\boldsymbol{B}}{\partial t}$ ④ $\text{div}\boldsymbol{E}=-\dfrac{\partial\boldsymbol{H}}{\partial t}$

해설 패러데이의 전자 유도 법칙에서 유도 $e=-\dfrac{d\phi}{dt}=-\int\dfrac{\partial \boldsymbol{B}}{\partial t}\cdot ndS$ [V]에서

$e=\oint\boldsymbol{E}\cdot dl$을 Stokes의 정리로 변환하고 윗식을 쓰면

$e=\oint\boldsymbol{E}\cdot dl=\int\text{rot}\boldsymbol{E}\cdot ndS=-\int\dfrac{\partial\boldsymbol{B}}{\partial t}\cdot ndS$

양변을 미분하면 $\text{rot}\boldsymbol{E}=\nabla\times\boldsymbol{E}=-\dfrac{\partial\boldsymbol{B}}{\partial t}$ 【답】 ②

12 · 13

맥스웰(Maxwell)의 전자 방정식이 아닌 것은?

① $\nabla \times \boldsymbol{H} = \boldsymbol{i} + \dfrac{\partial \boldsymbol{D}}{\partial t}$ ② $\nabla \times \boldsymbol{E} = -\dfrac{\partial \boldsymbol{B}}{\partial t}$

③ $\nabla \cdot \boldsymbol{i} = -\dfrac{\partial \rho}{\partial t}$ ④ $\nabla \cdot \boldsymbol{D} = \rho$

해설 $\nabla \cdot i = -\dfrac{\partial \rho}{\partial t}$: 전류의 연속 방정식 【답】 ③

심화학습문제

01 자유 공간에 있어서 변위 전류가 만드는 것은?

① 전계 ② 전속
③ 자계 ④ 자속

해설

변위 전류 밀도 : $i_d = \frac{\partial \boldsymbol{D}}{\partial t}$ 이고 $\text{rot}\boldsymbol{H} = \boldsymbol{J} + \frac{\partial \boldsymbol{D}}{\partial t}$

【답】 ③

02 간격 d [m]인 두 개의 평행판 전극 사이에 유전율 ϵ [F/m]의 유전체가 있을 때 전극 사이에 전압 $V_m \sin\omega t$ [V]를 가하면 변위 전류는 몇 [A]가 되겠는가? 단, 여기서 극판의 면적은 S [m^2]이고 콘덴서의 정전 용량은 C [F]라 한다.

① $\frac{V_m}{\omega C} sin(\omega t + \pi/2)$
② $\omega C V_m \sin\omega t$
③ $\omega C V_m \sin(\omega t + \pi/2)$
④ $-\omega C V_m \cos\omega t$

해설

변위전류

$$I_D = i_D \cdot S = S \cdot \frac{\partial D}{\partial t} = S\frac{\partial \epsilon E}{\partial t} = \epsilon \cdot S\frac{\partial}{\partial t}\left(\frac{v}{d}\right)$$

$$= \frac{\epsilon S}{d}\frac{\partial}{\partial t}(V_m \sin\omega t) = \omega\frac{\epsilon S}{d} V_m \cos\omega t \text{ [A]}$$

$C = \frac{\epsilon S}{d}$ [F] 이므로

$\therefore I_D = \omega C V_m \cos\omega t = \omega C V_m \sin(\omega t + \pi/2)$ [A]

【답】 ③

03 공기 중에서 E [V/m]의 전계를 i_d [A/m^2]의 변위 전류로 흐르게 하려면 주파수[Hz]는 얼마가 되어야 하는가?

① $f = \frac{i_d}{2\pi\epsilon E}$ ② $f = \frac{i_d}{4\pi\epsilon E}$
③ $f = \frac{\epsilon i_d}{2\pi^2 E}$ ④ $f = \frac{i_d E}{4\pi^2 \epsilon}$

해설

변위 전류 밀도

$$i_d = \frac{\partial D}{\partial t} = \frac{\partial(\epsilon E)}{\partial t} = \epsilon\frac{\partial E}{\partial t} = j\omega\epsilon E \text{ [A/m}^2\text{]}$$

$$\omega = 2\pi f = \frac{i_d}{\epsilon E}$$

$$\therefore f = \frac{i_d}{2\pi\epsilon E} \text{ [Hz]}$$

【답】 ①

04 도전율 σ, 유전율 ϵ인 매질에 교류 전압을 가할 때 전도 전류와 변위 전류의 크기가 같아지는 주파수는?

① $f = \frac{\sigma}{2\pi\epsilon}$ ② $f = \frac{\epsilon}{2\pi\sigma}$
③ $f = \frac{2\pi\epsilon}{\sigma}$ ④ $f = \frac{2\pi\sigma}{\epsilon}$

해설

유전체의 도전율 σ, 유전율이 ϵ일 때 전압 $e = V_m \sin\omega t$를 가한 부분의 면적을 S, 길이를 l이라 하면 이 부분의 저항은 $R = \frac{l}{\sigma S}$

$$\therefore i_C = \frac{e}{R} = \frac{V_m \sin\omega t}{R} = \frac{\sigma S V_m \sin\omega t}{l} \text{ [A]}$$

전계 $E = \frac{e}{l}$ 이고 $D = \epsilon E = \frac{\epsilon e}{l} = \frac{\epsilon V_m \sin\omega t}{l}$ 로 주어지므로

변위 전류

$$i_D = S\frac{\partial D}{\partial t} = S\frac{\partial}{\partial t}\left(\frac{\epsilon V_m \sin\omega t}{l}\right) = \frac{\omega\epsilon S V_m}{l}\cos\omega t$$

$$= \frac{\omega\epsilon S V_m}{l}\sin\left(\omega t + \frac{\pi}{2}\right)\,[\mathrm{A}]$$ 로 된다.

i_D, i_C의 벡터도는 그림과 같고 $\tan\delta$를 유전체 손실각이라 한다.

$|i_D| = |i_C|$일 때의 주파수를 f_C라 하면

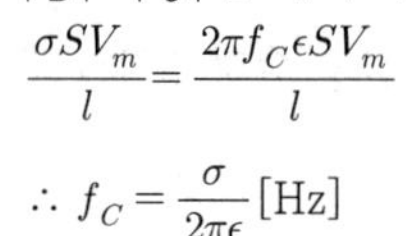

$$\frac{\sigma S V_m}{l} = \frac{2\pi f_C \epsilon S V_m}{l}$$

$$\therefore f_C = \frac{\sigma}{2\pi\epsilon}\,[\mathrm{Hz}]$$

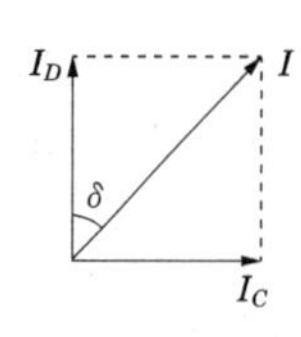

【답】①

05 내도체의 반지름이 a [m], 외도체의 내반지름이 b [m]인 동축 케이블이 있다. 도체 사이의 매질의 유전율은 ϵ [F/m], 투자율은 μ [F/m]이다. 이 케이블의 특성 임피던스는?

① $\frac{1}{2\pi}\sqrt{\frac{\mu}{\epsilon}}\ln\frac{b}{a}\,[\Omega]$

② $\sqrt{\frac{\mu}{\epsilon}}\ln\frac{b}{a}\,[\Omega]$

③ $\log\frac{b}{a}\Big/2\pi\sqrt{\epsilon\mu}\,[\Omega]$

④ $2\pi\left(\sqrt{\mu\epsilon}\cdot\ln\frac{b}{a}\right)[\Omega]$

해설

정전 용량 : $C = \frac{2\pi\epsilon}{\ln\frac{b}{a}}$

인덕턴스 : $L = \frac{\mu}{2\pi}\ln\frac{b}{a}$

$$Z_0 = \sqrt{\frac{L}{C}} = \frac{1}{2\pi}\sqrt{\frac{\mu}{\epsilon}}\ln\frac{b}{a}$$

$$= \frac{1}{2\pi}377\sqrt{\frac{\mu_s}{\epsilon_s}}\ln\frac{b}{a} = 60\sqrt{\frac{\mu_s}{\epsilon_s}}\ln\frac{b}{a}$$

$$= 138\sqrt{\frac{\mu_s}{\epsilon_s}}\log\frac{b}{a}\,[\Omega]$$

【답】①

06 안지름 1 [mm], 바깥지름 10 [mm]인 동축 케이블에서 내부 도체와 외부 도체 사이에 폴리에틸렌($\epsilon_r = 2.3$, $\mu_r = 1$)을 채우면 특성 임피던스는 몇 [Ω]인가?

① 91　　② 115
③ 135　　④ 161

해설

a : 1 [mm], b : 10 [mm] 인 경우 동축 케이블의 특성 임피던스

$$Z_0 = \frac{1}{2\pi}\sqrt{\frac{\mu}{\epsilon}}\ln\frac{b}{a} = \frac{1}{2\pi}\times 377\times\sqrt{\frac{\mu_s}{\epsilon_s}}\ln 10$$

$$= \frac{1}{2\pi}\times 377\times\sqrt{\frac{1}{2.3}}\ln 10 = 91\,[\Omega]$$

【답】①

07 평면파에서 x 방향에 대한 전계 및 자계의 진행파가 아닌 것은?

① $E_x = F_x(y - ct)$

② $E_y = F_y(x - ct)$

③ $E_z = F_z(x - ct)$

④ $H_z = \sqrt{\frac{\epsilon}{\mu}}F_y(x - ct)$

해설

평면파에서 x의 정방향에 대한 전계와 자계의 진행파만을 표시하면

$E_y = F_y(x - ct)$, $E_z = F_z(x - ct)$이고

$H_y = -\sqrt{\frac{\epsilon}{\mu}}F_z(x - ct)$, $H_z = \sqrt{\frac{\epsilon}{\mu}}F_y(x - ct)$이다.

【답】①

08 유전체의 손실각($\tan\delta$)이 작을 때의 유전체 내의 전자 파동에 관한 전파 상수 γ는 대략 어느 것인가?

① $\omega\sqrt{\mu\epsilon} + j\frac{k}{2}\sqrt{\frac{\mu}{\epsilon}}$　　② $\frac{k}{2}\sqrt{\frac{\mu}{\epsilon}} + j\omega\sqrt{\mu\epsilon}$

③ $\frac{k}{2}\sqrt{\frac{\mu}{\epsilon}}$　　④ $j\omega\sqrt{\mu\epsilon}$

해설

전파 정수 : $\gamma=\alpha+j\beta \fallingdotseq \frac{k}{2}\sqrt{\frac{\mu}{\epsilon}}+j\omega\sqrt{\mu\epsilon}$

단, α : 감쇠 정수, β : 위상 정수

【답】 ②

09 전계 $E=\sqrt{2}E_e \sin\omega(t-x/c)$ [V/m]인 평면 전자파가 있을 때 자계의 실효값[A/m]은? 단, 진공 중이라 한다.

① $5.4\times10^{-3}E_e$ ② $4.0\times10^{-3}E_e$
③ $2.7\times10^{-3}E_e$ ④ $1.3\times10^{-3}E_e$

해설

고유 임피던스

$\frac{E}{H}=\sqrt{\frac{\mu}{\epsilon}}$ 에서

$H=\sqrt{\frac{\epsilon_0}{\mu_0}}\cdot E_e=\frac{1}{120\pi}E_e=2.65\times10^{-3}E_e$ [V/m]

【답】 ③

10 전계 $E=\sqrt{2}E_e \sin\omega\left(t-\frac{z}{V}\right)$ [V/m]의 평면 전자파가 있다. 진공 중에서의 자계의 실효값[AT/m]은?

① $2.65\times10^{-1}E_e$ ② $2.65\times10^{-2}E_e$
③ $2.65\times10^{-3}E_e$ ④ $2.65\times10^{-4}E_e$

해설

고유 임피던스

$Z_0=\frac{E}{H}=\sqrt{\frac{\mu_0}{\epsilon_0}}=120\pi=377$ [Ω]

$H=\frac{E}{Z_0}=\frac{1}{377}E_e=2.65\times10^{-3}E_e$

【답】 ③

11 다음 중 전계와 자계와의 관계에서 고유 임피던스는?

① $\frac{1}{\sqrt{\epsilon\mu}}$ ② $\sqrt{\frac{\epsilon}{\mu}}$
③ $\sqrt{\frac{\mu}{\epsilon}}$ ④ $\sqrt{\epsilon\mu}$

해설

고유 임피던스 : $Z_0=\frac{E}{H}=\sqrt{\frac{\mu}{\epsilon}}$

【답】 ③

12 자유 공간에 있어서 포인팅 벡터를 $\overline{S}$ [W/m²]라 할 때 전장의 세기의 실효값 E_e [V/m]를 구하면?

① $\sqrt{\frac{\mu_0}{\epsilon_0}S}$ ② $S\sqrt{\frac{\epsilon_0}{\mu_0}}$
③ $\sqrt{S\sqrt{\frac{\mu_0}{\epsilon_0}}}$ ④ $\sqrt{S\sqrt{\frac{\epsilon_0}{\mu_0}}}$

해설

포인팅 벡터 : $S=E\cdot H$ [W/m²]

$Z_0=\frac{E}{H}=\sqrt{\frac{\mu_0}{\epsilon_0}}$ 에서 $H=\frac{E}{\sqrt{\frac{\mu_0}{\epsilon_0}}}$ 이므로

$S=E^2\cdot\frac{1}{\sqrt{\frac{\mu_0}{\epsilon_0}}}$

$\therefore\ E=\sqrt{S\sqrt{\frac{\mu_0}{\epsilon_0}}}$ [V/m]

【답】 ③

13 비투자율 $\mu_s=1$, 비유전율 $\epsilon_s=90$인 매질내의 고유 임피던스는 약 몇 [Ω]인가?

① 32.5 ② 39.7
③ 42.3 ④ 45

해설

고유 임피던스

$$Z_0 = \frac{E}{H} = \sqrt{\frac{\mu}{\epsilon}} = 377\sqrt{\frac{\mu_s}{\epsilon_s}} = 377\sqrt{\frac{1}{90}} = 39.74\ [\Omega]$$

【답】 ②

14 평면 전자파의 전계의 세기가 $E = E_m \sin\omega\left(t - \frac{Z}{V}\right)$ [V/m]일 때 수중에 있어서의 자계의 세기는 몇 [AT/m]인가? 단, 물의 ϵ_s는 80이고 μ_s는 1이다.

① $1.19 \times 10^{-2} E_m \sin\omega t$

② $1.19 \times 10^{-2} E_m \cos\omega\left(t - \frac{Z}{V}\right)$

③ $2.37 \times 10^{-2} E_m \sin\omega\left(t - \frac{Z}{V}\right)$

④ $2.37 \times 10^{-2} E_m \cos\omega\left(t - \frac{Z}{V}\right)$

해설

자계의 세기

$$H_e = \sqrt{\frac{\epsilon_0 \epsilon_s}{\mu_0 \mu_s}}\ E_e$$

$$= \sqrt{\frac{8.855 \times 10^{-12} \times 80}{4\pi \times 10^{-7} \times 1}}\ E_e = 2.37 \times 10^{-2} E_e$$

【답】 ③

15 높은 주파수의 전자파가 전파될 때 일기가 좋은 날보다 비오는 날 전자파의 감쇠가 심한 원인은?

① 도전율 관계임 ② 유전율 관계임
③ 투자율 관계임 ④ 분극률 관계임

해설

공기는 비오는 날의 경우 습도가 상승하여 도전성이 증가하므로 감쇠가 더 심하게 나타난다.

【답】 ①

16 수평 전파는?

① 대지에 대해서 전계가 수직면에 있는 전자파
② 대지에 대해서 전계가 수평면에 있는 전자파
③ 대지에 대해서 자계가 수직면에 있는 전자파
④ 대지에 대해서 자계가 수평면에 있는 전자파

해설

- 수평 전파 : 전계가 대지에 대해서 수평면(입사면에 수직)에 있는 전자파
- 수직 전파 : 전계가 대지에 대해서 수직면(입사면에 수평)에 있는 전자파

【답】 ②

17 자유 공간에서 z 방향으로 진행하는 평면 전자파로 옳지 않은 것은?

① 전파 및 자파의 z 성분이 없다.
$(E_z = 0,\ H_z = 0)$

② x에 관한 전파의 1차 도함수가 영이다.
$\left(\frac{E}{x} = 0\right)$

③ y에 관한 자파의 1차 도함수가 영이다.
$\left(\frac{H}{y} = 0\right)$

④ z에 관한 자파의 1차 도함수가 영이다.
$\left(\frac{E}{z} = 0\right)$

【답】 ④

18 TEM(횡전자파)은?

① 진행 방향의 $\boldsymbol{E}$, $\boldsymbol{H}$ 성분이 모두 존재한다.
② 진행 방향의 $\boldsymbol{E}$, $\boldsymbol{H}$ 성분이 모두 존재하지 않는다.
③ 진행 방향의 $\boldsymbol{E}$ 성분만 존재하고, $\boldsymbol{H}$ 성분은 존재하지 않는다.
④ 진행 방향의 $\boldsymbol{H}$ 성분만 존재하고, $\boldsymbol{E}$ 성분은 존재하지 않는다.

해설

TEM(transverse electromagnetic : 횡전자파)
전파 E와 자파 H가 모두 전파 방향에 수직으로 전송방향 성분은 존재하지 않는다.

【답】 ②

19 z 방향으로 진행하는 평면파(plane wave)로 맞지 않는 것은?

① z 성분이 0이다.
② x 의 미분 계수(도함수)가 0이다.
③ y 의 미분 계수가 0이다.
④ z 의 미분 계수가 0이다.

해설

전자파가 z 방향으로 전달시에는
$E(t,\ z) = E_m \sin(\omega t - \beta z) a_x$
$H(t,\ z) = H_m \sin(\omega t - \beta z) a_y$ 이다.
x, y 위치에 따른 E, H값은 동일하고
z 위치에 따라 E, H값은 일정하지 않고 변화하므로 미분계수(미분값)는 0이 아니다.

【답】 ④

20 정전 용량 5 [μF]인 콘덴서를 200 [V]로 충전하여 자기 인덕턴스 $L = 20$ [mH], 저항 $r = 0$인 코일을 통해 방전할 때 생기는 전기 진동의 주파수 f [Hz] 및 코일에 축적되는 에너지[J]는?

① 500, 0.1 ② 50, 1
③ 500, 1 ④ 5000, 0.1

해설

정전에너지

$$W = \frac{1}{2}CV^2 = \frac{1}{2} \times 5 \times 10^{-6} \times (200)^2 = 0.1 \text{ [J]}$$

진동 주파수

$$f = \frac{1}{2\pi\sqrt{LC}} = \frac{1}{2 \times 3.14\sqrt{20 \times 10^{-3} \times 5 \times 10^{-6}}}$$
$$= 503 \fallingdotseq 500 \text{ [Hz]}$$

【답】 ①

21 매질의 유전율과 투자율이 각각 ϵ_1과 μ_1인 매질에서 전자파가 ϵ_2와 μ_2인 매질에 수직으로 입사할 경우, 입사 전계 $\boldsymbol{E_1}$과 입사 자계 $\boldsymbol{H_1}$에 비하여 투과 전계 $\boldsymbol{E_2}$와 투과 자계 $\boldsymbol{H_2}$의 크기는 각각 어떻게 되는가? 단, $\sqrt{\mu_1/\epsilon_1} > \sqrt{\mu_2/\epsilon_2}$ 임

① $\boldsymbol{E_2}$, $\boldsymbol{H_2}$ 모두 크다.
② $\boldsymbol{E_2}$, $\boldsymbol{H_2}$ 모두 적다.
③ $\boldsymbol{E_2}$는 크고 $\boldsymbol{H_2}$는 적다.
④ $\boldsymbol{E_2}$는 적고 $\boldsymbol{H_2}$는 크다.

해설

전계의 투과계수 : $\dfrac{E_2}{E_1} = \dfrac{2\sqrt{\dfrac{\mu_2}{\epsilon_2}}}{\sqrt{\dfrac{\mu_1}{\epsilon_1}} + \sqrt{\dfrac{\mu_2}{\epsilon_2}}}$

자계의 투과계수 : $\dfrac{H_2}{H_1} = \dfrac{2\sqrt{\dfrac{\mu_1}{\epsilon_1}}}{\sqrt{\dfrac{\mu_1}{\epsilon_1}} + \sqrt{\dfrac{\mu_2}{\epsilon_2}}}$

$\sqrt{\dfrac{\mu_1}{\epsilon_1}} > \sqrt{\dfrac{\mu_2}{\epsilon_2}}$ 이므로 즉 $E_1 > E_2$, $H_2 > H_1$이다.

【답】 ④

22 그림과 같이 ϵ_1, μ_1의 매질 중을 진행하는 전자파 E_1, H_1이 ϵ_2, μ_2의 매질과의 경계면에 직각으로 입사할 때 $\eta_1 = \sqrt{\dfrac{\mu_1}{\epsilon_1}}$, $\eta_2 = \sqrt{\dfrac{\mu_2}{\epsilon_2}}$ 라 하면 반사파 $E_1{}'$의 크기는?

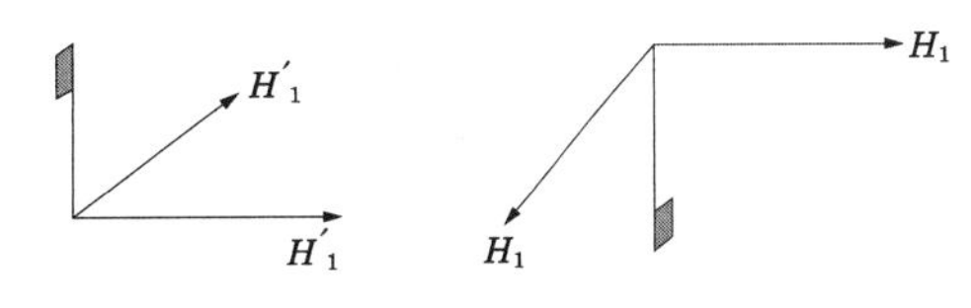

① $E_1{}' = \dfrac{\eta_2 - \eta_1}{\eta_1 + \eta_2} E_1$ ② $E_1{}' = \dfrac{\eta_1 - \eta_2}{\eta_1 + \eta_2} E_1$

③ $E_1{}' = \dfrac{2\eta_2}{\eta_1 + \eta_2} E_1$ ④ $E_1{}' = \dfrac{2\eta_1}{\eta_1 + \eta_2} E_1$

해설

$$\text{반사율} = \frac{\text{반사 전계 세기}}{\text{입사 전계세기}} = \frac{\eta_2 - \eta_1}{\eta_1 + \eta_2}$$

∴ 반사 전계 세기

$$= \text{반사율} \times \text{입사 전계 크기} = \frac{\eta_2 - \eta_1}{\eta_1 + \eta_2} E_1$$

【답】 ①

23 파장 λ, 주기 T, 진폭 최대값 A_m인 진행파를 나타낸 식은? 단, z는 진행 방향의 거리를 나타내며, 시간 및 거리의 원점에서 진폭은 0이다.

① $A_m \sin 2\pi\left(t - \frac{Tz}{\lambda}\right)$

② $A_m \sin 2\pi\left(\frac{\lambda t}{T} - z\right)$

③ $A_m \sin 2\pi(\lambda t - Tz)$

④ $A_m \sin 2\pi\left(\frac{t}{T} - \frac{z}{\lambda}\right)$

해설

$\omega = 2\pi f$, $f = \frac{1}{T}$, $\lambda = \frac{v}{f}$

$$A_m \sin\omega\left(t - \frac{z}{v}\right) = A_m \sin 2\pi f\left(t - \frac{z}{v}\right) = A_m \sin 2\pi\left(ft - \frac{fz}{v}\right)$$

$$= A_m \sin 2\pi\left(\frac{t}{T} - \frac{z}{\lambda}\right)$$

【답】 ④

24 안테나에서 파장 40 [cm]의 평면파가 자유 공간에 방사될 때 발신 주파수는 몇 [MHz]인가?

① 650 ② 700
③ 750 ④ 800

해설

전자파 속도 v [m/s] (자유공간 $v = 3 \times 10^8$ [m/s])
주파수 f [Hz]

∴ 전자파 파장은 $\lambda = \frac{v}{f}$ [m]이다.

$$\therefore f = \frac{v}{\lambda} = \frac{3 \times 10^8}{0.4} = 750 \times 10^6 \text{ [Hz]} = 750 \text{ [MHz]}$$

【답】 ③

25 15 [MHz]의 전자파의 파장은 몇 [m]인가?

① 8 ② 15
③ 20 ④ 25

해설

파장 : $\lambda = \frac{v}{f} = \frac{3 \times 10^8}{15 \times 10^6} = 20$ [m]

【답】 ③

26 비유전율이 ϵ_s인 매질내의 전자파의 전파 속도는?

① ϵ_s에 반비례한다. ② ϵ_s^2에 반비례한다.
③ ϵ_s에 비례한다. ④ $\sqrt{\epsilon_s}$ 에 반비례한다.

해설

전파속도 : $v = \frac{1}{\sqrt{\epsilon\mu}} = \frac{3 \times 10^8}{\sqrt{\epsilon_s \mu_s}}$ [m/sec]

$\therefore v \propto \frac{1}{\sqrt{\epsilon_s}}$

【답】 ④

27 유전율 $\epsilon = 8.855 \times 10^{-12}$ [F/m]인 진공 중을 전자파가 전파할 때 진공 중의 투자율은?

① 12.5×10^{-7} [H/m]
② 15.2×10^{-9} [H/emu]
③ 9.5×10^{-7} [Wb^2/n]
④ 10.5×10^{-7} [Wb^2/N·m]

해설

진공 중의 전자파의 속도

$$c = \frac{1}{\sqrt{\epsilon_0 \mu_0}} = 3 \times 10^8 \text{ [m/s]}$$

$$\therefore \mu_0 = \frac{1}{\epsilon_0 c^2} = \frac{1}{8.855 \times 10^{-12} \times (3 \times 10^8)^2}$$

$$= 12.56 \times 10^{-7} \text{ [H/m]}$$

【답】 ①

28 라디오 방송의 평면파 주파수를 800 [kHz]라 할 때 이 평면파가 콘크리트 벽($\epsilon_s = 6, \mu_s = 1$)속을 지날 때의 전파 속도는 몇 [m/sec]인가?

① 1.22×10^8 ② 2.44×10^8
③ 2.62×10^8 ④ 2.86×10^8

해설

전자파의 속도 : $v = \frac{3\times10^8}{\sqrt{\epsilon_s \mu_s}} = \frac{3\times10^8}{\sqrt{6\times1}} = 1.22\times10^8$

【답】 ①

29 어떤 TV 방송의 전자파의 주파수를 190 [MHz]의 평면파로 보고 $\mu_s = 1, \epsilon_s = 64$ 인 물속에서의 전파 속도[m/s]와 파장[m]을 구하면?

① $v = 0.375\times10^8,\ \lambda = 0.19$
② $v = 2.33\times10^8,\ \lambda = 0.21$
③ $v = 0.87\times10^8,\ \lambda = 0.17$
④ $v = 0.425\times10^8,\ \lambda = 1.2$

해설

전자파의 속도

$$v = \frac{c}{\sqrt{\epsilon_s \mu_s}} = \frac{3\times10^8}{\sqrt{64\times1}} = 0.375\times10^8 \ \text{[m/s]}$$

파장

$$\lambda = \frac{v}{f} = \frac{0.375\times10^8}{190\times10^6} = 0.19 \ \text{[m]}$$

【답】 ①

30 정전 용량 2 [μF]인 콘덴서를 충전하여 4 [mH]인 코일을 통해서 방전할 때의 전기 진동이 공간에 전파되는 경우 그 파장은 약 몇 [m]인가?

① 1.7×10^5 ② 2×10^3
③ 4.5×10^5 ④ 188

해설

주파수

$$f = \frac{1}{2\pi\sqrt{LC}} = \frac{1}{2\pi\sqrt{4\times10^{-3}\times2\times10^{-6}}} = 1780 \ \text{[Hz]}$$

이므로

공간을 전파하는 전기 진동의 파장

$$\lambda = \frac{c}{f} = \frac{3\times10^8}{1780} = 1.7\times10^5 \ \text{[m]}$$

【답】 ①

31 도체 내의 전자파의 속도 v, 감쇠 정수 α, 위상 정수 β, 각속도 ω일 때 전자파의 속도 v는?

① $\frac{\beta}{\alpha}$ ② $\frac{\omega}{\beta}$
③ $\frac{\alpha}{\omega}$ ④ $\frac{\omega}{\alpha}$

해설

전자파의 속도 : $v = f\lambda = f\cdot\frac{2\pi}{\beta} = \frac{\omega}{\beta}$

【답】 ②

32 전계 및 자계의 세기가 각각 $\boldsymbol{E}$, $\boldsymbol{H}$일 때 포인팅 벡터 $\boldsymbol{P}$의 표시로 옳은 것은?

① $\boldsymbol{P} = \frac{1}{2}\boldsymbol{E}\times\boldsymbol{H}$ ② $\boldsymbol{P} = \boldsymbol{E}\,\text{rot}\,\boldsymbol{H}$
③ $\boldsymbol{P} = \boldsymbol{H}\,\text{rot}\ \boldsymbol{E}$ ④ $\boldsymbol{P} = \boldsymbol{E}\times\boldsymbol{H}$

해설

포인팅 벡터 : $\boldsymbol{P} = \boldsymbol{E}\times\boldsymbol{H}$

【답】 ④

33 전계와 자계의 위상 관계는?

① 위상이 서로 같다.
② 전계가 자계보다 90° 빠르다.
③ 전계가 자계보다 90° 늦다.
④ 전계가 자계보다 45° 빠르다.

해설

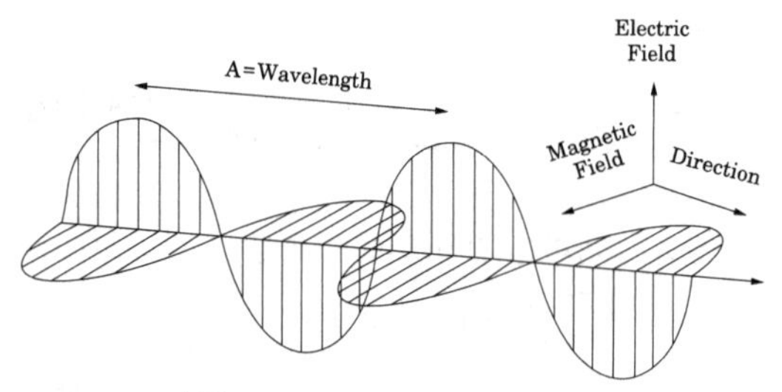

$Z_0 = \frac{E}{H} = \sqrt{\frac{\mu}{\epsilon}}$ 이므로 $E = Z_0 H$에서 Z_0가 실수이므로 E와 H는 동상이다.

【답】 ①

34 10 [kW]의 전력으로 송신하는 전파 안테나에서 10 [km] 떨어진 점의 전계의 세기는 몇 [V/m]인가?

① 1.73×10^{-3} ② 1.73×10^{-2}
③ 5.5×10^{-3} ④ 5.5×10^{-2}

해설

$P = \frac{10 \times 10^3}{4\pi \times (10 \times 10^3)^2} = 7.96 \times 10^{-6}$ [W/m^2]

$H = \sqrt{\frac{\epsilon_0}{\mu_0}} E = 2.65 \times 10^{-3} \cdot E$ [AT/m]

$\therefore P = EH$ 에서 $7.96 \times 10^{-6} = 2.65 \times 10^{-3} E^2$

$\therefore E = \sqrt{\frac{7.96 \times 10^{-6}}{2.65 \times 10^{-3}}} = \sqrt{3 \times 10^{-3}} = 5.5 \times 10^{-2}$ [V/m]

【답】 ④

35 100 [kW]의 전력이 안테나에서 사방으로 균일하게 방사될 때 안테나에서 1 [km] 거리에 있는 점의 전계의 실효값은? 단, 공기의 유전율은 $\epsilon_0 = \frac{10^9}{36\pi}$ [F/m]이다.

① 1.73 [V/m] ② 2.45 [V/m]
③ 3.73 [V/m] ④ 6 [V/m]

해설

$P = \frac{100 \times 10^3}{4 \times 3.14 \times (10^3)^2} = 7.96 \times 10^{-3}$ [W/m^2]

$H_e = \sqrt{\frac{\epsilon_0}{\mu_0}} E_e = \sqrt{\frac{8.855 \times 10^{-12}}{4\pi \times 10^{-7}}} E_e$

$= 2.654 \times 10^{-3} E_e$ [A/m]

$\therefore P = H_e E_e$ 이므로 $2.654 \times 10^{-3} E_e^2 = 7.96 \times 10^{-3}$

$\therefore E_e = \sqrt{3} = 1.73$ [V/m]

【답】 ①

36 맥스웰 전자 방정식의 설명 중 잘못 설명한 것은?

① 폐곡면에 따른 전계의 선적분은 폐곡선내를 통하는 자속의 시간 변화율과 같다.
② 폐곡면을 통해 나오는 자속은 폐곡면 내의 자극의 세기와 같다.
③ 폐곡면을 통해 나오는 전속은 폐곡면내의 전하량과 같다.
④ 폐곡선에 따른 자계의 선적분은 폐곡선내를 통하는 전류와 전속의 시간적 변화율의 화와 같다.

해설

맥스웰 전자방정식의 미분형

① rot $\boldsymbol{E} = -\frac{\partial \boldsymbol{B}}{\partial t}$: Faraday 법칙
② rot $\boldsymbol{H} = i + \frac{\partial \boldsymbol{D}}{\partial t}$: 암페어의 주회적분 법칙
③ div $\boldsymbol{D} = \rho$: 가우스의 법칙
④ div $\boldsymbol{B} = 0$: 고립된 자하는 없다.

【답】 ②

37 다음 중 전자계에 대한 맥스웰의 기본 이론이 아닌 것은?

① 자계의 시간적 변화에 따라 전계의 회전이 생긴다.
② 전도 전류와 변위 전류는 자계를 발생시킨다.
③ 고립된 자극이 존재한다.
④ 전하에서 전속선이 발산된다.

해설

가우스 법칙 : div$\boldsymbol{B} = 0$

【답】 ③

38 원통 좌표계에서 전류 밀도 $j=Kr^2a_z$ [A/m²]일 때 암페어의 법칙을 사용하여 자계의 세기 H를 구하면? 단, K는 상수이다.

① $H=\dfrac{K}{4}r^4a_\phi$　② $H=\dfrac{K}{4}r^3a_\phi$
③ $H=\dfrac{K}{4}r^4a_z$　④ $H=\dfrac{K}{4}r^3a_z$

해설

$$\mathrm{rot}H=\left(\frac{1}{r}\frac{\partial H_z}{\partial\phi}-\frac{\partial H_\phi}{\partial z}\right)\boldsymbol{a}_r+\left(\frac{\partial H_r}{\partial z}-\frac{\partial H_z}{\partial r}\right)\boldsymbol{a}_\phi+\left(\frac{1}{r}\frac{\partial(rH_\phi)}{\partial r}-\frac{1}{r}\frac{\partial H_r}{\partial_\phi}\right)\boldsymbol{a}_z$$

$$=kr^2\boldsymbol{a}_z,\ \frac{1}{r}\frac{\partial(rH_\phi)}{\partial r}-\frac{1}{r}\frac{\partial H_r}{\partial\phi}=kr^2$$

$$\therefore \boldsymbol{H}=\frac{k}{4}r^3\boldsymbol{a}_\phi$$

【답】 ②

39 자계 분포 $\boldsymbol{H}=xyj-xz\boldsymbol{k}$ [A/m]를 발생시키는 점 (1, 1, 1) [m]에서의 전류 밀도 [A/m²]는?

① 3　② $\sqrt{3}$
③ 2　④ $\sqrt{2}$

해설

$\mathrm{rot}\boldsymbol{H}=jz+ky$

$\therefore[\mathrm{rot}\boldsymbol{H}]_{x=1,\ y=1,\ z=1}=\sqrt{1+1}=\sqrt{2}$ [A/m²]

【답】 ④

40 $\nabla\times(\nabla\rho)=\mathrm{curl}(\mathrm{grad}\rho)$의 값은?

① 0　② −1
③ 1　④ ρ

해설

- 벡터 발산 : 모든 벡터장의 회전(컬)에 대해 취해지는 발산은 항상 0
  $\nabla\cdot(\nabla\times A)=0$
- 벡터 회전 : 임의의 기울기 연산에 대해 취해지는 벡터 회전은 항상 0
  $\nabla(\nabla V)=0$

두 벡터의 외적의 회전

$\nabla\times(A\times B)$
$=A(\nabla\cdot B)-B(\nabla\cdot A)+(B\cdot\nabla)A-(A\cdot\nabla)B$

스칼라장과 벡터장과의 곱의 회전

$\nabla\times(VA)=\nabla V\times A+V(\nabla\times A)$

【답】 ①

41 자계의 세기 $H=xya_y-xza_z$ [A/m]일 때 점(2, 3, 5)에서 전류밀도는 몇 [A/m²]인가?

① $5a_x+3a_y$　② $3a_x+5a_y$
③ $5a_x+3a_z$　④ $5a_y+3a_z$

해설

전류밀도

$J=\mathrm{rot}H=\nabla\times H$

$$=\begin{vmatrix}a_x & a_y & a_z\\ \frac{\partial}{\partial x} & \frac{\partial}{\partial y} & \frac{\partial}{\partial z}\\ Hx & Hy & Hz\end{vmatrix}=\begin{vmatrix}a_x & a_y & a_z\\ \frac{\partial}{\partial x} & \frac{\partial}{\partial y} & \frac{\partial}{\partial z}\\ 0 & xy & -xz\end{vmatrix}=jz+ky$$

$x=2,\ y=3,\ z=5$를 대입한다.

∴ 전류밀도 $J=5a_y+3a_z$ [A/m²]

【답】 ④

42 자속 밀도의 변화에 의하여 도체 내에 유기 기전력이 발생되는 경우 관계식은? 단, $\boldsymbol{E}$는 전계, $\boldsymbol{B}$는 자속 밀도, $\boldsymbol{v}$는 도체 속도, k는 도전율, $\boldsymbol{i}$는 전류 밀도이다.

① $\mathrm{rot}\ \boldsymbol{E}=\mathrm{rot}\ (\boldsymbol{B}\times\boldsymbol{v})$
② $\mathrm{rot}\ \boldsymbol{E}=-\dfrac{\partial\boldsymbol{B}}{\partial t}$
③ $\boldsymbol{E}=k\boldsymbol{i}$
④ $\boldsymbol{E}=\boldsymbol{v}\times\boldsymbol{B}$

해설

패러데이 법칙 : $\mathrm{rot}\ \boldsymbol{E}=-\dfrac{\partial\boldsymbol{B}}{\partial t}$

【답】 ②

43 맥스웰(Maxwell)의 전자파 방정식이 아닌 것은?

① $\text{rot}H = i + \dfrac{\partial D}{\partial t}$ ② $\text{rot}E = -\dfrac{\partial B}{\partial t}$
③ $\text{div}B = i$ ④ $\text{div}D = \rho$

해설

가우스 법칙 : $\text{div}\boldsymbol{B}=0$

【답】 ③

44 자속의 연속성을 나타낸 식은?

① $\text{div}\boldsymbol{B} = \rho$ ② $\text{div}\boldsymbol{B} = 0$
③ $\boldsymbol{B} = \mu \boldsymbol{H}$ ④ $\text{div}\boldsymbol{B} = \mu \boldsymbol{H}$

해설

가우스 법칙 : $\text{div}\boldsymbol{B}=0$

【답】 ②

45 자속 밀도는 벡터이며 $\boldsymbol{B}$로 표시한다. 다음 가운데서 항상 성립되는 관계는?

① $\text{grad}\boldsymbol{B} = 0$ ② $\text{rot}\boldsymbol{B} = 0$
③ $\text{div}\boldsymbol{B} = 0$ ④ $\boldsymbol{B} = 0$

해설

$\text{div}\boldsymbol{B}=0$ 의 의미 : 시변계, 시불변계에 관계없이 자계의 비발산성, 자계의 회전성, 자계의 연속성을 의미

【답】 ③

46 자유 공간의 맥스웰 방정식 중 틀린 것은?

① $mmf = \oint \boldsymbol{H} \cdot dl = \int_s \dfrac{\partial \boldsymbol{D}}{\partial t} \cdot d\boldsymbol{S} + i_d$

② $cmf = \oint \boldsymbol{E} \cdot dl = -\int_s \dfrac{\partial \boldsymbol{B}}{\partial t} \cdot d\boldsymbol{S}$

③ $\chi = \oint_s \boldsymbol{D} \cdot d\boldsymbol{S} = \int_{vol} \rho dv$

④ $\chi_m = \oint_s \boldsymbol{B} \cdot d\boldsymbol{S} = \rho_s$

해설

가우스법칙 : $\oint_S \boldsymbol{B} \cdot d\boldsymbol{S} = 0$

【답】 ④

47 손실 유전체 내에서 맥스웰 전자 기본 방정식을 페이저 방정식(phasor equation)으로 올바르게 표시한 것은?

① $\nabla \times \boldsymbol{H}_s = j\omega\epsilon \boldsymbol{E}_s$
$\nabla \times \boldsymbol{E}_s = -j\omega\mu \boldsymbol{H}_s$
$\nabla \cdot \boldsymbol{E}_s = 0$
$\nabla \cdot \boldsymbol{E}_s = \rho$

② $\nabla \times \boldsymbol{H}_s = j\omega\epsilon \boldsymbol{E}_s$
$\nabla \times \boldsymbol{E}_s = -j\omega\mu \boldsymbol{H}_s$
$\nabla \cdot \boldsymbol{H}_s = m$
$\nabla \cdot \boldsymbol{E}_s = 0$

③ $\nabla \times \boldsymbol{H}_s = (\sigma + j\omega\epsilon)\boldsymbol{E}_s$
$\nabla \times \boldsymbol{E}_s = -j\omega\mu \boldsymbol{H}_s$
$\nabla \cdot \boldsymbol{H}_s = 0$
$\nabla \cdot \boldsymbol{E}_s = 0$

④ $\nabla \times \boldsymbol{H}_s = (\sigma + j\omega\epsilon)\boldsymbol{E}_s$
$\nabla \times \boldsymbol{E}_s = -j\omega\mu \boldsymbol{H}_s$
$\nabla \cdot \boldsymbol{H}_s = 0$
$\nabla \cdot \boldsymbol{E}_s = \rho$

해설

맥스웰 방정식

$\nabla \times \boldsymbol{H} = \boldsymbol{J} + \dfrac{\partial \boldsymbol{D}}{\partial t} = \sigma \boldsymbol{E} + \epsilon \dfrac{\partial \boldsymbol{E}}{\partial t}$

$\nabla \times \boldsymbol{E} = -\dfrac{\partial \boldsymbol{B}}{\partial t} = -\mu \dfrac{\partial \boldsymbol{H}}{\partial t}$

$\boldsymbol{E} = \boldsymbol{E}_s e^{j\omega t}$ [V/m], $\boldsymbol{H} = \boldsymbol{H}_s e^{j\omega t}$ [A/m]를 적용하면

$\nabla \times \boldsymbol{H}_s = (\sigma + j\omega\epsilon)\boldsymbol{E}_s$

$\nabla \times \boldsymbol{H}_s = -j\omega\mu \boldsymbol{H}_s$

보조방정식

$\nabla \cdot \boldsymbol{E}_s = 0$

$\nabla \cdot \boldsymbol{H}_s = 0$

단, $\boldsymbol{E}_s$, $\boldsymbol{H}_s$는 시간 t를 포함하지 않는 복소공간 vector인 Phasor 벡터이다.

【답】 ③

48 맥스웰(Maxwell)의 전자 방정식 중 성립하지 않는 식은?

① $\text{div}\boldsymbol{D} = \rho$　② $\text{div}\boldsymbol{B} = 0$

③ $\text{rot}\boldsymbol{E} = \frac{\partial \boldsymbol{B}}{\partial t}$　④ $\text{rot}\boldsymbol{H} = J + \frac{\partial D}{\partial t}$

해설

패러데이 법칙 : $\text{rot}\ \boldsymbol{E} = -\frac{\partial \boldsymbol{B}}{\partial t}$

【답】 ③

49 공간 도체 내의 한 점에 있어서 자속이 시간적으로 변화하는 경우에 성립하는 식은?

① $\text{rot}\boldsymbol{E} = \frac{\partial \boldsymbol{H}}{\partial t}$　② $\text{rot}\boldsymbol{E} = -\frac{\partial \boldsymbol{B}}{\partial t}$

③ $\text{div}\boldsymbol{E} = \frac{\partial \boldsymbol{B}}{\partial t}$　④ $\text{div}\boldsymbol{E} = -\frac{\partial \boldsymbol{H}}{\partial t}$

해설

패러데이 법칙 : $\text{rot}\ \boldsymbol{E} = -\frac{\partial \boldsymbol{B}}{\partial t}$

【답】 ②

50 진공 중의 맥스웰 전자 방정식으로부터 $\nabla^2 E = \epsilon_0 \mu_0 \frac{\partial^2 E}{\partial t^2}$, $\nabla^2 H = \epsilon_0 \mu_0 \frac{\partial^2 H}{\partial t^2}$를 유도하였다. 이 두 식만으로 판단되지 않는 것은?

① 전계 및 자계는 파동으로 전파한다.

② 전파와 자파는 속도가 같고 $v = \frac{1}{\sqrt{\epsilon_0 \mu_0}}$이다.

③ 전자파의 진폭이 감쇠되지 않는다.

④ 전파와 자파는 진동 방향이 수직이다.

【답】 ③

51 전자장에 관한 다음의 기본식 중 옳지 않은 것은?

① 가우스 정리의 미분형 : $\text{div}\boldsymbol{D} = \rho$

② 옴의 법칙의 미분형 : $\boldsymbol{i} = \sigma \boldsymbol{E}$

③ 패러데이의 법칙의 미분형 : $\text{rot}\boldsymbol{E} = -\frac{\partial \boldsymbol{B}}{\partial t}$

④ 암페어 주회적분 법칙의 미분형

: $\text{rot}\boldsymbol{H} = \frac{\partial \boldsymbol{D}}{\partial t} + \rho$

해설

① 가우스 정리의 미분형 : $\text{div}\boldsymbol{D} = \rho$

② 옴의 법칙의 미분형 : $\boldsymbol{i} = \sigma \boldsymbol{E}$

③ 패러데이의 법칙의 미분형 : $\text{rot}\boldsymbol{E} = -\frac{\partial \boldsymbol{B}}{\partial t}$

④ 암페어 주회적분 법칙의 미분형

: $\text{rot}\ \boldsymbol{H} = i_c + \frac{\partial \boldsymbol{D}}{\partial t}$

【답】 ④

전기기사 · 전기산업기사
전기자기 ❶

定價 20,000원

저 자 김 대 호
발행인 이 종 권

2020年 7月 8日 초 판 발 행
2021年 1月 12日 2차개정발행
2022年 1月 20日 3차개정발행
2023年 1月 12日 4차개정발행

發行處 (주) 한솔아카데미

(우)06775 서울시 서초구 마방로10길 25 트윈타워 A동 2002호
TEL : (02)575-6144/5 FAX : (02)529-1130
〈1998. 2. 19 登錄 第16-1608號〉

※ 본 교재의 내용 중에서 오타, 오류 등은 발견되는 대로 한솔아카데미 인터넷 홈페이지를 통해 공지하여 드리며 보다 완벽한 교재를 위해 끊임없이 최선의 노력을 다하겠습니다.

※ 파본은 구입하신 서점에서 교환해 드립니다.

www.inup.co.kr / www.bestbook.co.kr

ISBN 979-11-6654-216-9 13560

전기 5주완성 시리즈

전기기사 5주완성

전기기사수험연구회
1,680쪽 | 40,000원

전기산업기사 5주완성

전기산업기사수험연구회
1,556쪽 | 40,000원

전기공사기사 5주완성

전기공사기사수험연구회
1,608쪽 | 39,000원

전기공사산업기사 5주완성

전기공사산업기사수험연구회
1,606쪽 | 39,000원

전기(산업)기사 실기

대산전기수험연구회
766쪽 | 39,000원

전기기사실기 15개년 과년도

대산전기수험연구회
808쪽 | 34,000원

전기기사실기 16개년 과년도

김대호 저
1,446쪽 | 34,000원